全国高等院校土建类应用型规划教材
住房和城乡建设领域关键岗位技术人员培训教材

市政工程资料管理与实务

《住房和城乡建设领域关键岗位技术人员培训教材》编写委员会 编

主　　编：解振坤　樊婷婷
副 主 编：阿布都热依木江·库尔班　陈　年
组编单位：住房和城乡建设部干部学院
　　　　　北京土木建筑学会

中国林业出版社

图书在版编目（CIP）数据

市政工程资料管理与实务 /《住房和城乡建设领域关键岗位技术人员培训教材》编写委员会编. —北京：中国林业出版社，2018.12

住房和城乡建设领域关键岗位技术人员培训教材

ISBN 978-7-5038-9198-4

Ⅰ.①市… Ⅱ.①住… Ⅲ.①市政工程－技术档案－档案管理－技术培训－教材 Ⅳ.①G275.3

中国版本图书馆 CIP 数据核字（2017）第 172499 号

本书编写委员会

主　编：解振坤　樊婷婷

副主编：阿布都热依木江·库尔班　陈　年

组编单位：住房和城乡建设部干部学院　北京土木建筑学会

国家林业和草原局生态文明教材及林业高校教材建设项目

策　　划：杨长峰　纪　亮

责任编辑：陈　惠　王思源　吴　卉　樊　菲

出版：中国林业出版社

（100009 北京西城区德内大街刘海胡同 7 号）

网站：http://lycb.forestry.gov.cn/

印刷：固安县京平诚乾印刷有限公司

发行：中国林业出版社

电话：(010)83143610

版次：2018 年 12 月第 1 版

印次：2018 年 12 月第 1 次

开本：1/16

印张：25.75

字数：400 千字

定价：100.00 元

编写指导委员会

组编单位： 住房和城乡建设部干部学院　北京土木建筑学会

名誉主任： 单德启　骆中钊

主　　任： 刘文君

副 主 任： 刘增强

委　　员： 许　科　陈英杰　项国平　吴　静　李双喜　谢　兵
李建华　解振坤　张媛媛　阿布都热依木江·库尔班
陈斯亮　梅剑平　朱　琳　陈英杰　王天琪　刘启泓
柳献忠　饶　鑫　董　君　杨江妮　陈　哲　林　丽
周振辉　孟远远　胡英盛　缪同强　张丹莉　陈　年

参编院校： 清华大学建筑学院
大连理工大学建筑学院
山东工艺美术学院建筑与景观设计学院
大连艺术学院
南京林业大学
西南林业大学
新疆农业大学
合肥工业大学
长安大学建筑学院
北京农学院
西安思源学院建筑工程设计研究院
江苏农林职业技术学院
江西环境工程职业学院
九州职业技术学院
上海市城市科技学校
南京高等职业技术学校
四川建筑职业技术学院
内蒙古职业技术学院
山西建筑职业技术学院
重庆建筑职业技术学院

策　　划： 北京和易空间文化有限公司

前　　言

“全国高等院校土建类应用型规划教材”是依据我国现行的规程规范，结合院校学生实际能力和就业特点，根据教学大纲及培养技术应用型人才的总目标来编写。本教材充分总结教学与实践经验，对基本理论的讲授以应用为目的，教学内容以必需、够用为度，突出实训、实例教学，紧跟时代和行业发展步伐，力求体现高职高专、应用型本科教育注重职业能力培养的特点。同时，本套书是结合最新颁布实施的《建筑工程施工质量验收统一标准》（GB50300—2013）对于建筑工程分部分项划分要求，以及国家、行业现行有效的专业技术标准规定，针对各专业应知识、应会和必须掌握的技术知识内容，按照“技术先进、经济适用、结合实际、系统全面、内容简洁、易学易懂”的原则，组织编制而成。

考虑到工程建设技术人员的分散性、流动性以及施工任务繁忙、学习时间少等实际情况，为适应新形势下工程建设领域的技术发展和教育培训的工作特点，一批长期从事建筑专业教育培训的教授、学者和有着丰富的一线施工经验的专业技术人员、专家，根据建筑施工企业最新的技术发展，结合国家及地方对于建筑施工企业和教学需要编制了这套可读性强，技术内容最新，知识系统、全面，适合不同层次、不同岗位技术人员学习，并与其工作需要相结合的教材。

本教材根据国家、行业及地方最新的标准、规范要求，结合了建筑工程技术人员和高校教学的实际，紧扣建筑施工新技术、新材料、新工艺、新产品、新标准的发展步伐，对涉及建筑施工的专业知识，进行了科学、合理的划分，由浅入深，重点突出。

本教材图文并茂，深入浅出，简繁得当，可作为应用型本科院校、高职高专院校土建类建筑工程、工程造价、建设监理、建筑设计技术等专业教材；也可作为面向建筑与市政工程施工现场关键岗位专业技术人员职业技能培训的教材。

前　言

目　录

第一章　概述

第一节　基础知识

一、工程资料相关概念

1. 建设工程项目

经批准按照一个总体设计进行施工，经济上实行统一核算，行政上具有独立组织形式，实行统一管理的工程基本建设单位。它由一个或若干个具有内在联系的工程所组成。

2. 单位工程

具有独立的设计文件，竣工后可以独立发挥生产能力或工程效益的工程，并构成建设工程项目的组成部分。

3. 分部工程

单位工程中可以独立组织施工的工程。

4. 建设工程文件

在工程建设过程中形成的各种形式的信息记录，包括工程准备阶段文件、监理文件、施工文件、竣工图和竣工验收文件，也可简称为工程文件。

5. 工程准备阶段文件

工程开工以前，在立项、审批、征地、勘察、设计、招投标等工程准备阶段形成的文件。

6. 监理文件

监理单位在工程设计、施工等监理过程中形成的文件。

7. 施工文件

施工单位在工程施工过程中形成的文件。

8. 竣工图

工程竣工验收后，真实反映建设工程项目施工结果的图样。

9. 竣工验收文件

建设工程项目竣工验收活动中形成的文件。

10. 建设工程档案

在工程建设活动中直接形成的具有归档保存价值的文字、图表、声像等各种形式的历史记录，也可简称工程档案。

11. 案卷

由互有联系的若干文件组成的档案保管单位。

12. 立卷

按照一定的原则和方法，将有保存价值的文件分门别类整理成案卷，亦称组卷。

二、工程资料分类和编码

1. 工程资料分类

(1)工程资料应按照规定的管理职责和资料性质进行分类，应符合下列规定：

市政基础设施工程分类及代码：

1)基建文件：A 类；

2)监理资料：B 类；

3)施工资料：C 类；

4)竣工图：D 类；

5)立卷、归档等资料：E 类。

(2)基建文件宜按《工程资料分类表》(表 1-1)进行分类。

(3)监理资料宜按《工程资料分类表》(表 1-1)进行分类。

(4)施工资料宜按下列规定进行分类：

1)市政基础设施工程施工资料分类，应根据工程类别和专业项目进行划分。

2)施工资料宜分为施工管理资料(C1)、施工技术资料(C2)、工程物资资料(C3)、施工测量监测资料(C4)、施工记录(C5)、施工试验记录及检测报告(C6)、施工质量验收资料(C7)和工程竣工验收资料(C8)八类。详见《工程资料分类表》。

2. 工程资料分类表

市政基础设施工程资料分类、整理及保存单位宜按表 1-1 规定执行。

(1)表 1-1 给出市政基础设施工程常用表格，当采用未涉及的表格时，可依据合同约定，参照相关标准规定增减相应表格；未提供表式(表样)的可自行设计表式(表样)。

(2)表 1-1 规定各种资料的保存单位,可依据合同、协议约定或资料编制、组卷、移交的实际情况,增加相应的保存单位。

(3)表 1-1 保存单位栏中的“档案馆”包括:市城建档案管理部门和各区县的城建档案管理部门。

3. 工程资料编码的填写

(1)基建文件由建设单位宜参考表 1-1 中的类别,按资料形成时间的先后顺序编号。

(2)监理资料由监理单位宜参考表 1-1 中的类别,按资料形成时间的先后顺序编号。

(3)施工资料编号应按以下规定执行:

1)分部、子分部工程资料的代号可按照本书第一章第一节第三条确定。

2)施工资料右上角可采用 9 位数编号;9 位数编号是由四组编号组成,每组代表意义各不相同,组与组之间用横线隔开。

施工资料编号形式如下:

××—××—××—×××

①　　②　　③　　④

注:①为分部工程代号(2 位),按本书第一章第一节第三条规定的代号填写;

②为子分部工程代号(2 位),按本书第一章第一节第三条规定的代号填写;

③为资料的类别编号(2 位),按表 1-1 规定的类别编号填写;

④为顺序号(共 3 位),按资料形成时间的先后顺序从 001 开始逐张编号。

(4)编号规则

1)对按单位工程管理形成的资料(包含多个分部工程内容,不能体现分部、子分部工程代号的资料,例如施工组织设计等),其编号中的分部、子分部工程代号用“00”代替。

2)同一品种、同一批次的施工物资用在两个分部、子分部工程中时,其资料编号中的分部、子分部工程代号可按物资主要使用部位的分部、子分部工程代号填写;但结构工程用的主要材料应保证可追溯。

3)不同分部、子分部工程中的同类别资料应分别顺序编号。

4)施工资料表格编号应填写在表格右上角的编号栏中,编号应与资料内容同步进行。

5)未附表格或由专业施工单位提供的工程资料(无统一表式的施工资料、质量证明文件)参照表 1-1 的分类办法和“3. 工程资料编码的填写”规定,在资料右上角的适当位置进行资料编号。

6)由施工单位形成的资料,其编号应与施工资料形成同步产生;由施工单位收集的资料,其编号应在收集同时进行编制。

7)本书第一章第一节第三条中未包含的项目,施工单位应按相应类别自行编码,并在总目录卷中予以说明。

(5)资料管理目录

类别与属性相同的施工资料、数量较多时宜建立资料管理目录。管理目录可分为通用管理目录和专用管理目录。格式(表式)见本书附录A。

(6)资料管理目录的填写

1)工程名称:单位或子单位(单体)工程名称;

2)资料类别:资料项目名称,如工程洽商记录、钢筋连接技术交底等;

3)序号:按时间形成的先后顺序用阿拉伯数字从1开始依次编写;

4)内容摘要:用精练语言提示资料内容;

5)编制单位:资料形成单位名称;

6)日期:资料形成的时间;

7)资料编号:施工资料右上角资料编号中的顺序号;

8)备注:填写需要说明的其他问题。

表1-1 工程资料分类表

类别编码	资料名称	资料来源及本规程附表	保存单位			
			施工单位	监理单位	建设单位	档案馆
A类	基建文件					
A1	决策立项文件					
A1-1	项目建议书	建设单位			●	●
A1-2	项目建议书的批复文件	建设主管部门			●	●
A1-3	可行性研究报告	工程咨询单位			●	●
A1-4	可行性报告的批复文件	有关主管部门			●	●
A1-5	关于立项的会议纪要、领导批示	组织单位			●	●
A1-6	专家对项目的有关建议文件	建设单位			●	●
A1-7	项目评估研究资料	建设单位			●	●
A2	建设用地、征地、拆迁文件					
A2-1	国有土地使用证	国土主管部门			●	●
A2-2	拆迁安置意见及批复文件	政府有关部门			●	●
A2-3	规划意见书及附图或规划意见复函	规划主管部门			●	●
A2-4	建设用地规划许可证、附件及附图	规划主管部门			●	●

（续）

类别编码	资料名称	资料来源及本规程附表	保存单位			
			施工单位	监理单位	建设单位	档案馆
A2-5	掘路占路审批文件、移伐树木审批文件、工程项目统记登计文件、向人防备案（施工图）文件、非政府投资项目备案文件	政府有关部门		●	●	
A3	勘察、测绘、设计文件					
A3-1	工程地质勘察报告	勘察单位		●	●	●
A3-2	水文地质勘察报告	勘察单位		●	●	●
A3-3	测量交线、交桩通知书	规划行政主管部门		●	●	●
A3-4	规划验线合格通知书	规划行政主管部门		●	●	●
A3-5	审定设计批复文件及附图	规划行政主管部门			●	●
A3-6	审定设计主案通知书	规划行政主管部门			●	
A3-7	审定设计方案通知书要求征求有关人防、环保、消防、交通、园林、市政、文物、通讯、保密、河湖、教育等部门的审查意见和要求取得的有关协议	有关部门			●	
A3-8	市政基础设施工程施工图设计文件审查通知书	有关单位			●	●
A3-9	消防设计审核意见	有关部门		●	●	●
A3-10	初步设计审核文件	有关部门		●	●	
A3-11	对设计文件的审查意见	设计咨询审查单位			●	●
A4	工程招投标及承包合同文件					
A4-1	招投标文件					
A4-1-1	勘察招投标文件	建设、勘察单位			●	
A4-1-2	设计招投标文件	建设、设计单位			●	
A4-1-3	拆迁招投标文件	建设、拆迁单位			●	
A4-1-4	施工招投标文件	建设、施工单位	●		●	
A4-1-5	监理招投标文件	建设、监理单位		●	●	

（续）

类别编码	资料名称	资料来源及本规程附表	保存单位			
			施工单位	监理单位	建设单位	档案馆
A4-1-6	设备、材料招投标文件	建设、中标单位	●		●	
A4-2	合同文件					
A4-2-1	勘察合同	建设、勘察单位			●	
A4-2-2	设计合同	建设、设计单位			●	
A4-2-3	拆迁合同	建设、拆迁单位			●	
A4-2-4	施工合同	建设、施工单位	●	●	●	
A4-2-5	监理合同	建设、监理单位		●	●	
A4-2-6	材料设备采购合同	建设、中标单位	●		●	
A5	工程开工文件					
A5-1	年度施工任务批准文件	建设行政主管部门			●	●
A5-2	修改工程施工图纸通知书	规划行政主管部门			●	●
A5-3	建设工程规划许可证、附件及附图	规划行政主管部门	●	●	●	●
A5-4	固定资产投资许可证	政府主管部门			●	
A5-5	建设工程施工许可或开工审批文件	建设行政主管部门	●	●	●	●
A5-6	工程质量监督注册登记表	质量监督机构	●	●	●	●
A6	商务文件					
A6-1	工程投资估算材料	造价咨询单位			●	
A6-2	工程设计概算	造价咨询单位			●	
A6-3	施工图预算	造价咨询单位	●	●	●	
A6-4	施工预算	施工单位	●	●	●	
A6-5	工程结算	建设、监理、施工单位	●	●	●	
A6-6	交付使用固定资产清单	建设单位			●	
A7	工程竣工验收及备案文件					
A7-1	建设工程竣工挡案预验收文件	城建档案管理部门			●	●

（续）

类别编码	资料名称	资料来源及本规程附表	保存单位			
			施工单位	监理单位	建设单位	档案馆
A7-2	工程竣工验收备案表	建设单位		●	●	●
A7-3	工程竣工验收报告	建设单位			●	●
A7-4	勘察、设计单位质量检查报告	勘察、设计单位			●	●
A7-5	规划、消防、环保、质量技术监督人防等部门出具的认可(备案)文件或准许使用文件	主管部门	●	●	●	●
A7-6	工程质量保修书	建设、施工单位	●		●	
A7-7	厂站、设备使用说明书	设备供应商或施工单位	●		●	
A7-8	市政基础设施有关质量检测和功能性试验资料清单	建设单位			●	
A8	其他文件					
A8-1	合同约定由建设单位采购的材料、构配件和设备的质量证明文件及进场报验文件	建设单位	●	●	●	
A8-2	工程竣工总结	建设单位			●	●
A8-3	观测记录(由建设单位委托长期进行的工程观测记录)	观测单位			●	
A8-4	工程开工前的原貌、主要施工过程、竣工新貌照片	建设单位			●	●
A8-5	工程开工、施工、竣工的录音录像资料	建设单位			●	●
A8-6	项目质量管理人员名册	建设单位			●	●
B类	监理资料					
B1	监理管理资料					
B1-1	监理规划、监理实施细则	监理单位		●	●	
B1-2	监理月报	监理单位		●	●	
B1-3	监理会议纪要(涉及工程质量的主要内容)	监理单位		●	●	
B1-4	监理日志	监理单位		●		
B1-5	监理工作总结	监理单位		●	●	●
B2	监理工作记录					
B2-1	监理通知	监理单位		●	●	

（续）

类别编码	资料名称	资料来源及本规程附表	保存单位			
			施工单位	监理单位	建设单位	档案馆
B2-2	监理抽检记录	监理单位		●	●	
B2-3	不合格项处置记录	监理单位		●	●	
B2-4	工程暂停令	监理单位		●	●	
B2-5	工程延期审批表	监理单位		●	●	
B2-6	费用索赔审批表	监理单位		●	●	
B2-7	工程款支付证书	监理单位		●	●	
B2-8	旁站监理记录	监理单位		●	●	
B2-9	质量事故报告及处理资料	责任单位		●	●	●
B2-10	见证取样和送检见证人备案表	监理单位	●	●	●	
B2-11	见证记录	监理单位	●	●	●	
B3	竣工验收监理资料					
B3-1	单位工程竣工预验收报验表	“监规”A8	●	●	●	
B3-2	竣工移交证书	监理单位	●	●	●	●
B3-3	工程质量评估报告	监理单位		●	●	●
B4	其他资料					
B4-1	工作联系单	“监规”C1	●	●	●	
B4-2	工程变更单	“监规”C2	●	●	●	
C类	施工资料					
C1	施工管理资料					
C1-1	工程概况表	DB11/T 695-2009 附表	●		●	●
C1-2	项目大事记	DB11/T 695-2009 附表	●		●	●
C1-3	施工日志	DB11/T 695-2009 附表	●			
C1-4	工程质量事故资料					
C1-4-1	工程质量事故记录	DB11/T 695-2009 附表	●	●	●	●
C1-4-2	工程质量事故调查(勘查)记录	DB11/T 695-2009 附表	●	●	●	●
C1-4-3	工程质量事故处理记录	DB11/T 695-2009 附表	●	●	●	●
C1-5	施工现场质量管理检查记录	DB11/T 695-2009 附表	●	●	●	
C2	施工技术资料					
C2-1	施工组织设计	施工单位	●		●	
C2-2	施工组织设计审批表	DB11/T 695-2009 附表	●		●	
C2-3	图纸审查记录	DB11/T 695-2009 附表	●			
C2-4	图纸会审记录	DB11/T 695-2009 附表	●	●	●	●

（续）

类别编码	资料名称	资料来源及本规程附表	保存单位			
			施工单位	监理单位	建设单位	档案馆
C2-5	技术交底记录	DB11/T 695-2009 附表	●			
C2-6	工程洽商记录	DB11/T 695-2009 附表	●	●	●	●
C2-7	设计变更通知单	设计单位	●	●	●	●
C2-8	工程设计变更、洽商一览表	DB11/T 695-2009 附表	●	●	●	
C3	工程物资资料					
C3-1	工程物资选样送审表	DB11/T 695-2009 附表	●	●	●	
C3-2	主要设备、原材料、构配件质量证明文件及复试报告汇总表	DB11/T 695-2009 附表	●		●	●
C3-3	具有产品技术标准的产品合格证					
C3-3-1	半成品钢筋出厂合格证	DB11/T 695-2009 附表	●		●	
C3-3-2	预拌混凝土出厂合格证	DB11/T 695-2009 附表	●		●	
C3-3-3	预制钢筋混凝土构件、管材（盾构管片等）出厂合格证	本规程附表或生产厂家	●		●	
C3-3-4	钢构件出厂合格证	DB11/T 695-2009 附表	●		●	
C3-3-5	沥青混合料出厂合格证	DB11/T 695-2009 附表	●		●	
C3-3-6	石灰粉煤灰砂砾出厂合格证	DB11/T 695-2009 附表	●		●	
C3-3-7	产品合格证粘贴衬纸	DB11/T 695-2009 附表	●		●	
C3-3-8	外加工、外购其他材质、其他型式的构件、管材（管片）出厂合格证	生产厂家	●		●	
C3-4	设备、材料进场检验及复验					
C3-4-1	设备、配（备）件开箱检查记录	DB11/T 695-2009 附表	●			
C3-4-2	材料、配件检验记录汇总表	DB11/T 695-2009 附表	●			
C3-4-3	钢管检查验收（校验性）记录	DB11/T 695-2009 附表	●		●	
C3-4-4	预制混凝土构件、管材进场抽检记录	DB11/T 695-2009 附表	●		●	
C3-4-5	材料试验报告（通用）	DB11/T 695-2009 附表	●		●	
C3-4-6	水泥试验报告	DB11/T 695-2009 附表	●		●	
C3-4-7	砂试验报告	DB11/T 695-2009 附表	●		●	
C3-4-8	碎（卵）石试验报告	DB11/T 695-2009 附表	●		●	
C3-4-9	外加剂试验报告	DB11/T 695-2009 附表	●		●	
C3-4-10	掺合料试验报告	DB11/T 695-2009 附表	●		●	

（续）

类别编码	资料名称	资料来源及本规程附表	保存单位			
			施工单位	监理单位	建设单位	档案馆
C3-4-11	钢材试验报告	DB11/T 695-2009 附表	●		●	
C3-4-12	硬度试验报告	DB11/T 695-2009 附表	●		●	
C3-4-13	静载锚固性能试验报告	DB11/T 695-2009 附表	●		●	
C3-4-14	钢绞线力学性能试验报告	DB11/T 695-2009 附表	●		●	
C3-4-15	防水卷材试验报告	DB11/T 695-2009 附表	●		●	
C3-4-16	防水涂料试验报告	DB11/T 695-2009 附表	●		●	
C3-4-17	环氧煤沥青涂料性能试验报告	DB11/T 695-2009 附表	●		●	
C3-4-18	止水带试验报告	DB11/T 695-2009 附表	●		●	
C3-4-19	伸缩缝密封填料试验报告	DB11/T 695-2009 附表	●		●	
C3-4-20	砖（砌块）试验报告	DB11/T 695-2009 附表	●		●	
C3-4-21	轻集料试验报告	DB11/T 695-2009 附表	●		●	
C3-4-22	石灰（水泥）剂量试验报告	DB11/T 695-2009 附表	●		●	
C3-4-23	沥青试验报告	DB11/T 695-2009 附表	●		●	
C3-4-24	沥青胶结材料试验报告	DB11/T 695-2009 附表	●		●	
C3-4-25	沥青混合料试验报告	DB11/T 695-2009 附表	●		●	
C3-4-26	锚具检验报告	DB11/T 695-2009 附表	●		●	
C3-4-27	阀门试验记录	DB11/T 695-2009 附表	●		●	
C3-4-28	见证试验（检测）汇总表	DB11/T 695-2009 附表	●		●	
C3-4-29	钢结构、钢梁焊接工艺评定	制作厂家或检测单位	●		●	
C3-4-30	高强螺栓抗滑移系数检测报告	检测单位	●		●	
C4	施工测量监测资料		●			
C4-1	工程定位测量记录	施工单位	●	●		
C4-2	测量复核记录	DB11/T 695-2009 附表	●	●	●	●
C4-3	沉降观测记录	观测单位	●		●	●
C4-4	初期支护净空测量记录	DB11/T 695-2009 附表	●		●	
C4-5	隧道净空测量记录	DB11/T 695-2009 附表	●		●	
C4-6	结构收敛观测成果记录	DB11/T 695-2009 附表	●		●	
C4-7	地中位移观测记录	DB11/T 695-2009 附表	●		●	
C4-8	拱顶下沉观测成果表	DB11/T 695-2009 附表	●		●	
C5	施工记录					
C5-1	通用记录					

（续）

类别编码	资料名称	资料来源及本规程附表	保存单位			
			施工单位	监理单位	建设单位	档案馆
C5-1-1	施工通用记录	DB11/T 695-2009 附表	●		●	
C5-1-2	隐蔽工程检查记录	DB11/T 695-2009 附表	●		●	
C5-1-3	中间检查交接记录	DB11/T 695-2009 附表	●		●	
C5-1-4	数字图文记录	DB11/T 695-2009 附表	●		●	
C5-2	基础/主体结构工程通用施工记录					
C5-2-1	基地验槽检查记录	DB11/T 695-2009 附表	●		●	●
C5-2-2	地基处理记录	DB11/T 695-2009 附表	●		●	●
C5-2-3	地基钎探记录	DB11/T 695-2009 附表	●		●	●
C5-2-4	地下连续墙挖槽施工记录	DB11/T 695-2009 附表	●		●	
C5-2-5	地下连续墙护壁泥浆质量检查记录	DB11/T 695-2009 附表	●		●	
C5-2-6	地下连续墙混凝土浇筑记录	DB11/T 695-2009 附表	●		●	
C5-2-7	沉井(泵站)工程施工记录	DB11/T 695-2009 附表	●		●	
C5-2-8	桩基础施工记录(通用)	DB11/T 695-2009 附表	●		●	
C5-2-9	钻孔桩钻进记录(冲击钻)	DB11/T 695-2009 附表	●			
C5-2-10	钻孔桩钻进记录(旋转钻)	DB11/T 695-2009 附表	●			
C5-2-11	钻孔桩混凝土灌注前检查记录	DB11/T 695-2009 附表	●			
C5-2-12	钻孔桩水下混凝土浇注记录	DB11/T 695-2009 附表	●			
C5-2-13	沉入桩检查记录	DB11/T 695-2009 附表	●		●	
C5-2-14	土层锚杆成孔记录	专业施工单位	●		●	
C5-2-15	土层锚杆注浆记录	专业施工单位	●		●	
C5-2-16	土层锚杆张拉锁定记录	专业施工单位	●		●	
C5-2-17	混凝土浇筑申请书	施工单位	●			
C5-2-18	混凝土开盘鉴定	DB11/T 695-2009 附表	●			
C5-2-19	混凝土浇筑记录	DB11/T 695-2009 附表	●			
C5-2-20	混凝土养护测温记录	DB11/T 695-2009 附表	●			
C5-2-21	预应力筋张拉数据记录	DB11/T 695-2009 附表	●		●	
C5-2-22	预应力筋张拉记录(一)	DB11/T 695-2009 附表	●		●	
C5-2-23	预应力筋张拉记录(二)	DB11/T 695-2009 附表	●		●	
C5-2-24	预应力张拉孔道压浆记录	DB11/T 695-2009 附表	●		●	
C5-2-25	构件吊装施工记录	DB11/T 695-2009 附表	●		●	
C5-2-26	圆形钢筋混凝土构筑物缠绕钢丝应力测定记录	DB11/T 695-2009 附表	●		●	

（续）

类别编码	资料名称	资料来源及本规程附表	保存单位			
			施工单位	监理单位	建设单位	档案馆
C5-2-27	网架安装检查记录	专业施工单位	●		●	
C5-2-28	防水工程施工记录	本规程附图	●		●	
C5-2-29	桩检测报告	检测单位	●		●	●
C5-3	道路、桥梁工程施工记录					
C5-3-1	沥青混凝土进场、摊铺测温记录	DB11/T 695-2009 附表	●			
C5-3-2	碾压沥青混凝土测温记录	DB11/T 695-2009 附表	●			
C5-3-3	钢筋梁安装检查记录	专业施工单位提供	●		●	●
C5-3-4	高强螺栓连接检查记录	专业施工单位提供	●		●	●
C5-3-5	箱涵顶进施工记录	专业施工单位提供	●			
C5-3-6	桥梁支座安装记录	DB11/T 695-2009 附表	●			
C5-4	管(隧)道工程施工记录					
C5-4-1	焊工资格备案表	施工单位提供	●		●	
C5-4-2	焊缝综合质量检查汇总记录	DB11/T 695-2009 附表	●		●	●
C5-4-3	焊缝排位记录及示意图	DB11/T 695-2009 附表	●		●	●
C5-4-4	聚乙烯管道连接记录	DB11/T 695-2009 附表	●	●	●	
C5-4-5	聚乙烯管道焊接工作汇总表	DB11/T 695-2009 附表	●		●	
C5-4-6	钢(聚乙烯)管变形检查记录	DB11/T 695-2009 附表	●		●	
C5-4-7	管架(固、支、吊、滑等)安装调整记录	DB11/T 695-2009 附表	●		●	
C5-4-8	补偿器安装记录	DB11/T 695-2009 附表	●		●	
C5-4-9	防腐层施工质量检查记录	DB11/T 695-2009 附表	●		●	●
C5-4-10	牺牲阳极埋设记录	DB11/T 695-2009 附表	●		●	●
C5-4-11	顶管施工记录	DB11/T 695-2009 附表	●			
C5-4-12	浅埋暗挖法施工检查记录	DB11/T 695-2009 附表	●			
C5-4-13	盾构法工记录	DB11/T 695-2009 附表	●			
C5-4-14	盾构管片拼装记录	DB11/T 695-2009 附表	●			
C5-4-15	小导管施工记录	DB11/T 695-2009 附表	●			
C5-4-16	大管棚施工记录	DB11/T 695-2009 附表	●			
C5-4-17	隧道支护施工记录	DB11/T 695-2009 附表	●			
C5-4-18	注浆检查记录	DB11/T 695-2009 附表	●		●	
C5-4-19	水平定向钻导向孔钻进施工记录	DB11/T 695-2009 附表	●		●	
C5-4-20	水平定向钻回扩(拖)记录	DB11/T 695-2009 附表	●		●	
C5-5	厂(场)、站设备安装工程施工记录					
C5-5-1	设备基础检查验收记录	DB11/T 695-2009 附表	●		●	●

（续）

类别编码	资料名称	资料来源及本规程附表	保存单位			
			施工单位	监理单位	建设单位	档案馆
C5-5-2	钢制平台/钢架制作安装检查记录	DB11/T 695-2009 附表	●		●	
C5-5-3	设备安装检查记录(通用)	DB11/T 695-2009 附表	●		●	
C5-5-4	设备联轴器对中检查记录	DB11/T 695-2009 附表	●		●	
C5-5-5	容器安装检查记录	DB11/T 695-2009 附表	●		●	
C5-5-6	安全附件安装检查记录	DB11/T 695-2009 附表	●		●	
C5-5-7	锅炉安装(整装)施工记录	安全监察部门表格	●		●	
C5-5-8	锅炉安装(散装)施工记录	安全监察部门表格	●		●	
C5-5-9	软化水处理设备安装调试记录	DB11/T 695-2009 附表	●		●	●
C5-5-10	燃烧器及燃料管路安装记录	DB11/T 695-2009 附表	●		●	
C5-5-11	管道/设备保温施工检查记录	DB11/T 695-2009 附表	●		●	
C5-5-12	净水厂水处理工艺系统调试记录	DB11/T 695-2009 附表	●		●	●
C5-5-13	加药、加氯工艺系统调试记录	DB11/T 695-2009 附表	●		●	●
C5-5-14	水处理工艺管线验收记录	DB11/T 695-2009 附表	●		●	●
C5-5-15	污泥处理工艺系统调试记录	DB11/T 695-2009 附表	●		●	●
C5-5-16	自控系统调试记录	DB11/T 695-2009 附表	●		●	●
C5-5-17	自控设备单台安装记录	DB11/T 695-2009 附表	●		●	●
C5-5-18	污水处理工艺系统调试记录	调试单位	●		●	●
C5-5-19	污泥消化工艺系统调试记录	调试单位	●		●	●
C5-6	电气安装工程施工记录					
C5-6-1	电缆敷设检查记录	DB11/T 695-2009 附表	●		●	
C5-6-2	电气照明装置安装检查记录	DB11/T 695-2009 附表	●		●	
C5-6-3	电线(缆)钢导管安装检查记录	DB11/T 695-2009 附表			●	
C5-6-4	成套开关柜(盘)安装检查记录	DB11/T 695-2009 附表	●			
C5-6-5	盘、柜安装及二次结线检查记录	DB11/T 695-2009 附表	●		●	
C5-6-6	避雷装置安装检查记录	DB11/T 695-2009 附表	●		●	
C5-6-7	起重设备机电气安装检查记录	DB11/T 695-2009 附表	●		●	
C5-6-8	电机安装检查记录	DB11/T 695-2009 附表	●		●	
C5-6-9	变压器安装检查记录	DB11/T 695-2009 附表	●		●	
C5-6-10	高压隔离开关、负荷开关及熔断器安装检查记录	DB11/T 695-2009 附表	●		●	
C5-6-11	电缆头(中间接头)制作记录	DB11/T 695-2009 附表	●		●	
C5-6-12	厂区供水(给水)设备、供电系统调试记录	DB11/T 695-2009 附表	●		●	●

（续）

类别编码	资料名称	资料来源及本规程附表	保存单位			
			施工单位	监理单位	建设单位	档案馆
C5-6-13	自动扶梯安装记录	DB11/T 695-2009 附表	●		●	
C6	施工试验记录及检测报告					
C6-1	施工试验记录(通用)	DB11/T 695-2009 附表	●		●	
C6-2-1	最大干密度与最佳含水率试验报告	DB11/T 695-2009 附表	●		●	
C6-2-2	土壤压实度试验记录(环刀法)	DB11/T 695-2009 附表	●		●	
C6-2-3	土壤(或道路基层材料)压实度检验报告	DB11/T 695-2009 附表	●		●	
C6-2-4	砂浆配合比申请单、通知单	DB11/T 695-2009 附表	●			
C6-2-5	砂浆抗压强度试验报告	DB11/T 695-2009 附表	●		●	
C6-2-6	砂浆试块强度统计、评定记录	DB11/T 695-2009 附表	●		●	
C6-2-7	混凝土配合比申请单、通知单	DB11/T 695-2009 附表	●			
C6-2-8	混凝土抗压强度试验报告	DB11/T 695-2009 附表	●		●	
C6-2-9	混凝土试块强度统计、评定记录	DB11/T 695-2009 附表	●		●	
C6-2-10	混凝土抗渗试验报告	DB11/T 695-2009 附表	●		●	
C6-2-11	混凝土抗冻试验报告(慢冻法)	DB11/T 695-2009 附表	●		●	
C6-2-12	混凝土抗冻试验报告(快冻法)	DB11/T 695-2009 附表	●		●	
C6-2-13	混凝土抗折强度试验报告	DB11/T 695-2009 附表	●		●	
C6-2-14	钢筋连接试验报告	竣工测量单位	●		●	
C6-2-15	射线检测报告	DB11/T 695-2009 附表	●		●	●
C6-2-16	射线检测报告底片评定记录	DB11/T 695-2009 附表	●		●	
C6-2-17	超声波检测报告	DB11/T 695-2009 附表	●		●	●
C6-2-18	超声波检测报告评定记录	DB11/T 695-2009 附表	●		●	
C6-2-19	磁粉检测报告	DB11/T 695-2009 附表	●		●	●
C6-2-20	渗透检测报告	DB11/T 695-2009 附表	●		●	●
C6-2-21	无损检测委托单	DB11/T 695-2009 附表	●		●	
C6-2-22	喷射混凝土配合比申请单、通知单	DB11/T 695-2009 附表	●			
C6-3	道路、桥梁工程试验记录					
C6-3-1	无侧限抗压强度试验报告	DB11/T 695-2009 附表	●	●	●	
C6-3-2	道路基层材料压实度试验报告(灌砂法)	DB11/T 695-2009 附表	●		●	
C6-3-3	沥青混合料压实度试验报告	DB11/T 695-2009 附表	●		●	
C6-3-4	沥青混凝土路面厚度检测报告	DB11/T 695-2009 附表	●		●	
C6-3-5	弯沉检测报告	DB11/T 695-2009 附表	●		●	●
C6-3-6	路面平整度检测报告	DB11/T 695-2009 附表	●		●	
C6-3-7	路面抗滑性能检测报告	DB11/T 695-2009 附表	●		●	
C6-3-8	路面渗水系数检测报告	DB11/T 695-2009 附表	●		●	
C6-3-9	混凝土路面砖试验报告	DB11/T 695-2009 附表	●		●	

（续）

类别编码	资料名称	资料来源及本规程附表	保存单位			
			施工单位	监理单位	建设单位	档案馆
C6-3-10	桥梁功能性试验委托书	DB11/T 695-2009 附表	●	●	●	
C6-3-11	桥梁功能性试验报告	检测单位提供	●	●	●	●
C6-4	管(隧)道工程试验记录					
C6-4-1	给水管道水压试验记录	DB11/T 695-2009 附表	●		●	●
C6-4-2	PE 给水管道水压试验记录	DB11/T 695-2009 附表	●		●	●
C6-4-3	给水、供热管网冲洗记录	DB11/T 695-2009 附表	●		●	
C6-4-4	供热管道水压试验记录	DB11/T 695-2009 附表	●		●	
C6-4-5	供热管网(场站)热运行记录	DB11/T 695-2009 附表	●		●	●
C6-4-6	补偿器冷拉记录	DB11/T 695-2009 附表	●		●	
C6-4-7	管道通球试验记录	DB11/T 695-2009 附表	●		●	
C6-4-8	燃气管道强度试验验收单	DB11/T 695-2009 附表	●		●	●
C6-4-9	燃气管道严密性试验验收单	DB11/T 695-2009 附表	●		●	●
C6-4-10	燃气管道气压严密性试验记录(一)	DB11/T 695-2009 附表	●		●	●
C6-4-11	燃气管道气压严密性试验记录(二)	DB11/T 695-2009 附表	●		●	●
C6-4-12	埋地钢质管道防腐层完整性检测报告	DB11/T 695-2009 附表	●		●	●
C6-4-13	管道系统吹洗(脱脂)记录	DB11/T 695-2009 附表	●		●	
C6-4-14	阴极保护系统验收测试记录	DB11/T 695-2009 附表	●		●	●
C6-4-15	污水管道闭水试验记录	DB11/T 695-2009 附表	●		●	●
C6-5	厂(场)、站工程试验记录		●			
C6-5-1	调试记录(通用)	DB11/T 695-2009 附表	●		●	●
C6-5-2	设备单机试运转记录(通用)	DB11/T 695-2009 附表	●		●	
C6-5-3	设备强度/严密性试验记录	DB11/T 695-2009 附表	●		●	●
C6-5-4	起重机试运转试验记录	DB11/T 695-2009 附表	●		●	●
C6-5-5	设备负荷联动(系统)试运行记录	DB11/T 695-2009 附表	●		●	●
C6-5-6	安全阀调试记录	DB11/T 695-2009 附表	●		●	●
C6-5-7	水池满水试验记录	DB11/T 695-2009 附表	●		●	●
C6-5-8	消化池气密性试验记录	DB11/T 695-2009 附表	●		●	●
C6-5-9	曝气均匀性试验记录	DB11/T 695-2009 附表	●		●	●
C6-5-10	防水工程试水记录	DB11/T 695-2009 附表	●		●	
C6-6	电气工程施工试验记录					
C6-6-1	电气绝缘电阻测试记录	DB11/T 695-2009 附表	●		●	
C6-6-2	电气照明全负荷试运行记录	DB11/T 695-2009 附表	●		●	
C6-6-3	电机试运行记录	DB11/T 695-2009 附表	●		●	●

（续）

类别编码	资料名称	资料来源及本规程附表	保存单位			
			施工单位	监理单位	建设单位	档案馆
C6-6-4	电气接地装置隐检/测试记录	DB11/T 695-2009 附表	●		●	
C6-6-5	变压器试运行检查记录	DB11/T 695-2009 附表	●		●	
C6-6-6	自动扶梯的运行试验记录	试验单位	●		●	
C6-6-7	高压电气绝缘电阻测试记录	试验单位	●		●	●
C6-6-8	高压电气设备交流耐压试验记录	试验单位	●		●	●
C6-6-9	高压电气设备直流耐压、泄漏电流试验记录	试验单位	●		●	●
C7	施工质量验收资料					
C7-1-1	检验批质量验收记录(一)	DB11/T 695-2009 附表	●	●	●	
C7-1-2	检验批质量验收记录(二)	DB11/T 695-2009 附表	●	●	●	
C7-2	分项工程质量验收记录	DB11/T 695-2009 附表	●	●	●	
C7-3	分部(子分部)工程质量验收记录	DB11/T 695-2009 附表	●	●	●	●
C7-4	单位工程质量评定记录	DB11/T 695-2009 附表	●			
C8	工程竣工验收资料					
C8-1	单位工程质量验收记录	DB11/T 695-2009 附表	●	●	●	●
C8-2	工程竣工报告	施工单位	●	●	●	●
C8-3	竣工测量委托书	DB11/T 695-2009 附表	●	●		
C8-4	竣工测量报告	竣工测量单位	●	●	●	●
C8-5	单位(子单位)工程质量控制资料核查记录	DB11/T 695-2009 附表	●	●	●	●
C8-6	单位(子单位)工程安全和功能检查资料及主要功能抽查记录	DB11/T 695-2009 附表	●	●	●	●
C8-7	单位(子单位)工程观感质量检查记录	DB11/T 695-2009 附表	●	●	●	●
D类	竣工图		●		●	●
E类	工程档案封面、目录和其他资料					
E1	工程资料总目录卷					
E1-1	工程资料总目录汇总表		●		●	
E1-2	工程资料总目录		●		●	
E2	工程资料封面和目录及备考					
E2-1	工程资料案卷封面		●		●	
E2-2	工程资料卷内目录		●			
E2-3	工程资料卷内备考表		●		●	
E3	城市建设档案封面和目录及备考					
E3-1	城市建设档案案卷封面				●	●

（续）

类别编码	资料名称	资料来源及本规程附表	保存单位			
			施工单位	监理单位	建设单位	档案馆
E3-2	城建档案卷内目录				●	●
E3-3	城建档案案卷审核人备考表				●	●
E4	工程资料、档案移交书					
E4-1	工程资料移交书				●	
E4-2	城市建设档案移交书				●	●
E4-3	城市建设档案缩微品移交书				●	●
E4-4	城市建设档案移交目录				●	●
E5	建设工程概况					
E5-1	工程概况表：城市管线工程	DB11/T 695-2009 附表				●
E5-2	工程概况表：城市道路工程（含广场）	DB11/T 695-2009 附表				●
E5-3	工程概况表：桥梁（涵洞、隧道）工程	DB11/T 695-2009 附表				●
E5-4	工程概况表：市政公用厂（场）、站工程	DB11/T 695-2009 附表				●
E5-5	工程概况表：城市轨道交通工程	DB11/T 695-2009 附表				●

三、分部、分项工程划分

1. 城镇道路工程

表 1-2　城镇道路工程分部（子分部）工程划分与代号索引表

分部工程代号	分部工程名称	子分部工程代号	子分部工程名称	分项工程名称	备注
01	路基			土方路基	
				石方路基	
				路基处理	
				路肩	
02	基层			石灰土基层	
				石灰粉煤灰稳定砂砾（碎石）基层	
				石灰扮煤灰钢渣基层	
				水泥稳定土类基层	
				级配砂砾（砾石）基层	
				级配碎石（碎砾石）基层	
				沥青碎石料基层	
				沥青贯人式基层	

（续）

分部工程代号	分部工程名称	子分部工程代号	子分部工程名称	分项工程名称	备注
03	面层	01	沥青混合料面层	透层	
				粘层	
				封层	
				热拌沥青混合料面层	
				冷拌沥青混合科面层	
		02	沥青贯人式与沥青表面处治面层	沥青贯人式面层	
				沥青表面处治面层	
		03	水泥混凝土面层	水泥混凝土面层	
		04	铺砌式面层	料石面层	
				预制混凝土砌块面层	
04	广场与停车场			料石面层	
				预制混凝土砌块面层	
				沥青混合料面层	
				水泥混凝土面层	
05	人行道			料石人行道钢砌面层(含盲道砖)	
				混凝土预制块铺砌人行道面层(含盲道砖)	
				沥青混合料铺筑面层	
06	人行地道结构	01	现浇钢筋混凝土人行地道结构	地基	
				防水	
				基础(摸板、钢筋、混凝土)	
				墙与顶扳(模板、钢筋、混凝土)	
		02	预制安装钢筋混凝土人行地道结构	墙与顶部构件预制	
				地基	
				防水	
				基础(摸板、钢筋、混凝土)	
				墙板、顶板安装	
		03	砌筑墙体、钢筋混凝土顶板人行地道结构	顶部构件预制	
				地基	
				防水	
				基础(模板、钢筋、混凝土)	
				墙体砌筑	
				项部构件、顶板安装	
				项部现浇(模板、钢筋、混凝土)	

（续）

分部工程代号	分部工程名称	子分部工程代号	子分部工程名称	分项工程名称	备注
07	挡土墙	01	现浇钢筋混凝土挡土墙	地基 基础 墙（模板、钢筋、混凝土） 滤层、泄水孔 回填土 帽石 栏杆	
		02	装配式钢筋混凝土挡土墙	挡土墙板预制 地基 基础（模板、钢筋、混凝土） 墙板安装（含焊接） 滤层、泄水孔 回填土 帽石 栏杆	
		03	砌筑挡土墙	地基 基础（砌筑、混凝土） 墙体砌筑 滤层、泄水孔 回填土 帽石	
		04	加筋土挡土墙	地基 基础（模板、钢筋、混凝土） 加筋挡土墙砌块与筋带安装 滤层、泄水孔 回填土 帽石 栏杆	
08	附属构筑物工程	01	附属构筑物 1	路缘石	
		02	附属构筑物 2	雨水支管与雨水口	
		03	附属构筑物 3	排（截）水沟	
		04	附属构筑物 4	倒虹管及涵洞	
		05	附属构筑物 5	护坡	
		06	附属构筑物 6	隔离墩	
		07	附属构筑物 7	隔离栅	
		08	附属构筑物 8	护栏	
		09	附属构筑物 9	声屏障（砌体、金属）	
		10	附属构筑物 10	防眩板	

2. 城市桥梁工程

表 1-3 城市桥梁工程分部(子分部)工程划分与代号索引表

分部工程代号	分部工程名称	子分部工程代号	子分部工程名称	分项工程名称	备注
01	地基与基础	01	扩大基础	基坑开挖、地基、土方回填、现浇混凝土(模板与支架、钢筋、混凝土)、砌体	
		02	沉入桩	预制桩(模板、钢筋、混凝土、预应力混凝土)、钢管桩、沉桩	
		03	灌注桩	机械成孔、人工挖孔、钢筋笼制作与安装、混凝土灌注	
		04	沉井	沉井制作(模板与支架、钢筋、混凝土、钢壳)、浮运、下沉就位、清基与填充	
		05	地下连续墙	成槽、钢筋骨架、水下混凝土	
		06	承台	模板与支架、钢筋、混凝土	
02	墩台	01	砌体墩台	石砌体、砌块砌体	
		02	现浇混凝土墩台	模板与支架、钢筋、混凝土、预应力混凝土	
		03	预制混凝土柱	预制柱(模板、钢筋、混凝土、预应力混凝土)、安装	
		04	台背填土	填土	
03	盖梁	01	盖梁	模板与支架、钢筋、混凝土、预应力混凝土	
04	支座	02	支座	垫石混凝土、支座安装、挡块混凝土	
05	索塔	03	索塔	现浇混凝土索塔(模板与支架、钢筋、混凝土、预应力混凝土)、钢构件安装	可单独组卷
06	锚锭	04	锚锭	锚固体系制作、锚固体系安装、锚锭混凝土(模板与支架、钢筋、混凝土)、锚索张拉与压浆	可单独组卷
07	桥跨承重结构	01	支架上浇筑混凝土梁(板)	模板与支架、钢筋、混凝土、预应力钢筋	
		02	装配式钢筋混凝土梁(板)	预制梁(板)(模板与支架、钢筋、混凝土、预应力混凝土)、安装梁(板)	
		03	悬臂浇筑预应力混凝土梁	0° 混凝土、预应力混凝土	
		04	悬臂拼装预应力混凝土梁	0°段(模板与支架、钢筋、混凝土、预应力混凝土)、梁段预制(模板与支架、钢筋、混凝土)、拼装梁段、施加预应力	
		05	顶推施工混凝土梁	台座系统、导梁、梁段预制(模板与支架、钢筋、混凝土、预应力混凝土)、项推梁段、施加预应力	
		06	钢梁	钢梁制作、现场安装	
		07	结合梁	钢梁制作、钢梁安装、预应力钢筋混凝土梁预制(模板与支架、钢筋、混凝土、预应力混凝土)、预制梁安装、混凝土结构浇筑(模板与支架、钢筋、混凝土、预应力混凝土)	

（续）

分部工程代号	分部工程名称	子分部工程代号	子分部工程名称	分项工程名称	备注
07	桥跨承重结构	08	拱部与拱上结构	砌筑拱圈、现浇混凝土拱圈、劲性骨架混凝土拱圈、装配式混凝土拱部结构、钢管混凝土拱（拱肋安装、混凝土压注）、吊杆、系杆拱、转体施工、拱上结构	可单独组卷
		09	斜拉桥的主梁与拉索	0 悬拼钢箱梁、支架上安装钢箱梁、结合梁、拉索安装	可单独组卷
		10	悬索桥的加劲梁与缆索	索鞍安装、主缆架设、主缆防护、索央和吊索安装、加劲梁段拼装	可单独组卷
08	顶进箱涵	01	基坑开挖	工作坑、滑板、后背	
		02	箱涵预制	箱涵预制（模板与支架、钢筋、混凝土）	
		03	箱涵顶进	箱涵顶进	
09	桥面系	01	桥面系	伸缩装置、地袱和缘石与挂板、防护设施、人行道	
10	附属结构	01	附属结构	隔音与防眩装置、梯道（砌体，混凝土—模板与支架、钢筋、混凝土；钢结构）、桥头搭板（模板、钢筋、混凝土）、防冲刷结构、照明、挡土墙	
11	装饰与装修	01	装饰与装修	水泥砂浆抹面、饰面板、饰面砖和涂装	
12	引道	01	引道		

注：1. 城市桥梁工程对于结构多样、工艺复杂的基础、下部结构、桥跨承重结构等亦可根据实际情况分别单独组卷（例：拱桥、斜拉桥、悬索桥和特大桥等）；

2. 本表所列的分项工程为常规或常见项目，可根据实际情况可增列或删减工相应内容；

3. 挡土墙和引道等应符合城镇道路工程的划分规定。

3. 给水排水管道工程

表 1-4　给水排水管道工程分部（子分部）工程划分与代号索引表

分部工程代号	分部工程名称	子分部工程代号	子分部工程名称		分项工程名称	备注
01	土方工程	01	土方工程		沟槽土方（沟槽开挖、沟槽支撑、沟槽回填） 基坑土方（基坑开挖、基坑支护、基坑回填） 排水、降水	
02	管道主体工程	01	预制管开槽施工主体结构	金属类管、混凝土类管、预应力钢筒混凝土管、化学管材	管道基础、管道接口连接、管道铺设、管道防腐层（管道内防腐层、钢管外防腐层）、钢管阴极保护	

（续）

分部工程代号	分部工程名称	子分部工程代号	子分部工程名称		分项工程名称	备注
02	管道主体工程	02	管渠（廊）	现浇钢筋混凝土管渠、装配式混凝土管渠、砌筑管渠	装配式混凝土管渠（预制构件安装、变形缝）、砌筑管渠（砖石砌筑、变形缝）、管道内防腐层、管廊内管道安装	
		03	不开槽施工主体结构	工作井	工作井围护结构、工作井	
		04		顶管	管道接口连接、顶管管道（钢筋混凝土管、钢管）、管道防腐层（管道内防腐层、钢管外防腐层）、钢管阴极保护、垂直顶升	
		05		盾构	管片制作、掘进及管片拼装、二次内衬（钢筋、混凝土）、管道防腐层、垂直项升	
		06		浅埋暗挖	土层开挖、初期衬砌、防水层、二次内衬、管道防腐层、垂直顶升	
		07		定向钻	钢管阴极保护	
		08		夯管	钢管阴极保护	
		09	沉管	组对拼装沉管	基槽浚挖及管基处理、管道接口连接、管道防腐层、管道沉放、稳管及回填	
		10		预制钢筋混凝土沉管	基槽浚挖及管基处理、预制钢筋混凝土管节制作（钢筋、模板、混凝土）、管节接口预制加工、管道沉放、稳管及回填	
		11	桥管		管道接口连接、管道防腐层（内防腐层、外防腐层）、桥管管道	
03	附属构筑物	01	附属构筑物工程		雨水口及支连管、支墩	
04	给水管道	01	井室设备安装		闸阀、蝶阀、排气阀、消火栓、测流计、自闭式水锤消除器及其附件安装	
		02	水压试验		强度试验、严密性试验	
		03	冲洗消毒		浸泡、冲洗、水质化验	
		04	警示带敷设		敷设警示带	
05	排水管道	01	污水管道严密性试验		带井闭水	
		02			不带井闭水	
		03			闭气试验	

注：1. 给水排水管道工程单位工程、顶管工程、沉管工程、桥管工程和浅埋暗挖管道工程的单位工程划分可参照 GB 50268—2008《给水排水管道工程施工及验收规范》附录 A 相关规定执行：上述工程可单独组卷；

2. 给水排水管道工程其他项目的划分可参照 GB 50268—2008《给水排水管道工程施工及验收规范》附录 A 相关规定执行；

3. 本表所列的分项工程为常规或常见项目，可根据实际情况可增列或删减相应内容。

4. 给水排水构筑物工程

表 1-5 给水排水构筑物工程分部(子分部)工程划分与代号索引表

分部工程代号	分部工程名称	子分部工程代号	子分部工程名称	分项工程名称	备注
01	地基与基础工程	01	土石方	围堰、基坑支护结构、(各类围护)、基坑开挖、(基坑回填、排水、降水)	
		02	地基基础	地基处理、混凝土基础、桩基础	
02	主体结构工程	01	现浇混凝土结构	底板(钢筋、模板、混凝土)、墙体及内部结构(钢筋、模板、混凝土)、顶板(钢筋、模板、混凝土)、预应力混凝土(后张预应力混凝土)、变形缝、表面层、(防腐层、防水层、保温层等的基面处理、涂衬)、各类单体构筑物	
		02	装配式混凝土结构	预制构件现场制作(钢筋、模板、混凝土)、预制构件安装、圆形构筑物缠丝张拉预应力混凝土、变形缝、表面层、(防腐层、防水层、保温层等的基面处理、涂衬)、各类单体构筑物	
		03	砌体结构	砌体(砖、石、预制砌块)、变形缝、表面层、(防腐层、防水层、保温层等的基面处理、涂衬)、护坡与护坦、各类单体构筑物	
		04	钢结构	涂衬、各类单体构筑物	
03	附属构筑物工程	01	细部结构	现浇混凝土结构(钢筋、模板、混凝土)、钢制构件(现场制作、安装、防腐层)、细部结构	
		02	工艺辅助构筑物	工艺辅助构筑物、预埋件、支架、支墩安装等	
		03	管渠	同主体结构工程的"现浇混凝土结构、装配式混凝土结构、砌体结构"	
04	进、出水管渠	01	混凝土结构	同附属构筑物工程的"管渠"	
		02	预制管铺设	同现行国家标准 GB 50268—2008《给水排水管道工程施工及验收规范》	

注:1. 给水排水构筑物工程的单位工程划分可参照 GB 50141—2008《给水排水管道工程施工及验收规范》附录 A 相关规定执行;

2. 给水排水管道工程其他项目(验收批)的划分可参照 GB 50141—2008《给水排水构筑物工程施工及验收规范》附录 A 相关规定执行;

3. 主体结构工程,根据实际情况可单独组卷;

4. 本表所列的分项工程为常规或常见项目,可根据实际情况可增列或删减相应内容。

5. 城市供热工程工程

表 1-6　城市供热工程分部(子分部)工程划分与代号索引表

分部工程代号	分部工程名称	子分部工程代号	子分部工程名称	分项工程名称	备注
01	土建工程	01	土方工程	沟槽土方(沟槽开挖、沟槽支撑、沟槽回填) 排水、降水	
		02	地基基础	地基处理	
		03	现浇混凝土结构	底板(钢筋、模板、混凝土)、墙体及内部结构(钢筋、模板、混凝土)、顶部(钢筋、模板、混凝土)变形缝、防水层等基面处理、预埋件及预制构件安装,各类单体构筑物	
		04	砌体结构	砌体(砖、预制砌块)、变形缝、表面层、防水层等基面处理、预制盖板、预埋件及预制构件安装	
		05	顶管	管道接口连接、顶管管道(钢筋混凝土管、钢管)、工作井、顶进、注浆	
		06	浇埋暗挖	工作井、初期支护、防水、钢筋混凝土结构(二衬)、预埋件(预留管、洞)	
02	热机工程	01	钢管安装	钢管焊接、支座安装、钢管安装、钢管法兰焊接、螺栓连接	
		02	支架安装	固定支架、滑动支架	
		03	管道附件安装	涨力、套筒、伸缩器等附件安装	
		04	管道系统试验	水压试验、气压试验等严密性试验	
		05	除锈防锈	喷砂除锈、酸洗除锈、清洗、晾干、刷防锈漆	
		06	管道保温	保温层、工厂化树脂保温壳、保护层	
		07	管道冲洗	吹洗管道	
		08	热力井室设备安装	安装热力井室设备及调试	

注:1. 供热管道安装工程的单位工程、分部(子分部)工程和分项工程的划分应符合 CJJ 28-2004《城镇供热管网工程施工及验收规范》9.3 节"工程质量验收方法"相关规定执行;

2. 城市供热工程的主体结构工程,根据实际情况可单独组卷;

3. 本表所列为城市供热管道安装工程,本表所列的分项工程为常规或常见项目,可根据实际情况可增列或删减相应内容;

4. 热力站、中继泵站的建筑和结构部分等可参照现行国家有关标准规定执行。

6. 城市地下交通工程

表 1-7 城市地下交通工程分部(子分部)工程划分与代号索引表

分部工程代号	分部工程名称	子分部工程代号	子分部工程名称	分项工程名称	备注
01	开槽施工主体结构	01	土方工程	沟槽土方(沟槽开挖、沟槽支撑、沟槽回填)	
				排水、降水	
		02	基础	地基处理、地基加固、垫层、桩基础等	
		03	防水工程	防水材料(防水板等)、缓冲材料(无纺布)、止水带	
		04	现浇混凝土结构	底板(钢筋、模板、混凝土)、墙体及内部结构(钢筋、模板、混凝土)、顶板(钢筋、模板、混凝土)、变形缝、表面层、(防腐层、保温层等的基面处理、涂衬)、各类预埋件、预留孔洞	
		05	装配式预制构件安装	侧墙与顶部构件预制	
				地基	
				防水	
				基础(模板、钢筋、混凝土)	
				墙板、顶板安装	
02	不开槽施工主体结构	01	盾构	盾构进出工作井、管片制作、掘进及管片拼装、二次内衬(钢筋、混凝土)、管道防腐层、注浆	
		02	浅埋暗挖	土层开挖、初期衬砌、防水层、二次内衬(混凝土结构)、通道防腐层、预埋件、预留管、洞	
03	防属构筑物工程	01	通讯信号系统	安装通讯信号系统设备	
		02	给排水系统	安装给排水系统设备	
		03	电力照明系统	安装电力系统设备	
		04	通风系统	安装通风系统设备	
		05	交通安全设施	安装交通安全设施	
04	道路结构工程参照第三条 1.“城镇道路工程分部(子分部)工程划分”				

注:1. 城市地下交通工程的单位工程、分部(子分部)工程和分项工程的划分,可参照 DB11/T 311.1—2005《城市轨道交通工程质量验收(第 1 部分)》执选择相关部分内容;

2. 城市地下交通工程的道路结构参照“城镇道路工程分部(子分部)工程划分”;

3. 本表所列为城市地下交通工程的分项工程,为常规或常见项目,可根据实际情况可增列或删减相应内容。

7. 城市供气工程

表 1-8　城市供气工程分部(子分部)工程划分与代号索引表

分部工程代号	分部工程名称	子分部工程代号	子分部工程名称	分项工程名称	备注
01	土方工程	01	土方工程	沟槽土方(沟槽开挖、沟槽支撑、沟槽回填) 排水、降水	
		02	基础	地基处理、砂垫层	
		03	现浇混凝土结构	底板(钢筋、模板、混凝土)、墙体(钢筋、模板、混凝土)、顶板(钢筋、模板、混凝土)防水层等基面处理、预埋件及预制构件安装,各类单体构筑物	
		04	砌体结构	砌体(砖、预制砌块)、防水层等基面处理、预制盖板、预埋件及预制构件安装	
		05	顶管	管道接口连接、顶管管道(钢筋混凝土管、钢管)、工作井、顶进、注浆	
02	管道主体工程	01	钢管安装	通球等	
		02	聚乙烯管铺设	热熔对接连接、电熔连接、钢塑过渡接头金属端与钢管焊接、法兰栓接	
		03	防腐绝缘	管道防腐施工、阴极保护、绝缘板安装等	
		04	闸室设备安装	闸阀、伸缩器、放散管等	
		05	管道附件安装	管道附件安装、安装凝水器及调压器、抗渗处理等	
		06	管道系统试验	强度试验、管道严密性试验	
		07	警示带敷设	敷设警示带	

注:1. 城市供气工程的单位工程、分部(子分部)工程和分项工程的划分可参照 CJJ 33-2005《城市燃气输配工程施工及验收规范》相关规定执行;

2. 本表所列为城市供气工程的分项工程,为常规或常见项目,可根据实际情况可增列或删减相应内容。

8. 城市广场与停车场工程

表 1-9　城市广场与停车场工程分部(子分部)工程划分与代号索引表

分部工程代号	分部工程名称	子分部工程代号	子分部工程名称	分项工程名称	备注
01	土石方工程	01	基础 1	土方基础	
		02	基础 2	石方基础	
		03	基础 3	基础处理	
02	基层	01	基层 1	石灰土基层	
		02	基层 2	石灰粉煤灰稳定砂砾(碎石)基层	

（续）

分部工程代号	分部工程名称	子分部工程代号	子分部工程名称	分项工程名称	备注
02	基层	03	基层3	石灰粉煤灰钢渣基层	
		04	基层4	水泥稳定土类基层	
		05	基层5	级配砂砾(砾石)基层	
		06	基层6	级配碎石(碎砾石)基层	
		07	基层7	沥青碎石料基层	
		08	基层8	沥青贯入式基层	
03	面层	01	沥青混合料面层	透层	
				粘层	
				封层	
				热拌沥青混合料面层	
				冷拌沥青混合料面层	
		02	沥青贯入式与沥青表面处治面层	沥青贯入式面层	
				沥青表面处治面层	
		03	水泥混凝土面层	水泥混凝土面层	
		04	铺砌式面层	料石面层	
				预制混凝土砌块面层	
04	铺砌式面层	01		给水供水系统	
		02		排水系统	
		03		照明工程	
		04		其他	

注：1. 城市广场与停车场工程的单位工程、分部(子分部)工程和分项工程的划分可参照城镇道路工程的划分规定；

2. 城市广场与停车场工程的附属构筑物供水系统、排水系统、照明工程及其他其他工程项目项目的划分可参照相应工程的划分规定。

9. 生活垃圾处理工程

表1-10 生活垃圾处理工程分部(子分部)工程划分与代号索引表

分部工程代号	分部工程名称	子分部工程代号	子分部工程名称	分项工程名称	备注
01	土方工程	01	土方工程	沟槽土方(沟槽开挖、沟槽支撑、沟槽回填)	
				基坑、基槽土方(基坑开挖、基坑支护、基坑回填)	
				排水、降水	
02	主体结构工程	01	护坡工程	锚杆、塑料网、土工布、钢筋、锚喷混凝土	
		02	地下水导排系统设施	卵石导排层、花管卵石导排渠	
		03	防渗层设施	粘土层、彭润土层、高密度聚乙烯膜	
		04	渗沥液导排系统设施	卵石导排层、花管卵石导排渠	
		05	泵房设备安装	泵房设备及阀部件安装调试	

（续）

分部工程代号	分部工程名称	子分部工程代号	子分部工程名称	分项工程名称	备注
03	附属工程	01	垃圾焚烧发电		
		02	污水处理工程		
		03	其他		

注：生活垃圾处理工程的单位工程、分部（子分部）工程和分项工程的划分，附属工程和供水系统、排水系统、照明工程及其他其他工程项目的划分可参照相应工程的划分规定。

10. 交通安全设施工程

表 1-11　交通安全设施工程分部（子分部）工程划分与代号索引表

分部工程代号	分部工程名称	子分部工程代号	子分部工程名称	分项工程名称	备注
01	土建工程	01	土方工程	基坑土方（基坑开挖、基坑支护、基坑回填），沟槽土方（沟槽开挖、沟槽支撑、沟槽回填）	
		02	混凝土基础	基础（模板、钢筋、混凝土），预制构件基座	
		03	管道与手井	管道铺设、手井施作	
02	交通安全设施主体工程	01	线缆	线缆敷设	
		02	标线	标线施工	
		03	标示系统	标示杆安装、标示牌安装	
		04	警示系统	警示杆安装、警示牌安装、警示设施安装调试	
		05	监控系统	监控设备安装调试	
03	附属工程	01	隔离设施	隔离带、隔离护栏、防眩板安装	
		02	其他		

注：1. 本表所列为交通安全设施工程的安装工程；

2. 本表所列的分项工程为常规或常见项目，可根据实际情况可增列或删减相应内容。

11. 市政基础设施厂（场）站工程机电设备安装工程

表 1-12　市政基础设施机电设备安装工程分部（子分部）工程划分与代号索引表

分部工程代号	分部工程名称	子分部工程代号	子分部工程名称	分项工程名称	备注
01	水源厂设备安装工程	01	取水厂设备安装	格栅间、泵房、调流阀室、加氯间、地下水深井泵站等设备安装及调试	
		02	配水厂设备安装	配水溢流井、混合反应池、沉淀池、煤、碳滤地、设备间、活性炭再生间、臭氧生器、加药间、加氯间、加氨间、配水泵房、回流泵房、污泥处理厂等设备安装及调试	

（续）

分部工程代号	分部工程名称	子分部工程代号	子分部工程名称	分项工程名称	备注
02	热源厂设备安装工程	01	锅炉及辅助设备安装	锅炉钢架及平台扶梯、锅炉及集箱、受热面、本体管道及阀部件、水压试验、烘、煮炉等	
		02	汽轮机及辅助设备安装	汽轮机、辅助设备安装及调试等	
		03	给水水处理系统安装	软水设备、除氧设备、管道及阀部件安装及调试	
		04	燃烧系统安装	燃烧设备、管道及阀部件安装及调试	
		05	热水循环系统安装	管道及阀部件安装及系统调试	
		06	检修工艺设备安装	车床、机床等机修设备安装	
		07	燃料输送系统安装	锅炉运煤设备、燃油输送设备、燃气输送设备及附件安装、调试等	
		08	降渣除尘系统安装	锅炉吹灰装置、灰渣排除装置、除尘装置及附件安装、调试等	
		09	防腐保温	防腐保温施工	
03	燃气厂、站设备安装工程	01	设备安装	清管系统、气体分析系统、加臭系统、过滤系统、计量系统、调压系统、放散系统等设备安装	
		02	燃气输(储)配厂设备安装	清管系统、处理净化系统、过滤系统、计量系统、调压系统、加压系统、储存系统设备安装	
		03	燃气调压站设备	过滤系统、计量系统、调压系统、放散系统设备安装	
		04	燃气加气站设备	处理净化器、压缩系统、储存、计量系统、放散系统设备安装	
		05	液化设备、罐瓶厂设备安装	接取系统、储存系统、装卸系统、输送系统、灌装系统、倒残系统设备安装	
		06	液化气气化混气站设备	装卸系统、储存系统、气化系统、混气系统、调压系统设备安装	
		05	其他		
04	污水处理厂设备安装工程	01	污水预处理设备安装	粗细格栅安装、除渣设备安装	
		02	污水泵房设备安装	进水闸门、粗细格栅、除渣设备、提升水泵、止回阀门安装及调试	
		03	除砂设备安装	轨道、吸砂机、砂水分离器安装调试	
		04	初次沉淀设备安装	轨道、吸砂机、出水堰板安装调试	

（续）

分部工程代号	分部工程名称	子分部工程代号	子分部工程名称	分项工程名称	备注
04	污水处理厂设备安装工程	05	曝汽设备安装	曝气机(器)安装调试	
		06	二次沉淀设备安装	导轨、刮泥机、出渣斗、堰板安装调试	
		07	污泥浓缩设备安装	导轨、吸泥机、堰板安装调试	
		08	污泥消化设备安装	加热设备、搅拌设备、沼气输出设备安装调试	
		09	污泥脱水及干化设备	污泥脱水、污泥加药、污泥冲洗、污泥输送设备安装调试	
		10	沼气收集及储存设备	沼气柜、沼气罐安装调试	
		11	中水处理设备安装	加药设备，出水设备、管道安装	
		12	其他设备安装		
05	设备运行工艺连接管线工程	01	给水管线	厂(场)站工程给水管线	
		02	燃气管线	厂(场)站工程燃气管线	
		03	热力管线	厂(场)站工程热力管线	
		04	污水管线	厂(场)站工程污水管线	
		05	污泥管线	厂(场)站工程污泥管线	
		06	处理水资源化再利用	厂(场)站工程处理水资源化再利用管线	
		07	空气管线	厂(场)站工程空气管线	
		08	沼气管线	厂(场)站工程沼气管线	
		09	其他管线		
06	电气及控制工程	01	电气动力	电动机、变压器、高低压柜、动力盘柜、控制箱、屏、防雷与接地装置安装调试；电缆(线)敷设接线，架空线路架设	
		02	电气照明	照明灯具、开关、插座、风扇、控制箱、柜安装调试、电缆(线)敷设接线	
		03	自控工程	计算机控制系统、自动化仪表控制系统等安装调试	
		04	视频监控	控制盘、监控设备、监控仪表、报警器、显示屏、终端监控设备、远传夜位显示系统安装调试	
		05	消防自控	火灾控测器、浓度报警器、报警控制器、消防联动控制器、区域显示器、手动报警按钮、模块、消防电源、电话、广播、照明、疏散指示灯安装、系统调试	
		06	其他	电讯、光缆及照明工程、火灾报警等	

（续）

分部工程代号	分部工程名称	子分部工程代号	子分部工程名称	分项工程名称	备注
07	厂区配套项目工程	01	市政工程	道路、给排水、燃气、热力管道及消防、绿化工程等	
		02	房建工程	锅炉房、站房、办公楼、宿舍楼、维修房、库房、传达室、围墙工程等	
		03	消防工程	水池、循环水池、水泵结合器、水炮、喷淋、水泵、阀门、消防柜等安装	

注：1. 本表所列为市政基础设施机电设备安装工程；

2. 本表未涉及的机电设备安装前的基础工程（含厂区配套项目工程、房建工程等），可根据实际情况参照相应工程（道路、给排水、供热、供气和房建等工程）内容；

3. 本表所列的分项工程为常规或常见项目，可根据实际情况可增列、删减或调整相应内容。

第二节　工程资料管理

一、管理职责

工程资料管理应建立岗位责任制，工程资料的收集、整理应有专人负责，资料管理人员应经过相应的培训。

1. 通用职责

（1）工程资料的形成应符合国家相关的法律、法规、施工质量验收标准和规范、工程合同与设计文件等规定。

（2）工程各参建单位应将工程资料的形成和积累纳入工程建设管理的各个环节和有关人员的职责范围。

（3）工程资料应随工程进度同步收集、整理并按规定移交。

（4）工程资料应实行分级管理，由建设、监理、施工单位主管（技术）负责人组织本单位工程资料的全过程管理工作。建设过程中工程资料的收集、整理工作和审核工作应有专人负责，并按规定取得相应的岗位资格。

（5）各工程参建单位应确保各自文件的真实、有效、完整和齐全，对工程资料进行涂改、伪造、随意抽撤或损毁、丢失等的，应按有关规定予以处罚，情节严重的，应追究法律责任。

2. 工程各参建单位职责

（1）建设单位的资料管理职责

1）建设单位负责工程准备阶段文件（基建文件）管理工作，并设专人对工程准备阶段文件(基建文件)进行收集、整理和归档。

2)在工程招标及与勘察、设计、施工、监理等单位签订协议、合同时,应对工程资料和工程档案的编制责任、套数、费用、质量和移交时间等提出明确要求。

3)必须向参与工程建设的勘察、设计、施工、监理等单位提供与工程建设有关的资料。

4)由建设单位采购的建筑材料、构配件和设备,建设单位应保证建筑材料、构配件和设备符合设计文件和合同要求,并保证相关物资文件的完整、真实和有效。

5)应负责监督和检查各参建单位工程资料的形成、积累和立卷工作,也可委托监理单位检查工程资料的形成、积累和立卷工作。

6)应对须建设单位签认的工程资料签署意见。

7)应收集和汇总勘察、设计、监理和施工等单位立卷归档的工程档案。

8)应负责组织竣工图的绘制工作,也可委托施工单位、监理单位或设计单位,并按相关文件规定承担费用。

9)列入城建档案馆接收范围的工程档案,建设单位应在组织工程竣工验收前,提请城建档案馆进行预验收,未取得《建设工程竣工档案预验收意见》的不得组织工程竣工验收。

10)建设单位应在工程竣工验收后三个月内将工程档案移交城建档案馆。

(2)勘察、设计单位的资料管理职责

1)应按合同和规范要求提供勘察、设计文件。

2)应对须勘察、设计单位签认的工程资料签署意见。

3)工程竣工验收时,应出具工程质量检查报告。

(3)监理单位的资料管理职责

1)应负责监理资料的管理工作,并设专人对监理资料进行收集、整理和归档。

2)应按照合同约定,在勘察、设计阶段,对勘察、设计文件的形成、积累、组卷和归档进行监督、检查;在施工阶段,应对施工资料的形成、积累、组卷和归档工作进行监督、检查,使施工资料的完整性、准确性符合有关要求。

3)列入城建档案馆接收范围的监理资料,监理单位应在工程竣工验收后两个月内移交建设单位。

(4)施工单位的资料管理职责

1)应负责施工资料的管理工作,实行技术负责人负责制,逐级建立健全施工资料管理岗位责任制。

2)应负责汇总各分包单位编制的施工资料,分包单位应负责其分包范围内施工资料的收集和整理,并对施工资料的真实性、完整性和有效性负责。

3)应在工程竣工验收前,完成工程施工资料的整理、汇总。

4)应负责编制两套施工资料,其中,移交建设单位一套,自行保存一套。

3. 城建档案馆的资料管理职责

(1)应负责接收、收集、保管和利用城建档案的日常管理工作。

(2)应负责对城建档案的编制、整理、归档工作进行监督、检查、指导,对国家和省市重点、大型工程项目的工程档案编制、整理、归档工作应指派专业人员进行指导。

(3)应在工程竣工验收前,对列入城建档案馆接收范围的工程档案进行预验收,并出具《建设工程竣工档案预验收意见》。

4. 资料员职责和专业技能、知识

(1)资料员的工作职责

1)参与制定施工资料管理计划;

2)参与建立施工资料管理规章制度;

3)负责建立施工资料台账,进行施工资料交底;

4)负责施工资料的收集、审查及整理;

5)负责施工资料的往来传递、追溯及借阅管理;

6)负责提供管理数据、信息资料;

7)负责施工资料的立卷、归档;

8)负责施工资料的封存和安全保密工作;

9)负责施工资料的验收与移交;

10)参与建立施工资料管理系统;

11)负责施工资料管理系统的运用、服务和管理;

(2)资料员应具备的专业技能

1)能够参与编制施工资料管理计划;

2)能够建立施工资料台账;

3)能够进行施工资料交底;

4)能够收集、审查、整理施工资料;

5)能够检索、处理、存储、传递、追溯、应用施工资料;

6)能够安全保管施工资料;

7)能够对施工资料立卷、归档、验收、移交;

8)能够参与建立施工资料计算机辅助管理平台;

9)能够应用专业软件进行施工资料的处理。

(3)资料员应具备的专业知识

1)通用知识

①熟悉国家工程建设相关法律法规;

②了解工程材料的基本知识;

③熟悉施工图绘制、识读的基本知识;

④了解工程施工工艺和方法;

⑤熟悉工程项目管理的基本知识。

2)基础知识

①了解建筑构造、建筑设备及工程预算的基本知识;

②掌握计算机和相关资料管理软件的应用知识;

③掌握文秘、公文写作基本知识;

3)岗位知识

①熟悉与本岗位相关的标准和管理规定;

②熟悉工程竣工验收备案管理知识;

③掌握城建档案管理、施工资料管理及建筑业统计的基础知识;

④掌握资料安全管理知识。

二、基建文件管理

(1)基建文件应符合下列规定:

1)基建文件是建设单位从立项申请并依法进行项目申报、审批、开工、竣工及备案全过程所形成的全部资料。按其性质可分为:立项决策、建设用地、勘察设计、招投标及合同、开工、商务、竣工备案及其他文件。

2)基建文件必须按有关行政主管部门的规定和要求进行申报,并保证相关手续及文件完整、齐全、有效。

3)基建文件宜按序分类、按文件形成时间编号。

(2)基建文件的形成,见图 1-1 基建文件形成流程图。

(3)决策立项文件包括:项目建议书(可行性研究报告)及其批复、有关立项的会议纪要及领导批示、项目评估研究资料及专家建议等。

(4)建设用地文件包括:征占用地的批准文件、国有土地使用证、国有土地使用权出让交易文件、规划意见书、建设用地规划许可证等。

(5)勘察设计咨询文件包括:工程地质勘察报告、环境检测报告、建设用地钉桩通知单、验线合格文件、审定设计方案通知书、设计图纸及设计计算书、施工图设计文件审查通知书、咨询报告等。

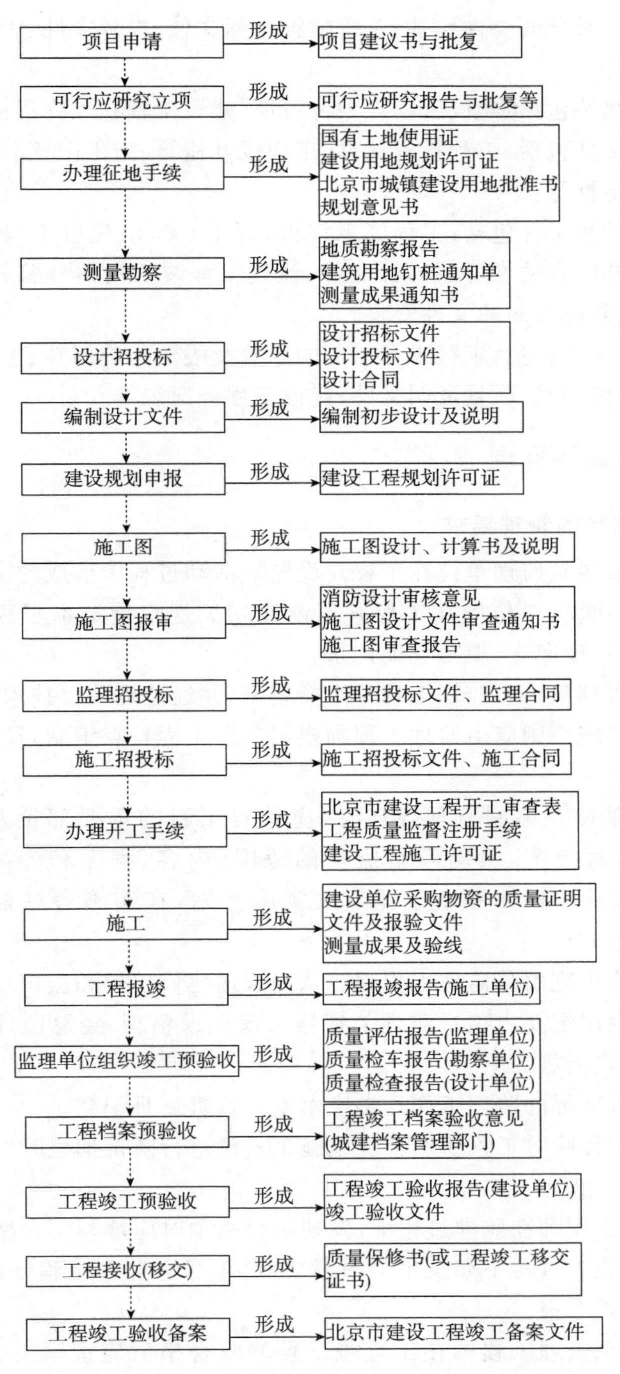

图 1-1 基建文件形成流程图

(6)招投标及合同文件包括:工程建设招标文件、投标文件、中标通知书及相关合同文件。

(7)开工文件包括:建设工程规划许可证、建设工程施工许可证等。

(8)商务文件包括:工程投资估算、工程设计概算、施工图预算、施工预算、工程结算、工程结算等。

(9)竣工备案文件包括:工程施工许可(开工)文件、建设工程竣工验收备案表、政府相关部门有关许可(备案)文件、建设工程竣工档案预验收意见、工程竣工验收报告及其他方面的文件资料。

(10)其他文件包括:工程未开工前的原貌及竣工新貌照片、工程开工、施工、竣工的音像资料、物资质量证明文件、建设工程概况表等。

三、监理资料管理

1. 监理资料的管理要求

(1)监理资料是监理单位在工程建设监理活动过程中形成的全部资料。

(2)监理(建设)单位应在工程开工前按相关规定确定本工程的见证人员。见证人应履行见证职责,填写见证记录。

(3)监理规划应由总监理工程师审核签字,并经监理单位技术负责人批准。

(4)监理实施细则应由监理工程师根据专业工程特点编制,经总监理工程师审核批准。

(5)监理单位在编制监理规划时,应针对工程的重要部位及重要施工工序制定旁站监理方案,明确旁站监理的范围、内容、程序和旁站监理人员职责等。监理人员应根据旁站监理方案实施旁站,在实施旁站监理时应填写旁站监理记录。

(6)监理月报应由总监理工程师签认并报送建设单位和监理单位。

(7)监理会议纪要由项目监理部根据会议记录整理,经总监理工程师审阅,由与会各方代表会签。

(8)项目监理部的监理工作日志应由专人负责逐日记载。

(9)监理工程师对工程所用物资或施工质量进行随机抽检时,应填写监理抽检记录。

(10)监理工程师在监理过程中,发现不合格项时应填写不合格项处置记录。

(11)工程施工过程中如发生的质量事故,项目总监理工程师应记录事故情况并以书面形式上报。

(12)项目总监理工程师在工程竣工预验收合格后应撰写工程质量评估报告,对工程建设质量做出综合评价。工程质量评估报告应由项目总监理工程师及监理单位技术负责人签认，并加盖公章。

(13)工程竣工验收合格后，项目总监理工程师及建设单位代表应共同签署竣工移交证书，并加盖监理单位、建设单位公章。

(14)工程竣工验收合格后，项目总监理工程师应组织编写监理工作总结并提交建设单位。

2. 监理资料的形成流程

监理资料宜按图 1-2 所示流程形成。

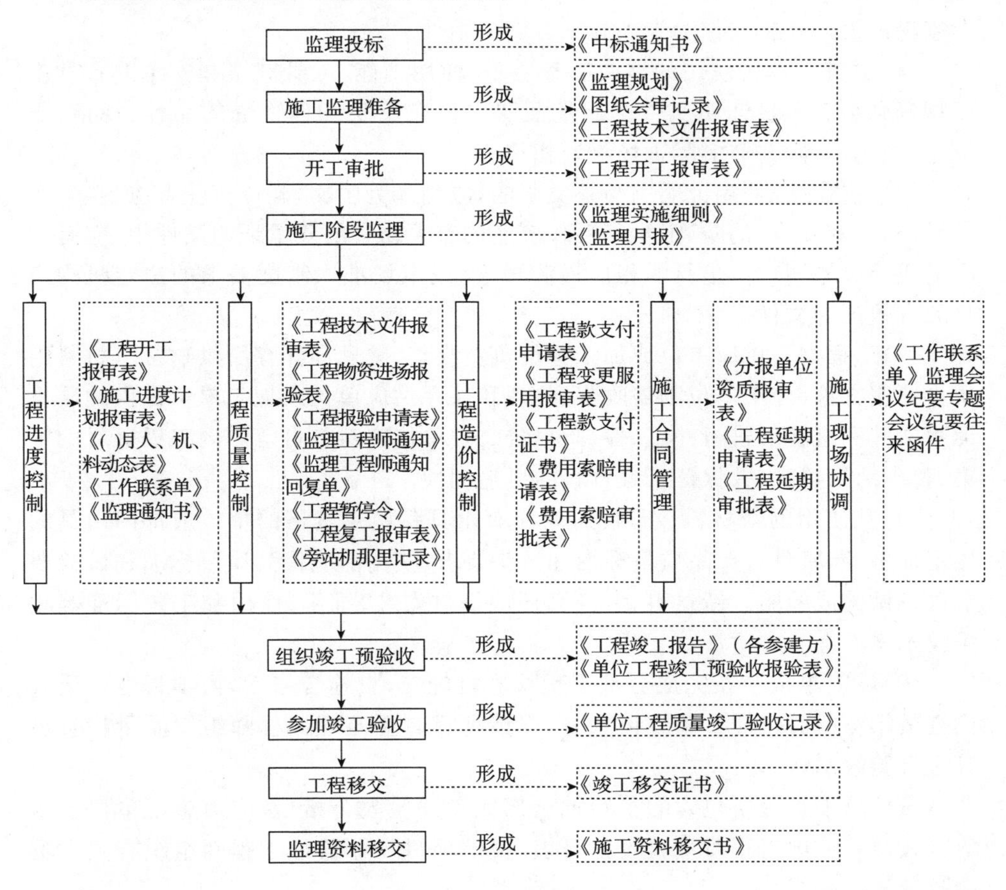

图 1-2 监理资料形成框图

四、施工资料管理

施工资料是指施工单位在工程施工过程中形成的全部资料，按其性质可分为施工管理、施工技术、施工进度及造价资料、施工物资、施工记录、施工试验及检测报告、施工质量验收记录及工程竣工质量验收资料。

1. 施工资料管理要求

(1)施工资料应真实反映工程施工质量。

(2)施工组织设计应由施工单位企业技术负责人审批,报监理单位批准后实施。

(3)对于危险性较大的分部分项工程,施工单位应组织不少于5人的专家组,对专项施工方案进行论证审查。专家组应填写《危险性较大的分部分项工程专家论证表》,并将其作为专项施工方案的附件。

(4)建筑工程所使用的涉及工程质量、使用功能、人身健康和安全的各种主要物资必须有质量证明文件。质量证明文件应反映工程物资的品种、规格、数量、性能指标等,并与实际进场物资相符。

(5)进口物资使用说明书为外文版的,应翻译为中文,翻译责任者应签字。

(6)涉及安全、消防、卫生、环保、节能的有关物资的质量证明文件中,应有相应资质等级检测单位出具的相应检测报告,或市场准入制度要求的法定机构出具的有效证明文件。

(7)工程物资供应单位或加工单位负责收集、整理和保存所供物资原材料的质量证明文件,施工单位则需收集、整理和保存供应单位或加工单位提供的质量证明文件和进场后进行的试(检)验报告。各单位应对各自范围内工程资料的汇集、整理结果负责,并保证工程资料的可追溯性。

(8)凡使用的新材料、新产品,均应有由具备鉴定资格的单位或部门出具的鉴定证书,同时具有产品质量标准和试验要求,使用前应按其质量标准和试验要求进行试验或检验。新材料、新产品还应提供安装、维修、使用和工艺标准等相关技术文件。

(9)施工单位应在完成分项工程检验批施工,自检合格后,由项目专业质量检查员填写检验批质量验收记录表,报请项目专业监理工程师组织质量检查员等进行验收确认。

(10)分项工程所包含的检验批全部完工并验收合格后,应由施工单位技术负责人填写分项工程质量验收记录表,报请项目专业监理工程师组织有关人员验收确认。

(11)分部(子分部)工程所包含的全部分项工程完工并验收合格后,应由施工单位技术负责人填写分部(子分部)工程质量验收记录表,报请项目总监理工程师组织有关人员验收确认。

(12)地基与基础、主体结构分部工程完工,应由建设、监理、勘察、设计和施工单位进行分部工程验收并加盖公章。

(13)单位(子单位)工程的室内环境、建筑设备与工程系统节能性能等应检测合格并有检测报告。

(14)单位(子单位)工程完工后,应由施工单位填写单位工程竣工预验收报验表报项目监理部,申请工程竣工预验收。总监理工程师组织项目监理部人员与施工单位进行检查预验收,合格后总监理工程师签署单位工程竣工预验收报验表、单位(子单位)工程质量控制资料核查记录、单位(子单位)工程安全和功能检查资料核查及主要功能抽查记录和单位(子单位)工程观感质量检查记录等,并报建设单位,申请竣工验收。

(15)建设单位应组织设计、监理、施工等单位对工程进行竣工验收,各单位应在单位(子单位)工程质量竣工验收记录上签字并加盖公章。

(16)对音像资料的要求应按《建设电子文件与电子档案管理规范》(CJJ/T 117-2007)执行。

2. 施工资料的形成流程

(1)施工技术及管理资料的形成,见图 1-3。

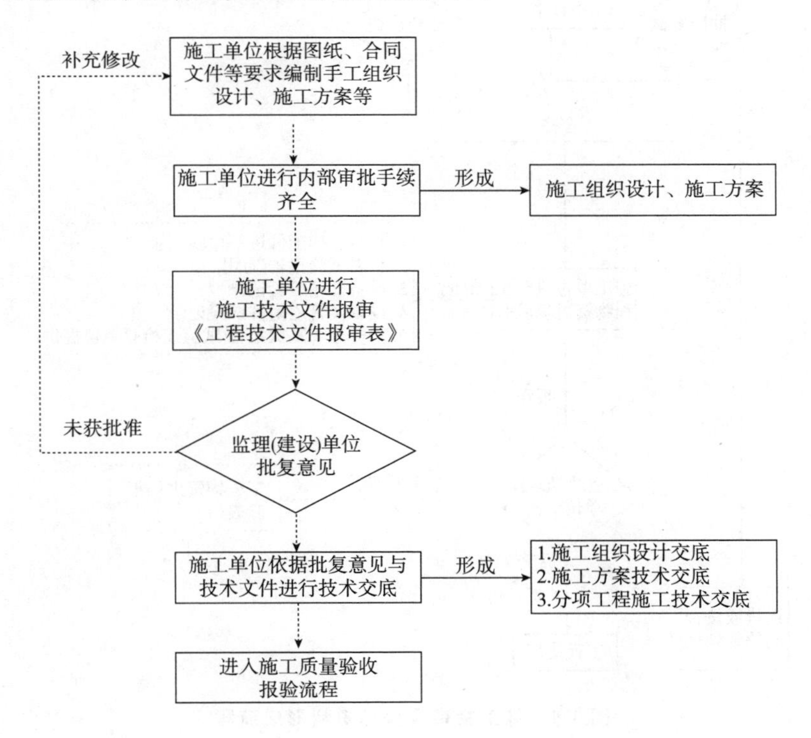

图 1-3　施工技术及管理资料的形成流程

(2)施工物资及管理资料的形成,见图 1-4。

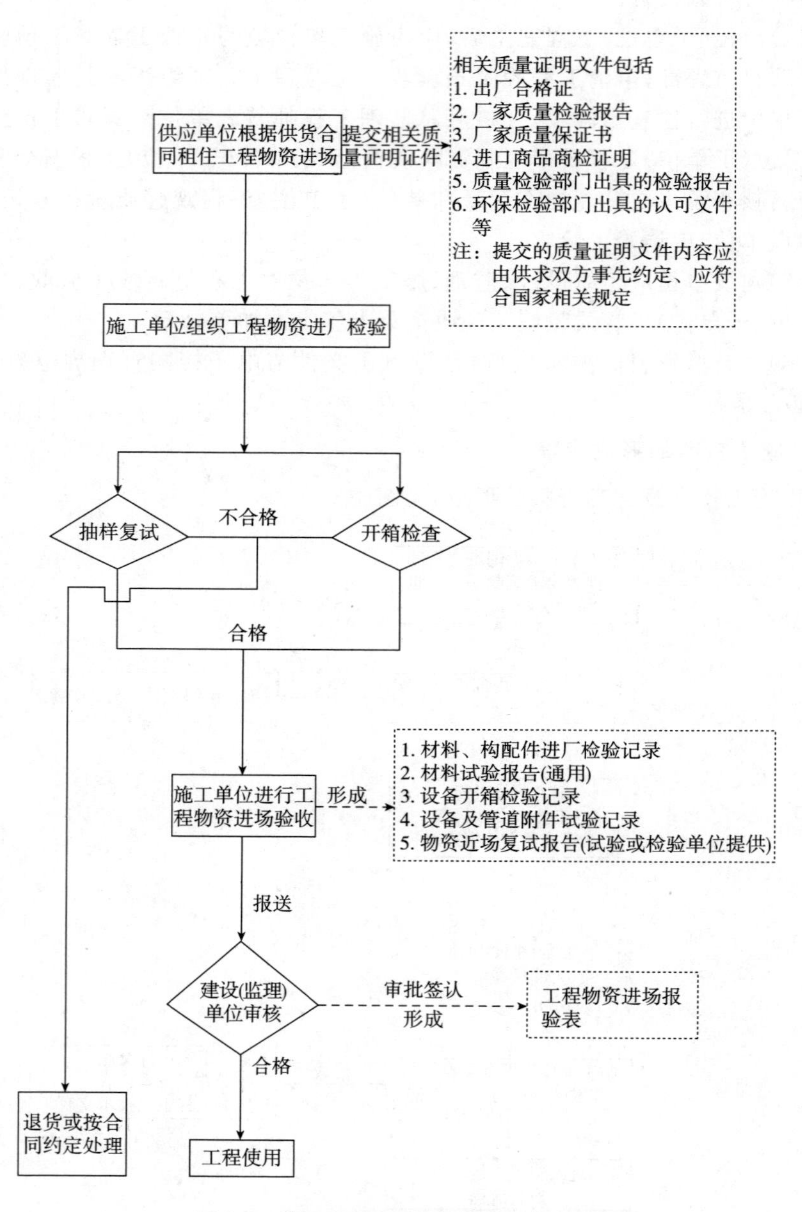

图 1-4　施工物资及管理资料形成流程

(3)施工记录、施工试验及检测报告、施工质量验收记录及管理资料的形成，见图1-5。

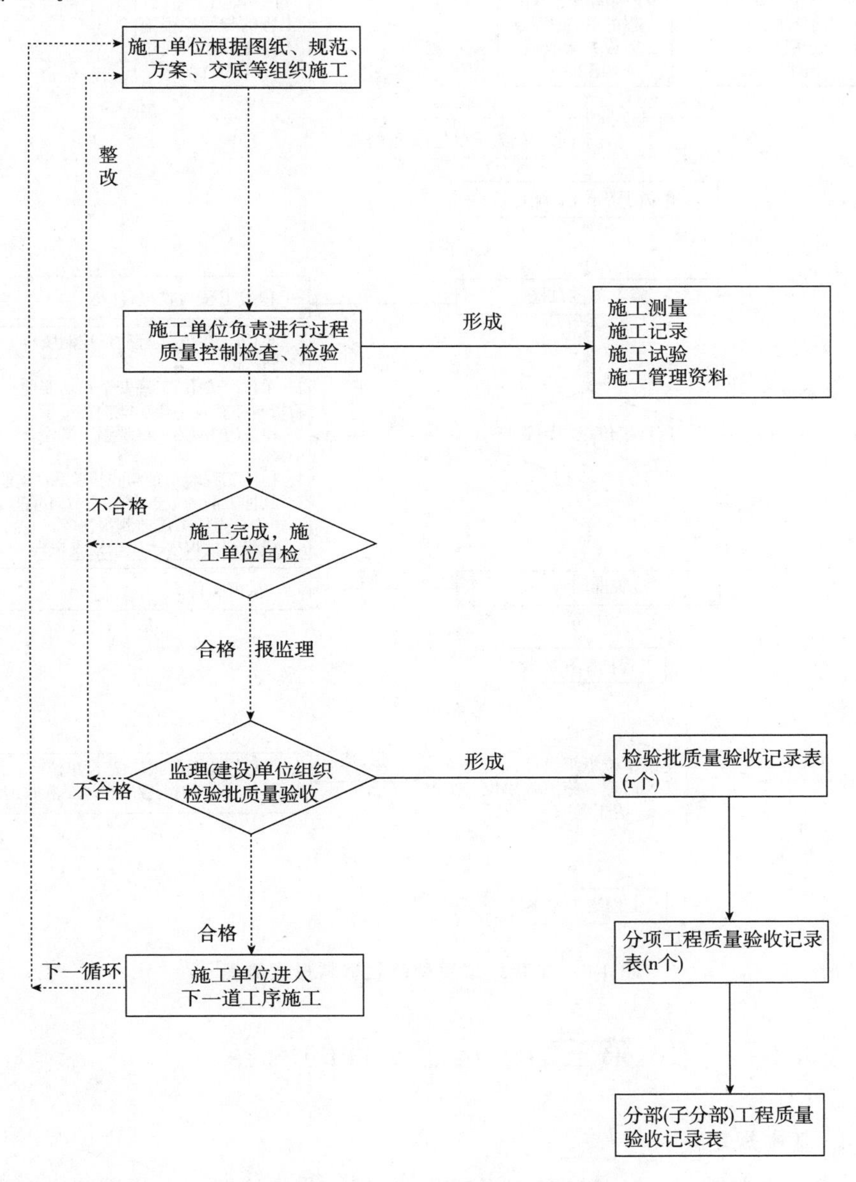

图1-5　施工记录、施工试验及检测报告、施工质量验收记录及管理资料形成流程

(4)工程竣工质量验收资料的形成,见图 1-6。

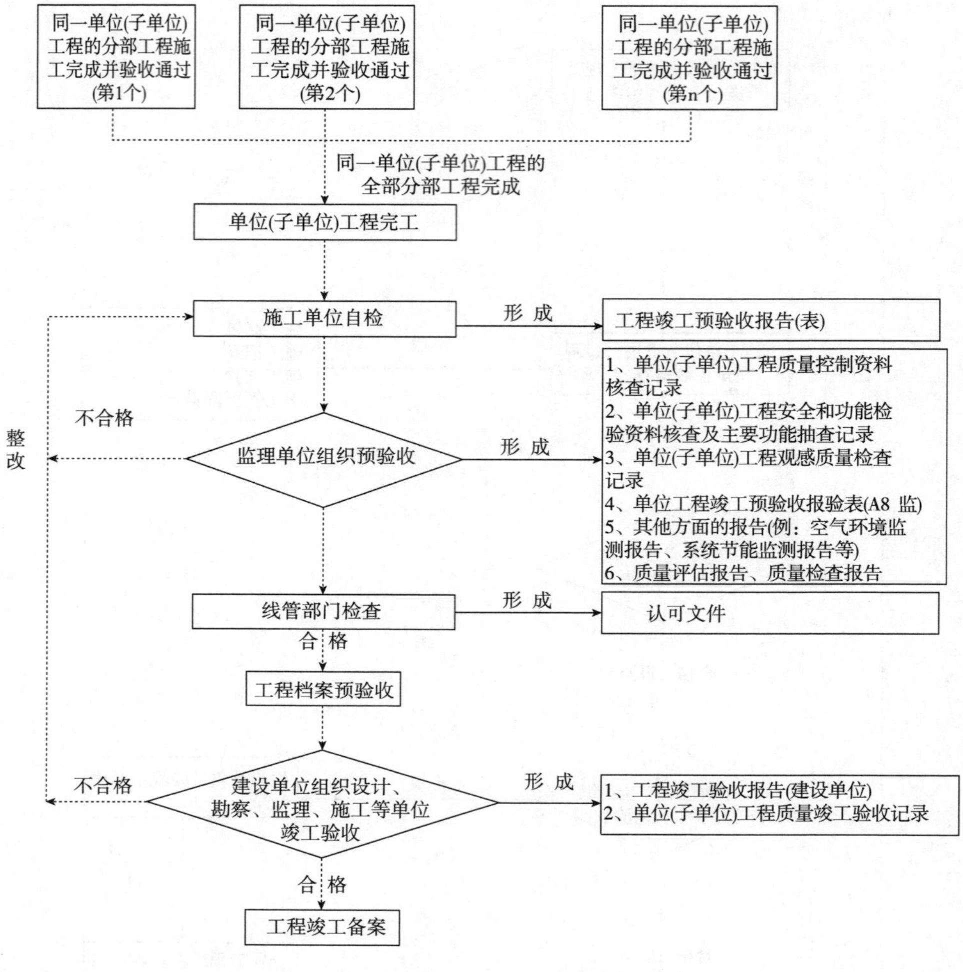

同一单位(子单位)工程的分部工程施工完成并验收通过(第1个)
同一单位(子单位)工程的分部工程施工完成并验收通过(第2个)
同一单位(子单位)工程的分部工程施工完成并验收通过(第n个)
同一单位(子单位)工程的全部分部工程完成
单位(子单位)工程完工
施工单位自检
形 成
工程竣工预验收报告(表)
不合格
整改
监理单位组织预验收
形 成
1、单位(子单位)工程质量控制资料核查记录
2、单位(子单位)工程安全和功能检验资料核查及主要功能抽查记录
3、单位(子单位)工程观感质量检查记录
4、单位工程竣工预验收报验表(A8 监)
5、其他方面的报告(例:空气环境监测报告、系统节能监测报告等)
6、质量评估报告、质量检查报告
线管部门检查
形 成
认可文件
合 格
工程档案预验收
不合格
建设单位组织设计、勘察、监理、施工等单位竣工验收
形 成
1、工程竣工验收报告(建设单位)
2、单位(子单位)工程质量竣工验收记录
合 格
工程竣工备案

图 1-6 工程竣工质量验收资料形成流程

第三节 基建文件的内容

1. 基本规定

(1)所有新建、改建、扩建的建设项目,建设单位应按照基本建设程序开展工作,配备专职或兼职城建档案管理员,城建档案管理员要负责及时收集基本建设程序各个环节所形成的文件原件,并按类别、形成时间进行登记、整理、立卷、保管,待工程竣工后按规定进行移交。

(2)基建文件涉及向政府主管部门申报、审批的有关文件,均应按有关政府主管部门的规定要求进行。

2. 决策立项文件

(1)项目建议书(A1-1),由建设单位编制并申报。

(2)对项目建议书的批复文件(A1-2),项目建议书(可行性研究报告)的批复文件,由建设单位的上级部门或国家有关主管部门批复。

(3)可行性研究报告(A1-3),由建设单位委托有资质的工程咨询单位编制。

(4)对可行性报告的批复文件(A1-4),由建设单位的上级部门或有关主管部门批复。

(5)关于立项的会议纪要、领导批示(A1-5),关于立项的会议纪要、领导批示,由建设单位或其上级主管单位形成。

(6)专家对项目的有关建议文件(A1-6),由建设单位组织形成。

(7)项目评估研究资料(A1-7),建设单位组织形成。

3. 建设规划用地、征地、拆迁文件

(1)征占用地的批准文件和对使用国有土地的批准意见(A2-1),由行政主管部门批准后形成的文件。

(2)拆迁安置意见及批复文件(A2-2),由政府有关部门批准后形成的文件。

(3)规划意见书及附图(A2-3),由城乡规划行政主管部门审查后形成的文件。

(4)建设用地规划许可证、附件及附图(A2-4),由建设单位向行政主管部门申报、办理。

(5)掘路占路建设用地规划许可证等(A2-5),由政府有关部门办理形成。

4. 勘察、测绘、设计文件

(1)工程地质勘察报告(A3-1),由建设单位委托勘察单位勘察形成。

(2)水文地质勘察报告(A3-2),由建设单位委托勘察单位勘察形成。

(3)测量交线、交桩通知书(A3-3),由行政主管部门审批后形成的文件。

(4)验线合格文件(规划验线合格通知书)(A3-4),由行政主管部门审批后形成的文件。

(5)审定设计批复文件及附图(A3-5),由行政主管部门审批后形成的文件。

(6)其他审查(审核)文件(A3-6～A3-11),由有关单位、相关部门审查(审核)后形成的文件。

5. 工程招投标及承包合同文件

(1)招投标文件(A4-1),包括下列内容:

1)勘察招投标文件(A4-1-1),由建设单位与勘察单位形成。

2)设计招投标文件(A4-1-2),由建设单位与设计单位形成。

3)拆迁招投标文件(A4-1-3),由建设单位与拆迁单位形成。

4)施工招投标文件(A4-1-4),由建设单位与施工单位形成。

5)监理招投标文件(A4-1-5),由建设单位与监理单位形成。

6)厂站设备招投标文件(A4-1-6),由订货单位与供货单位形成。

(2)合同文件(A4-2),包括下列内容:

1)勘察合同(A4-2-1),由建设单位与勘察单位形成。

2)设计合同(A4-2-2),由建设单位与设计单位形成。

3)拆迁合同(A4-2-3),由建设单位与拆迁单位形成。

4)施工合同(A4-2-4),由建设单位与施工单位形成。

5)监理合同(A4-2-5),由建设单位与监理单位形成。

6)材料设备采购合同(A4-2-6),由订货单位与供货单位形成。

以上合同均应备案。

6. 工程开工文件

(1)施工任务批准文件(A5-1),由城乡建设行政主管部门批准后形成的文件。

(2)修改工程初步设计通知书(批复,A5-2),由城乡规划行政主管部门审批后形成的文件。

(3)建设工程规划许可证、附件及附图(A5-3),由城乡规划行政主管部门办理。

(4)固定资产投资许可证(A5-4),由政府主管部门办理。

(5)建设工程施工许可证或开工审批手续(A5-5),由建设行政主管部门办理。

(6)工程质量监督注册登记表(A5-6),由建设单位向相应的质量监督机构办理。

7. 商务文件

商务文件由建设单位或由建设单位委托工程造价咨询单位(相应专业资质单位)形成。

8. 工程竣工文件

(1)建设工程竣工档案预验收文件(A7-1),建设单位在组织竣工验收前应当提请城建档案管理机构对工程档案进行预验收,预验收合格后由城建档案管理机构出具工程档案认可文件。

建设单位在取得工程档案认可文件后,方可组织工程竣工验收。建设行政主管部门在办理工程竣工验收备案时，应当查验工程档案预验收认可文件。

(2)工程竣工验收备案表(A7-2)，由建设单位在工程竣工验收合格后负责填报，并经建设行政主管部门审验形成。

(3)工程竣工验收报告(A7-3)，由建设单位形成。

工程竣工验收报告的基本内容如下：

1)工程概况：工程名称，工程地址，主要工程量，建设、勘察、设计、监理、施工单位名称；规划许可证号、施工许可证号、质量监督注册登记号；开工、完工日期。

2)对勘察、设计、监理、施工单位的评价意见；合同内容执行情况。

3)工程竣工验收日期，验收程序、内容、组织形式(单位、参加人)，验收组对工程竣工验收的意见。

4)建设单位对工程质量的总体评价。

工程竣工验收报告应有项目负责人或单位负责人签字，单位盖公章，写上报告日期。

(4)勘察、设计单位质量检查报告(A7-4)，由勘察、设计单位形成。

质量检查报告的基本内容如下：

1)勘察单位

①勘察报告号；

②地基验槽的土质，与勘察报告是否相符；

③对于参与验收的工程项目，确认是否满足设计要求的承载力。

2)设计单位

①设计文件号；

②对设计文件(图纸、变更、洽商)是否进行检查；是否符合标准要求。

勘察、设计单位质量检查报告应有项目负责人或单位负责人签字；单位盖公章；报告日期。

(5)规划、消防、环保、质量技术监督、卫生防疫、人防等部门出具的认可文件或准许使用(备案)文件(A7-5)，由各有关主管部门形成。

(6)工程质量保修书(A7-6)，市政、公用工程《工程质量保修书》应在合同特殊条款约定下，参照建设行政主管部门的有关规定要求，由发包方与承包方共同约定。内容包括：

1)工程质量保修范围和内容；

2)质量保修期；

3)质量保修责任；

4)保修费用；

5)其他。

工程质量保修书应由发包、承包双方单位盖公章，法定代表人签字。

(7)厂站、设备使用说明书(A7-7)，由建设单位或施工单位提供。“使用说明书”其性质(归属)同“竣工图”；是建设单位在招标文件和合同文件中应规定承包商(施工单位、含设备供应商)必须提供或应当提供的内容与要求。

9. 其他文件

(1)合同约定由建设单位采购的材料、构配件和设备的质量证明文件及进场报验文件(A8-1)，按合同约定由建设单位采购材料、构配件和设备等物资的，物资质量证明文件和报验文件由建设单位收集、整理，并按约定移交施工单位汇总。

(2)工程竣工总结(重点、重大工程)(A8-2)，工程竣工总结由建设单位编制，是综合性的总结，简要介绍工程建设的全过程。

凡组织国家或市级工程竣工验收会的工程，可将验收会上的工程竣工文件汇集做为工程竣工总结。工程竣工总结一般应具有下列内容：

1)基本概况

①工程立项的依据和建设目的、意义；

②工程资金筹措、产权、管理体制；

③工程概况包括工程性质、类别、规模、标准、所处地理位置或桩号、工程数量、概算、预算、决算等；

④工程勘察、设计、监理、施工、厂站设备采购招投标情况；

⑤改扩建工程与原工程系统的关系。

2)设计、施工、监理情况

①设计情况：设计单位和设计内容(设计单位全称和全部设计内容)；工程设计特点及采用新建筑材料；

②施工情况：开工、完工日期；竣工验收日期；施工组织、技术措施等情况；施工单位相互协调情况；

③监理情况：监理工作组织及执行情况；监理控制；

④质量事故及处理情况；

⑤与市政基础设施工程配套的房建、园林、绿化、环保工程等施工情况。

3)工程质量及经验教训

工程质量鉴定意见和评价，城乡规划、消防、环保、人防、质量技术监督等单位的认可文件，工程建设中的经验及教训，工程遗留问题及处理意见。

4)其他需要说明的问题

(3)观测记录(A8-3)，由建设单位委托有资质的单位进行。

(4)工程开工前的原貌、竣工新貌照片(A8-4)，由建设单位收集提供。

(5)工程开工、施工、竣工的录音录像资料(A8-5),由建设单位收集提供。

(6)项目质量管理人员名册(A8-6),工程施工过程中,建设单位应组织施工总包、分包、监理、建筑材料供应、工程质量检测等单位涉及工程质量管理的所有责任人编录成册,并注明其各自的质量职责及其经手的工程质量内容。在工程竣工验收完成后,由建设单位将此册汇编进入工程竣工验收资料,并会同其他工程验收文件提交城建档案管理部门备查。

第四节　监理资料的内容和要求

1. 一般规定

(1)项目监理机构应建立完善监理文件资料管理制度,宜设专人管理监理文件资料。

(2)项目监理机构应及时、准确、完整地收集、整理、编制、传递监理文件资料。

(3)项目监理机构宜采用信息技术进行监理文件资料管理。

2. 监理文件资料内容

(1)监理文件资料应包括下列主要内容:

1)勘察设计文件、建设工程监理合同及其他合同文件;

2)监理规划、监理实施细则;

3)设计交底和图纸会审会议纪要;

4)施工组织设计、(专项)施工方案、施工进度计划报审文件资料;

5)分包单位资格报审文件资料;

6)施工控制测量成果报验文件资料;

7)总监理工程师任命书,工程开工令、暂停令、复工令,工程开工或复工报审文件资料;

8)工程材料、构配件、设备报验文件资料;

9)见证取样和平行检验文件资料;

10)工程质量检查报验资料及工程有关验收资料;

11)工程变更、费用索赔及工程延期文件资料;

12)工程计量、工程款支付文件资料;

13)监理通知单、工作联系单与监理报告;

14)第一次工地会议、监理例会、专题会议等会议纪要;

15)监理月报、监理日志、旁站记录;

16)工程质量或生产安全事故处理文件资料;

17)工程质量评估报告及竣工验收监理文件资料；

18)监理工作总结。

(2)监理日志应包括下列主要内容：

1)天气和施工环境情况；

2)当日施工进展情况；

3)当日监理工作情况，包括旁站、巡视、见证取样、平行检验等情况；

4)当日存在的问题及处理情况；

5)其他有关事项。

(3)监理月报应包括下列主要内容：

1)本月工程实施情况；

2)本月监理工作情况；

3)本月施工中存在的问题及处理情况；

4)下月监理工作重点。

(4)监理工作总结应包括下列主要内容：

1)工程概况；

2)项目监理机构；

3)建设工程监理合同履行情况；

4)监理工作成效；

5)监理工作中发现的问题及其处理情况；

6)说明和建议。

3. 监理文件资料归档

(1)项目监理机构应及时整理、分类汇总监理文件资料，并应按规定组卷，形成监理档案；

(2)工程监理单位应根据工程特点和有关规定，保存监理档案，并应向有关单位、部门移交需要存档的监理文件资料。

第五节　施工资料的内容和要求

一、施工管理资料

(1)工程概况表(C1-1)，各工程应填写《工程概况表》(C1-1)。

(2)项目大事记(C1-2)，内容主要包括：项目开、竣工日期，停、复工日期，中间验收及关键部位的验收日期，质量、安全事故，获得的荣誉，重要会议，分包工程招投标、合同签署，上级及专业部门检查、指示等情况的简述。

(3)施工日志(C1-3),是以工程施工过程为记载对象,记载内容一般为:生产情况记录,包括施工生产的调度、存在问题及处理情况,文明施工活动及存在问题等;技术质量工作记录,技术质量活动、存在问题、处理情况等。从工程开始施工起至工程竣工验收合格止,由项目负责人或指派专人逐日记载,记载内容须保持连续和完整。

(4)工程质量事故资料(C1-4-1～C1-4-3):凡工程发生重大质量事故,施工单位应在规定时限内向监理、建设、监督及上级主管部门报告。填写《工程质量事故记录》(C1-4-1)、《工程质量事故调(勘)察记录》(C1-4-2)和《工程质量事故处理记录》(C1-4-3)。

(5)施工现场质量管理检查记录(C1-5)为本次修订新增表格;本表主要反映工程项目管理部现场各项管理制度及质量责任是否建立健全;施工技术文件及相关标准是否齐全;施工人员资格是否具备等。《施工现场质量管理检查记录》应由施工单位填写,项目总监理工程师(或建设单位项目负责人)检查,并做出检查结论。

(6)其他资料:施工单位上报给监理单位的各种报审表、申请表及报告等,施工单位可根据需要归档保存。

二、施工技术资料

(1)施工组织设计及审批表(C2-1、C2-2)包括下列内容:

1)施工组织设计编制的内容主要包括:工程概况、工程规模、工程特点、工期要求、参建单位等;

2)施工平面布置图;施工部署及计划:施工总体部署及区段划分;进度计划安排及施工计划网络图;

3)各种工、料、机、运计划表;施工方法及主要技术措施(包括冬雨期施工措施等);桥梁、厂(场)、站等土建及设备安装复杂的工程应有针对单项工程需要的专项工艺技术设计,如模板及支架设计;

4)地下基坑、沟槽支护设计;降水设计;施工便桥、便线设计;管涵顶进、暗挖、盾构法等工艺技术设计以及监控量测方案;现浇混凝土结构及(预制构件)预应力张拉设计;大型预制钢及混凝土构件吊装设计;混凝土施工浇筑方案设计;机电设备安装方案设计;各类工艺管道、给排水工艺处理系统的调试运行方案;轨道交通系统以及自动控制、信号、监控、通讯、通风系统安装调试方案等。

施工组织设计还应编写安全、质量、绿色文明施工、环保以及节能降耗措施。

施工方案是施工组织设计的核心内容,是工程施工技术指导文件。大型道路、桥梁结构、厂(场)站、大型设备工程的施工方案更直接关系着工程结构的质量及耐久性,方案应按相关规程由相应的主管技术负责人负责组织编制,重大工程施工方案的编制应经过专家论证或方案研讨。

施工组织设计应经施工单位有关部门会签、归纳汇总后,提出审核意见,报企业技术负责人进行审批,加盖施工单位公章或业务专用章方为有效。报审时应填写《施工组织设计审批表》(C2-2),审批内容一般应包括:内容完整性、施工指导性、技术先进性、经济合理性、实施可行性等方面,各相关部门根据职责把关;审批人应签署审查结论。在施工过程中如有较大的施工措施或方案变更时,还应有变更审批手续。

对于危险性较大的分部分项工程,应符合住房和城乡建设部《危险性较大的分部分项工程安全管理办法》(建质[2009]87号)的规定。

(2)图纸审查记录、图纸会审记录包括下列内容:

1)工程开工前应组织图纸审查,由承包工程的施工单位技术负责人(或项目经理)组织施工、技术等有关人员对施工图进行全面学习、审查并做《图纸审查记录》(C2-3),将图纸审查中的问题整理、报监理(建设)单位,由监理(建设)单位提交给设计单位,以便在图纸会审时予以答复。

2)图纸会审由建设单位组织,设计、监理和施工单位技术负责人及有关人员参加。设计单位对各专业问题进行交底,施工单位负责将设计交底内容按专业汇总、整理形成图纸会审记录(C2-4),有关单位项目(或专业)负责人签字确认。

(3)技术交底记录(C2-5)包括:施工组织设计交底、主要工序施工技术交底,各项交底应有文字记录,交底双方应履行签认手续。

(4)设计变更、洽商记录包括下列内容:

1)工程中如有洽商,应及时办理《工程洽商记录》(C2-6),内容必须明确具体,注明原图号,必要时应附图。涉及图纸修改的必须注明应修改图纸的图号。不可将不同专业的工程洽商办理在同一份洽商上。“专业名称”栏应按专业填写,如建筑、结构、给排水、电气、通风空调等。

2)有关技术洽商,应有设计单位、施工单位和监理(建设)单位等有关各方代表签认;设计单位如委托监理(建设)单位办理签认,应办理委托手续。变更洽商原件应存档,相同工程如需要同一个洽商时,可用复印件存档并注明原件存放处。设计变更还应按有关规定执行。

3)分包工程的有关设计变更洽商记录,应通过工程总包单位办理。

4)洽商记录按签订日期先后顺序编号,工程完工后由总包单位按照所办理的变更及洽商进行汇总,填写《工程设计变更、洽商一览表》(C2-8)。

三、工程物资资料

(1)工程物资合格证明。工程物资质量必须合格,并有出厂质量证明文件(包括质量合格证明文件或检验/试验报告、产品生产许可证、产品合格证、产品监督检验报告等),对列入国家强制商检目录或建设单位有特殊要求的进口物资还应有进口商检证明文件。进口物资应有安装、试验、使用、维修等中文技术文件。

(2)质量证明文件的复印件,提供单位应在复印件上加盖单位公章,并应有经办人签字、注明日期。

(3)不合格物资不准使用。

(4)特种设备和材料:对国家所规定的特种设备和材料应附有关文件和法定检测单位的检测证明。

(5)工程物资资料应进行分级管理,半成品供应单位或半成品加工单位负责收集、整理、保存所供物资或原材料的质量证明文件,施工单位则需收集、整理、保存供应单位或加工单位提供的质量合格证明文件和进场后进行的检验、试验文件。各单位应对各自范围内的工程资料的汇总整理结果负责,并保证工程资料的可追溯性。

1)钢筋资料的分级管理

如钢筋采用场外委托加工时,钢筋的原材报告、复试报告等原材料质量证明文件由加工单位和委托单位保存;委托单位还应对半成品钢筋进行检查验收。

2)混凝土资料的分级管理

①预拌混凝土供应单位必须向施工单位提供质量合格的混凝土并随车提供预拌混凝土发货单,于45天之内提供预拌混凝土出厂合格证;有抗冻、抗渗等特殊要求的预拌混凝土合格证提供时间,由供应单位和施工单位在合同中明确,一般不大于60天。

②预拌混凝土供应单位除向施工单位提供预拌混凝土上述资料外,还应完整保存以下资料,以供查询:

a. 混凝土配合比及试配记录

b. 水泥出厂合格证及复试报告

c. 水泥混凝土细集料技术性能试验报告(砂子试验报告)

d. 水泥混凝土粗集料技术性能试验报告(碎(卵)石试验报告)

e. 轻集料试验报告

f. 外加剂材料试验报告

g. 掺合料试验报告

h. 碱含量试验报告(用于有规定要求的混凝土)

i. 混凝土开盘鉴定(生产单位使用)

j. 混凝土抗压强度、抗折强度报告(填入预拌混凝土出厂合格证)

k. 混凝土抗渗、抗冻性能试验(根据合同要求提供)

l. 混凝土试块强度统计、评定记录(生产单位取样部分)

m. 混凝土坍落度测试记录(生产单位测试记录)

③施工单位应填写、整理以下混凝土资料:

a. 预拌混凝土出厂合格证(生产单位提供)

b. 混凝土抗压强度、抗折强度报告(现场取样检验)

c. 混凝土抗渗、抗冻性能试验记录(有要求时的现场取样检验)

d. C20 以上混凝土浇筑记录(其中部分内容根据预拌混凝土发货单内容整理)

e. 混凝土坍落度测试记录(现场检验)

f. 混凝土测温记录(有要求时的现场检测)

g. 混凝土试块强度统计、评定记录(施工单位现场取样部分)

h. 混凝土试块有见证取样记录

④如果采用现场搅拌混凝土方式,施工单位应提供上述除预拌混凝土出厂合格证、发货单之外的所有资料。

3)混凝土预制构件资料的分级管理

当施工单位使用混凝土预制构件时,钢筋、钢丝、预应力筋、混凝土等组成材料的原材报告、复试报告等质量证明文件,混凝土性能试验报告等由混凝土预制构件加工单位保存;加工单位提供的预制构件出厂合格证由施工单位保存。

4)石灰粉煤灰砂砾混合料资料的分级管理

①石灰粉煤灰砂砾混合料生产厂家必须向施工单位提供质量合格的混合料并随车提供混合料运输单,于 15 天之内提供石灰粉煤灰砂砾混合料出厂质量合格证。

②石灰粉煤灰砂砾混合料生产厂家向施工单位提供上述资料外,还应完整保存以下资料,以供查询:

混合料配比及试配记录

a. 标准击实数据及最佳含水量数据

b. 石灰出厂质量证明及复试报告

c. 粉煤灰出厂质量证明及复试报告

d. 砂砾筛分试验报告

e. 7 天无侧限抗压强度试验报告

③施工单位应填写、整理以下资料：

a. 石灰粉煤灰砂砾混合料出厂质量合格证(生产厂家提供)

b. 现场检测混合料 7 天无侧限抗压强度(含有见证取样)试验报告

c. 混合料中石灰剂量检测报告

5)石灰粉煤灰钢渣混合料资料的分级管理

①石灰粉煤灰钢渣混合料生产厂家必须向施工单位提供质量合格的混合料并随车提供混合料运输单，于 15 天之内提供石灰粉煤灰钢渣混合料出厂合格证。

②石灰粉煤灰钢渣混合料生产厂家除向施工单位提供上述资料外，还应完整保存以下资料，以供查询：

a. 混合料配合比及试配记录

b. 标准击实数据及最佳含水量数据

c. 石灰出厂质量证明及复试报告

d. 粉煤灰出厂质量证明及复试报告

e. 钢渣质量证明及复试报告

f. 7 天无侧限抗压强度试验报告

③施工单位应填写、整理以下资料

a. 石灰粉煤灰钢渣混合料出厂质量合格证(生产厂家提供)

b. 现场检测混合料 7 天无侧限抗压强度(含有见证取样)试验报告

c. 混合料中石灰剂量、粉煤灰含量、钢渣掺量检测报告

6)水泥稳定砂砾混合料资料的分级管理

①水泥稳定砂砾混合料生产厂家必须向施工单位提供质量合格的混合料并随车提供混合料运输单，于 15 天内提供水泥稳定砂砾出厂质量合格证。

②水泥稳定砂砾混合料生产厂家除向施工单位提供上述资料外，还应完整保存以下资料，以供查询：

a. 混合料配合比及试配记录

b. 水泥出厂质量证明及复试报告

c. 砂砾筛分试验报告

d. 7 天无侧限抗压强度试验报告

③施工单位应填写、整理以下资料

a. 水泥稳定砂砾混合料出厂质量合格证(生产厂家提供)

b. 现场检测混合料 7 天无侧限抗压强度(含有见证取样)试验报告

7)沥青混合料资料的分级管理

①沥青混合料生产厂家必须向施工单位提供合格的沥青混合料并随车提供

混合料运输单、标准密度资料及沥青混合料出厂质量合格证。

②沥青混合料生产厂家除向施工单位提供上述资料外，还应完整保存以下资料，以供查询：

a. 沥青混合料配合比设计及检验试验报告

b. 路用沥青、乳化沥青、液体石油沥青出厂合格证及复试报告

c. 集料试验报告

d. 添加剂、料试验报告

③施工单位应填写、整理以下资料

a. 沥青混合料出厂合格证(生产厂家提供)

b. 沥青混合料标准密度资料(生产厂家提供)

c. 现场取样混合料压实度试验报告

d. 路面弯沉值检测记录

e. 路面结构层厚度检测记录

f. 路面摩擦系数、构造深度检测记录

g. 路面平整度检测记录

(6)如合同或其他文件约定，在工程物资订货或进场之前须履行工程物资进场审批手续，施工单位应填写《工程物资选样送审表》，报请监理(建设)单位审批。

(7)工程完工后由施工单位汇总填写《主要设备、原材料、构配件质量证明文件及复试报告汇总表》(C3-2)。

设备、原材料、半成品和成品的质量必须合格，供货单位应按产品的相关技术标准、检验要求提供出厂质量合格证明或试验单，凡属特种设备，质量证明文件的内容应符合主管部门的规定。须采取技术措施的，应满足有关规范标准规定，并经有关技术负责人批准(有批准手续方可使用)。

各供货单位亦按表 1-1 中 C3-3-1～C3-3-6 提供《半成品钢筋出厂合格证》《预制混凝土出厂合格证》《预制钢筋混凝土梁、板、墩、桩、柱出厂合格证》《钢构件出厂合格证》《沥青混凝土出厂合格证》《石灰粉煤灰砂砾出厂合格证》。

其他产品合格证或质量证明书的形式，以供货方提供的为准。

施工单位在整理产品质量证明文件时，应将非 A4 幅面大小的产品质量证明文件粘贴在《产品合格证粘贴衬纸》(C3-3-7)上。同产品、同规格、同型号、同厂家、同出厂批次的可以用一个合格证代表(合格证应正反粘贴)，但应注明所代表的数量。

(8)设备进场后，由施工单位、监理单位、建设单位、供货单位共同开箱检查，填写《设备、配(备)件开箱检验记录》(C3-4-1)。

(9)材料、配件进场后，由施工单位进行检验，需进行抽检的材料、配件按规定比例进行抽检，并进行记录，填写《材料、配件检验记录汇总表》(C3-4-2)。

(10)预制混凝土道牙、平石、大小方砖、地袱、防撞墩等小型混凝土构件进场后，须有《预制混凝土小型构件出厂质量合格证》，按进场复验、施工试验及实体检验项目抽检批次和检验项目进行尺寸量测、外观检查，抽样进行混凝土抗压、抗折强度试验；管材依照质量验收标准抽检，填写《预制混凝土构件、管材进场抽检记录》(C3-4-4)。

(11)对进场后的产品，按附录B和检测规程的要求进行复试，填写《产品复试记录/报告》(C3-4-4～C3-4-27)。

《材料试验报告(通用)》(C3-4-5)，本表为本规程未明确规定的或难于列表记录各类物资的通用试验记录(如混凝土管、防腐材料、保温材料等)。需委托试验、检测单位进行试验、检测的产品，应委托有资质试验检测单位进行检测并出具试验报告，如桥梁伸缩装置、桥梁支座等。

(12)工程开工初期亦按有关规定制定见证取样计划，作为现场见证取样的依据。施工过程中所作的见证取样工作均亦按有关规定填写见证记录。工程完工后由施工单位对所作的见证试验进行汇总，填写《见证试验汇总表》(C3-4-28)。

(13)钢结构、钢梁在工厂或工地首次焊接之前或材料、工艺变化时，必须分别进行焊接工艺评定。钢结构、钢梁焊接工艺评定和桥梁工程(钢梁、钢-混凝土结合梁)焊接工艺评定按现行 TB 10212《铁路钢桥制造规范》进行；建筑钢结构焊接工艺评定应按 JGJ 81《建筑钢结构焊接技术规程》规定进行。

四、施工测量监测资料

(1)测量复核记录应符合下列规定：

测量复核记录指施工前对施工测量放线的复测。应填写《测量复核记录》(C4-1)。

1)构筑物(桥梁、道路、各种管道、水池等)位置线、现场标准水准点；

2)基础尺寸线，包括基础轴线、断面尺寸、标高(槽底标高、垫层标高等)；

3)主要结构的模板，包括几何尺寸、轴线、标高、预埋件位置等；

4)桥梁下部结构的轴线及高程，上部结构安装前的支座位置及高程等。

(2)沉降观测记录按规范和设计要求设置沉降观测点，定期进行观测并作记录、绘制观测点布置图，沉降观测单位应提供真实有效的沉降观测记录和分析意见。

(3)初期支护净空测量记录(C4-4)

浅埋暗挖隧道初期支护完成后，应进行初期支护净空的测量检查，并作好记录，主要内容包括：检查里程部位、初期支护的净空尺寸等。

(4)隧道净空测量记录(C4-5)

隧道二次衬砌完成后，应进行隧道净空的测量检查，并作好记录，主要内容包括：检查里程部位、结构净空尺寸、施工误差等。

(5)结构收敛观测成果记录(C4-6)

隧道工程施工时，应进行结构的收敛变形观测，并作好记录，主要内容包括：测点里程及点位布置、观测日期、变形速率及累计收敛量等。

(6)地中位移观测记录(C4-7)

隧道工程施工时，施工引起附近地层位移变化，应进行观测，并作好记录，主要内容包括：测点里程及点位布置、观测日期、变形位移速率及累计位移量等。

(7)拱顶下沉观测成果表(C4-8)

隧道工程施工时，应进行结构的拱顶下沉观测，并作好记录，主要内容包括：测点里程及点位布置、观测日期、沉降速率及累计沉降量等。

五、施工记录

(1)施工通用记录(C5-1)应符合下列规定：

1)《施工通用记录》(C5-1-1)，在专用施工记录不适用的情况下使用；

2)《隐蔽工程检查记录》(C5-1-2)，适用于各专业；

①当国家现行标准有明确规定隐蔽工程检查项目的、设计文件或合同要求时，应进行隐蔽工程验收并填写隐蔽工程检查记录、形成验收文件，验收合格后方可继续施工；

②隐蔽工程验收检查意见应明确，检查手续应及时办理。

3)中间检查交接记录

某一工序完成后，移交给另一单位进行下道工序施工前，移交单位和接受单位应进行交接检查，并约请监理(建设)单位参加见证。对工序实体、外观质量、遗留问题、成品保护、注意事项等情况进行记录，填写《中间检查交接记录》(C5-1-3)。

4)数字图文记录

“在建设工程主体结构施工过程中，对钢筋安装工程、混凝土试件留置、防水工程施工等施工过程和隐蔽工程隐蔽验收时，施工单位必须在监理单位见证下拍摄不少于一张照片留存于施工技术资料中。拍摄照片时，应在照片说明中标明如下内容：拍摄日期和时间、拍摄地点、对应的检验批以及其他应说明的内容。”照片可以为纸质粘贴，也可以为数字格式插入后打印。

(2)基础/主体结构工程通用施工记录(C5-2)应符合下列规定：

基础/主体结构工程通用施工记录为道路、桥梁、管道、厂(场)站等各专业工程共同使用的施工记录。

1)地基施工记录

①地基验槽检查记录

地基(基槽)土方工程完工后应进行地基验槽，地基验槽应由建设、勘察、设计、监理和施工单位共同进行，并填写地基验槽检查记录表。检查内容包括基坑位置、平面尺寸、持力层核查、基底绝对高程和相对标高、基坑土质及地下水位等，有桩支护或桩基的工程还应进行桩的检查。地基需处理时，应由勘察、设计单位提出处理意见。

②地基处理记录

当地基处理采用沉入桩、钻孔桩时，填写《地基处理记录》(C5-2-2)，包括地基处理部位、处理过程及处理结果简述、审核意见等，并应进行干土质量密度或贯入度试验。处理内容还应包括原地面排降水、清除树根、淤泥、杂物及地面下坟坑、水井及较大坑穴的处理记录。

当地基处理采用碎石桩、灰土桩等桩基处理时，由专业施工单位提供地基处理的施工记录。

2)地基钎探记录

当需要进行地基钎探时、应绘制钎探点布置图、按规定钎探，填写《地基钎探记录》(C5-2-3)。

当地基需处理时，应由勘察设计部门提出处理意见，将处理的部位、尺寸、高程等情况标注在钎探图上，并应有复验记录。

3)地下连续墙挖槽施工记录(C5-2-4)

记录挖土设备、挖槽深度、宽度、槽壁垂直度及槽位偏差情况等。

4)地下连续墙护壁泥浆质量检查记录(C5-2-5)

地下连续墙施工过程中，应按照规定的检验频率对护壁泥浆的配比、密度、黏度、含砂量等指标进行检查填写本表。

5)地下连续墙混凝土浇筑记录(C5-2-6)

地下连续墙混凝土浇筑应对混凝土的强度等级、坍落度、扩散度、导管直径及混凝土浇筑量、浇筑平均进度等进行记录。

6)沉井(泵站)工程施工记录(C5-2-7)

沉井(泵站)工程施工，需填写《沉井(泵站)工程施工记录》，本表每班次或每观测一次填写一栏，封底记录只最后填写一张即可。

7)桩基础施工记录(通用)(C5-2-8)

桩基包括预制桩、现制桩等，应按规定进行记录，附布桩、补桩平面示意图，并注明桩编号。

桩基检测应按国家有关规定进行成桩质量检查(含混凝土强度和桩身完整性)和单桩竖向承载力的检测报告和施工记录。由分包单位承担桩基施工的,完工后应将记录移交总包单位。

8)桥梁桩基工程施工记录

①根据使用的钻机种类不同分别填写《钻孔桩钻进记录(冲击钻)》(C5-2-9)和《钻孔桩钻进记录(旋转钻)》(C5-2-10)

②钻孔桩混凝土灌注前检查记录(C5-2-11)

检查意见栏填写结论性的内容;孔位前后左右偏差是指距中心十字线的偏差。

③钻孔桩水下混凝土浇注记录(C5-2-12)

记录每根桩浇注混凝土时间、步骤、次序及每次浇注量、浇注总量、导管深度、导管拆除及浇注中出现的问题和处理情况等。

关于表中桩位编号,施工单位应绘制桩位平面示意图,图中对桩进行统一编号。同时,仍需填写混凝土浇筑记录。

④沉入桩检查记录(C5-2-13)

记录每根桩的桩位、打桩设备、锤击质量、锤击次数、下沉量、平均下沉量、累计下沉量、累计标高及打桩过程情况等,并画出桩位平面示意图。

9)土层锚杆施工记录(C5-2-14～C5-2-15)

由于土层锚杆大部分不构成工程实体,只是作为施工支护措施,因此不设记录表格,工程中如出现构成工程实体的锚杆施工内容,由专业施工单位提供相关施工记录及表格,包括《土层锚杆成孔记录》《土层锚杆注浆记录》《土层锚杆张拉锁定记录》。

10)砂浆、混凝土配合比申请单、通知单

委托单位应依据设计强度等级及其技术要求、施工部位、原材料情况等,分别向试验室提出《配合比申请单》(C5-2-17～C5-2-19),试验室依据《配合比申请单》,经试验室负责人认可后签发《配合比通知单》。

当原材料更换时,《砂浆、混凝土配合比通知单》应重新开具。

11)混凝土浇筑申请书

为保证混凝土施工质量、保证后续工序正常进行,施工单位应根据工程及单位管理实际情况履行混凝土浇筑申请手续,但本规程不设此表。

12)混凝土开盘鉴定

①采用预拌C20以上(含C20)混凝土时,由供应单位组织填写《混凝土开盘鉴定》(C5-2-18)。

②施工单位自供（现场搅拌）C20 以上（含 C20）混凝土时，由施工单位组织监理（建设）单位、搅拌机组、混凝土试配单位进行混凝土开盘鉴定，填写《混凝土开盘鉴定》（C5-2-18），共同认定试验室签发的混凝土配合比中组成材料是否与现场所用材料相符、混凝土拌和物性能及标养 28 天的抗压强度结果是否满足设计要求。

13）混凝土浇筑记录

凡现场浇筑 C20（含 C20）强度等级以上混凝土，须填写《混凝土浇筑记录》（C5-2-19）。

14）混凝土养护测温记录

当需要对混凝土进行养护测温（如大体积混凝土和冬期、高温季节混凝土施工）时，可参照《混凝土养护测温记录》（C5-2-20）填写，也可根据工程实际情况或需要自行制定混凝土养护测温记录表格。

15）预应力筋张拉记录

预应力筋张拉记录包括《预应力张拉数据记录》（C5-2-21）、预应力筋张拉记录（一）》C5-2-22《预应力筋张拉记录（二）》（C5-2-23）、预应力张拉孔道压浆记录》表式 C5-2-24）。

16）构件吊装施工记录（C5-2-25）

预制钢筋混凝土主要构件、钢结构的吊装，应填写《构件吊装施工记录》（C5-2-25）。对于大型设备的安装，应由吊装单位提供相应的记录。

吊装过程简要记录重点说明平面位置、高程偏差、垂直度；就位情况、固定方法、接缝处理等需要说明的问题。

17）圆形钢筋混凝土构筑物缠绕钢丝应力测定记录

《圆形钢筋混凝土构筑物缠绕钢丝应力测定记录》（C5-2-26）记录构筑物外径、锚固肋数、钢筋环数、钢筋直径、每段钢筋长度，并逐日按环号、肋号测定平均应力、应力损失及应力损失率等。

18）网架安装检查记录

当工程中有网架安装工作时，专业施工单位须提供《网架安装检查记录》。

19）防水工程施工记录

《防水工程施工记录》（C5-2-28）由防水施工的单位填写，总包单位组织检查确认。

（3）道路、桥梁工程施工记录（C5-3）应符合下列规定：

1）沥青混合料现场测温记录

沥青混凝土进场、摊铺测温记录（C5-3-1）

包括沥青混合料规格，到场温度、摊铺温度、摊铺部位等。

2)碾压沥青混凝土测温记录(C5-3-2)

记录碾压段落、初压温度、复压温度、终压温度等。

3)钢箱梁安装检查记录

专业施工单位需提供《钢箱梁安装检查记录》,记录钢箱梁安装后的轴线位置、梁底标高、支座位置、支座底板、四角相对高差以及箱梁的连接状况等。

4)高强螺栓连接检查记录

专业施工单位应提供《高强螺栓连接检查记录》,具体内容包括:高强螺栓规格、数量、螺栓孔径、扩孔数量、摩擦面处理方法、摩擦系数抽验值、终拧扭矩值等。

5)箱涵顶进施工记录(C5-3-5)

包括每日早、中、晚三班检查或临时加强检查均采用本记录,检测记录内容包括顶力、进尺,箱体前、中、后高程,中线,土质变化情况等,按规定进尺检测及加密频度检测均应采用书面记录形式。

6)桥梁支座安装记录

由专业施工单位提供,着重填写桥梁支座制造厂家、质量证明书号、支座类型及材料性质;并简述支座锚栓位置及锚孔混凝土固封施工质量情况,检查支座位置与线路中心线的距离;填写支座底的设计标高和实际标高,以及各墩台支座安装质量的评述。

(4)管(隧)道工程施工记录(C5-4)应符合下列规定:

管道工程施工记录:

1)焊工资格备案表(特种作业人员审核资格表)

对从事压力管道焊接工程施工的焊工,均应进行资格审查,填写《特种作业人员审核资格表》。

2)焊缝综合质量检查汇总记录

对焊缝质量进行检查主要包括:焊缝(焊口)编号、焊工代号,按GB 50236规范要求汇总记录每道焊缝的外观质量、焊缝无损检测结果,按最低质量等级进行焊接质量综合评级,填写《焊缝综合质量检查汇总记录》(C5-4-2)。

综合说明一栏内应填写钢材的种类、材质、规格、型式(如螺旋管、直缝管、无缝管等),使用的焊条型号等,压力容器压力等级等。

焊接工作完成后应编制《焊口排位记录及示意图》(C5-4-3)。

《焊缝综合质量检查汇总记录》(C5-4-2)和《焊口排位记录及示意图》(C5-4-3)是配套使用的记录表格。

3)聚乙烯管道连接记录(C5-4-4)

使用全自动焊机或非热熔焊接时,焊接过程的参数可以不记录;全自动焊机、电熔焊机以焊机打印的记录为准(粘贴在表中,复印后保存)。表中:P_0—拖动压力;P_1—P_{0+}接缝压力;P_2—P_{0+}吸热压力;P_3—P_{0+}冷却压力。

连接工作完成后应填写《聚乙烯管道连接记录》(C5-4-4)和《聚乙烯管道焊接工作汇总表》(C5-4-5)。

4)钢(聚乙烯)管变形检查记录(C5-4-6)

当钢(聚乙烯)管公称直径≥800mm时应在回填完成后检查管道椭圆度。

5)管架(固、支、吊、滑等)安装调整记录(C5-4-7)

管架(固、支、吊、滑)的选择、安装、调整应严格按设计要求进行,记录中包括管架编号、结构型式、安装位置、固定状况、调整值等。

6)补偿器安装记录(C5-4-8)

补偿器在安装时,应检查补偿器的型式、规格、材质、固定支架间距、安装质量,校核安装时环境温度、操作温度及安装预拉量等与设计条件是否相符,同时应附安装示意图。

7)防腐层施工质量检查记录(C5-4-9-1)

本表是在施工现场对设备、管道本体(管身)、固定口、转动口进行防腐及防腐层修补施工质量检查以及管道下沟前和回填前检测所做的记录,在加工厂防腐的以出厂质量证明文件为准。现场除锈按GB 8923《涂装前钢材表面锈蚀等级和除锈等级》规定的表示方法填写。

8)牺牲阳极埋设记录(C5-4-10)

牺牲阳极埋设时应对阳极埋设位置(管线桩号)、阳极类别、规格、数量、牺牲阳极开路电位等进行检查并记录,埋后应对牺牲阳极的开路电位进行测试,在备注栏内注明该部位防腐材料的种类。

9)顶管施工记录(C5-4-11)

顶管施工时,应对管线位置、顶管类型、设备规格、顶进推力、顶进措施、接管形式、土质状况、水文状况进行检查记录,并逐日按班次和检测序号记录日进尺、累计进尺、中线位移、管底高程、相邻管间错口、对顶管节错口、接缝处理方法、发生意外情况及采取的措施等内容。

10)浅埋暗挖法施工检查记录(C5-4-12)

浅埋暗挖法施工记录是采取浅埋暗挖法施工工程在其二衬完工以后对工程施工整体情况进行的检查评价记录。检查内容主要包括:管(隧)道桩号、初衬日期、钢筋格栅合格证号、钢筋格栅间距、喷射混凝土强度等级、开挖土质支护状态、拱顶垂直位移、管(隧)道拱脚水平收敛值、地表布点下沉值、防水层做法、防水层检验编号,二衬做法、二衬施工日期、拆模日期等,并检查混凝土强度、混凝土抗渗等级、结构尺寸、中线左右偏差及外观质量等。

11)盾构法施工记录(C5-4-13)、盾构管片拼装记录(C5-4-14)

盾构法施工记录与盾构管片拼装记录适用于盾构法施工完成的管(隧)道工程,分别记录盾构掘进、管片拼装两项施工过程中的工程质量情况。

表格填写与施工同步完成,依据各工程设计使用的管片规格,按环填写。

12)小导管施工记录(C5-4-15)

小导管施工时,应对小导管施工部位、规格尺寸、布设角度、间距及根数、注浆类型及数量等进行检查记录。

13)大管棚施工记录(C5-4-16)

大管棚施工时,应注明大管棚的工程部位、钢管规格尺寸,在草图中标明间距及根数、角度、深度并填写成孔质量情况等。情况栏填写管内填充料、管节连接等情况。

14)隧道支护施工记录(C5-4-17)

隧道初期支护施工时,应检查格栅的里程部位、间距、中线、标高、连线状况、喷射混凝土厚度、混凝土强度等级等情况并做好记录。

15)注浆检查记录(C5-4-18)

顶管、浅埋暗挖等施工需要进行注浆时,施工完毕后,应按要求进行注浆填充,并填写注浆检查记录。记录内容主要包括:注浆位置(桩号)、注浆压力、注入材料量、饱满程度等。

16)水平定向钻施工检查记录

该类记录《水平定向钻导向孔钻进记录》(C5-4-19)、《水平定向钻回扩(拖)记录》(C5-4-20)由定向钻施工单位(分包单位)在施工过程中根据仪器、仪表的显示数据填写,总包单位经检查确认后签署意见。

备注栏内应明确注明:①管道回拖前的检查情况,主要包括焊接和防腐质量检验的最终结果,分段压力试验结果,回拖前的各项准备工作是否符合方案要求等内容;②施工过程中发现的主要问题和异常情况;③其他应当说明的问题。

(5)厂(场)、站工程施工记录(C5-5)应符合下列规定:

给水(再生水)、污水处理、燃气、供热、轨道交通、垃圾卫生填埋等厂(场)、站工程的施工记录包括:

1)设备基础检查验收记录

设备安装前应对设备基础的混凝土强度、外观质量进行检查,并对设备基础纵、横轴线进行复核,对设备基础外形尺寸、水平度、垂直度、予埋地脚螺栓、地脚螺栓孔、予埋栓板以及锅炉设备基础立柱相邻位置、四立柱间对角线等进行量测,并附基础示意图。填写《设备基础检查验收记录》(C5-5-1)。

2)钢制平台/钢架制作安装检查记录

钢制平台/钢架材质应符合设计要求，制作安装应达到质量标准要求。对立柱底座与柱基中心线、立柱垂直度、弯曲度、立柱对角线、平台标高、栏杆、阶梯踏步、平台边缘围板等进行全面检查，并填写《钢制平台/钢架制作安装检查记录》(C5-5-2)。

3)设备安装检查记录(通用)(C5-5-3)

给水(再生水)、污水处理、燃气、供热、轨道交通、垃圾卫生填埋厂(场)、站中使用的通用设备安装均可采用本表。应在安装中检查设备的标高、中心线位置、垂直度、纵横向水平度及设备固定的形式，使之符合设计要求，达到质量标准。

专用设备安装时，可以按照设备供应方提供的技术要求对安装质量进行检查，检查后填写《施工通用记录》(C5-1-1)，也可以根据安装特点及内容另行制定检查表样。

4)设备联轴器对中检查记录(C5-5-4)

设备联轴器安装完后应对联轴器对中情况进行检查并记录，内容包括：径向位移值，轴向倾斜值，端面间隙值，并附联轴器布置示意图。

5)容器安装检查记录(C5-5-5)

容器(箱罐)安装前应进行基础检查及容器严密性试验，安装中应对容器安装的标高、中心线、垂直度、水平度、接口方向及液位计、温度计、压力表、安全泄放装置、水位调节装置、取样口位置、内部防腐层、二次灌浆等内容进行检查并记录。

6)安全附件安装检查记录(C5-5-6)

本表是对压力表、安全阀、水(液)位计、温度计、报警装置等安全附件安装(试验)的情况进行的检查和记录。

7)锅炉安装施工记录(C5-5-7～C5-5-8)

锅炉安装施工记录应由安装单位按特种设备安全监察机构颁布的《工业锅炉安装工程质量证明书》(整装、散装)要求的技术文件的规定填写，凡要求盖章的地方，均应由项目负责人签字，有监理的工程，监理工程师还应签字予以确认。

8)软化水处理设备安装调试记录(C5-5-9)

软化水处理设备安装和调试，应填写《软化水处理设备安装调试记录》(C5-5-9)。

9)燃烧器及燃料管路安装检查记录(C5-5-10)

燃烧器及燃料管路安装后，应按要求的项目进行检查，并填写《燃烧器及燃料管路安装检查记录》(C5-5-10)。

10)管道/设备保温施工检查记录(C5-5-11)

管道/设备按设计要求有保温要求时，在现场保温施工时须对基层处理与涂漆情况、保温层施工情况、保护层施工情况进行检查并记录。对直埋热力管道的接口保温（套袖连接）还应进行气密性试验。

11）净水厂水处理工艺系统调试记录

净水厂（站）工程安装完成后，监理工程师对各专业工程的安装质量、使用功能进行全面检查，对发现的问题经承包（安装）单位整改及功能试验后，由监理单位组织，承包（安装）单位、设计单位和建设单位参加，对净水厂（站）水处理工艺系统进行调试，由施工单位填写《净水厂水处理工艺系统调试记录》（C5-5-12）。

12）加药、加氯工艺系统调试记录

厂（站）加药加氯工程安装完成时，水处理工艺系统调试后，由监理单位组织，承包（安装）单位进行，必要时请建设单位及设计单位派代表参加，对加药加氯工艺系统调试，由施工单位填写《加药、加氯工艺系统调试记录》（C5-5-13）。

13）水处理工艺管线验收记录

水处理工艺管线安装工程完成后，由监理单位组织施工（安装）单位等进行水处理工艺管线验收，由施工单位填写《水处理工艺管线验收记录》（C5-5-14）。

14）污泥处理工艺系统调试记录

污泥处理工艺系统安装工程完成后，由监理单位组织施工（安装）单位对污泥处理工艺系统进行调试，必要时请建设单位及设计单位参加，调试合格后由施工单位填写《污泥处理工艺系统调试记录》（C5-5-15）。

15）自控系统调试记录

厂（场）、站自控系统工程安装完成后，监理单位组织施工（安装）等单位对自控系统进行调试，调试合格后由施工单位填写《自控系统调试记录》（C5-5-16）。

16）自控设备单台安装记录（C5-5-17）

厂（场）、站自控设备安装完成后，由施工单位填写《自控设备单台安装记录》。

17）污水处理工艺系统调试记录

污水处理工艺系统调试记录由施工单位或调试单位记录并提供此项表格。

18）污泥消化工艺系统调试记录

污泥消化工艺系统调试记录由施工单位或调试单位记录并提供此项表格。

（6）电气安装工程施工记录（C5-6）应符合下列规定：

1）电缆敷设检查记录

对电缆的敷设方式、编号、起/止位置、规格、型号进行检查，并按 GB 50168 规范要求，对安装工艺质量进行检查，填写《电缆敷设检查记录》（C5-6-1）。

2）电气照明装置安装检查记录

对电气照明装置的配电箱（盘）、配线、各种灯具、开关、插座、风扇等安装工艺及质量按 GB 50303 要求进行检查，填写《电气照明装置安装检查记录》(C5-6-2)。

3)电线(缆)钢导管安装检查记录

对电线(缆)钢导管的起、止点位置及高程、管径、长度、弯曲半径、联接方式、防腐及排列等情况进行检查，并填写《电线(缆)钢导管安装检查记录》(C5-6-3)。

4)成套开关柜(盘)安装检查记录

检查成套开关柜(盘)型钢外廓尺寸、基础型钢的不直度、水平度、位置、不平行度及开关柜的垂直度、水平偏差、柜面偏差、柜间接缝，要求成套开关柜(盘)安装偏差符合规范要求，检查合格后填写《成套开关柜(盘)安装检查记录》(C5-6-4)。

5)盘、柜安装及二次结线检查记录

对盘、柜及二次结线安装工艺及质量进行检查。内容包括：盘、柜及基础型钢安装偏差；盘、柜固定及接地状况；盘、柜内电器元件、电气接线、柜内一次设备安装等及电气试验结果是否符合规范要求，检查合格后填写《盘、柜安装及二次结线检查记录》(C5-6-5)。

6)避雷装置安装检查记录

检查避雷装置安装质量，对避雷针、避雷网(带)、引下线的材质、规格、长度，结构形式、外观、焊接及防腐情况，引下线断点高度，接地极组数及接地电阻测量数值、防腐处理等情况进行检查，检查合格后填写《避雷装置安装检查记录》(C5-6-6)。

7)起重机电气安装检查记录

检查起重机电气安装质量，内容主要包括滑接线及滑接器、悬吊式软电缆、配线、控制箱(柜)、控制器、限位器、安全保护装置、制动装置、撞杆、照明装置、轨道接地、电气设备和线路的绝缘电阻测试并填写《起重机电气安装检查记录》(C5-6-7)。

8)电机安装检查记录

包括对电机安装位置；接线、绝缘、接地情况；转子转动灵活性；轴承框动情况；电刷与滑环(换向器)的接触情况；电机的保护、控制、测量、信号等回路工作状态进行检验并填写《电机安装检查记录》(C5-6-8)。

9)变压器安装检查记录

按 GBJ 148《电气装置安装工程电力变压器》标准要求，对变压器安装的位置；母线连接、接地；变压器器身；瓷套管；储油柜；冷却装置；油位；分接头位置；滚轮制动；测温装置及并列运行条件等进行检验，检查电气试验报告是否齐全、合格并填写《变压器安装检查记录》(C5-6-9)。

10)高压隔离开关、负荷开关及熔断器安装检查记录

对开关操动机构、传动装置、闭锁装置、安装位置、合闸时三相不同期值、分闸时触头打开角度、距离、触头接触情况进行检查,核对熔体额定电流与设计值,检查试验报告是否合格、齐全并填写《高压隔离开关、负荷开关及熔断器安装检查记录》(C5-6-10)。

11)电缆头(中间接头)制作记录

对电缆头型号、保护壳型式、接地线规格、绝缘带规格、芯线连接方法、相序校对、绝缘填料电阻测试值、电缆编号、规格型号等进行检查并填写《电缆头(中间接头)制作记录》(C5-6-11)。

12)厂区供水设备供电系统调试记录(C5-6-12)

电气设备安装调试应符合国家及有关专业的规定,各系统设备的单项安装调试合格后,由施工(安装)单位进行厂区供水设备供电系统调试并填写《厂区供水设备供电系统调试记录》。

13)自动扶梯安装记录(C5-6-13)

自动扶梯安装应根据设计要求检查记录安装条件,包括机房宽度、深度;支承宽度、长度;中间支承强度、支承水平间距;扶梯提升高度;支承予埋铁尺寸;提升设备搬运的连接附件等。

六、施工试验记录及检测报告

根据规范和设计要求进行试验,并记录原始数据和计算结果,得出试验结论。包括各类专用施工试验记录,如有新技术、新工艺及其他特殊工艺时,使用通用施工试验记录或相应的记录表式、表样。施工试验按规范和设计要求分部位、分系统进行。市政基础设施工程通用施工试验记录和基础/主体结构工程施工试验记录划为一类,其他分为道路、桥梁施工试验记录,管道工程施工试验记录,厂站设备安装及电气安装施工试验记录等。

(1)《施工试验记录(通用)》(C6-1)是在专用施工试验记录不适用的情况下,对施工试验方法和试验数据进行记录的表格。

(2)基础/主体结构工程通用施工试验记录(C6-2)包括下列内容:

1)回填土(包括素土、灰土、砂和砂石地基的夯实填方和柱基、基坑、基槽的回填夯实)

①当设计图纸中对回填土有压实度要求时,应有《最大干密度与最佳含水率试验报告》(C6-2-1),报告中应提供回填土的最大干密度、最佳含水率控制值。

②当合同对回填土土质有要求时,应对土壤进行液塑限、含水量和湿松密度试验,测定有机质含量。按 GBJ 145《土的分类标准》确定土质。

③回填土干密度试验应有分层、分段的干密度数据(进行试验并标明取样位置)。

④道路工程、桥梁工程、管道工程应按相关施工技术规范、验收标准规定和设计要求对回填土最大干密度、最佳含水率、土质、压实度等进行测试,填写相应表式。

2)砌筑砂浆

①应有配合比申请单和试验室签发的配合比通知单。

②应有按规定留置的龄期为28天标养试块的抗压强度试验报告。砂浆抗压强度试验报告》(C6-2-5)。

③应按单位工程分种类、强度等级汇总填写《砂浆试块强度统计、评定记录》(C6-2-6)。

④砌筑砂浆试块的留置及试验项目按附录B进行。

⑤用于承重结构的砌筑砂浆试块按规定实行有见证取样和送检的管理。

3)混凝土

①应有配合比申请单和由试验室签发的配合比通知单,施工中如材料有变化时,应有修改配合比的试验资料,应及时调整混凝土配合比并保留试验资料。

②应有按规定组数留置的28天龄期标养试块和足够数量的同条件养护试块,并按相关施工技术规范、验收标准规定和设计要求及本规程相关表式的要求进行试验。

现浇结构混凝土和冬期施工混凝土的同条件养护试块抗压强度试验报告,作为拆模、张拉、施加临时荷载、检验抗冻能力等的依据。

③冬期施工应有受冻临界强度试块和转常温试块的抗压强度试验报告。

④应按单位工程分种类、强度等级汇总填写《混凝土试块强度统计、评定记录》(C6-2-9)。

同一验收项目、同等强度等级、同龄期(28天标养)、配合比基本相同(是指施工配制强度相同,并能在原材料有变化时,及时调整配合比使其施工配制强度目标值不变)、生产工艺条件基本相同的混凝土为一个验收批。

⑤抗渗混凝土、抗冻混凝土、特种混凝土除应具有上述资料外还应有其他专项试验报告。

⑥抗压强度试块、抗折强度试块、抗渗性能试块、冻融性能试块的留置及强度统计方法按附录B进行。

⑦潮湿环境、直接与水接触的混凝土工程和外部有碱环境并处于潮湿环境的混凝土工程,应预防碱集料反应并按有关规定执行。

4)钢筋连接

①用于焊接、机械连接的钢筋接头其接头的力学性能和工艺性能应符合现行国家标准。

②在正式施工开始前及施工过程中，应对每批进场的钢筋，在现场条件下进行焊接性能试验(可焊性)，机械连接应进行工艺检验。可焊性试验、工艺检验合格后方可进行焊接或机械连接施工。

③钢筋焊接接头或焊接制品应按焊接类型分批进行质量验收并进行记录，钢筋连接试验报告》(C6-2-14)。验收批的划分、取样数量和试验项目见附录B。

④机械连接接头的现场检验按验收批进行。

机械连接的工艺检验、现场检验验收批的划分、取样数量及试验项目按附录B进行。

⑤施工中采用机械连接接头型式施工时，技术提供单位应提交法定检测机构出具的型式检验报告。

⑥结构工程中的主要受力钢筋接头按规定实行有见证取样和送检的管理。

5)焊接质量无损检测记录

焊接工作完成并对外观质量检查合格后，施工单位应填写《无损检测委托单》(C6-2-20)，表中技术参数应符合标准或设计文件的要求，监理单位签字确认后送具有资质的无损检测机构。检测机构人员接收委托单后应签字，并签署日期。

对管道、钢构件、钢箱梁、钢制容器等承受拉力或压力的焊缝进行无损检测后，检测单位应将检测结果以焊接质量无损检测报告的形式及时通知委托单位。无损检测报告包括：《射线检测报告》(C6-2-15)、《射线检测底片评定记录》(C6-2-16)、《超声波检测报告》(C6-2-17)、《超声波检测记录表》(C6-2-18)、《磁粉检测报告》(C6-2-19)、《渗透检测报告》(C6-2-20)。检测结论主要应包含实际检测量、一次检测合格率、返修的最高次数、最终质量结果等内容。报告(评片)人和审核人的检测资格应符合规定要求。

对因故未能按委托要求完成检测任务以及存在其他应当说明的问题时，检测单位应予以说明。

(3)道路、桥梁工程试验记录(C6-3)包括下列内容：

道路、桥梁工程试验记录包括道路、桥梁工程各工序、部位、整体质量的试验资料数据及其安全性能、功能质量的试验结论。

1)道路工程基础和结构层施工试验记录：包括路基基层、连接层等结构层，必须严格控制每层结构的密实度、平整度、高程、厚度等。在施工中应按相关施工技术规范、验收标准规定和设计要求及本规程C6-3-1～C6-3-9相关项目要求进行试验并记录。

2)桥梁功能性试验记录：合同要求时须进行桥梁桩基、动(静)荷载试验、防撞栏杆防撞等功能性试验。试验前应与有资质的试验单位签订《桥梁功能性试验委托书》(C6-3-10)，由试验单位进行桥梁桩基、动(静)荷载、防撞试验方案设计，按方案设计进行试验，试验后出具《桥梁功能性试验报告》。

(4)管(隧)道工程试验记录(C6-4)包括给水、排水、燃气、供热管道工程的结构安全及功能质量的试验资料和数据。

1)给水管道工程试验

给水管道安装经质量检查符合标准和设计文件规定后，应按标准规定的长度进行水压试验并对管网进行清洗，试验后填写《给水管道水压试验记录》(C6-4-1)或《PE给水管道水压试验记录》(C6-4-2)以及《给水、供热管网冲洗记录》(C6-4-3)。

2)供热管道工程试验

供热管道安装经质量检查符合标准和设计文件规定后，应分别按标准规定的长度进行分段和全长的管道水压试验，管道清洗可分段或整体联网进行。试验后填写《供热管道水压试验记录》(C6-4-4)、《给水、供热管网冲洗记录》(C6-4-3)。供热管网应按标准要求进行整体热运行，填写《供热管网(场、站)热运行记录》(C6-4-5)。

C6-4-4中的"试验压力"应按CJJ 28《城市供热管网工程施工及验收规范》的要求填写。"试验情况及结果"主要记录：试验性质(强度试验、严密性试验)、实际试验压力、检查方法、实际最大压力降、管道支架变形等项目的检查结果以及在试验过程中发生的应当记录的有关事项等内容。强度试验时试的稳压时间应分别按试验压力下和设计压力下的稳压时间填写。

管道补偿器安装时应按设计文件要求进行预拉伸，并填写《补偿器冷拉记录》(C6-4-6)。

3)燃气管道工程试验

燃气管道为输送人工煤气、天然气、液化石油气的压力管道，管道及安全附件的校验、防腐绝缘、阴极保护、管道清洗、强度、严密性等试验，均是确保管道使用安全的重要条件。管道及管道附件在施工质量检查合格后应根据规范要求，严格进行下列试验：

①强度/严密性试验后填写《燃气管道强度试验验收单》(C6-4-8)、《燃气管道严密性试验验收单》(C6-4-9)、《燃气管道气压严密性试验记录》(C6-4-10或表式C6-4-11)，其中C6-4-10适用于U型压力计，C6-4-11适用于指针式或数字式压力计。

C6-4-8、C6-4-9中的"试验压力"应按CJJ 33《城镇燃气输配工程施工及验收规范》要求填写，C6-4-9 中的“保压时间”记录自达到试验压力起至开始正式记录试验过程止的实际时间。

C6-4-8、C6-4-9 中的“试验情况及结果”主要记录：实际试验压力、稳压时间、检查方法、检查结果等内容以及在试验过程中发生的应当记录的其他有关事项。

②防腐钢质管道安装后应按标准进行防腐层完整性（地面）检测，由检测单位填写《埋地钢质管道防腐层完整性检测报告》(C6-4-12)。此表适用于人体电容法、管中电流法、变频选频法。当所采用的某一种检测方法无相应的检测项目时，在数据栏内以“/”划去。

③管道工程施工后，应按设计要求对燃气管道进行内部处理，处理后填写《管道通球试验记录》(C6-4-7)、《管道系统吹洗（脱脂）记录》(C6-4-13)。

④阴极保护系统安装全部完成后，在监理（建设）单位的组织下，应对被保护系统的保护电位进行测量验收，填写《阴极保护系统验收测试记录》(C6-4-14)。表中电位为相对于饱和硫酸铜电极电位(-V)，测试位置（桩号）为设计图纸的位置（桩号）。

4)污水（无压）管道闭水试验

污水、雨污水合流（无压）管道完工后应分段进行管道闭水试验，填写《污水管道闭水试验记录》(C6-4-15)。

(5)厂（场）、站设备安装工程施工试验记录(C6-5)包括下列内容：

给水、污水处理、供热、燃气、轨道交通、垃圾卫生填埋厂（场）、站设备的安装，均须进行设备调试，部分设备须进行有关试运行。

1)调试记录（通用）(C6-5-1)

一般设备、设施在调试时，在无专用表格的情况下均可采用本表进行记录。

2)设备单机试运行记录（通用）(C6-5-2)

各种运转设备试运行在无专用表格的情况下一般均应采用本表进行记录。

3)设备强度/严密性试验

气柜、容器、箱罐等设备安装后，应按设计要求进行强度、严密性试验，填写《设备强度/严密性试验记录》(C6-5-3)。

4)起重机试运转试验记录

起重机包括桥式起重机、电动葫芦等，起重设备安装后，应进行静负荷、动负荷试验，填写《起重机试运转试验记录》(C6-5-4)。

5)设备负荷联动（系统）试运行记录(C6-5-5)

厂站设备（系统）进行负荷联动试运行时，应采用本表记录。负荷联动试运行时间如无特殊要求一般为 72 小时。另外，污水厂站工程设备（系统）负荷联动试运行包括清水情况下及污水情况下两个过程，每个过程按本表分别作记录。

6)安全阀调试记录

燃气、热力管道系统及厂(场)、站工程中安装的安全阀,在使用前均须进行开启压力的调整并填写《安全阀调试记录》(C6-5-6)。

7)厂(场)、站构筑物功能试验

厂(场)、站工程水工构筑物(如消防水池、污水处理厂中的集水池、消化池、曝气池、沉淀池、自来水厂中的清水池、沉淀池等)须进行设计或标准规定的功能试验。

①《水池满水试验记录》(C6-5-7)

②《消化池气密性试验记录》(C6-5-8)

③《曝气均匀性试验记录》(C6-5-9),适用于污水厂站工程水池池底安装曝气头或曝气器情况,当在池顶部或污水上表面安装曝气设施时(如转刷等)不需做曝气均匀性试验。

8)防水工程试水记录(C6-5-10)

防水工程完成后,若需要进行试水试验,应填写防水工程试水记录,并明确检查采用方式。如采用蓄水方式,应填写蓄水起止时间。

(6)电气工程施工试验记录(C6-6)应符合下列规定:

电气设备安装调试记录应符合国家及有关专业的规定,施工试验包括各个系统设备的单项安装调整试验记录、综合系统调整试验记录及设备试运转记录。

电气设备安装工程各系统的安装调整试验记录必须按系统收集齐全归档,分包的工程由分承包单位按承包范围收集齐全交总包单位整理归档。各个系统安装调整试验记录整理收集齐全后,单位工程方可申报竣工验收。

1)电气绝缘电阻测试记录

电气安装工程安装的所有高、低压电气设备、线路、电缆等在送电试运行前必须全部按规范要求进行绝缘电阻测试,填写《电气绝缘电阻测试记录》(C6-6-1)。

2)电气照明全负荷试运行记录

建筑照明系统通电连续全负荷试运行时间为24小时,所有灯具均应开启,且每2小时对照明电路各回路的电压、电流等运行数据进行记录(C6-6-2)。

3)电机试运行记录(C6-6-3)

新安装的电动机,验收前必须进行通电试运行。对电压、电流、转速、温度、振动、噪音等数据及控制系统运行状态进行记录,电动机空载试运行时间宜为2小时。

4)电气接地装置隐检/测试记录(C6-6-4)

电气接地装置安装时应对防雷接地、保护接地、重复接地、计算机接地、防静电接地、综合接地、工作接地、逻辑接地等各类接地形式的接地系统的接地极、接地干线的规格、形式、埋深、焊接及防腐情况进行隐蔽检查验收，测量接地电阻值，并附接地装置平面示意图。

5)变压器试运行检查记录(C6-6-5)

新安装的变压器必须进行通电试运行，对一、二次电压、电流、油温等数据进行测量，检查分接头位置、瓷套管有无闪络放电、冲击合闸情况、风扇工作情况及有无渗油等，并做记录。

七、施工质量验收资料

(1)检验批质量验收记录(C7-1)检验批施工完成、施工单位自检合格后，由施工单位填写《检验批质量验收记录表》(C7-1-1)或《检验批质量验收记录表》(C7-1-2)报监理单位，监理工程师(建设单位项目技术负责人)按规定进行验收、签字。

(2)分项工程质量验收记录(C7-2)：分项工程施工完成、施工单位自检合格后，由施工单位填写《分项工程质量验收记录表》(C7-2)，报监理单位，监理工程师(建设单位项目技术负责人)按规定进行验收、签字。

(3)分部(子分部)工程质量验收记录(C7-3)：在分部(子分部)工程或配套专业系统工程完成后，监理(建设)单位组织设计单位、施工单位、勘察单位、分包等单位进行工程验收，填写《分部(子分部)工程质量验收记录》(C7-3)，各参加验收单位签字。设备安装验收亦采用本表。

涉及地基基础工程分部时，勘察单位项目负责人应参加验收并签字。

八、工程竣工验收资料

工程竣工验收资料是在工程竣工时形成的重要文件，主要内容有：单位工程竣工预验收报验表、单位(子单位)工程质量竣工验收记录、单位(子单位)工程质量控制资料核查记录、单位(子单位)工程安全和功能检查资料核查及主要功能抽查记录、单位(子单位)工程观感质量检查记录、工程质量事故报告、工程竣工报告、工程概况表等，以及合同约定应检测项目报告。

(1)单位(子单位)工程质量竣工验收记录(C8-1)：建设单位应组织设计、监理、施工等单位对工程进行竣工验收，各单位应在单位(子单位)工程质量竣工验收记录上签字并加盖公章。“验收结论”应明确：是否完成设计和合同约定的任务，工程是否符合设计文件和技术标准的要求，验收是否合格。

(2)工程竣工报告(C8-2)：工程完工后由施工单位编写工程竣工报告(施工

总结)，主要内容包括：

1)工程概况：工程名称，工程地址，工程结构类型及特点，主要工程量，建设、勘察、设计、监理、施工(含分包)单位名称，施工单位项目经理、技术负责人、质量管理负责人等情况；

2)工程施工过程：开工、完工及预验收日期，主要/重点施工过程的简要描述；

3)合同及设计约定施工项目的完成情况；

4)工程质量自检情况：评定工程质量采用的标准，自评的工程质量结果(对施工主要环节质量的检查结果，有关检测项目的检测情况、质量检测结果，功能性试验结果，施工技术资料和施工管理资料情况)；

5)主要设备调试情况；

6)其他需说明的事项：有无甩项或增项(量)，有无质量遗留问题，需说明的其他问题，建设行政主管部门及其委托的工程质量监督机构等有关部门责令整改问题的整改情况；

7)经质量自检，工程是否具备竣工验收条件。

项目经理、单位负责人签字，单位盖公章，填写报告日期；实行监理的工程还应由总监理工程师签署意见并签字。

(3)竣工测量委托书、竣工测量报告(C8-3、C8-4)：由施工单位填写《竣工测量委托书》(C8-3)委托具有地下管线测量资质的单位对工程完成情况进行竣工测量并记录、编制《竣工测量报告》(C8-4)，竣工测量资料及附图并应绘制在竣工图上。

(4)其他工程竣工验收资料：单位(子单位)工程完工自检合格后，由施工单位填写单位工程竣工预验收报验表报监理单位申请工程竣工预验收。总监理工程师组织项目监理部人员与施工单位进行检查预验收。预验收合格后总监理工程师签署单位工程竣工预验收报验表、单位(子单位)工程质量控制资料核查记录(C8-5)、单位(子单位)工程安全和功能检查资料核查及主要功能抽查记录(C8-6)和单位(子单位)工程观感质量检查记录(C8-7)等并报建设单位，申请竣工验收。

表中的“核查意见”和“核查(抽查)人”均由负责核查的总监理工程师(建设单位项目负责人)签署。

检查项目及抽查项目由验收组或检查单位协商确定；当相关专业标准(规范)给出相应的检查项目时应按已给出的项目检查(或抽查)。

单位(子单位)工程观感质量检查记录(C8-7)质量评价为差的项目，应进行返修。

第二章 工程资料的归档

第一节 工程资料归档范围和质量要求

一、工程文件的归档范围和期限

(1)对与工程建设有关的重要活动、记载工程建设主要过程和现状、具有保存价值的各种载体的文件,均应收集齐全,整理立卷后归档。

(2)工程文件的具体归档范围和保管期限表应符合表 2-1 的要求。

表 2-1 建设工程文件归档范围和保管期限表

序号	归档文件	保存单位和保管期限				
		建设单位	施工单位	设计单位	监理单位	城建档案馆
	工程准备阶段文件					
一	立项文件					
(一)	项目建议书	永久				√
(二)	项目建议书审批意见及前期工作通知书	永久				
(三)	可行性研究报告及附件	永久				√
(四)	可行性研究报告审批意见	永久				√
(五)	关于立项有关的会议纪要、领导讲话	永久				√
(六)	专家建议文件	永久				√
(七)	调查资料及项目评估研究材料	长期				√
二	建设用地、征地、拆迁文件					
(一)	选址申请及选址规划意见通知书	永久				√
(二)	用地申请报告及县级以上人民政府城乡建设用地批准书	永久				√
(三)	拆迁安置意见、协议、方案等	长期				√
(四)	建设用地规划许可证及其附件	永久				√
(五)	划拨建设用地文件	永久				√
(六)	国有土地使用证	永久				√

（续）

序号	归档文件	保存单位和保管期限				
		建设单位	施工单位	设计单位	监理单位	城建档案馆
三	勘察、测绘、设计文件					
（一）	工程地质勘察报告	永久		永久		√
（二）	水文地质勘察报告、自然条件、地震调查	永久		永久		√
（三）	建设用地钉桩通知单（书）	永久				√
（四）	地形测量和拨地测量成果报告	永久		永久		√
（五）	申报的规划设计条件和规划设计条件	永久		长期		
（六）	初步设计图纸和说明	长期		长期		
（七）	技术设计图纸和说明	长期		长期		
（八）	审定设计方案通知书及审查意见	长期		长期		√
（九）	有关行政主管部门（人防、环保、消防、交通、园林、市政、文物、通讯、保密河湖、教育、白蚁防治、卫生等）批准文件或取得的有关协议	永久				√
（十）	施工图及其说明	长期		长期		
（十一）	设计计算书	长期		长期		
（十二）	政府有关部门对施工图设计文件的审批意见	永久		长期		√
四	招投标文件					
（一）	勘察设计招投标文件	长期				
（二）	勘察设计承包合同	长期		长期		√
（三）	施工招投标文件	长期				
（四）	施工承包合同	长期	长期			√
（五）	工程监理招投标文件	长期				
（六）	监理委托合同	长期			长期	√
五	开工审批文件					
（一）	建设项目列入年度计划的申报文件	永久				√
（二）	建设项目列入年度计划的批复文件或年度计划项目表	永久				√
（三）	规划审批申报表及报送的文件和图纸	永久				
（四）	建设工程规划许可证及其附件	永久				√
（五）	建设工程开工审查表	永久				
（六）	建设工程施工许可证	永久				√
（七）	投资许可证、审计证明、缴纳绿化建设费等证明	长期				√
（八）	工程质量监督手续	长期				√
六	财务文件					
（一）	工程投资估算材料	短期				
（二）	工程设计概算材料	短期				

（续）

序号	归档文件	保存单位和保管期限				
		建设单位	施工单位	设计单位	监理单位	城建档案馆
（三）	施工图预算材料	短期				
（四）	施工预算	短期				
七	建设、施工、监理机构及负责人					
（一）	工程项目管理机构（项目经理部）及负责人名单	长期				√
（二）	工程项目监理机构（项目监理部）及负责人名单	长期			长期	√
（三）	工程项目施工管理机构（施工项目经理部）及负责人名单	长期	长期			√
	监理文件					
一	监理规划					
（一）	监理规划	长期			短期	√
（二）	监理实施细则	长期			短期	√
（三）	监理部总控制计划等	长期			短期	
二	监理月报中的有关质量问题	长期			长期	√
三	监理会议纪要中的有关质量问题	长期			长期	√
四	进度控制					
（一）	工程开工/复工审批表	长期			长期	√
（二）	工程开工/复工暂停令	长期			长期	√
五	质量控制					
（一）	不合格项目通知	长期			长期	√
（二）	质量事故报告及处理意见	长期			长期	√
六	造价控制					
（一）	预付款报审与支付	短期				
（二）	月付款报审与支付	短期				
（三）	设计变更、洽商费用报审与签认	长期				
（四）	工程竣工决算审核意见书	长期				√
七	分包资质					
（一）	分包单位资质材料	长期				
（二）	供货单位资质材料	长期				
（三）	试验等单位资质材料	长期				
八	监理通知					
（一）	有关进度控制的监理通知	长期			长期	
（二）	有关质量控制的监理通知	长期			长期	
（三）	有关造价控制的监理通知	长期			长期	
九	合同与其他事项管理					
（一）	工程延期报告及审批	永久			长期	√
（二）	费用索赔报告及审批	长期			长期	

（续）

序号	归档文件	保存单位和保管期限				
		建设单位	施工单位	设计单位	监理单位	城建档案馆
（三）	合同争议、违约报告及处理意见	永久			长期	√
（四）	合同变更材料	长期			长期	√
十	监理工作总结					
（一）	专题总结	长期			短期	
（二）	月报总结	长期			短期	
（三）	工程竣工总结	长期			长期	√
（四）	质量评价意见报告	长期			长期	√
	施工文件					
一	建筑安装工程					
（一）	土建（建筑与结构）工程					
1	施工技术准备文件					
①	施工组织设计	长期				
②	技术交底	长期	长期			
③	图纸会审记录	长期	长期	长期		√
④	施工预算的编制和审查	短期	短期			
⑤	施工日志	短期	短期			
2	施工现场准备					
①	控制网设置资料	长期	长期			√
②	工程定位测量资料	长期	长期			√
③	基槽开挖线测量资料	长期	长期			√
④	施工安全措施	短期	短期			
⑤	施工环保措施	短期	短期			
3	地基处理记录					
①	地基钎探记录和钎探平面布点图	永久	长期			√
②	验槽记录和地基处理记录	永久	长期			√
③	桩基施工记录	永久	长期			√
④	试桩记录	长期	长期			√
4	工程图纸变更记录					
①	设计会议会审记录	永久	长期	长期		√
②	设计变更记录	永久	长期	长期		√
③	工程洽商记录	永久	长期	长期		√
5	施工材料预制构件质量证明文件及复试试验报告					
①	砂、石、砖、水泥、钢筋、防水材料、隔热保温、防腐材料、轻集料试验汇总表	长期				√

（续）

序号	归档文件	保存单位和保管期限				
		建设单位	施工单位	设计单位	监理单位	城建档案馆
②	砂、石、砖、水泥、钢筋、防水材料、隔热保温、防腐材料、轻集料出厂证明文件	长期				√
⑧	砂、石、砖、水泥、钢筋、防水材料、轻集料、焊条、沥青复试试验报告	长期				√
④	预制构件（钢、混凝土）出厂合格证、试验记录	长期				√
⑤	工程物质选样送审表	短期				
⑥	进场物质批次汇总表	短期				
⑦	工程物质进场报验表	短期				
6	施工试验记录					
①	土壤（素土、灰土）干密度试验报告	长期				√
②	土壤（素土、灰土）击实试验报告	长期				√
③	砂浆配合比通知单	长期				
④	砂浆（试块）抗压强度试验报告	长期				√
⑤	混凝土配合比通知单	长期				
⑥	混凝土（试块）抗压强度试验报告	长期				√
⑦	混凝土抗渗试验报告	长期				√
⑧	商品混凝土出厂合格证、复试报告	长期				√
⑨	钢筋接头（焊接）试验报告	长期				√
⑩	防水工程试水检查记录	长期				
⑪	楼地面、屋面坡度检查记录	长期				
⑫	土壤、砂浆、混凝土、钢筋连接、混凝土抗渗试验报告汇总表	长期				√
7	隐蔽工程检查记录					
①	基础和主体结构钢筋工程	长期	长期			√
②	钢结构工程	长期	长期			√
③	防水工程	长期	长期			√
④	高程控制	长期	长期			√
8	施工记录					
①	工程定位测量检查记录	永久	长期			√
②	预检工程检查记录	短期				
③	冬施混凝土搅拌测温记录	短期				
④	冬施混凝土养护测温记录	短期				
⑤	烟道、垃圾道检查记录	短期				

（续）

序号	归档文件	保存单位和保管期限				
		建设单位	施工单位	设计单位	监理单位	城建档案馆
⑥	沉降观测记录	长期				√
⑦	结构吊装记录	长期				
⑧	现场施工预应力记录	长期				√
⑨	工程竣工测量	长期	长期			√
⑩	新型建筑材料	长期	长期			√
⑪	施工新技术	长期	长期			√
9	工程质量事故处理记录	永久				√
10	工程质量检验记录					
①	检验批质量验收记录	长期	长期		长期	
②	分项工程质量验收记录	长期	长期		长期	
③	基础、主体工程验收记录	永久	长期		长期	√
④	幕墙工程验收记录	永久	长期		长期	√
⑤	分部(子分部)工程质量验收记录	永久	长期		长期	√
(二)	电气、给排水、消防、采暖、通风、空调、燃气、建筑智能化、电梯工程					
1	一般施工记录					
①	施工组织设计	长期	长期			
②	技术交底	短期				
③	施工日志	短期				
2	图纸变更记录					
①	图纸会审	永久	长期			√
②	设计变更	永久	长期			√
③	工程洽商	永久	长期			√
3	设备、产品质量检查、安装记录					
①	设备、产品质量合格证、质量保证书	长期				√
②	设备装箱单、商检证明和说明书、开箱报告	长期				
③	设备安装记录	长期	长期			√
④	设备试运行记录	长期				√
⑤	设备明细表	长期				√
4	预检记录	短期				
5	隐蔽工程检查记录	长期	长期			√
6	施工试验记录					
①	电气接地电阻、绝缘电阻、综合布线、有线电视末端等测试记录	长期				√

（续）

序号	归档文件	保存单位和保管期限				
		建设单位	施工单位	设计单位	监理单位	城建档案馆
②	楼宇自控、监视、安装、视听、电话等系统调试记录	长期				√
③	变配电设备安装、检查、通电、满负荷系统调试记录	长期				√
④	给排水、消防、采暖、通风、空调、燃气等管道强度、严密性、灌水、通水、吹洗、漏风、试压、通球、阀门等试验记录	长期				√
⑤	电气照明、动力、给排水、消防、采暖、通风、空调、燃气等系统调试、试运行记录	长期				√
⑥	电梯接地电阻、绝缘电阻测试记录；空载、半载、满载、超载试运行记录；平衡、运速、噪声调整试验报告	长期				√
7	质量事故处理记录	永久	长期			√
8	工程质量检验记录					
①	检验批质量验收记录	长期	长期		长期	
②	分项工程质量验收记录	长期	长期		长期	
9	分部(子分部)工程质量验收记录	永久	长期		长期	√
(三)	室外工程					
1	室外安装(给水、雨水、污水、热力、燃气、电讯、电力、照明、电视、消防等)施工文件	长期				√
2	室外建筑环境(建筑小品、水景、道路园林绿化等)施工文件	长期				√
二	市政基础设施工程					
(一)	施工技术准备					
1	施工组织设计	短期	短期			√
2	技术交底	长期	长期			√
3	图纸会审记录	长期	长期			√
4	施工预算的编制和审查	短期	短期			√
(二)	施工现场准备					
1	工程定位测量资料	长期	长期			
2	工程定位测量复核记录	长期	长期			
3	导线点、水准点测量复核记录	长期	长期			
4	工程轴线、定位桩、高程测量复核记录	长期	长期			
5	施工安全措施	短期	短期			
6	施工环保措施	短期	短期			
(三)	设计变更、洽商记录					
1	设计变更通知单	长期	长期			√
2	洽商记录	长期	长期			√

（续）

序号	归档文件	保存单位和保管期限				
		建设单位	施工单位	设计单位	监理单位	城建档案馆
（四）	原材料、成品、半成品、构配件、设备出厂质量合格证及试验报告					
1	砂、石、砌块、水泥、钢筋（材）、石灰、沥青、涂料、混凝土外加剂、防水材料、粘接材料、防腐保温材料、焊接材料等试验汇总表	长期				√
2	砂、石、砌块、水泥、钢筋（材）、石灰、沥青、涂料、混凝土外加剂、防水材料、粘接材料、防腐保温材料、焊接材料等质量合格证书和出厂检（试）验报告及现场复试报告	长期				√
3	水泥、石灰、粉煤灰混合料；沥青混合料、商品混凝土等试验汇总表	长期				√
4	水泥、石灰、粉煤灰混合料；沥青混合料、商品混凝土等出厂合格证和试验报告、现场复试报告	长期				√
5	混凝土预制构件、管材、管件、钢结构构件等试验汇总表	长期				√
6	混凝土预制构件、管材、管件、钢结构构件等出厂合格证书和相应的施工技术资料	长期				√
7	厂站工程的成套设备、预应力混凝土张拉设备、各类地下管线井室设施、产品等汇总表	长期				√
8	厂站工程的成套设备、预应力混凝土张拉设备、各类地下管线井室设施、产品等出厂合格证书及安装使用说明	长期				√
9	设备开箱报告	短期				
（五）	施工试验记录					
1	砂浆、混凝土试块强度、钢筋（材）焊连接、填土、路基强度试验等汇总表	长期				√
2	道路压实度、强度试验记录					
①	回填土、路床压实度试验及土质的最大干密度和最佳含水量试验报告	长期				√
②	石灰类、水泥类、二灰类无机混合料基层的标准击实试验报告	长期				√
③	道路基层混合料强度试验记录	长期				√
④	道路面层压实度试验记录	长期				√

（续）

序号	归档文件	保存单位和保管期限				
		建设单位	施工单位	设计单位	监理单位	城建档案馆
3	混凝土试块强度试验记录					
①	混凝土配合比通知单	短期				
②	混凝土试块强度试验报告	长期				√
③	混凝土试块抗渗、抗冻试验报告	长期				√
④	混凝土试块强度统计、评定记录	长期				√
4	砂浆试块强度试验记录					
①	砂浆配合比通知单	短期				
②	砂浆试块强度试验报告	长期				√
③	砂浆试块强度统计评定记录	长期				√
5	钢筋(材)焊、连接试验报告	长期				√
6	钢管、钢结构安装及焊缝处理外观质量检查记录	长期				
7	桩基础试(检)验报告	长期				√
8	工程物质选样送审记录	短期				
9	进场物质批次汇总记录	短期				
10	工程物质进场报验记录	短期				
(六)	施工记录					
1	地基与基槽验收记录					
①	地基钎探记录及钎探位置图	长期	长期			√
②	地基与基槽验收记录	长期	长期			√
③	地基处理记录及示意图	长期	长期			√
2	桩基施工记录					
①	桩基位置平面示意图	长期	长期			√
②	打桩记录	长期	长期			√
③	钻孔桩钻进记录及成孔质量检查记录	长期	长期			√
④	钻孔(挖孔)桩混凝土浇灌记录	长期	长期			√
3	构件设备安装和调试记录					
①	钢筋混凝土大型预制构件、钢结构等吊装记录	长期	长期			
②	厂(场)、站工程大型设备安装调试记录	长期	长期			√
4	预应力张拉记录					
①	预应力张拉记录表	长期				√
②	预应力张拉孔道压浆记录	长期				√
③	孔位示意图	长期				√
5	沉井工程下沉观测记录	长期				√

（续）

序号	归档文件	保存单位和保管期限				
		建设单位	施工单位	设计单位	监理单位	城建档案馆
6	混凝土浇灌记录	长期				
7	管道、箱涵等工程项目推进记录	长期				√
8	构筑物沉降观测记录	长期				√
9	施工测温记录	长期				
10	预制安装水池壁板缠绕钢丝应力测定记录	长期				√
（七）	预检记录					
1	模板预检记录					
2	大型构件和设备安装前预检记录	短期				
3	设备安装位置检查记录	短期				
4	管道安装检查记录	短期				
5	补偿器冷拉及安装情况记录	短期				
6	支（吊）架位置、各部位连接方式等检查记录	短期				
7	供水、供热、供气管道吹（冲）洗记录	短期				
8	保温、防腐、油漆等施工检查记录	短期				
（八）	隐蔽工程检查（验收）记录	长期	长期			√
（九）	工程质量检查评定记录					
1	工序工程质量评定记录	长期	长期			
2	部位工程质量评定记录	长期	长期			
3	分部工程质量评定记录	长期	长期			√
（十）	功能性试验记录					
1	道路工程的弯沉试验记录	长期				√
2	桥梁工程的动、静载试验记录	长期				√
3	无压力管道的严密性试验记录	长期				√
4	压力管道的强度试验、严密性试验、通球试验等记录	长期				√
5	水池满水试验	长期				√
6	消化池气密性试验	长期				√
7	电气绝缘电阻、接地电阻测试记录	长期				√
8	电气照明、动力试运行记录	长期				√
9	供热管网、燃气管网等管网试运行记录	长期				√
10	燃气储罐总体试验记录	长期				√
11	电讯、宽带网等试运行记录	长期				√
（十一）	质量事故及处理记录					
1	工程质量事故报告	永久	长期			√
2	工程质量事故处理记录	永久	长期			√
（十二）	竣工测量资料					
1	建筑物、构筑物竣工测量记录及测量示意图	永久	长期			√
2	地下管线工程竣工测量记录	永久	长期			√

（续）

序号	归档文件	保存单位和保管期限				
		建设单位	施工单位	设计单位	监理单位	城建档案馆
	竣工图					
一	建筑安装工程竣工图					
（一）	综合竣工图					
1	综合图					√
①	总平面布置图（包括建筑、建筑小品、水景、照明、道路、绿化等）	永久	长期			√
②	竖向布置图	永久	长期			√
③	室外给水、排水、热力、燃气等管网综合图	永久	长期			√
④	电气（包括电力、电讯、电视系统等）综合图	永久	长期			√
⑤	设计总说明书	永久	长期			√
2	室外专业图					
①	室外给水	永久	长期			√
②	室外雨水	永久	长期			√
③	室外污水	永久	长期			√
④	室外热力	永久	长期			√
⑤	室外燃气	永久	长期			√
⑥	室外电讯	永久	长期			√
⑦	室外电力	永久	长期			√
⑨	室外电视	永久	长期			√
⑩	室外建筑小品	永久	长期			√
⑪	室外消防	永久	长期			√
⑫	室外照明	永久	长期			√
⑬	室外水景	永久	长期			√
⑭	室外道路	永久	长期			√
⑮	室外绿化	永久	长期			√
（二）	专业竣工图					
1	建筑竣工图	永久	长期			√
2	结构竣工图	永久	长期			√
3	装修（装饰）工程竣工图	永久	长期			√
4	电气工程（智能化工程）竣工图	永久	长期			√
5	给排水工程（消防工程）竣工图	永久	长期			√
6	采暖通风空调工程竣工图	永久	长期			√
7	燃气工程竣工图	永久	长期			√
二	市政基础设施工程竣工图					
1	道路工程	永久	长期			√
2	桥梁工程	永久	长期			√
3	广场工程	永久	长期			√
4	隧道工程	永久	长期			√

（续）

序号	归档文件	保存单位和保管期限				
		建设单位	施工单位	设计单位	监理单位	城建档案馆
5	铁路、公路、航空、水运等交通工程	永久	长期			√
6	地下铁道等轨道交通工程	永久	长期			√
7	地下人防工程	永久	长期			√
8	水利防灾工程	永久	长期			√
9	排水工程	永久	长期			√
10	供水、供热、供气、电力、电讯等地下管线工程	永久	长期			√
11	高压架空输电线工程	永久	长期			√
12	污水处理、垃圾处理处置工程	永久	长期			√
13	场、厂、站工程	永久	长期			√
	竣工验收文件					
一	工程竣工总结					
1	工程概况表	永久				√
2	工程竣工总结	永久				√
二	竣工验收记录					
（一）	建筑安装工程					
1	单位(子单位)工程质量验工验收记录	永久	长期			√
2	竣工验收证明书	永久	长期			√
3	竣工验收报告	永久	长期			√
4	竣工验收备案表(包括各专项验收认可文件)	永久				√
5	工程质量保修书	永久	长期			√
（二）	市政基础设施工程					
1	单位工程质量评定表及报验单	永久	长期			√
2	竣工验收证明书	永久	长期			√
3	竣工验收报告	永久	长期			√
4	竣工验收备案表(包括各专项验收认可文件)	永久	长期			√
5	工程质量保修书	永久	长期			√
二	财务文件					
1	决算文件	永久				√
2	交付使用财产总表和财产明细表	永久	长期			√
四	声像、缩微、电子档案					
1	声像档案					
①	工程照片	永久				√
②	录音、录像材料	永久				√
2	缩微品	永久				√
3	电子档案					
①	光盘	永久				√
②	磁盘	永久				√

注："√"表示应向城建档案馆移交。

二、归档文件的质量要求

(1)归档的工程文件应为原件。

(2)工程文件的内容及其浓度必须符合国家有关工程勘察、设计、施工、监理等方面的技术规范、标准和规程。

(3)工程文件的内容必须真实、准确,与工程实际相符合。

(4)工程文件应采用耐久性强的书写材料,如碳素墨水、纯蓝墨水、圆珠笔、复写纸、铅笔等。

(5)工程文件应字迹清楚,图样清晰,图表整洁,签字盖章手续完备。

(6)工程文件中文字材料幅面尺寸规格宜为 A4 幅面(297mm×210mm)。图纸宜采用国家标准图幅。

(7)工程文件的纸张应采用能够长期保存的韧力大、耐久性强的纸张。图纸一般采用蓝晒图,竣工图应是新蓝图。计算机出图必须清晰,不得使用计算机出图的复印件。

(8)所有竣工图均应加盖竣工图章。

(9)利用施工图改绘竣工图,必须标明变更修改依据;凡施工图结构、工艺、平面布置等有重大改变,或变更部分超过图面 1/3 的,应当重新绘制竣工图。

(10)不同幅面的工程图纸应按 GB/T 10609.3—2009《技术制图复制图的折叠方法》统一折叠成 A4 幅面(297mm×210mm),图标栏露在外面。

第二节　竣　工　图

一、竣工图的内容和要求

1. 竣工图的内容

(1)竣工图应包括与施工图(及设计变更)相对应的全部图纸及根据工程竣工情况需要补充的图纸。

(2)各专业竣工图按专业和系统分别进行整理,主要包括:城市道路工程、城市桥梁工程、供水工程、排水工程、供热工程、地下交通工程、供气工程、公交广场工程、生活垃圾处理工程、交通安全设施工程、市政基础设施机电设备安装工程、轨道交通工程、景观绿化工程等以及招投标文件、合同文件规定的其他方面的竣工图。

2. 竣工图的基本要求

(1)各项新建、改建、扩建的工程均须编制竣工图。竣工图均按单位工程进行整理。

(2)竣工图应满足以下要求：

1)竣工图的图纸必须是蓝图或绘图仪绘制的白图，不得使用复印的图纸；

2)竣工图应字迹清晰并与施工图比例一致；

3)竣工图应有图纸目录，目录所列的图纸数量、图号、图名应与竣工图内容相符；

4)竣工图使用国家法定计量单位和文字；

5)竣工图应与工程实际境况相一致；

6)竣工图应有竣工图章，并签字齐全；

7)管线竣工测量资料的测点编号、数据及反映的工程内容应编绘在竣工图上。

(3)用施工图绘制竣工图应使用专业绘图工具、绘图笔及绘图墨水。

(4)按图施工，没有设计洽商变更的，可在原施工图加盖竣工图章形成竣工图。设计洽商变更不多的，可将设计洽商变更的内容直接改绘在原施工图上，并在改绘部位注明修改依据，加盖竣工图章形成竣工图。

(5)设计洽商变更较大的，不宜在原施工图上直接修改和补充的，可在原图修改部位注明修改依据后另绘修改图；修改图应有图名、图号。原图和修改图均应加盖竣工图章形成竣工图。

(6)使用施工图电子文件(电子施工图)绘制竣工图时，可将设计洽商变更的结果直接绘制在电子施工图上，用云图圈出修改部。修改过的图纸应有修改依据备注表(表 2-2)。

表 2-2　修改依据备注表

洽商变更编号	简要变更内容

(7)使用施工图电子文件绘制的竣工图，应有图签并有原设计人员的签字；没有设计人员签字的，须附有原施工图，原图和竣工图均应加盖竣工图章形成竣工图。

(8)竣工图章的内容和尺寸应符合图 2-1 和 2-2 的规定。当合同文件无规定时，对无监理的工程，使用竣工图签(图 2-1)，对有监理的工程，使用竣工图签(图 2-2)。

(9)竣工图章应加盖在图签附近的空白处，图章应清晰。

(10)利用施工蓝图绘制竣工图时所使用的蓝图必须是新图，不得使用刀刮、补贴等方法进行绘制。

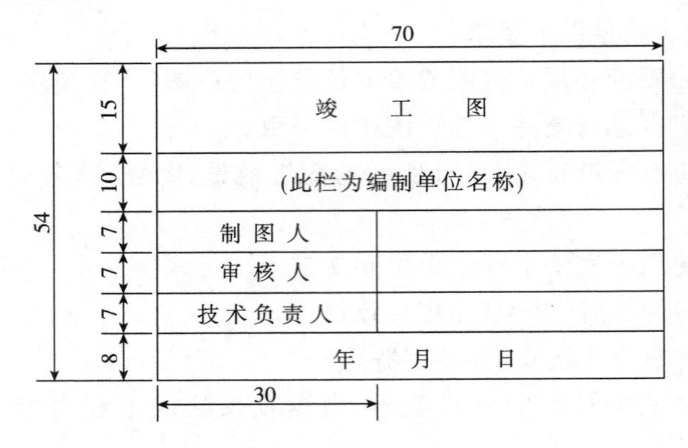

图 2-1　竣工图签(甲)

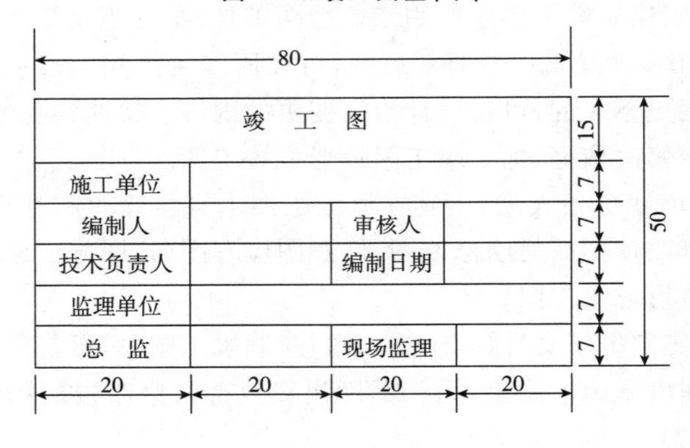

图 2-2　竣工图签(乙)

二、竣工图的编制

1. 竣工图类型

重新绘制的竣工图;在二底图(底图)上修改的竣工图;利用施工图改绘的竣工图;用施工图电子文件改绘的竣工图。

2. 重新绘制的竣工图

工程竣工后,由于设计变更、工程洽商数量较大,一张图纸内容变化超过40%,并已无法清晰改绘时,由竣工图绘制单位根据图纸会审、设计变更、工程洽商等依据,进行部分图纸的重绘。

(1)由施工单位或其他单位重新绘制竣工图时,要求原图内容完整无误,修改内容也必须准确、真实地反映在竣工图上。绘制竣工图要按制图规定和要求进行,必须参照原施工图和该专业的统一图示,并在底图的右下角绘制原施工图签，由原设计单位签字后，在原施工图签的上方加盖竣工图章；没有设计人员签字的，须附有原施工图，原图应加注、说明绘制依据，并加盖竣工图章。

(2)由原设计单位绘制竣工图时，设计单位只需将所有变更的内容在图纸上变更后，在设计图签中直接写入“竣工阶段”，即可作为竣工图。

(3)各种专业工程的总平面位置图，比例尺一般采用1∶500～1∶10000。管线平面图，比例尺一般采用1∶500～1∶2000。要以地形图为依托，摘要地形地物、标注坐标数据。

(4)改、扩建及废弃管线工程在平面图上的表示方法。

1)利用原建管线位置进行改造、扩建的管线工程，要表示原建管线的走向、管材和管径，表示方法采用加注符号或文字说明。

2)随新建管线而废弃的管线，无论是否移出埋设现场，均应在平面图上加以说明，并注明废弃管线的起、止点，坐标。

3)新、旧管线勾头连接时，应标明连接点的位置(桩号)、高程及坐标。

(5)管线竣工测量资料与其在竣工图上的编绘。

竣工测量的测点编号、数据及反映的工程内容(指设备点、折点、变径点、变坡点等)应与竣工图对应一致。并绘制检查井、小室、人孔、管件、进出口、预留管(口)位置、与沿线其他管线、设施相交叉点等。

(6)重新绘制竣工图可以整套图纸重绘，可以部分图纸重绘，也可以某几张或一张图纸重新绘制。

3. 在二底图(底图)上修改的竣工图

在用施工蓝图或设计底图复制的二底图或原底图上，将工程洽商和设计变更的修改内容进行修改，修改后的二底(硫酸纸)图晒制的蓝图作为竣工图是一种常用的竣工图绘制方法。

(1)在二底图上修改，要求在图纸上做修改依据备注表(表2-2)。

(2)修改的内容应与工程洽商和设计变更的内容相一致，修改依据备注表中应注明修改部位和基本内容。实施修改的责任人要签字并注明修改日期。

(3)二底图(底图)上的修改采用刮改，凡修改后无用的文字、数字、符号、线段均应刮掉，需增加的内容应准确绘制在图上。

(4)修改后的二底图(底图)晒制的蓝图作为竣工图时，图面要清晰，反差要明显，并在蓝图上加盖竣工图章。

4. 利用施工图改绘的竣工图

(1)改绘方法

具体的改绘方法可视图面、改动范围和位置、繁简程度等实际情况而定。常用的改绘方法有杠改法、叉改法、补绘法、补图法和加写说明法。

1)杠改法

在施工蓝图上将取消或修改前的数字、文字、符号等内容用一横杠杠掉(不是涂改掉),在适当的位置补上修改的内容,并用带箭头的引出线标注修改依据,即“见××年×月×日洽商×条”或“见×号洽商×条”(见图 2-4),用于数字、文字、符号的改变或取消。

2)叉改法

在施工蓝图上将去掉和修改前的内容,打叉表示取消,在实际位置补绘修改后的内容,并用带箭头的引出线标注修改依据,用于线段图形、图表的改变与取消。具体修改见图 2-5。

3)补绘法

在施工蓝图上将增加的内容按实际位置绘出,或者某一修改后的内容在图纸的绘大样图修改,并用带箭头的引出线在应修改部分和绘制的大样图处标注修改依据。适用于设计增加的内容、设计时遗漏的内容。如在原修改部位修改有困难,需另绘大样修改。具体修改意见补绘大样图(图 2-3)。

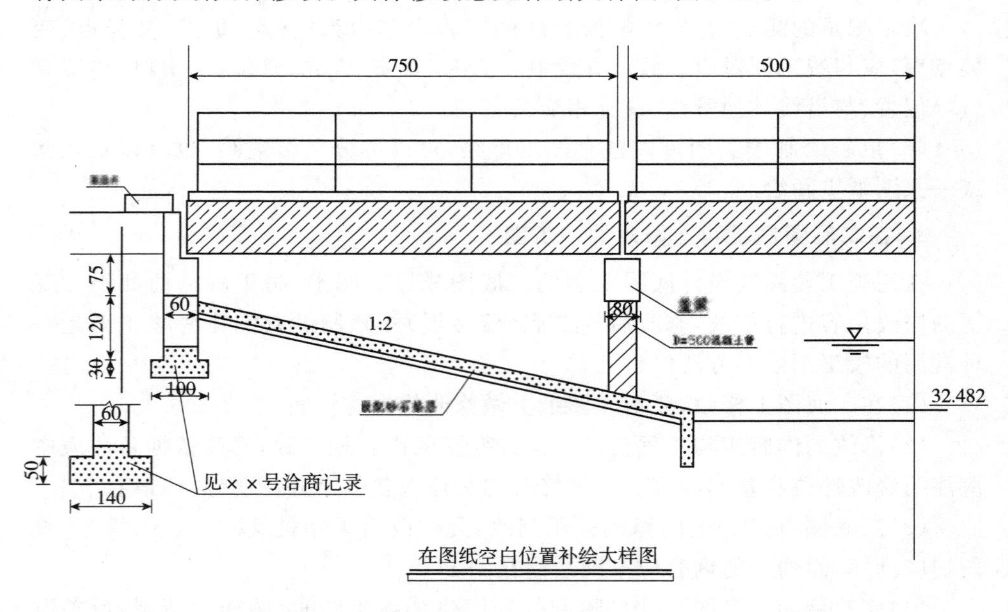

图 2-3 补绘大样图

4)补图法

当某一修改内容在原图无空白处修改时,采用把应改绘的部位绘制成补图,补在本专业图纸之后。具体做法是在应修改的部位用云圈线圈出,注明修改范围和修改依据,在修改的补图上要绘图签,标明图名、图号、工程号等内容,并在说明中注明是某图某部位的补图，并写清楚修改依据。

一般适用于难于在原修改部位修改和本图又无空白处时某一剖面图、大样图或改动较大范围的修改。

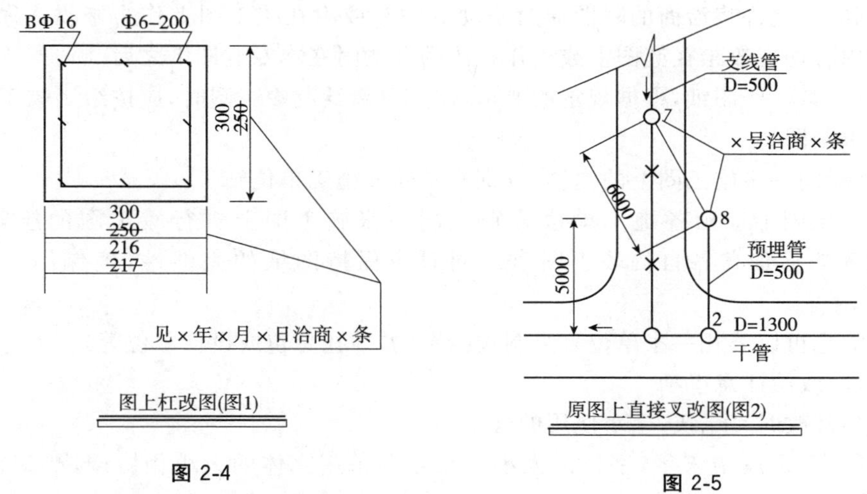

图 2-4

图 2-5

5)加写说明法

凡工程洽商、设计变更的内容应当在竣工图上修改的，均应用作图的方法改绘在蓝图上，一律不再加写说明。如果修改后的图纸仍然有些内容没有表示清楚，可用精练的语言适当加以说明。一般适用于图纸说明、注意事项等类型的修改和修改依据的标注等。

5. 改绘竣工图应注意的问题

(1)原施工图纸目录必须加盖竣工图章，作为竣工图归档，凡有作废的图纸、补充的图纸、增加的图纸、修改的图纸，均要在原施工图目录上标注清楚。即作废的图纸在目录上杠掉，补充、增加的图纸在目录上列出图名、图号。

(2)按施工图施工而没有任何变更的图纸，在原施工图上加盖竣工图章，作为竣工图。

(3)如某一张施工图由于改变大，设计单位重新绘制了修改图的，应以修改图代替原图，原图不再归档。

(4)凡是洽商图作为竣工图，必须进行必要的制作。

如洽商图是按正规设计图纸要求进行绘制的，可直接作为竣工图，但需统一编写图名图号，并加盖竣工图章，作为补图。在图纸说明中注明此图是哪图哪个部位的修改图，还要在原图修改部位标注修改范围，并标明见补图的图号。同时应该在设计变更单上注明附图的去向。

如洽商图未按正规设计图纸要求绘制，应按制图规定另行绘制竣工图，其余要求同上。

(5)某一洽商可能涉及二张或二张以上图纸,某一局部变化可能引起系统变化,凡涉及的图纸及部位均应按规定修改,不能只改其一,不改其二。

(6)不允许将洽商的附图原封不动的贴在或附在竣工图上作为修改。凡修改的内容均应改绘在蓝图上或用作补图的办法附在本专业图纸之后。

(7)某一张图纸,根据规定的要求,需要重新绘制竣工图时,应按绘制竣工图的要求制图。

(8)同一张施工图上的内容,分别有不同的施工单位施工。

1)原则上应由各施工单位分别在同一张施工图上进行竣工图的绘制,绘制完毕后加盖各自的竣工图章。同时应保持图纸的完整性,确保不丢失图纸。

2)也可以委托一家单位来绘制竣工图(如委托总包或设计单位等)。

(9)改绘注意事项

1)修改时,字、线、墨水使用的规定:

①字:采用仿宋字,字体的大小要与原图采用字体的大小相协调,严禁错、别、草字。

②线:一律使用绘图工具,不得徒手绘制。

③墨水:使用黑色墨水。严禁用圆珠笔、铅笔和非黑色墨水。

2)改绘用图的规定:

改绘竣工图所用的施工蓝图一律为新图,图纸反差要明显,以适应缩微、计算机输入等技术要求。凡旧图、反差不好的图纸不得作为改绘用图。

3)修改方法的规定:

施工蓝图的改绘不得用刀刮、补贴等办法修改,修改后的竣工图不得有污染、涂抹、覆盖等现象。

4)修改内容和有关说明均不得超过原图框。

6. 用施工图电子文件改绘的竣工图

(1)竣工图绘制单位首先应征得设计单位的同意,并从设计单位获得正版(最后一版)的设计文件,以确保原设计图签签章齐全。

(2)在电子版上绘制竣工图,其方法是根据图纸会审、设计变更、工程洽商等依据,将变动后的结果绘制在原施工图上,使其与现状相符合。凡经过变动的部位,应用云圈线标出来。

(3)使用施工图电子文件绘制的竣工图,应有图签并有原设计人员的签字;没有设计人员签字的,须附有原施工图,原图和竣工图均应加盖竣工图章形成竣工图。

(4)凡由原设计单位绘制施工图电子文件的,设计单位只需将所有变更的内容在图纸上变更后,在原设计图签里明确“竣工阶段”即可,加盖竣工图章。

(5)施工图电子文件绘制完成后,出图时一定要保持原比例,不得随意缩小比例,以满足竣工图缩微的技术标准。

三、竣工图折叠方法

1. 一般要求

(1)图纸折叠前要按裁图线裁剪整齐,其图纸幅面均须符合下表规定:

表 2-3　图纸幅面

基本幅面代号	0	1	2	3	4
b×I	841×1189	594×841	420×594	297×420	210×297
c	10			5	
a	25				

注:①尺寸代号如图 2-6 所示;②尺寸单位为 mm。

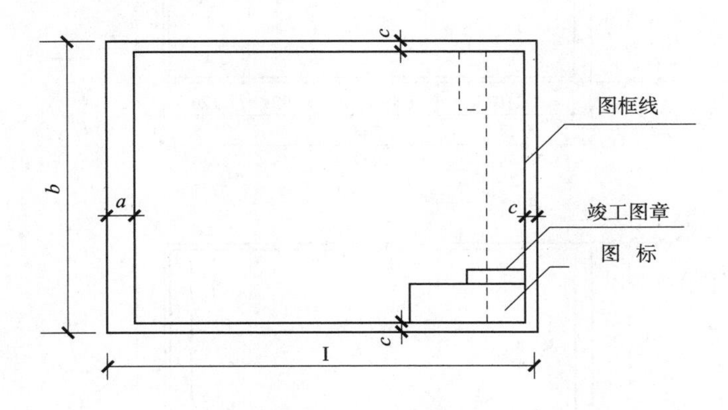

图 2-6　竣工图

(2)图面应折向内,成手风琴风箱式。

(3)折叠后幅面尺寸应以 4 号图纸基本尺寸(297mm×210mm)为标准。

(4)图纸及竣工图章应露在外面。

(5)3～0 号图纸应在装订边 297mm 处折一三角或剪一缺口,折进装订边。

2. 折叠方法

(1)4 号图纸不折叠。

(2)3 号图纸折叠如图 2-7 所示(图中序号表示折叠次序,虚线表示折起的部分,以下同)。

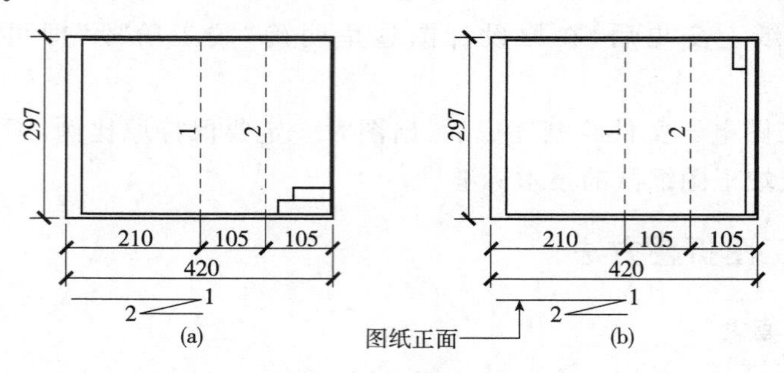

图 2-7　1 号图纸折叠示意

(3)2 号图纸折叠如图 2-8 所示。

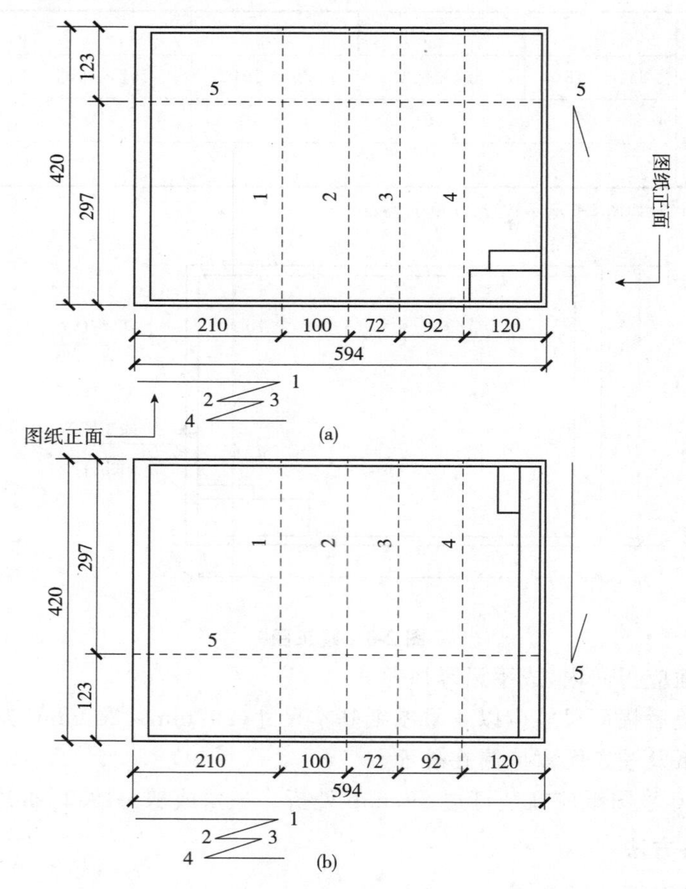

图 2-8　2 号图纸折叠示意

(4)1 号图纸折叠如图 2-9 所示。

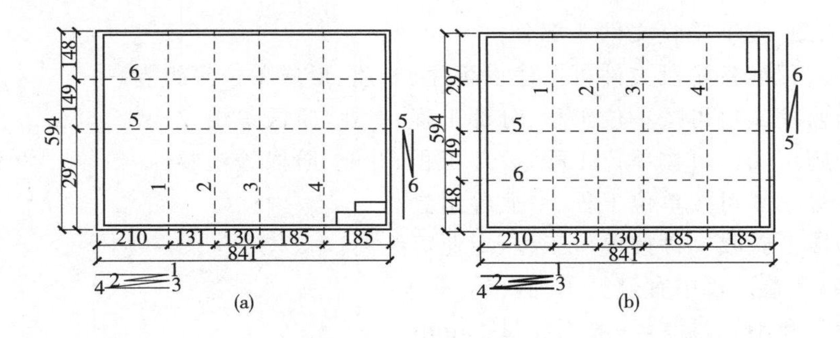

图 2-9　1 号图纸折叠示意

(5)0 号图纸折叠如图 2-10 所示。

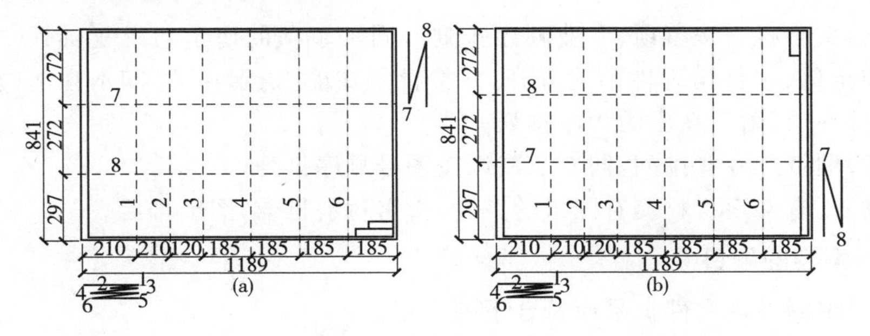

图 2-10　0 号图纸折叠示意

3. 工具使用

图纸折叠前,准备好一块略小于 4 号图纸尺寸(一般为 292mm×205mm)的模板。折叠时,应先把图纸放在规定位置,然后按照折叠方法的编号顺序依次折叠。

第三节　工程资料立卷、归档、验收和移交

一、工程资料立卷

1. 立卷的原则和方法

(1)立卷应遵循工程文件的自然形成规律,保持卷内文件的有机联系,便于档案的保管和利用。

(2)一个建设工程由多个单位工程组成时,工程文件应按单位工程组卷。

(3)立卷可采用如下方法:

1)工程文件可按建设程序划分为工程准备阶段的文件、监理文件、施工文

件、竣工图、竣工验收文件5部分；

2)工程准备阶段文件可按建设程序、专业、形成单位等组卷；

3)监理文件可按单位工程、分部工程、专业、阶段等组卷；

4)施工文件可按单位工程、分部工程、专业、阶段等组卷；

5)竣工图可按单位工程、专业等组卷；

6)竣工验收文件按单位工程、专业等组卷。

(4)立卷过程中宜遵循下列要求：

1)案卷不宜过厚，一般不超过40mm；

2)案卷内不应有重份文件；不同载体的文件一般应分别组卷。

2. 卷内文件的排列

(1)文字材料按事项、专业顺序排列。同一事项的请示与批复、同一文件的印本与定稿、主件与附件不能分开，并按批复在前、请示在后，印本在前、定稿在后，主件在前、附件在后的顺序排列。

(2)图纸按专业排列，同专业图纸按图号顺序排列。

(3)既有文字材料又有图纸的案卷，文字材料排前，图纸排后。

3. 案卷的编目

(1)编制卷内文件页号应符合下列规定：

1)卷内文件均按有书写内容的页面编号。每卷单独编号，页号从“1”开始。

2)页号编写位置：单面书写的文件在右下角；双面书写的文件，正面在右下角，背面在左下角。折叠后的图纸一律在右下角。

3)成套图纸或印刷成册的科技文件材料，自成一卷的，原目录可代替卷内目录，不必重新编定页码。

4)案卷封面、卷内目录、卷内备考表不编定页号。

(2)卷内目录的编制应符合下列规定：

1)卷内目录式样宜符合下图2-11的要求。

2)序号：以一份文件为单位，用阿拉伯数字从1依次标注。

3)责任者：填写文件的直接形式单位和个人。有多个责任者时，选择两个主要责任者，其余用“等”代替。

4)文件编号：填写工程文件原有的文号或图号。

5)文件题名：填写文件标题的全称。

6)日期：填写文件形式的日期。

7)页次：填写文件在卷内所排的起始页号。最后一份文件填写起止页号。

8)卷内目录排列在卷内文件首页之前。

(3)卷内备考表的编制应符合下列规定：

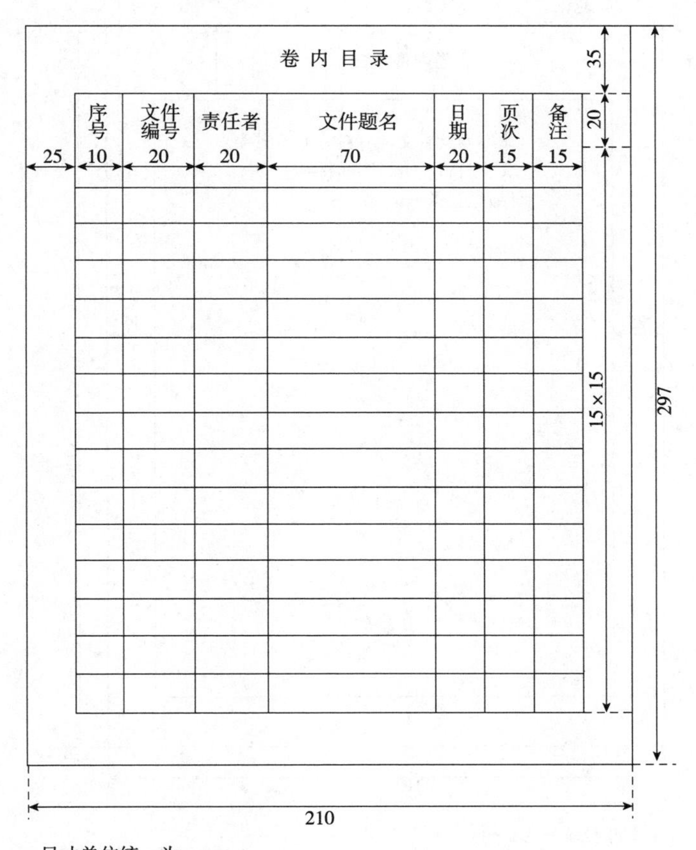

尺寸单位统一为：mm

比例1：2

图 2-11　卷内目录样图

1)卷内备考表的式样宜符合图 2-12 的要求。

2)卷内备考表主要标明卷内文件的总页数、各类文件页数(照片张数),以及立卷单位对案卷情况的说明。

3)卷内备考表排列在卷内文件的尾页之后。

(4)案卷封面的编制应符合下列规定:

1)案卷封面印刷在卷盒、卷夹的正表面,也可采用内封面形式。案卷封面的式样宜符合图 2-13 的要求。

2)案卷封面的内容应包括:档号、档案馆代号、案卷题名、编制单位、起止日期、密级、保管期限、共几卷、第几卷。

3)档号应由分类号、项目号和案卷号组成。档号由档案保管单位填写。

4)档案馆代号应填写国家给定的本档案馆的编号。档案馆代号由档案馆填写。

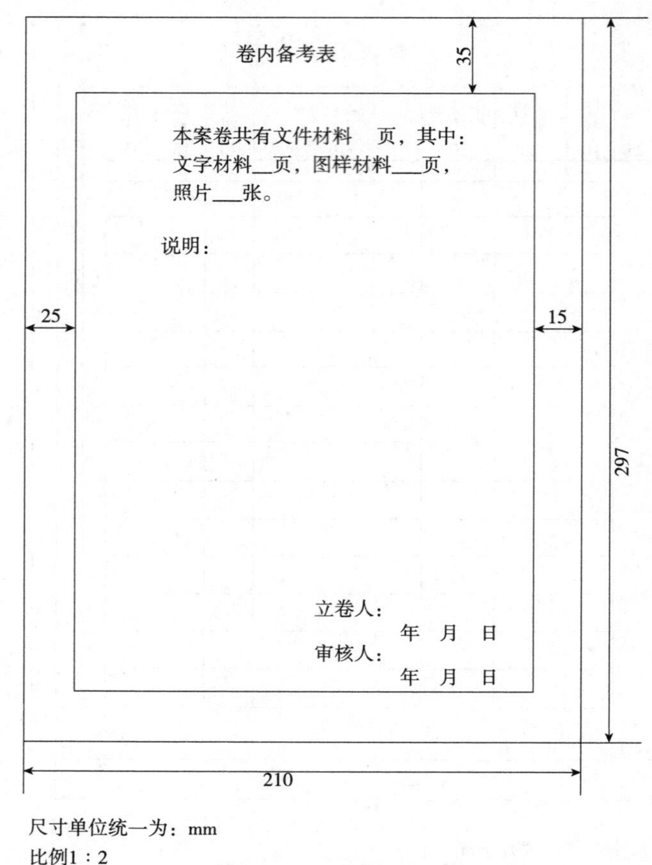

尺寸单位统一为：mm

比例1：2

图 2-12　卷内备考表样图

5)案卷题名应简明、准确地提示卷内文件的内容。案卷题名应包括工程名称、专业名称、卷内文件的内容。

6)编制单位应填写案卷内文件的形成单位或主要责任者。

7)起止日期应填写案卷内全部文件形成的起止日期。

8)保管期限分为永久、长期、短期三种期限。

①永久是指工程档案需永久保存。

②长期是指工程档案的保存期限等于该工程的使用寿命。短期是指工程档案保存 20 年以下。

③同一案卷内有不同保管期限的文件,该案卷保管期限应从长。

9)密级分为绝密、机密、秘密三种。同一案卷内有不同密级的文件,应以高密级为本卷密级。

(5)卷内目录、卷内备考表、案卷内封面应采用 70g 以上白色书写纸制作,幅

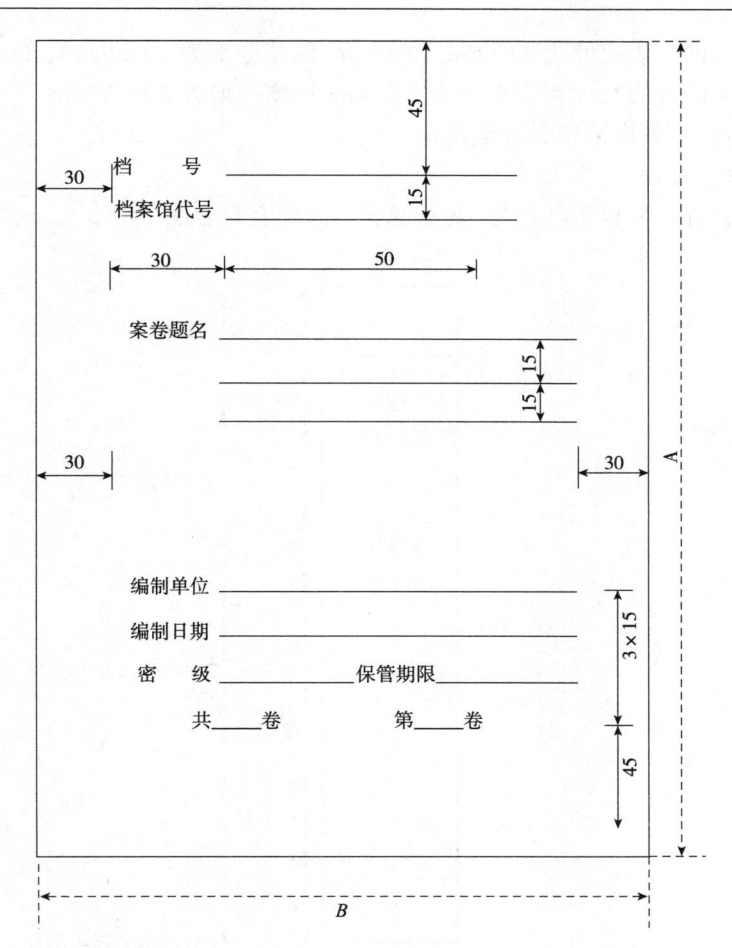

卷盒、卷夹封面A×B=310×220
案卷封面A×B=297×210
尺寸单位统一为：mm
比例1：2

图 2-13　案卷封面式样图

面统一采用 A4 幅面。

4. 案卷装订

(1)案卷可采用装订与不装订两种形式。文字材料必须装订；既有文字材料，又有图纸的案卷应装订。装订应采用线绳三孔左侧装订法，要整齐、牢固，便于保管和利用。

(2)装订时必须剔除金属物。

5. 卷盒、卷夹、案卷脊背

(1)案卷装具一般采用卷盒、卷夹两种形式。

1)卷盒的外表尺寸为310mm×220mm,厚度分别为20、30、40、50mm。

2)卷夹的外表尺寸为310mm×220mm,厚度一般为20～30mm。

3)卷盒、卷夹应采用无酸纸制作。

(2)案卷脊背

案卷脊背的内容包括档号、案卷题名。式样宜符合图2-14。

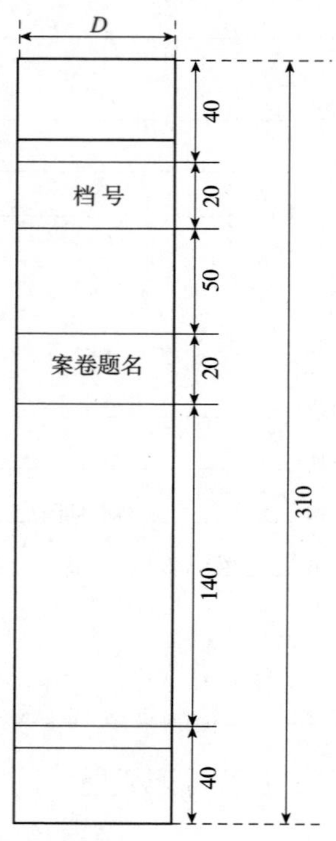

图2-14 案卷脊背式样图

二、工程资料归档

(1)归档应符合下列规定:

1)归档文件必须完整、准确、系统,能够反映工程建设活动的全过程。文件材料归档范围详见表2-1。

2)归档的文件必须经过分类整理,并应组成符合要求的案卷。

(2)归档时间应符合下列规定:

1)根据建设程序和工程特点,归档可以分阶段分期进行,也可以在单位或分部工程通过竣工验收后进行。

2)勘察、设计单位应当在任务完成时，施工、监理单位应当在工程竣工验收前，将各自形成的有关工程档案向建设单位归档。

(3)勘察、设计、施工单位在收齐工程文件并整理立卷后，建设单位、监理单位应根据城建档案管理机构的要求对档案文件完整、准确、系统情况和案卷质量进行审查。审查合格后向建设单位移交。

(4)工程档案一般不少于两套，一套由建设单位保管，一套(原件)移交当地城建档案馆(室)。

(5)勘察、设计、施工、监理等单位移交档案时，应编制移交清单，双方签字、盖章后方可交接。

(6)凡设计、施工及监理单位需要向本单位归档的文件，应按国家有关规定和表2-1的要求单独立卷归档。

三、工程档案验收和移交

(1)列及城建档案馆(室)档案接收范围的工程，建设单位在组织工程竣工验收前，应提请城建档案管理机构对工程档案进行预验收。建设单位未取得城建档案管理机构出具的认可文件，不得组织工程竣工验收。

(2)城建档案管理部门在进行工程档案预验收时，应重点验收以下内容：

1)工程档案齐全、系统、完整；

2)工程档案的内容真实、准确地反映工程建设活动和工程实际状况；

3)工程档案已整理立卷，立卷符合本规范的规定；

4)竣工图绘制方法、图式及规格等符合专业技术要求，图面整洁，盖有竣工图章；

5)文件的形成、来源符合实际，要求单位或个人签章的文件，其签章手续完备；

6)文件材质、幅面、书写、绘图、用墨、托裱等符合要求。

(3)列入城建档案馆(室)接收范围的工程，建设单位在工程竣工验收后3个月内，必须向城建档案馆(室)移交一套符合规定的工程档案。

(4)停建、缓建建设工程的档案，暂由建设单位保管。

(5)对改建、扩建和维修工程，建设单位应当组织设计、施工单位据实修改、补充和完善原工程档案。对改变的部件，应当重新编制工程档案，并在工程竣工验收后3个月内向城建档案馆(室)移交。

(6)建设单位向城建档案馆(室)移交工程档案时，应办理移交手续，填写移交目录，双方签字、盖章后交接。

第三章　监理资料表格填写范例及说明

第一节　工程监理单位用表

一、总监理工程师任命书

表 A.0.1　总监理工程师任命书

工程名称：　　　　××市××路(××号～××号)热力外线工程　　　　编号：

致：　　　××热力集团有限责任公司　　　(建设单位)

兹任命　　韩学峰　　(注册监理工程师注册号：××××　)为我单位　　××建设监理有限公司××项目监理部　　项目总监理工程师。负责履行建设工程监理合同。主持项目监理机构工作。

工程监理单位(盖章)

法定代表人(签字)　　　　刘海洋

××年××月××日

注：1. 本表一式三份，项目监理机构、建设单位、施工单位各一份；

2. 本表摘自 GB/T 50319—2013《建设工程监理规范》。

“总监理工程师任命书”填写说明

1. 监理机构

(1)工程监理单位实施监理时,应在施工现场派驻项目监理机构。项目监理机构的组织形式和规模,可根据建设工程监理合同约定的服务内容、服务期限,以及工程特点、规模、技术复杂程度、环境等因素确定。

(2)项目监理机构的监理人员应由总监理工程师、专业监理工程师和监理员组成,且专业配套、数量应满足建设工程监理工作需要,必要时可设总监理工程师代表。

(3)工程监理单位在建设工程监理合同签订后,应及时将项目监理机构的组织形式、人员构成及对总监理工程师的任命书面通知建设单位。

总监理工程师任命书应按本表的要求填写。

(4)工程监理单位调换总监理工程师时,应征得建设单位书面同意;调换专业监理工程师时,总监理工程师应书面通知建设单位。

(5)一名注册监理工程师可担任一项建设工程监理合同的总监理工程师。当需要同时担任多项建设工程监理合同的总监理工程师时,应经建设单位书面同意,且最多不得超过三项。

(6)施工现场监理工作全部完成或建设工程监理合同终止时,项目监理机构可撤离施工现场。

2. 监理人员职责

(1)总监理工程师应履行下列职责:

1)确定项目监理机构人员及其岗位职责。

2)组织编制监理规划,审批监理实施细则。

3)根据工程进展及监理工作情况调配监理人员,检查监理人员工作。

4)组织召开监理例会。

5)组织审核分包单位资格。

6)组织审查施工组织设计、(专项)施工方案。

7)审查工程开工报审表,签工程开工令、暂停令。

8)组织检查施工单位现场质量、安全生产管理体系的建立及运行情况。

9)组织审核施工单位的付款申请,签发工程款支付证书,组织审核竣工结算。

10)组织审查和处理工程变更。

11)调解建设单位与施工单位的合同争议,处理工程索赔。

12)组织验收分部工程,组织审查单位工程质量检验资料。

13)审查施工单位的竣工申请,组织工程竣工预验收,组织编写工程质量评估报告,参与工程竣工验收。

14)参与或配合工程质量安全事故的调查和处理。

15)组织编写监理月报、监理工作总结,组织整理监理文件资料。

(2)总监理工程师不得将下列工作委托给总监理工程师代表:

1)组织编制监理规划,审批监理实施细则。

2)根据工程进展及监理工作情况调配监理人员。

3)组织审查施工组织设计、(专项)施工方案。

4)签发工程开工令、暂停令和复工令。

5)签发工程款支付证书,组织审核竣工结算。

6)调解建设单位与施工单位的合同争议,处理工程索赔。

7)审查施工单位的竣工申请,组织工程竣工预验收,组织编写工程质量评估报告,参与工程竣工验收。

8)参与或配合工程质量安全事故的调查和处理。

(3)专业监理工程师应履行下列职责:

1)参与编制监理规划,负责编制监理实施细则。

2)审查施工单位提交的涉及本专业的报审文件,并向总监理工程师报告。

3)参与审核分包单位资格。

4)指导、检查监理员工作,定期向总监理工程师报告本专业监理工作实施情况。

5)检查进场的工程材料、构配件、设备的质量。

6)验收检验批、隐蔽工程、分项工程,参与验收分部工程。

7)处置发现的质量问题和安全事故隐患。

8)进行工程计量。

9)参与工程变更的审查和处理。

10)组织编写监理日志,参与编写监理月报。

11)收集、汇总、参与整理监理文件资料。

12)参与工程竣工预验收和竣工验收。

(4)监理员应履行下列职责:

1)检查施工单位投入工程的人力、主要设备的使用及运行状况。

2)进行见证取样。

3)复核工程计量有关数据。

4)检查工序施工结果。

5)发现施工作业中的问题,及时指出并向专业监理工程师报告。

二、工程开工令

表 A.0.2　工程开工令

工程名称：　　××市××路(××号～××号)热力外线工程　　编号：

致：××市政建设集团有限公司（施工单位） 经审查，本工程已具备施工合同约定的开工条件，我同意你方开始施工，开工日期为：××年××月××日。 附件：工程开工报审表 项目监理机构(盖章) 总监理工程师(签字、加盖执业印章)　　韩学峰 ××年××月××日

注：1. 本表一式三份，项目监理机构、建设单位、施工单位各一份；
2. 本表摘自 GB/T 50319—2013《建设工程监理规范》。

"工程开工令"填写说明

总监理工程师应组织专业监理工程师审查施工单位报送的工程开工报审表及相关资料；同时具备下列条件时，应由总监理工程师签署审核意见，并应报建设单位批准后，总监理工程师签发工程开工令。

(1)设计交底和图纸会审已完成。

(2)施工组织设计已由总监理工程师签认。

(3)施工单位现场质量、安全生产管理体系已建立，管理及施工人员已到位，施工机械具备使用条件，主要工程材料已落实。

(4)进场道路及水、电、通信等已满足开工要求。

三、监理通知单

表 A.0.3 监理通知单

工程名称：××市××路(××号～××号)热力外线工程　　编号：

致：××市政建设集团有限公司××项目经理部（施工项目经理部）

事由：关于你项目部使用 DN700 Ⅲ级钢筋混凝土承插管问题。

内容：你项目部施工的青山路 Z3 标段排水工程，所使用的 DN700 Ⅲ级钢筋混凝土承插管破碎试验检查发现如下问题：

1. 环向筋环数不能达到企业标准要求，企业标准为 A5 钢筋 83 根，破碎试验检查时为 81 根。

2. 根据 GB/T 11836—2009 第 5.2.3 条规定：钢筋骨架的纵向钢筋直径不得小于 4.0mm，在 DN700 Ⅲ级钢筋混凝土承插管配筋图册中也有明确说明。破碎试验检查时纵向钢筋直径为 3.0mm，不符合规范要求。

项目监理机构(盖章)

总/专业监理工程师(签字)　　韩学峰

××年××月××日

注：1. 本表一式三份，项目监理机构、建设单位、施工单位各一份；

2. 本表摘自 GB/T 50319—2013《建设工程监理规范》。

"监理通知单"填写说明

项目监理机构发现施工存在质量问题的，或施工单位采用不适当的施工工艺，或施工不当，造成工程质量不合格的，应及时签发监理通知单，要求施工单位整改。整改完毕后，项目监理机构应根据施工单位报送的监理通知回复单对整改情况进行复查，提出复查意见。

监理通知单应按表"监理通知单"的要求填写，监理通知回复单应按表监理通知回复单的要求填写。

四、监理报告

表 A.0.4　监理报告

工程名称：　××市××路(××号～××号)热力外线工程　　　编号：

致：××市××监理站（主管部门）

由××市政建设集团有限公司（施工单位）施工的K305～K315段（工程部位），存在安全事故隐患。我方已于××年××月××日发出编号为××的《监理通知单》/《工程暂停令》，但施工单位未整改/停工。

特此报告。

附件：□监理通知单

☑工程暂停令

□其他

项目监理机构(盖章)

总监理工程师(签字)　韩学峰

××年××月××日

注：1. 本表一式四份，主管部门、建设单位、工程监理单位、项目监理机构各一份；

2. 本表摘自 GB/T 50319—2013《建设工程监理规范》。

“监理报告”填写说明

项目监理机构在实施监理过程中，发现工程存在安全事故隐患时，应签发监理通知单，要求施工单位整改；情况严重时，应签发工程暂停令，并应及时报告建设单位。施工单位拒不整改或不停止施工时，项目监理机构应及时向有关主管部门报送监理报告。

五、工程暂停令

表 A.0.5 工程暂停令

工程名称： ××市××路(××号～××号)热力外线工程 编号：

致：××市政建设集团有限公司××项目经理部(施工项目经理部) 由 你方选定的分包商在未经我监理方审批许可的情况下，擅自进场施工 原因，现通知你方于 ×× 年 ×× 月 ×× 日 ×× 时起，暂停K305～K355 部位(工序)施工，并按下述要求做好后续工作。 要求： 1. 填报分包单位资格报审表。 2. 提供分包商相关资质证书。 项目监理机构(盖章) 总监理工程师(签字、加盖执业印章) 韩学峰 ××年××月××日

注：1. 本表一式三份，项目监理机构、建设单位、施工单位各一份；

2. 本表摘自 GB/T 50319—2013《建设工程监理规范》。

"工程暂停令"填写说明

(1)总监理工程师在签发工程暂停令时，可根据停工原因的影响范围和影响程度，确定停工范围，并应按施工合同和建设工程监理合同的约定签发工程暂停令。

(2)项目监理机构发现下列情况之一时，总监理工程师应及时签发工程暂停令。

1)建设单位要求暂停施工且工程需要暂停施工的。

2)施工单位未经批准擅自施工或拒绝项目监理机构管理的。

3)施工单位未按审查通过的工程设计文件施工的。

4)施工单位违反工程建设强制性标准的。

5)施工存在重大质量、安全事故隐患或发生质量、安全事故的。

(3)总监理工程师签发工程暂停令应事先征得建设单位同意,在紧急情况下未能事先报告时,应在事后及时向建设单位作出书面报告。

(4)暂停施工事件发生时,项目监理机构应如实记录所发生的情况。

(5)总监理工程师应会同有关各方按施工合同约定,处理因工程暂停引起的与工期、费用有关的问题。

(6)因施工单位原因暂停施工时,项目监理机构应检查、验收施工单位的停工整改过程、结果。

(7)当暂停施工原因消失、具备复工条件时,施工单位提出复工申请的,项目监理机构应审查施工单位报送的工程复工报审表及有关材料,符合要求后,总监理工程师应及时签署审查意见,并应报建设单位批准后签发工程复工令;施工单位未提出复工申请的,总监理工程师应根据工程实际情况指令施工单位恢复施工。

工程暂停令应按本表“工程暂停令”的要求填写。工程复工报审表应按本表“工程复工报审表”的要求填写,工程复工令应按本表“工程复工令”的要求填写。

六、旁站记录

表 A.0.6　旁站记录

工程名称:　××市××路(××号~××号)热力外线工程　编号:

<table>
<tr><td>旁站的关键部位、关键工序</td><td>K359~K387 段现浇混凝土施工</td><td>施工单位</td><td>××市政建设集团有限公司</td></tr>
<tr><td>旁站开始时间</td><td>××年××月××日
××时××分</td><td>旁站结束时间</td><td>××年××月××日
××时××分</td></tr>
<tr><td colspan="4">旁站的关键部位、关键工序施工情况:
本次混凝土浇筑现场施工管理人员××名在岗,钢筋修复人员××名,模板修复人员××名,混凝土工××名,振动棒××根,照明碘钨灯××盏。混凝土浇筑正常,无违章作业现象,未发现安全隐患。
经现场旁站监理,本次混凝土浇筑混凝土标号为G××(混凝土有外加剂时应记录写明),符合设计要求,现场检查坍落度××次,其值分别为××mm和××mm,混凝土振捣到位,无漏振现象,钢筋及水电管线保护良好,混凝土标高及收面良好,混凝土抹面收光及时,表面无积水翻砂现象;混凝土按要求及时进行了试块见证取样××组,现场已留置了同条件养护混凝土试块××组。</td></tr>
<tr><td colspan="4">发现的问题及处理情况:
无

旁站监理人员(签字)　王学兵
××年××月××日</td></tr>
</table>

注:1. 本表一式一份,项目监理机构留存;

2. 本表摘自 GB/T 50319—2013《建设工程监理规范》。

"旁站记录"填写说明

项目监理机构应根据工程特点和施工单位报送的施工组织设计，确定旁站的关键部位、关键工序，安排监理人员进行旁站，并应及时记录旁站情况。

旁站记录应按本表填写。

七、工程复工令

表 A.0.7 工程复工令

工程名称：××市××路(××号～××号)热力外线工程　　编号：

致：××市政建设集团有限公司××项目经理部（施工项目经理部） 我方发出的编号为 ×××× 《工程暂停令》，要求暂停施工的 K305～355 部位(工序)，经查已具备复工条件。经建设单位同意，现通知你方于 ×× 年 ×× 月 ×× 日 ×× 时起恢复施工。 附件：工程复工报审表 项目监理机构(盖章) 总监理工程师(签字、加盖执业印章)　韩学峰 ××年××月××日

注：1. 本表一式三份，项目监理机构、建设单位、施工单位各一份；

2. 本表摘自 GB/T 50319—2013《建设工程监理规范》。

八、工程款支付证书

表 A.0.8　工程款支付证书

工程名称：　　　　××市××路(××号～××号)热力外线工程　　　　　编号：

致：　　××市政建设集团有限公司　　(施工单位) 　　根据施工合同约定，经审核编号为　××××　工程款支付报审表，扣除有关款项后，同意支付工程款共计(大写) 　　壹佰万元整　　　　(小写：¥1000000.00 　　). 　　其中： 　　1.施工单位申报款为：　1000000.00元 　　2.经审核施工单位应得款为：　1000000.00元 　　3.本期应扣款为：　70000.00元 　　4.本期应付款为：　930000.00元 　　附件：工程款支付报审表及附件 　　　　　　　　项目监理机构(盖章) 　　　　　　　　总监理工程师(签字、加盖执业印章)　　韩学峰 　　　　　　　　　　　　　　　　××年××月××日

注：1. 本表一式三份，项目监理机构、建设单位、施工单位各一份；
　　2. 本表摘自GB/T 50319—2013《建设工程监理规范》。

"工程款支付证书"填写说明

(1)项目监理机构应按下列程序进行工程计量和付款签证。

1)专业监理工程师对施工单位在工程款支付报审表中提交的工程量和支付金额进行复核，确定实际完成的工程量，提出到期应支付给施工单位的金额，并提出相应的支持性材料。

2)总监理工程师对专业监理工程师的审查意见进行审核，签认后报建设单位审批。

3)总监理工程师根据建设单位的审批意见，向施工单位签发工程款支付证书。

(2)工程款支付报审表应按表"工程款支付报审表"的要求填写，工程款支付证书应按表"工程款支付证书"的要求填写。

(3)项目监理机构应按下列程序进行竣工结算款审核。

1)专业监理工程师审查施工单位提交的竣工结算款支付申请，提出审查意见。

2)总监理工程师对专业监理工程师的审查意见进行审核，签认后报建设单位审批，同时抄送施工单位，并就工程竣工结算事宜与建设单位、施工单位协商；达成一致意见的，根据建设单位审批意见向施工单位签发竣工结算款支付证书；不能达成一致意见的，应按施工合同约定处理。

(4)工程竣工结算款支付报审表应按“工程款支付报审表”的要求填写，竣工结算款支付证书应按表“工程款支付证书”的要求填写。

第二节　施工单位报审、报验用表

一、施工组织设计/(专项)施工方案报审表

表 B.0.1　施工组织设计/(专项)施工方案报审表

工程名称：　××市××路(××号～××号)热力外线工程　　编号：

致：××建设监理有限公司××项目监理部(项目监理机构) 我方已完成××市××路(××号～××号)热力外线工程工程施工组织设计/(专项)施工方案的编制和审批，请予以审查。 附：☑施工组织设计 ☐专项施工方案 ☐施工方案 施工项目经理部(盖章) 项目经理(签字)　赵小伟 ××年××月××日
审查意见： 施工组织设计内容全面，施工部署和施工进度计划科学、有序，满足工程需要。施工现场布置合理。施工管理计划切实可行。主要施工方案叙述详细，有针对性，符合规范和设计要求。 专业监理工程师(签字)　王学兵 ××年××月××日
审核意见： 同意按此施工组织设计指导施工。 项目监理机构(盖章) 总监理工程师(签字、加盖执业印章)　韩学峰 ××年××月××日
审批意见(仅对超过一定规模的危险性较大的分部分项工程专项施工方案)： 同意按此施工组织设计指导施工。 建设单位(盖章) 建设单位代表(签字)　李春林 ××年××月××日

注：1. 本表一式三份，项目监理机构、建设单位、施工单位各一份；

2. 本表摘自 GB/T 50319—2013《建设工程监理规范》。

“施工组织设计/(专项)施工方案报审表”填写说明

(1)项目监理机构应审查施工单位报审的施工组织设计,符合要求时,应由总监理工程师签认后报建设单位。项目监理机构应要求施工单位按已批准的施工组织设计组织施工。施工组织设计需要调整时,项目监理机构应按程序重新审查。

施工组织设计审查应包括下列基本内容:

1)编审程序应符合相关规定。

2)施工进度、施工方案及工程质量保证措施应符合施工合同要求。

3)资金、劳动力、材料、设备等资源供应计划应满足工程施工需要。

4)安全技术措施应符合工程建设强制性标准。

5)施工总平面布置应科学合理。

(2)施工组织设计或(专项)施工方案报审表,应按本表填写。

(3)总监理工程师应组织专业监理工程师审查施工单位报审的施工方案,符合要求后应予以签认。

施工方案审查应包括下列基本内容:

1)编审程序应符合相关规定。

2)工程质量保证措施应符合有关标准。

(4)项目监理机构应审查施工单位报审的专项施工方案,符合要求的,应由总监理工程师签认后报建设单位。超过一定规模的危险性较大的分部分项工程的专项施工方案,应检查施工单位组织专家进行论证、审查的情况,以及是否附具安全验算结果。

项目监理机构应要求施工单位按已批准的专项施工方案组织施工。专项施工方案需要调整时,施工单位应按程序重新提交项目监理机构审查。

专项施工方案审查应包括下列基本内容:

1)编审程序应符合相关规定。

2)安全技术措施应符合工程建设强制性标准。

二、工程开工报审表

表 B.0.2 工程开工报审表

工程名称：××市××路(××号～××号)热力外线工程　　　编号：

<table>
<tr><td>致：××热力集团有限责任公司（建设单位）
××建设监理有限公司××项目监理部（项目监理机构）
我方承担的××市××路(××号～××号)热力外线工程，已完成相关准备工作，具备开工条件，申请于××年××月××日开工，请予以审批。
附件：
1.获得政府主管部门批准的施工许可证；
2.征地拆迁工作满足工程进度需要；
3.施工组织设计已获得总监理工程师批准；
4.现场管理人员、施工人员已经进场，机具、主要材料已落实；
5.现场道路、水、电、通信等已满足开工要求；
6.质量管理、技术管理和质量保证体系的组织机构已建立；
7.质量管理、技术管理制度已制定；
8.专职管理人员和特种作业人员已取得资质证、上岗证。
……
施工单位(盖章)
项目经理(签字)　赵小伟
××年××月××日</td></tr>
<tr><td>审查意见：
具备开工条件，同意开工。
项目监理机构(盖章)
总监理工程师(签字、加盖执业印章)　韩学峰
××年××月××日</td></tr>
<tr><td>审批意见：
同意开工。
建设单位(盖章)
建设单位代表(签字)　李春林
××年××月××日</td></tr>
</table>

注：1. 本表一式三份，项目监理机构、建设单位、施工单位各一份；

2. 本表摘自 GB/T 50319—2013《建设工程监理规范》。

“工程开工报审表”填写说明

总监理工程师应组织专业监理工程师审查施工单位报送的工程开工报审表及相关资料；同时具备下列条件时，填报“工程开工报审表”。

1)设计交底和图纸会审已完成。

2)施工组织设计已由总监理工程师签认。

3)施工单位现场质量、安全生产管理体系已建立,管理及施工人员已到位,施工机械具备使用条件,主要工程材料已落实。

4)进场道路及水、电、通信等已满足开工要求。

三、工程复工报审表

表 B.0.3　工程复工报审表

工程名称：　××市××路(××号～××号)热力外线工程　　编号：

致：××建设监理有限公司××项目监理部(项目监理机构) 编号××××《工程暂停令》所停工的K305～K355部位(工序)已满足复工条件,我方申请于××年××月××日复工,请予以审批。 附件：1.复工报告 2.证明文件资料 施工项目经理部(盖章) 项目经理(签字)　赵小伟 ××年××月××日
审核意见： 安全隐患已消除,并按“工程暂停令”的要求作出整改,符合复工条件。 项目监理机构(盖章) 总监理工程师(签字)　韩学峰 ××年××月××日
审批意见： 同意复工。 建设单位(盖章) 建设单位代表(签字)　李春林 ××年××月××日

注：1. 本表一式三份,项目监理机构、建设单位、施工单位各一份；

2. 本表摘自 GB/T 50319—2013《建设工程监理规范》。

四、分包单位资格报审表

表 B.0.4 分包单位资格报审表

工程名称：××市××路(××号～××号)热力外线工程　　编号：

<table>
<tr><td colspan="3">致：××建设监理有限公司××项目监理部(项目监理机构)
经考察，我方认为拟选择的××工程有限公司(分包单位)具有承担下列工程的施工或安装资质和能力，可以保证本工程按施工合同第×××条款的约定进行施工或安装。请予以审查。</td></tr>
<tr><td>分包工程名称(部位)</td><td>分包工程量</td><td>分包工程合同额</td></tr>
<tr><td>××工程有限公司</td><td>××m^3</td><td>××元</td></tr>
<tr><td>/</td><td></td><td></td></tr>
<tr><td>/</td><td></td><td></td></tr>
<tr><td>/</td><td></td><td></td></tr>
<tr><td colspan="2">合计</td><td>××元</td></tr>
<tr><td colspan="3">附件：1.分包单位资质材料
2.分包单位业绩材料
3.分包单位专职管理人员和特种作业人员的资格证书
4.施工单位对分包单位的管理制度

施工项目经理部(盖章)
项目经理(签字)　赵小伟
××年××月××日</td></tr>
<tr><td colspan="3">审查意见：
资质证明文件齐全有效，具备土方工程承包资格。

专业监理工程师(签字)　王学兵
××年××月××日</td></tr>
<tr><td colspan="3">审核意见：
同意该施工单位承担本工程土方施工。

项目监理机构(盖章)
总监理工程师(签字)　韩学峰
××年××月××日</td></tr>
</table>

注：1. 本表一式三份，项目监理机构、建设单位、施工单位各一份；
2. 本表摘自 GB/T 50319—2013《建设工程监理规范》。

“分包单位资格报审表”填写说明

分包工程开工前，项目监理机构应审核施工单位报送的分包单位资格报审表，专业监理工程师提出审查意见后，应由总监理工程师审核签认。

分包单位资格审核应包括下列基本内容：

1)营业执照、企业资质等级证书。

2)安全生产许可文件。

3)类似工程业绩。

4)专职管理人员和特种作业人员的资格。

五、施工控制测量成果报验表

表 B.0.5 施工控制测量成果报验表

工程名称： ××市××路(××号～××号)热力外线工程 编号：

<table>
<tr><td>致：××建设监理有限公司××项目监理部（项目监理机构）
我方已完成 工程地位测量 的施工控制测量，经自检合格，请予以查验。
附件：1. 施工控制测量依据资料
2. 施工控制测量成果表

施工项目经理部(盖章)
项目技术负责人(签字) 孙强
××年××月××日</td></tr>
<tr><td>审查意见：
1. 施工控制测量依据资料合格有效；
2. 测量精度符合 GB 50026《工程测量规范》的要求。

项目监理机构(盖章)
专业监理工程师(签字) 王学兵
××年××月××日</td></tr>
</table>

注：1. 本表一式三份，项目监理机构、建设单位、施工单位各一份；

2. 本表摘自 GB/T 50319—2013《建设工程监理规范》。

“施工控制测量成果报验表”填写说明

专业监理工程师应检查、复核施工单位报送的施工控制测量成果及保护措施，签署意见。专业监理工程师应对施工单位在施工过程中报送的施工测量放线成果进行查验。

施工控制测量成果及保护措施的检查、复核，应包括下列内容：

1)施工单位测量人员的资格证书及测量设备检定证书。

2)施工平面控制网、高程控制网和临时水准点的测量成果及控制桩的保护措施。

六、工程材料、构配件、设备报审表

表 B.0.6 工程材料、构配件、设备报审表

工程名称：××市××路(××号～××号)热力外线工程　　编号：

致：××建设监理有限公司××项目监理部(项目监理机构) 于 ×× 年 ×× 月 ×× 日进场的拟用于工程 K45～K125 部位的 钢筋 ,经我方检验合格,现将相关资料报上,请予以审查。 附件:1.工程材料、构配件或设备清单 2.质量证明文件 3.自检结果 施工项目经理部(盖章) 项目经理(签字)　赵小伟 ××年××月××日
审查意见: 相关证明文件齐全有效,同意使用。 项目监理机构(盖章) 专业监理工程师(签字)　王学兵 ××年××月××日

注:1.本表一式二份,项目监理机构、施工单位各一份;

2.本表摘自 GB/T 50319—2013《建设工程监理规范》。

“工程材料、构配件、设备报审表”填写说明

项目监理机构应审查施工单位报送的用于工程的材料、构配件、设备的质量证明文件,并应按有关规定、建设工程监理合同约定,对用于工程的材料进行见证取样、平行检验。

项目监理机构对已进场经检验不合格的工程材料、构配件、设备,应要求施工单位限期将其撤出施工现场。

工程材料、构配件、设备报审表应按本表填写。

七、________报审、报验表

表 B.0.7　________报审、报验表

工程名称：　　　　××市××路(××号～××号)热力外线工程　　　　编号：

<table>
<tr><td>致：　　××建设监理有限公司××项目监理部　　(项目监理机构)
　　我方已完成　　K204～254 段钢筋安装　　工作，经自检合格，请予以审查或验收。
附件：☑隐蔽工程质量检验资料
　　☑检验批质量检验资料
　　☑分项工程质量检验资料
　　☑施工试验室证明资料
　　□其他

施工项目经理部(盖章)
项目经理或项目技术负责人(签字)　　赵小伟
××年××月××日</td></tr>
<tr><td>审查或验收意见：
1.所报隐蔽工程的技术资料齐全，符合要求，经现场检测、核查合格，同意隐蔽。
2.所报检验批的技术资料齐全，符合要求，经现场检测、核查合格，同意进行下一道工序。

项目监理机构(盖章)
专业监理工程师(签字)　　王学兵
××年××月××日</td></tr>
</table>

注：1. 本表一式二份，项目监理机构、施工单位各一份；
　　2. 本表摘自 GB/T 50319—2013《建设工程监理规范》。

“________报审、报验表”填写说明

(1)专业监理工程师应检查施工单位为工程提供服务的试验室。

试验室的检查应包括下列内容：

1)试验室的资质等级及试验范围。

2)法定计量部门对试验设备出具的计量检定证明。

3)试验室管理制度。

4)试验人员资格证书。

(2)施工单位的试验室报审表应按本表填写。

八、分部工程报验表

表 B.0.8　分部工程报验表

工程名称：　××市××路(××号～××号)热力外线工程　编号：

<table>
<tr><td>致：××建设监理有限公司××项目监理部(项目监理机构)
我方已完成　K308～K356段混凝土结构工程　(分部工程)，经自检合格，请予以验收。
附件：分部工程质量资料
1.隐蔽工程验收记录；
2.检验批验收记录；
3.工程质量控制资料；
4.安全和功能检测记录；
……

施工项目经理部(盖章)
项目技术负责人(签字)　孙强
××年××月××日</td></tr>
<tr><td>审核意见：
所报分部工程的技术资料齐全，符合要求，经现场检测核查合格。

专业监理工程师(签字)　王学兵
××年××月××日</td></tr>
<tr><td>审批意见：
符合规范和设计要求，合格

项目监理机构(盖章)
总监理工程师(签字)　韩学峰
××年××月××日</td></tr>
</table>

注：1. 本表一式三份，项目监理机构、建设单位、施工单位各一份；
2. 本表摘自GB/T 50319—2013《建设工程监理规范》。

“分部工程报验表”填写说明

项目监理机构应对施工单位报验的隐蔽工程、检验批、分项工程和分部工程进行验收，对验收合格的应给予签认；对验收不合格的应拒绝签认，同时应要求施工单位在指定的时间内整改并重新报验。

对已同意覆盖的工程隐蔽部位质量有疑问的，或发现施工单位私自覆盖工程隐蔽部位的，项目监理机构应要求施工单位对该隐蔽部位进行钻孔探测、剥离或其他方法进行重新检验。

隐蔽工程、检验批、分项工程报验表应按“________报审、报验表”的要求填写。分部工程报验表应按表“分部工程报验表”的要求填写。

九、监理通知回复单

表 B.0.9 监理通知回复单

工程名称： ××市××路(××号～××号)热力外线工程 编号：

<table>
<tr><td>致：××建设监理有限公司××项目监理部（项目监理机构）
我方接到编号为 ×××× 的监理通知单后，已按要求完成相关工作，请予以复查。
附件：需要说明的情况
我方接到××××号监理通知后，组织项目有关人员对存在的安全隐患进行了全面检查，提出了处理措施，请审查。处理措施详见附件。

施工项目经理部（盖章）
项目经理（签字） 赵小伟
××年××月××日</td></tr>
<tr><td>复查意见：
经审查，处理措施得当，同意按照此措施进行处理。

项目监理机构（盖章）
总监理工程师/专业监理工程师（签字） 韩学峰
××年××月××日</td></tr>
</table>

注：1. 本表一式三份，项目监理机构、建设单位、施工单位各一份；
2. 本表摘自 GB/T 50319—2013《建设工程监理规范》。

十、单位工程竣工验收报审表

表 B.0.10 单位工程竣工验收报审表

工程名称：××市××路(××号～××号)热力外线工程　　　　编号：

<table>
<tr><td>致：××建设监理有限公司××项目监理部（项目监理机构）
我方已按施工合同要求完成××市××路(××号～××号)热力外线工程，经自检合格，现将有关资料报上，请予以验收。
附件：1. 工程质量验收报告
2. 工程功能检验资料

施工单位(盖章)
项目经理(签字)　　赵小伟
××年××月××日</td></tr>
<tr><td>预验收意见：
经预验收，该工程合格/不合格，可以/不可以组织正式验收。

项目监理机构(盖章)
总监理工程师(签字、加盖执业印章)　　韩学峰
××年××月××日</td></tr>
</table>

注：1. 本表一式三份，项目监理机构、建设单位、施工单位各一份；

2. 本表摘自 GB/T 50319—2013《建设工程监理规范》。

“单位工程竣工验收报审表”填写说明

(1)项目监理机构应审查施工单位提交的单位工程竣工验收报审表及竣工资料，组织工程竣工预验收。存在问题的，应要求施工单位及时整改；合格的，总监理工程师应签认单位工程竣工验收报审表。

单位工程竣工验收报审表应按本表的要求填写。

(2)工程竣工预验收合格后，项目监理机构应编写工程质量评估报告，并应经总监理工程师和工程监理单位技术负责人审核签字后报建设单位。

(3)项目监理机构应参加由建设单位组织的竣工验收，对验收中提出的整改问题，应督促施工单位及时整改。工程质量符合要求的，总监理工程师应在工程竣工验收报告中签署意见。

十一、工程款支付报审表

表 B.0.11 工程款支付报审表

工程名称：××市××路(××号～××号)热力外线工程　　　　编号：

致：××建设监理有限公司××项目监理部(项目监理机构)

根据施工合同约定，我方已完成 K203～K455 段混凝土结构工程 工作，建设单位应在 ×× 年 ×× 月 ×× 日前支付工程款共计(大写)壹佰伍拾万元(小写：￥1500000.00 元)，请予以审核。

附件：

☑已完成工程量报表

☑工程竣工结算证明材料

☑相应支持性证明文件

施工项目经理部(盖章)

项目经理(签字)　赵小伟

××年××月××日

审查意见：

1. 施工单位应得款为：　1500000.00 元
2. 本期应扣款为：　95000.00 元
3. 本期应付款为：　1405000.00 元

附件：相应支持性材料

专业监理工程师(签字)　王学兵

××年××月××日

审核意见：

同意支付。

项目监理机构(盖章)

总监理工程师(签字、加盖执业印章)　韩学峰

××年××月××日

审批意见：

同意支付。

建设单位(盖章)

建设单位代表(签字)　李春林

××年××月××日

注：1. 本表一式三份，项目监理机构、建设单位、施工单位各一份；工程竣工结算报审时本表一式四份，项目监理机构、建设单位各一份、施工单位二份；

2. 本表摘自 GB/T 50319—2013《建设工程监理规范》。

十二、施工进度计划报审表

表 B.0.12 施工进度计划报审表

工程名称： ××市××路(××号～××号)热力外线工程 编号：

<table>
<tr><td>致：××建设监理有限公司××项目监理部(项目监理机构)
根据施工合同约定，我方已完成××市××路(××号××号)热力外线工程施工进度计划的编制和批准，请予以审查。
附件：☑施工部进度计划
☑阶段性进度计划

施工项目经理部(盖章)
项目经理(签字) 赵小伟
××年××月××日</td></tr>
<tr><td>审查意见：
此施工进度计划安排合理、施工部署明确，同意按此施工进度计划执行。

专业监理工程师(签字) 王学兵
××年××月××日</td></tr>
<tr><td>审核意见：
同意。

项目监理机构(盖章)
总监理工程师(签字) 韩学峰
××年××月××日</td></tr>
</table>

注：1. 本表一式三份，项目监理机构、建设单位、施工单位各一份；

2. 本表摘自 GB/T 50319—2013《建设工程监理规范》。

“施工进度计划报审表”填写说明

(1)项目监理机构应审查施工单位报审的施工总进度计划和阶段性施工进度计划,提出审查意见,并应由总监理工程师审核后报建设单位。

施工进度计划审查应包括下列基本内容:

1)施工进度计划应符合施工合同中工期的约定。

2)施工进度计划中主要工程项目无遗漏,应满足分批投入试运、分批动用的需要,阶段性施工进度计划应满足总进度控制目标的要求。

3)施工顺序的安排应符合施工工艺要求。

4)施工人员、工程材料、施工机械等资源供应计划应满足施工进度计划的需要。

5)施工进度计划应符合建设单位提供的资金、施工图纸、施工场地、物资等施工条件。

(2)项目监理机构应检查施工进度计划的实施情况,发现实际进度严重滞后于计划进度且影响合同工期时,应签发监理通知单,要求施工单位采取调整措施加快施工进度。总监理工程师应向建设单位报告工期延误风险。

(3)项目监理机构应比较分析工程施工实际进度与计划进度,预测实际进度对工程总工期的影响,并应在监理月报中向建设单位报告工程实际进展情况。

十三、费用索赔报审表

表 B.0.13 费用索赔报审表

工程名称: ××市××路(××号~××号)热力外线工程 编号:

致: ××建设监理有限公司××项目监理部 (项目监理机构)

根据施工合同 5.1.3 条款,由于设计变更的原因,我方申请索赔金额(大写) 捌万柒仟元 请予批准。

索赔理由: 由于设计变更,影响工程工期增加的费用。

附件: ☑索赔金额计算

☑证明材料

施工项目经理部(盖章)

项目经理(签字) 赵小伟

××年××月××日

（续）

<table>
<tr><td>审核意见：
□不同意此项索赔。
☑同意此项索赔，索赔金额（大写）　<u>捌万柒仟元</u>。
同意/<u>不同意</u>索赔的理由：　<u>索赔情况属实。</u>

附件：☑索赔审查报告

项目监理机构（盖章）
总监理工程师（签字、加盖执业印章）　韩学峰
××年××月××日</td></tr>
<tr><td>审批意见：
同意索赔金额。

建设单位（盖章）
建设单位代表（签字）　李春林
××年××月××日</td></tr>
</table>

注：1. 本表一式三份，项目监理机构、建设单位、施工单位各一份；
　　2. 本表摘自 GB/T 50319—2013《建设工程监理规范》。

“费用索赔报审表”填写说明

（1）项目监理机构应及时收集、整理有关工程费用的原始资料，为处理费用索赔提供证据。

（2）项目监理机构处理费用索赔的主要依据应包括下列内容：

1）法律法规。

2）勘察设计文件、施工合同文件。

3）工程建设标准。

4）索赔事件的证据。

（3）项目监理机构可按下列程序处理施工单位提出的费用索赔：

1）受理施工单位在施工合同约定的期限内提交的费用索赔意向通知书。

2）收集与索赔有关的资料。

3）受理施工单位在施工合同约定的期限内提交的费用索赔报审表。

4）审查费用索赔报审表。需要施工单位进一步提交详细资料时，应在施工合同约定的期限内发出通知。

5）与建设单位和施工单位协商一致后，在施工合同约定的期限内签发费用索赔报审表，并报建设单位。

（4）费用索赔意向通知书应按表“索赔意向通知书”的要求填写；费用索赔报

审表应按本表“费用索赔报审表”的要求填写。

(5)项目监理机构批准施工单位费用索赔应同时满足下列条件：

1)施工单位在施工合同约定的期限内提出费用索赔。

2)索赔事件是因非施工单位原因造成，且符合施工合同约定。

3)索赔事件造成施工单位直接经济损失。

(6)当施工单位的费用索赔要求与工程延期要求相关联时，项目监理机构可提出费用索赔和工程延期的综合处理意见，并应与建设单位和施工单位协商。

(7)因施工单位原因造成建设单位损失，建设单位提出索赔时，项目监理机构应与建设单位和施工单位协商处理。

十四、工程临时/最终延期报审表

表 B.0.14　工程临时/最终延期报审表

工程名称：　××市××路(××号～××号)热力外线工程　　编号：

致：　××建设监理有限公司××项目监理部　(项目监理机构) 根据施工合同　6.2.3　(条款)，由于设计变更　原因，我方申请工程/最终延期56　(日历天)，请予批准。 附件：1.工程延期依据及工期计算 2.证明材料 施工项目经理部(盖章) 项目经理(签字)　赵小伟 ××年××月××日
审核意见： ☑同意工程/最终延期　56　(日历天)。工程竣工日期从施工合同约定的　××　年　××　月　××　日延迟到　××　年　××　月　××　日。 □不同意延期，请按约定竣工日期组织施工。 项目监理机构(盖章) 总监理工程师(签字、加盖执业印章)　韩学峰 ××年××月××日
审批意见： 同意延期交工。 建设单位(盖章) 建设单位代表(签字)　李春林 ××年××月××日

注：1. 本表一式三份，项目监理机构、建设单位、施工单位各一份；

2. 本表摘自 GB/T 50319—2013《建设工程监理规范》。

“工程临时/最终延期报审表”填写说明

(1)施工单位提出工程延期要求符合施工合同约定时,项目监理机构应予以受理。

当影响工期事件具有持续性时,项目监理机构应对施工单位提交的阶段性工程临时延期报审表进行审查,并应签署工程临时延期审核意见后报建设单位。

当影响工期事件结束后,项目监理机构应对施工单位提交的工程最终延期报审表进行审查,并应签署工程最终延期审核意见后报建设单位。

(2)项目监理机构在批准工程临时延期、工程最终延期前,均应与建设单位和施工单位协商。

(3)项目监理机构批准工程延期应同时满足下列条件:

1)施工单位在施工合同约定的期限内提出工程延期。

2)因非施工单位原因造成施工进度滞后。

3)施工进度滞后影响到施工合同约定的工期。

(4)施工单位因工程延期提出费用索赔时,项目监理机构可按施工合同约定进行处理。

(5)发生工期延误时,项目监理机构应按施工合同约定进行处理。

第三节 通用表格

一、工作联系单

表 C.0.1 工作联系单

工程名称:　　××市××路(××号～××号)热力外线工程　　编号:

致:　××建设监理有限公司××项目监理部 根据施工合同第 3.1.12 条要求,“分部、分项、检验批验收表格”采用《城镇道路工程施工与质量验收规范》(CJJ1—2008)附录 A 中表格格式。但建设单位下发的表格系统中的相应表格格式与 CJJ1—2008 中要求的格式不同,请予以确认。 发文单位　××市政建设集团有限公司 负责人(签字)　赵小伟 ××年××月××日

注:本表摘自 GB/T 50319—2013《建设工程监理规范》。

“工作联系单”填写说明

项目监理机构应协调工程建设相关方的关系。项目监理机构与工程建设相关方之间的工作联系,除另有规定外宜采用工作联系单形式进行。工作联系单应按本表填写。

二、工程变更单

表 C.0.2 工程变更单

工程名称： ××市××路(××号～××号)热力外线工程 编号：

<table>
<tr><td colspan="2">致：××市政建设集团有限公司
由于 ××热力集团有限责任公司 原因，兹提出 K305处新增转换站 工程变更，请予以审批。
附件：
☑变更内容
☑变更设计图
☑相关会议纪要
□其他

变更提出单位： ××热力集团有限责任公司
负责人(签字)： 李春林
××年××月××日</td></tr>
<tr><td>工程量增/</td><td>现浇混凝土 167m^3，转换设备一套</td></tr>
<tr><td>费用增/</td><td>210235元</td></tr>
<tr><td>工期变化</td><td>15d</td></tr>
<tr><td>施工项目经理部(盖章)
项目经理(签字) 赵小伟</td><td>设计单位(盖章)
设计负责人(签字) 张大刚</td></tr>
<tr><td>项目监理机构(盖章)
总监理工程师(签字) 韩学峰</td><td>建设单位(盖章)
负责人(签字) 李春林</td></tr>
</table>

注：1. 本表一式四份，建设单位、项目监理机构、设计单位、施工单位各一份；

2. 本表摘自GB/T 50319—2013《建设工程监理规范》。

“工程变更单”填写说明

(1)项目监理机构可按下列程序处理施工单位提出的工程变更：

1)总监理工程师组织专业监理工程师审查施工单位提出的工程变更申请，提出审查意见。对涉及工程设计文件修改的工程变更，应由建设单位转交原设计单位修改工程设计文件。必要时，项目监理机构应建议建设单位组织设计、施工等单位召开论证工程设计文件的修改方案的专题会议。

2)总监理工程师组织专业监理工程师对工程变更费用及工期影响作出评估。

3)总监理工程师组织建设单位、施工单位等共同协商确定工程变更费用及工期变化,会签工程变更单。

4)项目监理机构根据批准的工程变更文件监督施工单位实施工程变更。

(2)项目监理机构可在工程变更实施前与建设单位、施工单位等协商确定工程变更的计价原则、计价方法或价款。

(3)建设单位与施工单位未能就工程变更费用达成协议时,项目监理机构可提出一个暂定价格并经建设单位同意,作为临时支付工程款的依据。工程变更款项最终结算时,应以建设单位与施工单位达成的协议为依据。

(4)项目监理机构可对建设单位要求的工程变更提出评估意见,并应督促施工单位按会签后的工程变更单组织施工。

三、索赔意向通知书

表 C.0.3 索赔意向通知书

工程名称: ××市××路(××号～××号)热力外线工程　　编号:

致:××热力集团有限责任公司 根据施工合同 5.1.2 (条款)约定,由于发生了 设计变更 事件,且该事件的发生非我方原因所致。为此,我方向 ××热力集团有限责任公司 (单位)提出索赔要求。 附件: 索赔事件资料 提出单位(盖章) ××市政建设集团有限公司 负责人(签字) 赵小伟 ××年××月××日

注:本表摘自 GB/T 50319—2013《建设工程监理规范》。

第四章　施工管理资料表格填写范例及说明

第一节　工程概况表

<table>
<tr><td colspan="3">工程概况表
（表 C1－1）</td><td>编　号</td><td>×××</td></tr>
<tr><td colspan="2">工程名称</td><td colspan="3">××市××路(××号～××号)热力外线工程</td></tr>
<tr><td colspan="2">建设地点</td><td>××市××路(××号～××号)</td><td>工程造价</td><td>××　（万元）</td></tr>
<tr><td colspan="2">开工日期</td><td>2010 年 7 月 10 日</td><td>计划竣工日期</td><td>2010 年 12 月 31 日</td></tr>
<tr><td colspan="2">监督单位</td><td>××市政监督站</td><td>工程分类</td><td>市政公用工程</td></tr>
<tr><td colspan="2">施工许可证号</td><td>00(市政)2010・0896</td><td>监管注册号</td><td>×××</td></tr>
<tr><td colspan="2">建设单位</td><td>××热力集团有限责任公司</td><td>勘察单位</td><td>××地质工程勘察院</td></tr>
<tr><td colspan="2">设计单位</td><td>××热力工程设计公司</td><td>监理单位</td><td>××建设监理有限公司</td></tr>
<tr><td rowspan="3">施工单位</td><td>名称</td><td>××市政建设集团有限公司</td><td>单位负责人</td><td>×××</td></tr>
<tr><td>工程项目经理</td><td>×××</td><td>项目技术负责人</td><td>×××</td></tr>
<tr><td>现场管理负责人</td><td>×××</td><td>/</td><td>/</td></tr>
<tr><td colspan="2">工程内容</td><td colspan="3">施工图范围内施工场地的平整、热力隧道初衬暗挖、二衬结构、小室结构；管道、设备安装，管道试压；小室回填土方、竣工测量、恢复地容地貌、管线验收。</td></tr>
<tr><td colspan="2">结构类型</td><td colspan="3">复合衬砌</td></tr>
<tr><td colspan="2">主要工程量</td><td colspan="3">管径 DN1000，管线全长 4109.484m，供、回水各 1 根。</td></tr>
<tr><td colspan="2">主要施工工艺</td><td colspan="3">测量定位→锁口圈梁浇筑→土方开挖→一衬喷射→二次衬砌→管道安装、焊接→强度试压→设备、附件安装→保温→总试压→竣工验收</td></tr>
<tr><td colspan="2">其他</td><td colspan="3">无</td></tr>
</table>

注：本表由施工单位填写。

“工程概况表”填写说明

1.“工程名称”栏要填写全称，与建设工程规划许可证、建设工程施工许可证、施工图纸中签的名称应一致。

2.“建设地点”栏应填写邮政地址，写明区(县)、街道门牌号。

3.“单位名称”栏的建设单位、设计单位、监理单位、施工单位均用法人单位的名称。

4.“工程内容”栏要填写主要施工内容。如软基处理、路基填筑、路堑开挖、面层铺筑、桥梁基础施工、墩台施工、箱梁预制及安装、桥面系及附属施工、沟槽开挖、管道安装、管道试压、土方回填、竣工测量、竣工验收等。

5.“结构类型”栏填写主要工程部位的结构类型。如半刚性基层、沥青混凝土面层、现浇钢筋混凝土、复合衬砌等。

6.“主要工程量”栏应填写主体工程工程量。

7.“主要施工工艺”栏应填写主体工程施工工艺，附属工程的工艺可在其他栏中备注。

第二节　项目大事记

项目大事记 (表C1－2)				编　号	×××
工程名称	××市××路(××路～××路)雨污水工程				
施工单位	××市政建设集团有限公司				
序号	年	月	日	内　　容	
1	2009	2	25	工程正式开工，西线污水4°～7°井段开槽	
2	2009	5	29	4#～7#井段进行闭水试验，渗水量小于允许渗水量规定，符合设计及规范要求。	
3	2009	6	20	工程竣工，并开始竣工测量工作。	
4	2009	6	24	该工程在政府质量监督机构的验收下，质量符合设计及施工规范要求，并完成验收备案工作。	
项目负责人	×××		整理人	×××	

第三节　施工日志

<table>
<tr><td colspan="3">施工日志
（表 C1－3）</td><td rowspan="2">编　号</td><td>×××</td></tr>
<tr><td colspan="3"></td><td></td></tr>
<tr><td>工程名称</td><td colspan="4">××市××道路工程</td></tr>
<tr><td>施工单位</td><td colspan="4">××市政建设集团有限公司</td></tr>
<tr><td></td><td>天气状况</td><td>风力(级)</td><td>大气温度(℃)</td><td>日平均温度(℃)</td></tr>
<tr><td>白天</td><td>晴</td><td>3</td><td>34</td><td rowspan="2">29.5</td></tr>
<tr><td>夜间</td><td>晴</td><td>2</td><td>25</td></tr>
<tr><td colspan="5">生产情况记录：(施工生产的调试、存在问题及处理情况；安全生产和文明施工活动及存在问题等)
1. S1 挡墙(K0＋000～K0＋020、K0＋030～K0＋040)基础混凝土二次浇筑部位的绑扎钢筋，浇筑 C25 混凝土 $24m^3$，绑扎钢筋 6 人，浇筑混凝土 6 人。
2. 中水(K2＋280～K2＋420)回填砂基。
存在问题：K2＋350～K2＋420 段基底出水；
处理情况：清除泥水，回填砂石，其上再回填砂基。
人员：8 人；机构：装载机。
3. 焊接钢梁盖板钢筋：2 人。
4. 污水 3 线 $6^{\#}$ 顶坑开挖，5 人。
5. 清扫道路及洒水。</td></tr>
<tr><td colspan="5">技术质量工作记录：(技术质量活动、存在问题、处理情况等)
1. 办理了污水工程洽商(编号：××)。
2. 验收 S1 挡墙(K0＋000～K0＋020、K0＋030～K0＋040)基础混凝土二次模板，合格，浇筑混凝土。</td></tr>
<tr><td colspan="5">项目负责人　×××　｜　填写人　×××　｜　日期　2009 年 7 月 1 日　星期五</td></tr>
</table>

注：本表由施工单位填写。

“施工日志”填表说明

【填写要求】

施工日志应以工程施工过程为记载对象,记载内容一般为:

首页整体性的描述:在施工日志的首页,要首先将工程整体性的有关内容描述清楚,主要包括单位工程概况、建设单位、设计单位、监理单位(人)、施工单位、开竣工日期、施工负责人、技术负责人等。当一项工程由若干个施工单位共同施工时,应将各自管辖范围(里程)进行说明。

从工程开始施工起至工程竣工验收合格止,由项目负责人或指派专人逐日记载,并保证内容真实、连续和完整。

1. 施工日志是施工活动的原始记录、是编制施工文件、积累资料、总结施工经验的重要依据,由项目技术负责人具体负责。

2. 施工日志应以单位工程为记载对象,从工程开工起至工程竣工止,按专业指定专人负责逐日记载,并保证内容真实、连续和完整。

3. 施工日志可采用计算机录入、打印,也可按规定式样(印制的施工日志)用手工填写方式记录,并装订成册,但必须保证字迹清楚、内容齐全。施工日志填写须及时、准确、具体,不潦草,不能随意撕毁,妥善保管,不得丢失。

4. 当对工程资料进行核查时,或工程出现某些问题时,往往需要检查施工日志中的记录,以了解当时的施工情况。借助对某些施工资料中作业时间、作业条件、材料进场、试块养护等方面的横向检查对比,能够有效地核查资料的真实性与可靠性。

【填写要点】

1. 施工日志填写内容,应根据工程实际情况确定,一般应有以下内容:

(1)当日生产情况记录(施工部位、施工内容、机械作业、班组工作、生产存在问题等),当日技术质量安全工作记录(技术质量安全活动、检查评定验收、技术质量安全问题等)。

(2)每个工程项目的开、竣工日期、施工勘测资料、工程进度及上级有关指示;实际管网、拆迁、地质及水文地质情况。

(3)施工中发生的问题,如变更设计、施工与设计图不符情况、变更施工方法、工程质量事故及其处理情况等。

2. 施工日志中,除记录生产情况和技术质量安全工作外,若施工中出现其他问题,也要反映在日志中。

3. 施工日志中不应填写与工程施工无关的内容(注意施工日志与工作日记的区别)。

第四节　工程质量事故记录

工程质量事故记录 （表 C1－4－1）		编　号	×××
工程名称	××市政街道工程	建设地点	××市××路
建设单位	××股份公司	设计单位	××设计研究院
监理单位	××市政监理公司	施工单位	××市政建设集团
主要工程量	1200 万	事故发生时间	××年×月×日×时
预计经济损失	2.1　（万元）	报告时间	××年×月×日×时
发生质量事故部位、建（构）筑物结构类型、管道断面及规格等： K3＋×××～K3＋×××线路左侧路堑大面积滑坡。			
质量事故原因初步分析： 雨季施工措施不到位，开挖方式不符合要求。			
质量事故发生后采取的措施： 尽快清理滑坡，与设计单位，建设单位联系做设计变更。			
项目负责人	×××	记录人	×××

注：本表由施工单位填写。

“工程质量事故记录”填表说明

【填写依据】

凡工程发生重大质量事故，施工单位应在规定时限内向监理、建设及上级主管部门报告，填写《工程质量事故记录》。建设、监理单位应及时组织质量事故的调(勘)查，调查情况须进行笔录，并填写《工程质量事故调(勘)查记录》；施工单位应严肃对待发生的质量事故并及时进行处理，处理后填写《工程质量事故处理记录》，并呈报调查组核查。

1. 工程质量事故分类

(1)按事故造成的后果可分为未遂事故和已遂事故。

(2)按事故产生的原因可分为指导责任事故和操作责任事故。

(3)按事故的性质又分为一般事故、严重事故和重大事故。

(4)依据建设部规定，工程质量事故按其性质分为三大类六个等级。

2. 质量事故的报告程序

(1)重大事故发生后，产生事故的单位必须以最快的方式，将事故的简要情况向上级主管部门和事故发生地的市、县级建设行政主管部门及检察、劳动(如有人身伤亡)部门报告；事故发生单位属于国务院部委的，应同时向国务院有关部门报告。

(2)事故发生地的市、县级建设行政主管部门接到报告后，应当立即向人民政府和省、自治区、直辖市建设行政主管部门报告；省、自治区、直辖市建设行政主管部门接到报告后，应当立即向人民政府和建设部报告。

(3)建设工程(产品)质量事故发生后，事故发生单位，必须在 24 小时内，以口头、电话或书面形式及时报告监督机构和有关部门，并在 48 小时内依据规定向监督机构填报《建设工程质量事故报告书》。

3. 建设工程质量事故处理报告

施工现场存在重大质量隐患，可能造成质量事故或已经造成事故时，由监理、建设其他部门下达工程事故停工通知，在承包单位整改完毕并经有关部门复查，符合规定要求，下达复工通知后才可施工，重大质量事故应按国家有关规定处理，一般工程质量事故发生后，应由建设单位组织设计、监理、施工及有关部门进行事故调查、分析，监督机构参与事故的调查和分析，最后由设计提出处理方案，并及时上报监督机构，施工单位按处理方案处理后，还应请建设、设计、监理单位进行验收，并填写《建设工程质量事故处理报告》。

【填写要点】

(1)质量事故发生后，填写质量事故报告时，应写明质量事故发生的时间、工程名称、建设地点、建设单位、设计单位、监理单位、施工单位等。

(2)预计经济损失是指因质量事故进行返工、加固等实际损失的金额，包括人工费、材料费、机械费和一定数额的管理费。

(3)质量事故原因初步分析，包括倒塌情况(整体倒塌或局部倒塌的部位)、损失情况(伤亡人数、损失程度、倒塌面积等)；事故原因，包括设计原因(计算错误、构造不合理等)、施工原因(施工粗制滥造、材料、构配件或设备质量低劣等)、设计与施工的共同问题、不可抗力等。

(4)质量事故发生后采取的措施应写明对质量事故发生后采取的具体措施，对事故的控制情况及预防措施。

(5)事故证据资料指可以记录证明现场事故发生情况的施工记录等文件。

(6)事故处理情况，包括现场处理情况、设计和施工的技术措施。

第五节　工程质量事故调(勘)查记录

工程质量事故调(勘)查记录 (表C1—4—2)			编　号	×××
工程名称	××街道工程		日　期	××年×月×日
调(勘)查时间	××年×月×日×时×分至××年×月×日×时×分			
调(勘)查时间	××街道工程施工现场			
参加人员	单位名称	姓名签字	职　务	电　　话
调(勘)查人员	××市政工程有限公司	×××	技术员	136××
	××市政监理公司	×××	监理工程师	130××
调(勘)查笔　录	略			
现场证物照片	☑有　☒无　共×张　共×页			
事故证据资料	☑有　☒无　共×张　共×页			
调(勘)查负责人(签字)	×××	被调查单位负责人(签字)	×××	

注：本表由施工单位填写。

第六节　工程质量事故处理记录

<table>
<tr><td colspan="4">工程质量事故处理记录
（表 C1－4－3）</td><td colspan="2">编　号</td><td colspan="2">×××</td></tr>
<tr><td colspan="2">工程名称</td><td colspan="6">××市政街道工程</td></tr>
<tr><td colspan="2">施工单位</td><td colspan="6">××市政工程有限公司</td></tr>
<tr><td colspan="2">事故处理编号</td><td colspan="2">×××</td><td colspan="2">直接经济损失
（万元）</td><td colspan="2">×万元</td></tr>
<tr><td>事故处理情况</td><td colspan="7">已做设计变更</td></tr>
<tr><td>事故造成永久缺陷情况</td><td colspan="7">无</td></tr>
<tr><td>事故责任分析</td><td colspan="7">责任归属施工单位</td></tr>
<tr><td>对事故责任者的处理</td><td colspan="7">对施工单位罚款××元</td></tr>
<tr><td>调查负责人</td><td>×××</td><td>填表人</td><td>×××</td><td>填表日期</td><td colspan="3">××年×月×日</td></tr>
</table>

注：本表由事故处理单位填写。

第七节　施工现场质量管理检查记录

<table>
<tr><td colspan="7">施工现场质量管理检查记录
(表C1－5)</td></tr>
<tr><td>工程名称</td><td colspan="3">××市政街道工程</td><td>施工许可证(开工证)</td><td colspan="2">××－×××</td></tr>
<tr><td>建设单位</td><td colspan="3">××股份公司</td><td>项目负责人</td><td colspan="2">×××</td></tr>
<tr><td>设计单位</td><td colspan="3">××设计研究院</td><td>项目负责人</td><td colspan="2">×××</td></tr>
<tr><td>监理单位</td><td colspan="3">×××市政监理公司</td><td>总监理工程师</td><td colspan="2">×××</td></tr>
<tr><td>施工单位</td><td>××市政建设集团</td><td>项目经理</td><td>×××</td><td>项目技术负责人</td><td colspan="2">×××</td></tr>
<tr><td>序号</td><td colspan="4">项　　目</td><td colspan="2">内　容</td></tr>
<tr><td>1</td><td colspan="4">现场质量管理制度</td><td colspan="2">齐全完备</td></tr>
<tr><td>2</td><td colspan="4">工程质量检验制度</td><td colspan="2">齐全完备</td></tr>
<tr><td>3</td><td colspan="4">分包方资质及对分包单位管理制度</td><td colspan="2">齐全完备</td></tr>
<tr><td>4</td><td colspan="4">材料、设备管理制度</td><td colspan="2">齐全完备</td></tr>
<tr><td>5</td><td colspan="4">质量责任制</td><td colspan="2">齐全完备</td></tr>
<tr><td>6</td><td colspan="4">主要专业工种操作上岗证书</td><td colspan="2">齐全完备</td></tr>
<tr><td>7</td><td colspan="4">施工技术标准</td><td colspan="2">齐全完备</td></tr>
<tr><td>8</td><td colspan="4">施工图审查情况</td><td colspan="2">齐全完备</td></tr>
<tr><td>9</td><td colspan="4">施工组织设计(交通导行、环境保护等方案)编制及审批</td><td colspan="2">齐全完备</td></tr>
<tr><td>10</td><td colspan="4">地质勘察资料</td><td colspan="2">齐全完备</td></tr>
<tr><td>11</td><td colspan="4">施工检测设备与计量器具设备</td><td colspan="2">齐全完备</td></tr>
<tr><td>12</td><td colspan="4">数字图文记录</td><td colspan="2">齐全完备</td></tr>
<tr><td>13</td><td colspan="4">项目质量管理人员名册</td><td colspan="2">齐全完备</td></tr>
<tr><td></td><td colspan="4"></td><td colspan="2"></td></tr>
<tr><td></td><td colspan="4"></td><td colspan="2"></td></tr>
<tr><td></td><td colspan="4"></td><td colspan="2"></td></tr>
<tr><td></td><td colspan="4"></td><td colspan="2"></td></tr>
<tr><td colspan="7">检查结论：

备审查项目均齐全完备,合格。

总监理工程师×××　　　　××年×月×日</td></tr>
</table>

注:本表由施工单位填写。

“施工现场质量管理检查记录”填表说明

【填写要点】

1. 表格部分

(1)工程名称:本栏要填写工程名称全称,要与合同或招标文件中的工程名称一致。“施工许可证(开工证)”栏填写当地建设行政主管部门批准发给的施工许可证(开工证)的编号。

(2)建设单位:本栏写合同文件中的甲方,单位名称要与合同签章上的单位相一致。建设单位“项目负责人”栏,要填写合同书上签字人或签字人以文字形式委托的代表——工程的项目负责人。工程完工后竣工验收备案表中的单位项目负责人应与此一致。

(3)设计单位:本栏填写设计合同中签章单位的名称,其全称应与印章上的名称一致。设计单位“项目负责人”栏,应是设计合同书签字人或签字人以文字形式委托的该项目负责人,工程完工后竣工验收备案表中的单位项目负责人应与此一致。

(4)监理单位:本栏填写单位全称,应与合同或协议书中的名称一致。“总监理工程师”栏应是合同或协议书中明确的项目监理负责人,也可以是监理单位以文件形式明确的该项目监理负责人,总监理工程师必须有监理工程师任职资格证书,并要与其各相关专业对口。

(5)施工单位:本栏填写施工合同中签章单位的全称,与签章上的名称一致。“项目经理”栏、“项目技术负责人”栏与合同中明确的项目经理、项目技术负责人一致。

2. 检查项目部分

(1)现场质量管理制度

1)核查现场质量管理制度内容是否健全、有针对性、时效性等。

2)质量管理体系是否建立,是否持续有效。

3)各级专职质量检查人员的配备。

(2)工程质量检验制度

检查工程质量检验制度是否健全。

(3)分包方资质与分包单位的管理制度

审查分包方资质是否符合要求;分包单位的管理制度是否健全。

1)承包单位填写《分包单位资质报审表》,报项目监理部审查。

2)审查分包单位的营业执照、企业资质等级证书、专业许可证、人员岗位证书。

3)审查分包单位的业绩。

4)经审查合格,签发《分包单位资质报审表》。

(4)材料、设备管理制度

现场材料、设备存放与管理。现场平面布置是否能满足现场材料、设备存放及施工;材料、设备是否有管理制度。

根据检查情况,将检查结果填到相对应的栏中。可直接将有关资料的名称写上,资料较多时,也可将有关资料进行编号填写,注明份数。

(5)质量责任制

检查质量责任制度是否具体及落实到位情况。

(6)主要专业工种操作上岗证书

检查主要专业工种的操作上岗证书是否在有效期内。

(7)施工技术标准

检查施工技术标准能否满足本工程的使用。

(8)施工图审查情况

审查设计交底、图纸会审工作是否已经完成。

(9)施工组织设计,施工方案(交通导行,环境保护等方案)编制及审批

1)项目监理部可规定某些主要分部(分项)工程施工前,承包单位应将施工工艺、原材料使用、劳动力配置、质量保证措施等情况编写专项施工方案,填写《工程技术文件报审表》报项目监理部审核。

2)在施工过程中,当承包单位对已批准的施工组织设计进行调整、补充或变动时,应经专业监理工程师审查,并应由总监理工程师签认。

3)专业监理工程师应要求承包单位报送重点部位、关键工序的施工工艺和确保工程质量的措施,审核同意后予以签认。

4)当承包单位采用新材料、新工艺、新设备时,专业监理工程师应要求承包单位报送相应的施工工艺措施和证明材料,组织专题论证,经审定后予以签认。

5)上述方案经专业监理工程师审查,由总监理工程师签认。

(10)地质勘查资料

检查地质勘查资料是否齐全。

(11)施工检测设备与计量器具设置

核查检测设备与计量器具的标定日期。

(12)数字图文记录

检查是否有相关图文记录,是否齐全有效。

(13)项目质量管理人员名册

核查各主要管理部门是否均已登记在目录中。

3. 检查结论部分

由总监理工程师或建设单位项目负责人填写。

总监理工程师或建设单位项目负责人，对施工单位报送的各项资料进行验收核查，验收核查合格后，签署认可意见。

“检查结论”要明确所报送资料是否符合要求。如总监理工程师或建设单位项目负责人验收核查不合格，施工单位必须限期改正，否则不准许开工。

第五章　施工技术资料表格填写范例及说明

第一节　施工组织设计审批表

施工组织设计审批表 （表 C2－2）		编　号	×××	
工程名称		××市××桥梁工程		
施工单位		××市政建设集团有限公司		
编制单位 （章）		××市政建设集团有限公司	编制人	×××
有关部门会签意见	技术部	主要施工方案和施工方法编制详细，有针对性、可行性、合理性和先进性，能够按计划实现。 签字：×××　　2009 年 2 月 2 日		
	质量安全部	已明确建立健全质量管理体系、职业健康安全管理体系，并制定质量目标、职业健康安全目标，有关措施编制详细，有可靠性、针对性，能够保证目标的实现。 签字：×××　　2009 年 2 月 2 日		
	环境部	已明确建立健全环境管理体系并制定环境目标、指标及管理方案 签字：×××　　2009 年 2 月 2 日		
	设备物资部	设备材料可按计划供应。 签字：×××　　2009 年 2 月 3 日		
	财务部	资金周转有保证。 签字：×××　　2009 年 2 月 3 日		
	经营部	同意。 签字：×××　　2009 年 2 月 4 日		
主管部门审核意见		同意按此施工组织设计组织施工。 负责人签字：×××　　2009 年 2 月 4 日		
审批结论		该施工组织设计技术上可行，进度、质量、安全、环境目标能够实现，符合有关规范、标准和图纸及合同要求。同意按此施工组织设计实施。 审批人签字：×××　　2009 年 2 月 4 日	××工程建设监理有限公司 审批单位 （章）	

注：本表由施工单位填写。

“施工组织设计审批表”填表说明

施工组织设计(项目管理规划)为统筹计划施工,科学组织管理,采用先进技术保证工程质量,安全文明生产,环保、节能、降耗,实现设计意图,是指导施工生产的技术性文件。单位工程施工组织设计应在施工前编制,并应依据施工组织设计编制部位、阶段和专项施工方案。施工组织设计编制的内容主要包括:工程概况、工程规模、工程特点、工期要求、参建单位等,施工平面布置图,施工部署及计划,施工总体部署及区段划分,进度计划安排及施工计划网络图,各种工、料、机、运计划表,质量目标设计及质量保证体系,施工方法及主要技术措施(包括冬、雨季施工措施及采用的新技术、新工艺、新材料、新设备等),大型桥梁、厂(场)、站等土建及设备安装复杂的工程应有针对单项工程需要的专项工艺技术设计。如模板及支架设计,地下基坑、沟槽支护设计,降水设计,施工便桥、便线设计,管涵顶进、暗挖、盾构法等工艺技术设计,现浇混凝土结构及(预制构件)预应力张拉设计,大型预制钢及混凝土构件吊装设计,混凝土施工浇筑方案设计,机电设备安装方案设计,各类工艺管道、给排水工艺处理系统的调试运行方案,轨道交通系统及其自动控制、信号、监控、通讯、通风系统安装调试方案等。

施工组织设计还应编写安全、文明施工、环保以及节能降耗措施。

施工方案是施工组织设计的核心内容,是工程施工技术指导文件。大型道路、桥梁结构、厂(场)站、大型设备工程的施工方案更直接关系着工程结构的质量及耐久性,方案必须按相关规程由相应的主管技术负责人负责组织编制,重大工程施工方案的编制应经过专家论证或方案研讨。

施工组织设计填写《施工组织设计审批表》,并经施工单位有关部门会签、主管部门归纳汇总后,提出审核意见,报审批人进行审批,施工单位盖章方为有效。审批内容一般应包括:内容完整性、施工指导性、技术先进性、经济合理性、实施可行性等方面。各相关部门根据职责把关。审批人应签署审查结论、盖章。在施工过程中如有较大的施工措施或方案变动时,还应有变动审批手续。

第二节　图纸审查记录

<table>
<tr><td colspan="3">图纸审查记录
（表 C2－3）</td><td>编　号</td><td>×××</td></tr>
<tr><td>工程名称</td><td colspan="4">××市××路道路扩建工程</td></tr>
<tr><td>施工单位</td><td colspan="2">××市政建设集团有限公司</td><td>技术负责人</td><td>×××</td></tr>
<tr><td>审查日期</td><td colspan="2">2009 年 2 月 9 日</td><td colspan="2">共 1 页　　第 1 页</td></tr>
<tr><td>序　号</td><td colspan="4">内　　容</td></tr>
<tr><td>提出问题及修改建议</td><td colspan="4">1. 提出问题（图纸编号：××、××、××）
（1）有几个检查井的平面尺寸不明确，并缺施工详图。
（2）预留管的长度多少未标注。
（3）路基遇水塘如何处理不明确。
（4）土路基的回弹模量是多少未标明。
（5）DN300 雨水口连接管的坡度是多少未标明。
2. 修改建议
（1）Y_{128} 井室尺寸按 1750mm×1750mm 施工，Y_{124} 井室尺寸按 1500mm×1500mm 施工，所有预留井井室尺寸均按 1000mm×1000mm 施工；管径大于 1200mm 及井深大于 4000mm 的检查井由设计院另补出详图。其余检查井套用通用图。
（2）所有预留管均以做出路面一节管为准。
（3）路基施工如遇水塘，应先彻底清淤，然后采用塘渣回填，塘渣直径应小于 100mm，并分层碾压密实，达到规定的压实度。
（4）土路基回弹模量为 23MPa。
（5）DN300 雨水口连接管的坡度为 1%。</td></tr>
</table>

注：本表由施工单位填写。

第三节　图纸会审记录

<table>
<tr><td colspan="3" rowspan="2">图纸会审记录
（表C2－4）</td><td rowspan="2">编　号</td><td>×××</td></tr>
<tr><td></td></tr>
<tr><td>工程名称</td><td colspan="2">××市××路道路扩建工程</td><td>专业名称</td><td>道路</td></tr>
<tr><td>地点</td><td colspan="2">建设单位会议室</td><td>日期</td><td>××年×月×日</td></tr>
<tr><td>序号</td><td>图号</td><td>图纸问题</td><td colspan="2">图纸问题交底或答复</td></tr>
<tr><td>1</td><td>结施－3</td><td>底板主筋有无主次方向问题</td><td colspan="2">有主次方向之分，横纵板筋上下方向不受限制。</td></tr>
<tr><td>2</td><td>结施－6</td><td>××段～××段地基标高有误</td><td colspan="2">已发设计变更，按变更图纸进行施工。</td></tr>
<tr><td rowspan="2">签字栏</td><td colspan="2">建设单位</td><td>监理单位</td><td>设计单位</td><td>施工单位</td></tr>
<tr><td colspan="2">×××</td><td>×××</td><td>×××</td><td>×××</td></tr>
</table>

注：本表由施工单位整理、汇总。

“图纸会审记录”填表说明

1. 施工单位领取图纸后,应由项目技术负责人组织技术、生产、预算、测量及分包方等有关部门和人员对图纸进行审查。

2. 监理、施工单位应将各自提出的图纸问题及意见,按专业整理、汇总后报建设单位,由建设单位提交设计单位做交底准备。

3. 图纸会审应由建设单位组织设计、监理和施工单位技术负责人及有关人员参加。设计单位对各专业问题进行交底,施工单位负责将设计交底内容按专业汇总、整理,形成图纸会审记录。

4. 图纸会审记录应由建设、设计、监理和施工单位的项目相关负责人签认,形成正式图纸会审记录。不得擅自在会审记录上涂改或变更其内容。

5. 图纸的会审内容

(1)图纸会审时,应重点审查施工图的有效性、对施工条件的适应性、各专业之间和全图与详图之间的协调一致性等。

(2)设计图纸是否齐全,手续是否完备;设计是否符合国家有关的经济和技术政策、规范规定,图纸总的做法说明(包括分项工程做法说明)是否齐全、清楚、明确,与其他分项和节点大样图之间有无矛盾;设计图纸之间相互配合的尺寸是否相符,分尺寸与总尺寸、大、小样图、水电安装图之间互相配合的尺寸是否一致,有无错误和遗漏;设计图纸本身、结构各构件之间,在立体空间上有无矛盾,预留孔洞、预埋件、大样图或采用标准构配件图的型号、尺寸有无错误与矛盾。

(3)总图的构筑物坐标位置与单位工程建筑平面图是否一致;构筑物的设计标高是否可行;基础的设计与实际情况是否相符;构筑物及管线之间有无矛盾。

(4)主要结构的设计在强度、刚度、稳定性等方面有无问题,主要部位的构造是否合理,设计能否保证工程质量和安全施工。

(5)设计图纸的结构方案与施工单位的施工能力、技术水平、技术装备有无矛盾;采用新技术、新工艺,施工单位有无困难;所需特殊材料的品种、规格、数量能否解决,专用机械设备能否保证。

(6)安装专业的设备、管架、钢结构立柱、金属结构平台、电缆、电线支架以及设备基础是否与工艺图、电气图、设备安装图和到货的设备相一致;传动设备、随机到货图纸和出厂资料是否齐全,技术要求是否合理,是否与设计图纸及设计技术文件相一致,底座同基础是否一致;管口相对位置、接管规格、材质、坐标、标高是否与设计图纸一致;管道、设备及管件需防腐衬里、脱脂及特殊清洗时,设计结构是否合理,技术要求是否切实可行。

第四节　技术交底记录

<table>
<tr><td colspan="2" rowspan="2">技术交底记录
（表 C2－5）</td><td rowspan="2">编　号</td><td colspan="2">×××</td></tr>
<tr><td colspan="2"></td></tr>
<tr><td>工程名称</td><td colspan="4">××市××水厂工程</td></tr>
<tr><td>分部工程名称</td><td>主体结构工程</td><td>分项工程名称</td><td colspan="2">装配式混凝土结构</td></tr>
<tr><td>施工单位</td><td>××市政建设集团</td><td>交底日期</td><td colspan="2">2010 年 1 月 2 日</td></tr>
<tr><td colspan="5">交底内容：
1. 钢筋成型与安装
成型前必须按设计要求配制钢筋的级别、钢种、根数、形状、直径等；绑扎成型时，钢丝必须扎紧，不得有滑动、折断、移位等情况；成型后的网片或骨架必须稳定牢固，在安装及浇注混凝土时不得松动或变形；受力钢筋同一截面内、同一根钢筋上只准有一个接头；绑扎或焊接接头与钢筋弯曲处相距不应小于 10 倍主筋直径，也不宜位于最大弯矩处；钢筋网片和骨架成型允许偏差应符合 CJJ 2—2008 表 6.5.8 和表 6.5.9 的规定。
2. 模板
模板及支撑不得有松动、跑模或变形等现象；模板必须拼缝严密，不得漏浆，模内必须洁净；凡需起拱的构件模板，其预留拱度应符合规定。
3. 水泥混凝土构件
混凝土的原材料、配合比必须符合有关标准、规范的规定，强度必须符合设计要求；强度的检验可做抗压试验；混凝土构件不得有蜂窝、露筋等现象，如有硬伤、掉角等缺陷均应修补完好；其允许偏差应符合 CJJ 2—2008 的规定。
4. 水泥混凝土构件（梁、板）安装
梁、板安装必须平稳，支点处必须接触严密、稳固；相邻梁或板之间的缝隙必须用细石混凝土或砂浆嵌填密实；伸缩缝必须全部贯通，不得堵塞或变形，活动支座必须按设计要求上油润滑；支座接触必须严密，不得有空隙，位置必须符合设计要求；梁、板安装允许偏差应符合（CJJ 2—2008）表 13.7.3－3 的规定。</td></tr>
</table>

审核人	交底人	接受交底人
×××	×××	×××

注：本表由施工单位填写。

“技术交底记录”填表说明

【填写依据】

施工技术交底是指工程施工前由主持编制该工程技术文件的人员向实施工程的人员说明工程在技术上、作业上要注意和明确的问题，是施工企业一项重要的技术管理制度。交底的目的是为了使操作人员和管理人员了解工程的概况、特点、设计意图、施工方法和技术措施等。施工技术交底一般都是在有形物（如文字、影像、示范、样板等）的条件下向工程实施人员交流如何实施工程的信息，以达到工程实施结果符合文字要求或影像、示范、样板的效果。

1. 交底内容及形式

(1)交底内容

不同的施工阶段、不同的工程特性都必须保持实施工程的管理人员和操作人员始终都了解交底者的意图。

1)技术交底应包括施工组织设计交底、专项施工方案技术交底、分项工程施工技术交底、“四新”(新材料、新产品、新技术、新工艺)技术交底和设计变更技术交底，各项交底应有文字记录，交底双方签认应齐全；

2)重点和大型工程施工组织设计交底应由施工企业的技术负责人对项目主要管理人员进行交底。其他工程施工组织设计交底应由项目技术负责人进行交底；施工组织设计交底的内容包括：工程特点、难点、主要施工工艺及施工方法、进度安排、组织机构设置与分工及质量、安全技术措施等；

3)专项施工方案技术交底应由项目专业技术负责人负责，根据专项施工方案对专业工长进行交底，如有编制关键、特殊工序的作业指导书以及特殊环境、特种作业的指导书，也必须向施工作业人员交底，交底内容为该专业工程、过程、工序的施工工艺、操作方法、要领、质量控制、安全措施等；

4)分项工程施工技术交底应由专业工长对专业施工班组(或专业分包)进行交底；

5)“四新”技术交底应由项目技术负责人组织有关专业人员编制；

6)设计变更技术交底应由项目技术部门根据变更要求，并结合具体施工步骤、措施及注意事项等对专业工长进行交底。

(2)交底形式

施工技术交底可以用会议口头沟通形式或示范、样板等作业形式，也可以用文字、图像表达形式，但都要形成记录并归档。

2. 技术交底的实施

技术交底制度是保证交底工作正常进行的项目技术管理的重要内容之一。项目经理部应在技术负责人的主持下建立适应本工程正常履行与实施的施工技术交底制度。

技术交底实施的主要内容：

(1)技术交底的责任：明确项目技术负责人、专业工长、管理人员、操作人员等的责任。

(2)技术交底的展开：应分层次展开，直至交底到施工操作人员。交底必须在作业前进行，并有书面交底资料。

(3)技术交底前的准备：有书面的技术交底资料或示范、样板演示的准备。

(4)安全技术交底：施工作业安全、施工设施(设备)安全、施工现场(通行、停留)安全、消防安全、作业环境专项安全以及其他意外情况下的安全技术交底。

(5)技术交底的记录：作为履行职责的凭据，技术交底记录的表格应有统一的标准格式，交底人员应认真填写表格并在表格上签字，接受交底人也应在交底记录上签字。

(6)交底文件的归档：技术交底资料和记录应由交底人整理归档。

(7)交底责任的界定：重要的技术交底应在开工前界定。交底内容编制后应由项目技术负责人批准，交底时技术负责人应到位。

(8)例外原则：外部信息或指令可能引起施工发生较大变化时应及时向作业人员交底。

3. 技术交底注意事项

(1)技术交底必须在该交底对应项目施工前进行，并应为施工留出足够的准备时间。技术交底不得后补。

(2)技术交底应以书面形式进行，并辅以口头讲解。交底人和被交底人应履行交接签字手续。技术交底及时归档。

(3)技术交底应根据施工过程的变化，及时补充新内容。施工方案、方法改变时也要及时进行重新交底。

(4)分包单位应负责其分包范围内技术交底资料的收集整理，并应在规定时间内向总包单位移交。总包单位负责对各分包单位技术交底工作进行监督检查。

【填写要点】

1.“工程名称”栏与施工图纸中的图签一致。

2.“交底日期”栏按实际交底日期填写。

3.“交底内容”应有可操作性和针对性，使施工人员持技术交底便可进行施工。文字尽量通俗易懂，图文并茂。严禁出现详见××规程、××标准的话，而要将规范、规程中的条款转换为通俗语言。

第五节　工程洽商记录

<table>
<tr><td colspan="3" rowspan="2">工程洽商记录
（表 C2－6）</td><td colspan="2" rowspan="2">编　号</td><td colspan="2">×××</td></tr>
<tr><td colspan="2"></td></tr>
<tr><td colspan="2">工程名称</td><td>××市××路××桥梁工程</td><td colspan="2">专业名称</td><td colspan="2">桥梁</td></tr>
<tr><td colspan="2">提出单位名称</td><td>××市政建设集团</td><td colspan="2">日　期</td><td colspan="2">2009 年 2 月 10 日</td></tr>
<tr><td colspan="2">内容摘要</td><td colspan="5">桩间尺寸</td></tr>
<tr><td>序号</td><td>图号</td><td colspan="5">洽商内容</td></tr>
<tr><td>1</td><td>结施－2</td><td colspan="5">原总体布置图，A－A 中间桩间尺寸与平剖面图尺寸不相符</td></tr>
<tr><td>2</td><td>结施－3</td><td colspan="5">原总体布置图，B－B 中间桩间尺寸与平剖面图尺寸不相符</td></tr>
<tr><td rowspan="2">签字栏</td><td colspan="2">建设单位</td><td colspan="2">监理单位</td><td>设计单位</td><td>施工单位</td></tr>
<tr><td colspan="2">×××</td><td colspan="2">×××</td><td>×××</td><td>×××</td></tr>
</table>

注：本表由施工单位填写。

第六节　工程设计变更、洽商一览表

<table>
<tr><td colspan="3" rowspan="2">工程设计变更、洽商一览表
（表C2—8）</td><td rowspan="2">编　号</td><td>×××</td></tr>
<tr><td></td></tr>
<tr><td colspan="2">工程名称</td><td colspan="3">××市政桥梁工程</td></tr>
<tr><td colspan="2">施工单位</td><td colspan="3">××市政工程建设集团</td></tr>
<tr><td>序号</td><td>变更、洽商单号</td><td>页数</td><td colspan="2">主要变更、洽商内容</td></tr>
<tr><td>1</td><td>商－01</td><td>1</td><td colspan="2">桥面铺装层结构变更</td></tr>
<tr><td>2</td><td>商－02</td><td>1</td><td colspan="2">回弹模量数值变更</td></tr>
<tr><td></td><td></td><td></td><td colspan="2"></td></tr>
<tr><td></td><td></td><td></td><td colspan="2"></td></tr>
<tr><td></td><td></td><td></td><td colspan="2"></td></tr>
<tr><td></td><td></td><td></td><td colspan="2"></td></tr>
<tr><td></td><td></td><td></td><td colspan="2"></td></tr>
<tr><td></td><td></td><td></td><td colspan="2"></td></tr>
<tr><td></td><td></td><td></td><td colspan="2"></td></tr>
<tr><td></td><td></td><td></td><td colspan="2"></td></tr>
<tr><td></td><td></td><td></td><td colspan="2"></td></tr>
<tr><td></td><td></td><td></td><td colspan="2"></td></tr>
<tr><td></td><td></td><td></td><td colspan="2"></td></tr>
<tr><td></td><td></td><td></td><td colspan="2"></td></tr>
<tr><td></td><td></td><td></td><td colspan="2"></td></tr>
<tr><td colspan="3">技术负责人：
×××
××年×月×日</td><td colspan="2">填表人：
×××
××年×月×日</td></tr>
</table>

注：本表由施工单位填写。

“工程设计变更、洽商一览表”填表说明

设计变更、洽商记录是施工过程中，由于设计图纸本身差错，设计图纸与实际情况不符，施工条件变化，原材料的规格、品种、质量不符合设计要求及职工提

出合理化建议等原因，需要对设计图纸部分内容进行修改而办理的工程设计变更、洽商记录文件。设计变更、洽商记录应分专业办理，内容翔实，必要时应附图，并逐条注明应修改图纸的图号。

1. 设计变更

(1)设计单位应及时下达设计变更通知单，设计变更通知单应由设计专业负责人以及建设(监理)和施工单位的相关负责人签认。

(2)工程设计由施工单位提出变更时，例如钢筋代换、细部尺寸修改等重大技术问题，必须征得设计单位和建设、监理单位的同意。

(3)工程设计变更由设计单位提出，如设计计算错误、做法改变、尺寸矛盾、结构变更等问题，必须由设计单位提出变更设计联系单或设计变更图纸，由施工单位根据施工准备和工程进展情况，做出能否变更的决定。

(4)遇有下列情况之一时，由设计单位签发设计变更通知单或变更图纸：

1)当决定对图纸进行较大修改时；

2)施工前及施工过程中发现图纸有差错，做法、尺寸有矛盾，结构变更或与实际情况不符时；

3)由建设单位对构造、细部做法、使用功能等方面提出设计变更时，必须经过设计单位同意，并由设计单位签发设计变更通知单或设计变更图纸。

2. 工程洽商

(1)工程洽商可由技术人员办理，专业的洽商由相应专业工程师负责办理。工程分包方的有关洽商记录，应经工程总承包单位确认后方可办理。

(2)工程洽商内容若涉及其他专业、部门及分包方，应征得有关专业、部门、分包方同意后，方可办理。

(3)工程洽商记录应由设计专业负责人以及建设、监理和施工单位相关负责人签认。设计单位如委托建设(监理)单位办理签认，应办理委托手续。

(4)设计图纸交底后，应办理一次性工程洽商记录。

(5)施工过程中增发、续发、更换施工图时，应同时签办洽商记录，确定新发图纸的起用日期、应用范围及与原图的关系；如有已按原图施工的情况，要说明处置意见。

(6)各责任人在收到工程洽商记录后，应及时在施工图纸上对应的部位标注洽商记录日期、编号、更改内容。

(7)工程洽商记录需进行更改时，应在洽商记录中写清原洽商记录日期、编号、更改内容，并在原洽商被修正的条款上注明“作废”标记。

(8)同一地区内相同的工程，如需同一个洽商(同一设计单位，工程的类型、变更洽商的内容和部位相同)，可采用复印件或抄件，但应注明原件存放处。

第六章　工程物资资料表格填写范例及说明

第一节　工程物资选样送审表

<table>
<tr><td colspan="2">工程物资选样送审表
（表C3－1）</td><td>编　号</td><td>×××</td></tr>
<tr><td>工程名称</td><td colspan="3">××市政桥梁工程</td></tr>
<tr><td>施工单位</td><td colspan="3">××建设集团有限公司</td></tr>
<tr><td colspan="4">致 ××建设监理公司 （监理/建设单位）：
现报上本工程下列物资选样文件，为满足工程进度要求，请在 2010 年 8 月 10 日之前予以审批。</td></tr>
<tr><td>物资名称</td><td>规格型号</td><td>生产厂家</td><td>拟使用部位</td></tr>
<tr><td>预拌混凝土</td><td>C30</td><td>××混凝土有限公司</td><td>承台</td></tr>
<tr><td></td><td></td><td></td><td></td></tr>
<tr><td colspan="4">附件：
☑ 生产厂家资质文件 8 页　☑ 工程应用实例目录 12 页
☑ 产品性能说明书 6 页　☑ 报价单 3 页
☐ 质量检验报告 ____ 页　☐ ________ ____ 页
☐ 质量保证书 ____ 页　☐ ________ ____ 页
技术负责人：×××　申报人：×××　申报日期：2010年8月5日</td></tr>
<tr><td colspan="4">施工单位审核人意见：
同意《工程物资选样送审表》报监理、设计、建设单位审核。
☑有 ☐无　附页
审核人：×××　审核日期：2010年8月5日</td></tr>
<tr><td colspan="2">监理单位审核意见：
同意
监理工程师：×××　2010年8月6日</td><td colspan="2">设计单位审核意见：
同意
设计负责人：×××　2010年8月6日</td></tr>
<tr><td colspan="4">建设单位审定意见：
☑ 同意使用　☐ 规格修改后再报　☐ 重新选样
技术负责人：×××　2010年8月8日</td></tr>
</table>

注：本表由施工单位填写。

第二节　主要设备、原材料、构配件质量证明文件及复试报告汇总表

<table>
<tr><td colspan="5">主要设备、原材料、构配件质量证明文件及复试报告汇总表
（表 C3－2）</td><td>编　号</td><td colspan="2">×××</td></tr>
<tr><td>工程名称</td><td colspan="7">××市××路道路桥梁工程</td></tr>
<tr><td>施工单位</td><td colspan="7">××市政建设集团有限公司</td></tr>
<tr><td>材料（设备）名称</td><td>规格型号</td><td>生产厂家</td><td>单位</td><td>数量</td><td>使用单位</td><td>出厂证明或试验、检测单编号</td><td>出厂或试验日期</td></tr>
<tr><td>石灰粉煤灰稳定碎石</td><td></td><td>××水泥制品有限公司</td><td>t</td><td>4500</td><td>道路基层</td><td>×××</td><td>×年×月×日</td></tr>
<tr><td>沥青混合料</td><td>AC—16 I</td><td>××沥青混凝土公司</td><td>t</td><td>650</td><td>道路面层</td><td>×××</td><td>×年×月×日</td></tr>
<tr><td>板式橡胶支座</td><td>200×250×37mm</td><td>××橡胶厂</td><td>块</td><td>280</td><td>桥梁</td><td>×××</td><td>×年×月×日</td></tr>
<tr><td>预制预应力梁</td><td>15m/20m</td><td>××预应力构件厂</td><td>片</td><td>72</td><td>上部结构</td><td>×××</td><td>×年×月×日</td></tr>
<tr><td>APP 改性沥青防水卷材</td><td>幅宽 1000mm
厚度 3mm</td><td>××防水材料有限公司</td><td>卷</td><td>68</td><td>桥面防水层</td><td>×××</td><td>×年×月×日</td></tr>
<tr><td>TST 弹塑体</td><td></td><td>××工程制品有限公司</td><td></td><td>73</td><td>桥面伸缩缝</td><td>×××</td><td>×年×月×日</td></tr>
<tr><td>地袱、隔离带、人行道板</td><td>C30</td><td>××水泥构件厂</td><td>块</td><td>248</td><td>桥面系</td><td>×××</td><td>×年×月×日</td></tr>
<tr><td>钢管</td><td></td><td>××工程制品有限公司</td><td>m</td><td>116</td><td>栏杆</td><td>×××</td><td>×年×月×日</td></tr>
<tr><td>钢管</td><td></td><td>××工程制品有限公司</td><td>根</td><td>40</td><td>泄水管</td><td>×××</td><td>×年×月×日</td></tr>
<tr><td>路缘石</td><td>C30</td><td>××水泥构件厂</td><td>块</td><td>224</td><td>桥面系</td><td>×××</td><td>×年×月×日</td></tr>
<tr><td>路缘石</td><td>C30</td><td>××水泥构件厂</td><td>块</td><td>766</td><td>附属道路</td><td>×××</td><td>×年×月×日</td></tr>
<tr><td>钢筋</td><td>HPB235 Φ8</td><td>××钢铁有限公司</td><td>t</td><td>17.5</td><td>桥梁梁板</td><td>×××</td><td>×年×月×日</td></tr>
<tr><td>钢筋</td><td>HPB235 Φ10</td><td>××钢铁有限公司</td><td>t</td><td>30.5</td><td>桥梁梁板</td><td>×××</td><td>×年×月×日</td></tr>
<tr><td>钢筋</td><td>HRB335 Φ12</td><td>××钢铁有限公司</td><td>t</td><td>73.6</td><td>桥梁梁板</td><td>×××</td><td>×年×月×日</td></tr>
<tr><td>钢筋</td><td>HRB335 Φ16</td><td>××钢铁有限公司</td><td>t</td><td>27.9</td><td>桥梁梁板</td><td>×××</td><td>×年×月×日</td></tr>
<tr><td>钢筋</td><td>HRB335 Φ20</td><td>××钢铁有限公司</td><td>t</td><td>21.5</td><td>桥梁梁板</td><td>×××</td><td>×年×月×日</td></tr>
<tr><td>钢筋</td><td>HRB335 Φ22</td><td>××钢铁有限公司</td><td>t</td><td>84.8</td><td>桥梁梁板</td><td>×××</td><td>×年×月×日</td></tr>
<tr><td>钢筋</td><td>HRB335 Φ25</td><td>××钢铁有限公司</td><td>t</td><td>40.9</td><td>桥梁梁板</td><td>×××</td><td>×年×月×日</td></tr>
<tr><td></td><td></td><td></td><td></td><td></td><td></td><td></td><td></td></tr>
<tr><td></td><td></td><td></td><td></td><td></td><td></td><td></td><td></td></tr>
<tr><td>技术负责人</td><td colspan="4">×××</td><td>填表人</td><td colspan="2">×××</td></tr>
</table>

注：本表由施工单位填写。

第三节　半成品钢筋出厂合格证

半成品钢筋出厂合格证 （表C3－3－1）					编　号	×××	
工程名称		××市××路桥梁工程					
委托单位		××市政建设集团有限公司				合格证编号	×××
供应总量		89.2　t		加工日期	2010年5月8日	供货日期	2010年5月10日
序号	级别规格	供应数量（t）	进货日期	生产厂家	原材报告编号	复试报告编号	使用部位
1	HRB 335 Φ 22	34.6	2010年4月15日	××钢铁有限公司	2010－1142	2010－0139	墩台
备注： 符合出厂要求，质量合格，同意出厂。							
技术负责人			填表人			××钢材加工厂 加工单位（章）	
×××			×××				
出厂日期：			2010年5月10日				

注：本表由半成品钢筋供应单位提供。

“半成品钢筋出厂合格证”填表说明

【填写依据】

1. 钢筋采用场外委托加工时，钢筋资料应分级管理，加工单位应保存钢筋的原材出厂质量证明、复试报告、接头连接试验报告等资料，并保证资料的可追溯性。

2. 场外委托加工的钢筋质量应由加工单位负责，施工单位仅需保留出厂合格证并对进场钢筋做外观检查。但用于承重结构的钢筋和钢筋连接接头，若通过进场外观检查对其质量产生怀疑或监理、设计单位有特殊要求时，可进行力学性能和工艺性能的抽样复试。如监理或设计单位提出复试要求的，应事先约定进场取样复试的原则与要求。

【填写要点】

1. 合格证中应包括：工程名称、委托单位、合格证编号、供应总量、加工及供货日期、钢筋级别规格、生产厂家、原材及复试报告编号、使用部位、加工单位技术负责人(签字)、填表人(签字)、加工单位盖章等内容。

2. 合格证编号指加工单位出具的半成品钢筋出厂合格证的编号。

3. 原材报告编号指生产厂家的钢筋原材出厂质量证明书的编号。

4. 复试报告编号指钢筋进场后取样复试报告的编号。

第四节　预拌混凝土出厂合格证

“预拌混凝土出厂合格证”填表说明

【填写依据】

1. 预拌混凝土的生产和使用应符合《预拌混凝土》(GB/T 14902—2012)的规定。施工现场使用预拌混凝土前应有技术交底和具备混凝土工程的标准养护条件，并在混凝土运送到浇筑地点 15 分钟内按规定制作试块。

2. 预拌混凝土供应单位必须向施工单位提供以下资料：配合比通知单、预拌混凝土运输单、预拌混凝土出厂合格证(32 天内提供)、混凝土氯化物和碱总量计算书。

3. 预拌混凝土供应单位除向施工单位提供上述资料外，还应保证以下资料的可追溯性：

试配记录、水泥出厂合格证和试(检)验报告、砂和碎(卵)石试验报告、轻集料试(检)验报告、外加剂和掺合料产品合格证和试(检)验报告，开盘鉴定、混凝土抗压强度报告(出厂检验混凝土强度值应填入预拌混凝土出厂合格证)、抗渗试验报告(试验结果应填入预拌混凝土出厂合格证)、混凝土坍落度测试记录(搅拌站测试记录)和原材料有害物含量检测报告。

【填写要点】

预拌混凝土出厂合格证由供应单位负责提供，应包括以下内容：使用单位、合格证编号、工程名称与浇筑部位、混凝土强度等级、抗渗等级、供应数量、供应日期、原材料品种与规格和试验编号、配合比编号、混凝土 28 天抗压强度值、抗渗等级性能试验、抗压强度统计结果及结论，技术负责人（签字）、填表人（签字）、供应单位盖章。

合格证要填写齐全，无未了项，不得漏项或错填。数据真实，结论正确，符合要求。

预拌混凝土出厂合格证 （表C3－3－2）				编　号	×××	
订货单位	××市政建设集团有限公司					
工程名称	××市××路桥梁工程			浇筑部位	1－A、1－C桥头搭板	
强度等级	C25	抗渗等级	/	供应数量	25.0m^3	
供应日期	2010年4月27日			配合比编号	2010—0871	
原材料名称	水泥	砂	石	掺合料	外加剂	
品种及规格	P·O 42.5	中砂	碎石5～20	粉煤灰Ⅰ级	缓凝高效减水剂	
试验编号	C2010—0028	S2010—0036	G2010—0038	F2010—0021	A2010—0012	
每组抗压强度值（MPa）	试验编号	强度值	试验编号	强度值	备注：	
	2010—0843	36.6				
每组抗折强度值（MPa）						
抗冻试验	试验编号	抗冻等级	试验编号	抗冻等级		
抗渗试验	试验编号	抗渗等级	试验编号	抗渗等级		
抗压强度统计结果					结论：	
组数（n）	平均值（MPa）		最小值（MPa）			
1	36.6		36.6			
技术负责人		填　表　人			××预拌混凝土供应中心 供货单位 质检专用章	
×××		×××				
填表日期：		2010年5月25日				

注：本表由预拌混凝土供应单位提供。

第五节 预制钢筋混凝土构件、管材出厂合格证

预制钢筋混凝土构件、管材出厂合格证 （表C3－3－3）				编 号	×××
工程名称	××市××路桥梁工程				
构件名称	空心板				
构件规格型号	1496×124×75cm		构件编号	ZL15－A	
混凝土浇筑日期	2010年5月10日	构件出厂日期	2010年10月20日	养护方法	标准养护
设计混凝土强度等级	C40	构件出厂强度	143		MPa
主筋牌号、种类	热轧带肋	直 径	12 mm	试验编号	2010—0301
预应力筋牌号、种类	7φ5	标准抗拉强度	1570 MPa	试验编号	2010—0140
预应力张拉记录编号	007				
质量情况（外观、结构性能等）： 符合出厂要求					
技术负责人	填表人	企业等级：			
×××	×××				
签发日期	2010年10月21日				

注：本表由预制混凝土构件单位提供。

“预制钢筋混凝土构件、管材出厂合格证”填表说明

【填写依据】

1. 预制混凝土构件应有出厂合格证，国家实行产品备案的，应按规定有产品备案编号。

2. 预制混凝土构件的出厂合格证应及时收集、整理，不允许涂改、伪造、随意抽撤或损毁。

3. 预制混凝土构件的质量必须合格，如需采取技术处理措施的，应满足有关技术要求，并经有关技术负责人和设计人批准签认后方可使用。

4. 预制混凝土构件合格证的抄件（复印件）应注明原件存放单位，并有抄件人，抄件（复印）单位的签字和盖章。

5. 预制混凝土构件出厂合格证是生产厂家质检部门提供给使用单位作为证明其产品质量合格的依据。资料员应及时催要和验收。预制混凝土构件出厂合格证中应有委托单位、工程名称、合格证编号、合同编号、构件名称、型号、数量和生产日期、混凝土的设计强度等级、配合比编号、出厂强度、主筋的种类及规格、机械性能、结构性能、产品备案证等。各项应填写齐全，不得错漏。

6. 进场预制混凝土构件应逐项进行外观检查并应抽5%的构件进行允许偏差项目的实测实量。检查、量测的质量要求详见预制混凝土构件的质量验收规范。

7. 此部分资料应归入原材料、半成品、成品出厂质量证明和质量试（检）验报告分册中。

8. 合格证应折成16开纸大小或贴在16开纸上。

9. 合格证应按时间先后顺序排列并编号，不得遗漏。

10. 建立分目录表，不得遗漏。

【填写要点】

1. 预制混凝土构件出厂合格证应有生产厂家质检部门的盖章。

2. 预制混凝土构件出厂合格证应有合格证编号和生产日期，便于和构件厂的有关资料查证核实。

3. 要验看合格证中各项目数据是否符合规范规定值。

4. 如预制混凝土构件有质量问题，经有关技术负责人和设计人批准签认后采取技术措施的，应在合格证上注明使用的工程项目和部位。

5. 预制混凝土构件合格证应与实际所用预制混凝土构件物证吻合。相关施工技术资料有：施工试验记录、施工记录、施工日志、隐检记录、预检记录、施工组织设计、技术交底、工程质量验收记录、设计变更、洽商记录和竣工图。

第六节　钢构件出厂合格证

钢构件出厂合格证 （表C3－3－4）				编　号	×××
工程名称	××市××路跨线桥钢结构工程			合格证编号	×××
委托单位	××钢结构工程有限公司				
供应总量	××　（吨）	加工日期	2010年3月9日	出厂日期	2010年3月16日
序号	构件名称	构件编号	构件单重(kg)	构件数量	使用部位
1	钢梁	$1^{\#}$	85	6	跨线桥

附：

1. 焊工资格报审表
2. 焊缝质量综合评级报告
3. 防腐施工质量检查记录
4. 钢材复试报告

备注：

钢构件各项性能均达到规范的规定，质量合格，同意出厂。

负责人	填表人
×××	×××
填表日期：	2010年3月16日

注：本表由钢构件供应单位提供。

“钢构件出厂合格证”填表说明

【填写依据】

1. 钢构件生产厂家除提供构件出厂合格证外，还应保存各种原材料(钢材、焊接材料、涂料)质量合格证明、复验报告等资料并保证各种资料的可追溯性。

2. 钢结构构件进场时，必须提供出厂合格证和试验报告。钢结构构件质量应符合设计及现行国家标准《钢结构工程施工质量验收规范》(GB 50205—2001)的规定。

3. 检查判定

(1)对照图纸，核查构件合格证中的品种、规格、型号、数量是否满足要求。

(2)核查结构性能试验是否满足要求，必要时检查构件厂构件结构性能检验台账。

(3)对照构件安装隐蔽记录，核对构件出厂(或生产)日期，检查是否存在先安装、后提供合格证或试验报告的现象。

4. 凡出现下列情况之一，本项目核定为“不符合要求”。

(1)钢构件实物与合格证不符或无合格证。

(2)无试验报告或主要检验项目的质量指标不合格或主要检验项目缺、漏。

(3)构件合格证内容不完整，主要技术指标缺漏，不能反映构件质量。

(4)出现先安装、先隐蔽，后提供合格证或检验报告。

【填写要点】

1. 钢构件厂家必须提供构件出厂合格证，合格证应有生产厂家名称、使用构件的工程名称、构件规格、型号、数量、出厂日期、质量等级并加盖生产厂家公章。

2. 生产厂家应有生产许可证或资质。各类钢构件合格证应在安装前逐批提供，并在明显部位加盖出厂标记，标明生产单位、构件型号、生产日期和质量验收标志。构件上的预埋件、预留孔洞的规格、位置、数量应符合设计或标准图的要求。所有厂家提供的合格证应涵盖上述表格内容的信息。

第七节　沥青混合料出厂合格证

<table>
<tr><td colspan="2" rowspan="2">沥青混合料出厂合格证
(表 C3－3－5)</td><td rowspan="2">编　号</td><td>×××</td></tr>
<tr><td></td></tr>
<tr><td>工程名称及部位</td><td colspan="3">××路(三～四环)工程　1合同段</td></tr>
<tr><td>产品名称及品种规格</td><td>沥青混合料　AC－25 Ⅰ</td><td>出厂日期</td><td>××年×月×日</td></tr>
<tr><td>试验日期</td><td>2012 年 7 月 18 日</td><td>代表数量</td><td>2.5t</td></tr>
<tr><td>生产厂家</td><td>××沥青拌和站</td><td>试验依据</td><td>JTJ E20—2011</td></tr>
</table>

（续）

试验结果一：

项目	油石比（%）	理论最大密度（g/cm³）	马歇尔试件密度（g/cm³）	稳定度（kN）	流值（mm）
标准值	4.0～6.0	/	/	>7.5	20～40
实例值	4.4	/	/	11.52	33.2

试验结果二：矿料级配筛分试验结果（各筛的通过质量百分率）

筛孔尺寸（mm）	标准值	实测值
53.0		
37.5		
31.5	100	100
26.5	95～100	98.1
19.0	75～90	89.5
16.0	62～80	78.5
13.2	53～73	68.7
9.5	43～63	55.4
4.75	32～52	42.4
2.36	25～42	33.6
1.18	18～32	20.8
0.6	13～25	14.4
0.3	8～18	13.0
0.15	5～13	9.9
0.075	3～7	5.1

备注：

按《公路工程沥青及沥青混合料试验规程》（JTJ E20—2011）标准评定：合格。

技术负责人	填表人	填表日期
×××	×××	2012年7月20日

注：本表由厂家提供。

“沥青混合料出厂合格证”填表说明

1. 取样方法

依据《公路工程沥青及沥青混合料试验规程》（JTJ E20—2011）中T0701—2000沥青混合料取样法进行取样。

2. 取样数量

(1)试验数量根据试验目的决定,一般不少于试验用量的2倍。常用沥青混合料试验项目的取样数量见下表。

常用沥青混合料试验项目的样品数量

试验项目	目的	最少试样量/kg	取样量/kg
马歇尔试验、抽提筛分	施工质量检验	12	20
车辙试验	高温稳定性检验	40	60
浸水马歇尔试验	水稳定性检验	12	20
冻融劈裂试验	水稳定性检验	12	20
弯曲试验	低温性能检验	15	25

(2)根据沥青混合料骨料公称最大粒径,取样应不少于下列数量:

细粒式沥青混合料,不少于4kg;

中粒式沥青混合料,不少于8kg;

粗粒式沥青混合料,不少于12kg;

特粗式沥青混合科,不少于16kg。

(3)取样材料用于仲裁试验时,取样数量取样除本取样方法规定外,还应保存一份有代表性试样,直到仲裁结束。

3. 稳定度、流值、密度、油石比、矿料级配等试验项目依据

稳定度、流值、密度、油石比、矿料级配等试验项目可依据《公路工程沥青及沥青混合料试验规程》(JTJ E20—2011)中T0705—2000压实沥青混合料密度试验、T0709—2000沥青混合料马歇尔稳定度试验、T0722—1993沥青混合料中沥青含量试验,以上述具体试验方法进行检测。

第八节　石灰粉煤灰砂砾出厂合格证

石灰粉煤灰砂砾出厂合格证 (表C3—3—6)				编　号	×××
生产厂名称	××市政建筑混合料有限公司			生产日期	2010年10月10日
出厂数量	××			出厂日期	2010年10月11日
混合料配比	材料名称	石灰	粉煤灰	砂砾	
	设计值	4	13	87	
	生产实测值	4.6	14.7	88.0	
含水量	最佳含水量	7.0%			
	出厂含水量	7.5%			
抗压强度(MPa)		7天	14天	28天	
(后补)					

（续）

原材料质量	石灰活性 CaO+MgO 含量	69.3　%	试验编号	2010—0011
	粉煤灰 $SiO_2+Al_2O_3$ 含量	83.44　%	试验编号	2010—0027
	粉煤灰烧失量	13.87　%	试验编号	2010—0027
	砂砾最大粒径	1.5　mm	砂砾试验编号	2010—0015
备注	合格		××市政建筑混合料有限公司 供货单位（章）	
填表人	×××	填表日期	2010年10月11日	

注：本表由厂家提供。

“石灰粉煤灰砂砾出厂合格证”填表说明

1. 原材料试验项目

（1）土性质试验。

1）颗粒分析（或筛分试验）；

2）液限和塑性指数；

3）碎石或砾石的压碎值；

4）有机质含量（必要时做）；

5）硫酸盐含量（必要时做）。

（2）石灰的有效氧化钙和氧化镁含量。

（3）粉煤灰的细度、烧失量和化学分析：

原材料试验的过程是选择原材料的过程，通过试验比较，选择符合技术要求、适合石灰稳定、开采及运输成本低的材料进行配合比设计试验。原材料试验按有关试验方法进行。

2. 土的配合组成

石灰工业废渣稳定中粒土和粗粒土，对碎石或砾石等粒料的级配有较高的要求，尤其是用作高级路面基层的石灰工业废渣稳定土。因此在原材料试验阶段要尽可能地选择级配良好的原材料，提高试验的成功率。被稳定材料的配合组成设计参考沥青混合料矿料配合比设计方法进行。

为了使拌和出来的成品料的级配符合设计要求，避免混合料离析、不均匀、配合比例不准确等问题，对所用的碎石或砾石应筛分成3～4个不同粒级，按矿料配合组成方法配合成级配符合要求的矿质混合料，然后进行击实和强度等试验。

第九节 产品合格证粘贴衬纸

<table>
<tr><td colspan="3">产品合格证粘贴衬纸
(表 C3－3－7)</td><td>编 号</td><td colspan="2">×××</td></tr>
<tr><td>工程名称</td><td colspan="5">××市××道路工程</td></tr>
<tr><td>施工单位</td><td colspan="5">××市政建设集团有限公司</td></tr>
<tr><td colspan="5">合 格 证</td><td>代表数量</td></tr>
<tr><td colspan="5">冀统化表 Z22Y
河北省水泥协会制 No. 0000886
版权所有翻版必究

出厂水泥合格证
产品名称：普通水泥 商 标：燕山
代 号：P·O 强度等级：42.5
出厂编号：0406 生产许可证号：XK23－201－06358
包装日期：2010.4.12 是否“掺火山东”（ 否 ）
本产品经检验符合 GB 175—3007 标准，确认为合格品。
签 发：××
企业名称(盖章)：唐山市丰润区××水泥化验室
地 址：河北省唐山市丰润区
2010 年 4 月 19 日</td><td></td></tr>
<tr><td>粘贴人</td><td colspan="2">×××</td><td>日期</td><td colspan="2">××年×月×日</td></tr>
</table>

注：本表由施工单位制作。

第十节　设备、配(备)件开箱检查记录

设备、配(备)件开箱检查记录 (表C3－4－1)			编　号	×××	
工程名称		××市××水泵站工程			
施工单位		××市政建设集团有限公司			
设备(配件)名称		轴流泵	检查日期	2010年7月8日	
规格型号		500QZ－70	总数量	3台	
装箱单号		×××	检查数量	3台	
检查记录	包装情况	包装箱完整、无破损			
	随机文件	齐全			
	质量证明文件	出厂合格证、说明书、性能曲线、配(备)件明细表			
	备件与配件	配(备)件齐全,无缺损现象			
	外观情况	外观良好,无损坏、锈蚀情况			
	检查、测试情况	各功能与性能曲线相符			

缺、损配(备)件明细表

序号	名　称	规格型号	单位	数量	备　注

结论:

☑ 合　格

☐ 不合格

监理(建设)单位	供应单位	施工单位	
		质检员	材料员
×××	×××	×××	×××

注:本表由施工单位填写。

“设备、配(备)件开箱检查记录”填表说明

【填写依据】

1. 设备进场后，由施工单位和供货单位共同开箱检验并做记录，填写《设备、配(备)件检查记录》。

2. 设备开箱检验的主要内容：设备的产地、品种、规格、外观，数量、附件情况、标识和质量证明文件、相关技术文件。

3. 对设备有异议时应由相应资质等级检测单位进行抽样检测，并出具检测报告。

4. 所有设备进场时包装应完好，表面无划痕及外力冲击破损。

5. 设备开箱应具备的质量证明文件：

(1)设备的合格证。

(2)主要设备、器具的安装使用说明书。

(3)特种设备应有相应的检测报告。

(4)设备上应有相应的标识，包括规格、型号、产地、性能指标等。

6. 本表由施工单位填写并保存，材料部门、技术部门、施工部门、质量部门负责人签字。

【填写要点】

1. 工程名称：单位工程的名称。

2. 设备名称：填写检查设备的名称。

3. 规格型号：填写检查设备的型号。

4. 检查记录

包装情况：填写设备包装的完整情况等。

随机证件：填写技术资料(装箱单、合格证、说明书、设备图等)的份数。

备件及附件：随机的备件如螺栓、垫圈、螺帽等。

外观情况：填目测设备情况如包装、喷涂、铸造、破损情况等。

检查、测试情况：简单手动测试情况。

5. 缺、损配(备)件明细表：如有缺、损配(备)件情况按表要求填写。

6. 结论：依据包装、证件、备件、外观、测试情况等综合确定是否符合设计及规范要求。

第十一节 材料、配件检验记录汇总表

材料、配件检验记录汇总表 （表 C3－4－2）				编　号	×××	
工程名称	××市××路桥梁工程					
施工单位	××市政建设集团有限公司			检验日期	××年×月×日	
序号	名　称	规格型号	数量	合格证号	检验记录	
					检验量	检验方法
1	钢筋混凝土排水管	ϕ500×4000mm	56 根	×××	1	内、外压试验
2	钢筋混凝土排水管	ϕ600×4000mm	78 根	×××	1	内、外压试验
3	钢筋混凝土排水管	ϕ800×3000mm	96 根	×××	1	内、外压试验
4	钢筋混凝土排水管	ϕ1000×3000mm	64 根	×××	1	内、外压试验
5	钢筋混凝土排水管	ϕ1200×3000mm	82 根	×××	1	内、外压试验
6	钢筋混凝土排水管	ϕ1600×2500mm	35 根	×××	1	内、外压试验
7	重型铸铁窨井盖及座（雨）	ϕ700	2 套	×××	1	力学、化学成分
8	重型铸铁窨井盖及座（污）	ϕ700	7 套	×××	1	力学、化学成分
9	铸铁雨水口井盖	390mm×510mm	28 套	×××	1	力学、化学成分
10	轻型铸铁窨井盖及座（雨）	ϕ700	13 套	×××	1	力学、化学成分
11	轻型铸铁窨井盖及座（污）	ϕ700	4 套	×××	1	力学、化学成分
检验结论： ☑ 合　格 ☐ 不合格						
监理（建设）单位		施工单位				
		质检员			材料员	
×××		×××			×××	

注：本表由施工单位填写。

第十二节　预制混凝土构件、管材进场抽检记录

<table>
<tr><td colspan="2">预制混凝土构件、管材进场抽检记录
（表 C3－4－4）</td><td>编　号</td><td>×××</td></tr>
<tr><td>工程名称</td><td colspan="3">××市××路雨污水工程</td></tr>
<tr><td>施工单位</td><td colspan="3">××市政建设集团有限公司</td></tr>
<tr><td>生产厂家</td><td>××水泥构件厂</td><td>生产日期</td><td>2010 年 5 月 15 日</td></tr>
<tr><td>构件名称</td><td>钢筋混凝土排水管</td><td>抽检日期</td><td>2010 年 6 月 11 日</td></tr>
<tr><td>抽检数量</td><td>12 根</td><td>代表数量</td><td>40 根</td></tr>
<tr><td>规格型号</td><td>D1800×180×2400</td><td>出厂日期</td><td>2010 年 6 月 11 日</td></tr>
<tr><td>设计强度等级</td><td>C30</td><td>合格证号</td><td>×××</td></tr>
<tr><td>检验项目</td><td>标准要求</td><td colspan="2">检查结果</td></tr>
<tr><td>外观检查</td><td>管材无露筋、裂缝、合缝漏浆</td><td colspan="2">合格</td></tr>
<tr><td>外形尺寸量测</td><td>管材的公称内径、长度、壁厚</td><td colspan="2">合格</td></tr>
<tr><td>结构性能</td><td colspan="3">外压荷载（安全、裂缝、破坏）</td></tr>
<tr><td colspan="4">结论：按　GB 11836—2009　标准评定

☑ 合　格
☐ 不合格</td></tr>
</table>

监理（建设）单位	供应单位	施工单位	
		质检员	材料员
×××	×××	×××	×××

注：本表由施工单位填写。

第十三节　材料试验报告(通用)

<table>
<tr><td colspan="2" rowspan="3">材料试验报告(通用)
(表 C3－4－5)</td><td>编　号</td><td>×××</td></tr>
<tr><td>试验编号</td><td>2010—0069</td></tr>
<tr><td>委托编号</td><td>2010—04307</td></tr>
<tr><td>工程名称及部位</td><td colspan="3">××市××道路工程</td></tr>
<tr><td>委托单位</td><td>××市政建设集团有限公司</td><td>委托人</td><td>×××</td></tr>
<tr><td>材料名称及规格</td><td>花岗石路缘石</td><td>试样编号</td><td>001</td></tr>
<tr><td>生产单位</td><td>××石材生产厂</td><td>代表数量</td><td>1500 块</td></tr>
<tr><td>委托日期</td><td>××年×月×日</td><td>试验日期</td><td>××年×月×日</td></tr>
<tr><td>试验依据</td><td colspan="3">GB/T 18601—2009</td></tr>
<tr><td colspan="4">要求试验的项目及说明：

干燥压缩强度、干燥弯曲强度、水饱和弯曲强度</td></tr>
<tr><td colspan="4">试验结果：

干燥压缩强度：136MPa
干燥弯曲强度：11.0MPa
水饱和弯曲强度：10.0MPa</td></tr>
</table>

（续）

结论： 该样品经检验，其所检项目符合《天然花岗石建筑板材》（GB/T 18601—2009）标准中的技术指标要求。					
批　准	×××	审　核	×××	试　验	×××
检测试验单位	××工程试验检测中心				
报告日期	2010年3月9日				

注：本表由检测单位提供。

“材料试验报告（通用）”填表说明

【填写依据】

1. 凡按规范要求需做进场复试的材料、构配件，没有专用复试表格的，可使用《材料检（试）验报告》（通用）表填写，也可以由检（试）验单位提供表格。

2. 材料检（试）验报告应由相应资质的检（试）验单位出具，试验人员、审核人员、试验室负责人、计算人员应进行签字认证，并加盖“试验室资质认定计量认证标志”“试验室资质认定审查认可标志”以及“试验检测专用章”。

【填写要点】

1. 工程名称栏与施工图纸标签栏内名称相一致，部位应明确。

2. 材料名称及规格栏填写物资的名称与进场规格。

3. 生产单位栏应填写物资的生产厂家。

4. 代表数量栏填写物资的数量，且应有计量单位。

5. 试验日期栏按实际日期填写，一般为物资进场日期。

6. 要求试验的项目及说明项目栏应包括物资的质量证明文件、外观质量、数量、规格型号等。

7. 试验结果栏填写该物资的检验情况。

8. 结论栏是对所有物资从外观质量、材质、规格型号、数量做出的综合评价。

第十四节　水泥试验报告

水泥试验报告 （表 C3－4－6）		编　号	×××
		试验编号	2010—0230
		委托编号	2010—00950
工程名称及部位	××市××道路工程		
委托单位	××市政建设集团有限公司	委托人	×××
品种及强度等级	P·O 42.5	试样编号	029
出厂编号及日期	××　2010 年 7 月 12 日	代表数量	80t
生产单位	××水泥厂	委托日期	2010 年 7 月 21 日
试验依据	GB 175—2007	试验日期	2010 年 7 月 21 日

试验结果

项目				
一、细度	80μm 方孔筛筛余量	3.6　%		
	比表面积	/　m^2/kg		
二、标准稠度用水量（P）		25.6%		
三、凝结时间	初凝	3h　12min	终凝	4h　32min
四、安定性	雷氏法	/	饼法	

五、强度（MPa）

抗压强度（MPa）				抗折强度（MPa）			
3 天		28 天		3 天		28 天	
单块值	平均值	单块值	平均值	单块值	平均值	单块值	平均值
19.0	19.0	47.2	47.3	3.7	3.8	6.8	3.8
				3.8		7.2	
19.5		49.5		4.2		6.9	
				3.7		7.1	
18.5		45.0		3.9		7.0	
				3.6		6.7	

结论：此批水泥安定性、凝结时间符合 GB 175 相关规定，符合 P·O 42.5 水泥强度要求，合格。

批　准	×××	审　核	×××	试　验	×××
检测试验单位	××工程试验检测中心				
报告日期	2010 年 8 月 18 日				

注：本表由检测单位提供。

第十五节　砂试验报告

<table>
<tr><td colspan="3" rowspan="3">砂试验报告
（表 C3－4－7）</td><td>编　号</td><td>×××</td></tr>
<tr><td>试验编号</td><td>2012—0022</td></tr>
<tr><td>委托编号</td><td>2012—00626</td></tr>
<tr><td>工程名称及部位</td><td colspan="4">××市××道路工程</td></tr>
<tr><td>委托单位</td><td colspan="2">××市政建设集团有限公司</td><td>委托人</td><td>×××</td></tr>
<tr><td>种类</td><td colspan="2">中砂</td><td>试样编号</td><td>008</td></tr>
<tr><td>产地</td><td colspan="2">密云</td><td>代表数量</td><td>600 t</td></tr>
<tr><td>委托日期</td><td colspan="2">2012 年 2 月 17 日</td><td>试验日期</td><td>2012 年 2 月 18 日</td></tr>
<tr><td>试验依据</td><td colspan="4">GB/T 14684—2011</td></tr>
<tr><td rowspan="14">试验结果</td><td rowspan="3">一、筛分析</td><td>细数模数（μf）</td><td colspan="2">2.3</td></tr>
<tr><td>级配区域</td><td colspan="2">2 区</td></tr>
<tr><td>级配情况</td><td colspan="2">/</td></tr>
<tr><td colspan="2">二、含泥量　（%）</td><td colspan="2">1.8</td></tr>
<tr><td colspan="2">三、泥块含量　（%）</td><td colspan="2">0.4</td></tr>
<tr><td colspan="2">四、堆积密度　（km/cm^3）</td><td colspan="2">2560</td></tr>
<tr><td colspan="2">五、紧密堆积密度　（km/cm^3）</td><td colspan="2">/</td></tr>
<tr><td colspan="2">六、表观密度　（km/cm^3）</td><td colspan="2">1480</td></tr>
<tr><td colspan="2">七、压碎指标　（%）</td><td colspan="2"></td></tr>
<tr><td colspan="2">八、亚甲蓝试验</td><td colspan="2"></td></tr>
<tr><td colspan="2">九、石粉含量　（%）</td><td colspan="2"></td></tr>
<tr><td colspan="2">十、碱活性指标</td><td colspan="2"></td></tr>
<tr><td colspan="2">十一、坚固性（质量损失）　（%）</td><td colspan="2"></td></tr>
<tr><td colspan="2">十二、其他</td><td colspan="2"></td></tr>
<tr><td colspan="5">结论：
依据 GB/T 14684 标准，含泥量、泥块含量合格，属 2 区中砂。</td></tr>
<tr><td>批　准</td><td>×××</td><td>审　核</td><td>×××</td><td>试　验　×××</td></tr>
<tr><td>检测试验单位</td><td colspan="4">××工程试验检测中心</td></tr>
<tr><td>报告日期</td><td colspan="4">2012 年 2 月 18 日</td></tr>
</table>

注：本表由检测单位提供。

第十六节　碎(卵)石试验报告

<table>
<tr><td rowspan="3" colspan="2">碎(卵)石试验报告
(表 C3—4—8)</td><td>编　号</td><td>×××</td></tr>
<tr><td>试验编号</td><td>2014—0018</td></tr>
<tr><td>委托编号</td><td>2014—00952</td></tr>
<tr><td>工程名称及部位</td><td colspan="3">××市××路雨污水工程</td></tr>
<tr><td>委托单位</td><td>××市政建设集团有限公司</td><td>委托人</td><td>×××</td></tr>
<tr><td>种类及规格</td><td>碎石</td><td>试样编号</td><td>005</td></tr>
<tr><td>产地</td><td>琉璃河</td><td>代表数量</td><td>600 t</td></tr>
<tr><td>委托日期</td><td>2014 年 6 月 12 日</td><td>试验日期</td><td>2014 年 6 月 13 日</td></tr>
<tr><td>试验依据</td><td colspan="3">GB/T 14685—2011</td></tr>
</table>

<table>
<tr><td rowspan="9">试验结果</td><td rowspan="3">一、筛分析</td><td>级配情况</td><td>□ 连续粒级
☑ 单粒级</td><td>七、有机物含量(%)</td><td>/</td></tr>
<tr><td>级配结果</td><td>/</td><td>八、针片状颗粒含量(%)</td><td>1.2</td></tr>
<tr><td>最大粒径(mm)</td><td>31.5</td><td>九、压碎指标值(%)</td><td>/</td></tr>
<tr><td colspan="2">二、含泥量(%)</td><td>0.6</td><td>十、坚固性(%)</td><td>/</td></tr>
<tr><td colspan="2">三、泥块含量(%)</td><td>0.2</td><td>十一、含水率(%)</td><td>/</td></tr>
<tr><td colspan="2">四、堆积密度(kg/m³)</td><td>/</td><td>十二、吸水率(%)</td><td>/</td></tr>
<tr><td colspan="2">五、紧密堆积密度(kg/m³)</td><td>/</td><td>十三、碱活性指标</td><td>/</td></tr>
<tr><td colspan="2">六、表观密度(kg/m³)</td><td>/</td><td>十四、其他</td><td>/</td></tr>
</table>

<table>
<tr><td colspan="6">结论：

依据 GB/T 14685—2011 标准，含泥量、泥块含量、针片状颗粒含量、筛分析合格。</td></tr>
<tr><td>批　准</td><td>×××</td><td>审　核</td><td>×××</td><td>试　验</td><td>×××</td></tr>
<tr><td>检测试验单位</td><td colspan="5">××工程试验检测中心</td></tr>
<tr><td>报告日期</td><td colspan="5">2014 年 6 月 13 日</td></tr>
</table>

注：本表由检测单位提供。

第十七节　外加剂试验报告

<table>
<tr><td colspan="4" rowspan="3">外加剂试验报告
（表 C3－4－9）</td><td colspan="2">编　号</td><td colspan="2">×××</td></tr>
<tr><td colspan="2">试验编号</td><td colspan="2">2010—0036</td></tr>
<tr><td colspan="2">委托编号</td><td colspan="2">2010—00975</td></tr>
<tr><td>工程名称及部位</td><td colspan="7">××市××道路工程</td></tr>
<tr><td>委托单位</td><td colspan="3">××市政建设集团有限公司</td><td>委托人</td><td colspan="3">×××</td></tr>
<tr><td>种类及型号</td><td colspan="3">CON－3 高效减水剂</td><td>试样编号</td><td colspan="3">008</td></tr>
<tr><td>生产单位</td><td colspan="3">××建材厂</td><td>代表数量</td><td colspan="3">50 t</td></tr>
<tr><td>委托日期</td><td colspan="3">2010 年 3 月 14 日</td><td>试验日期</td><td colspan="3">2010 年 4 月 11 日</td></tr>
<tr><td>试验依据</td><td colspan="7">GB 8076—2008</td></tr>
<tr><td rowspan="12">试验结果</td><td colspan="2">试验项目</td><td>试验结果</td><td colspan="2">试验项目</td><td>试验结果</td></tr>
<tr><td rowspan="2">一、净浆凝结时间（min）</td><td>初凝</td><td></td><td rowspan="3">七、限制膨胀率（%）</td><td>水中 7d</td><td></td></tr>
<tr><td>终凝</td><td></td><td>水中 28d</td><td></td></tr>
<tr><td colspan="3">二、凝结时间差（min）</td><td>空气中 21d</td><td></td></tr>
<tr><td rowspan="4">三、抗压强度比（%）</td><td>1d</td><td></td><td>八、细度（%）</td><td></td><td></td></tr>
<tr><td>3d</td><td></td><td>九、密度（g/mL）</td><td></td><td></td></tr>
<tr><td>－7d 和＋28d</td><td></td><td>十、pH 值</td><td></td><td></td></tr>
<tr><td>28d</td><td>121.0</td><td></td><td></td><td></td></tr>
<tr><td>四、钢筋锈蚀</td><td></td><td>无锈蚀</td><td></td><td></td><td></td></tr>
<tr><td>五、减少率（%）</td><td></td><td>15.2</td><td></td><td></td><td></td></tr>
<tr><td>六、含气量（%）</td><td></td><td></td><td></td><td></td><td></td></tr>
<tr><td colspan="8">结论：

按 GB 8076—2008 规范规定，产品质量评定为合格。</td></tr>
<tr><td>批　准</td><td>×××</td><td>审　核</td><td>×××</td><td>试　验</td><td colspan="3">×××</td></tr>
<tr><td>检测试验单位</td><td colspan="7">××工程试验检测中心</td></tr>
<tr><td>报告日期</td><td colspan="7">2010 年 4 月 11 日</td></tr>
</table>

注：本表由检测单位提供。

第十八节 掺合料试验报告

掺合料试验报告（表 C3－4－10）			编 号	×××
			试验编号	2010—0015
			委托编号	2010—01380
工程名称及部位	××市××道路工程			
委托单位	××市政建设集团有限公司		委托人	×××
种类及等级	粉煤灰 Ⅱ级		试样编号	002
产地	北京		代表数量	60 t
委托日期	××年×月×日		试验日期	2010 年 1 月 6 日
试验依据	《用于水泥和混凝土中的粉煤灰》(GB/T 1596—2005)			
试验结果	一、细度	1. 45μm 方孔筛筛余(%)	17. 4	
		2. 80μm 方孔筛筛余(%)	/	
	二、需水量比(%)		99	
	三、烧失量(%)		7. 5	
	四、吸铵值(%)		/	
	五、20 天抗压强度比(%)		/	
	六、其他		1. 29	

结论：

依据 GB/T 1596—2005 标准，符合Ⅱ级粉煤要求。

批 准	×××	审 核	×××	试 验	×××
检测试验单位	××工程试验检测中心				
报告日期	2010 年 1 月 6 日				

注：本表由检测单位提供。

第十九节 钢材试验报告

钢材试验报告 （表 C3－4－11）				编 号	×××		
				试验编号	2010—0198		
				委托编号	2010—09101		
工程名称及部位	××市××路桥梁工程 6#墩承台						
委托单位	××市政建设集团有限公司			委托人	×××		
钢材种类及规格	HRB 335 Φ25			试样编号	××－×××		
公称直径（厚度）	25mm			公称面积	490.6mm²		
生产单位	××钢铁有限公司			代表数量	14t		
委托日期	××年×月×日			试验日期	2010 年 6 月 15 日		
试验依据	GB 1499.2—2007						

试验结果	力学性能					冷弯性能		
	屈服点 σ_s（MPa）	抗拉强度 σ_b（MPa）	伸长率 （%）	$\sigma_{b实}/\sigma_{s实}$	$\sigma_{s实}/\sigma_{s标}$	弯心直径 （mm）	角度 （°）	结果
	405	595	24	1.47	1.21	75	180	合格
	400	595	27	1.49	1.19	75	180	合格
	其他：							

结论： 经检查，符合设计与规范规定要求，合格。					
批 准	×××	审 核	×××	试 验	×××
检测试验单位	××工程试验检测中心				
报告日期	2010 年 6 月 15 日				

注：本表由检测单位提供。

第二十节　钢绞线力学性能试验报告

<table>
<tr><td colspan="3" rowspan="3">钢绞线力学性能试验报告
（表 C3－4－14）</td><td>编　　号</td><td>×××</td></tr>
<tr><td>试验编号</td><td>××－×××</td></tr>
<tr><td>委托编号</td><td>××－×××</td></tr>
<tr><td>工程名称及部位</td><td colspan="4">××市××道路工程</td></tr>
<tr><td>委托单位</td><td colspan="2">××市政建设集团</td><td>委托人</td><td>×××</td></tr>
<tr><td>强度级别</td><td colspan="2">××</td><td>代表数量</td><td>40t</td></tr>
<tr><td>生产厂</td><td colspan="2">××钢铁有限公司</td><td></td><td></td></tr>
<tr><td>来样日期</td><td colspan="2">××年×月×日</td><td>试验日期</td><td>××年×月×日</td></tr>
<tr><td>试验依据</td><td colspan="4">GB/T 5224—2014</td></tr>
</table>

试样编号	试样规格(mm)	公称截面积(mm^2)	规定非比例延伸力 Fp0.2 (kN)	规定总伸长为1.0%的力 Ft1 (kN)	最大力 Fm (kN)	抗拉强度 Rm (kN)	伸长率 Agt (%)	弹性模量 E (GPa)
1	1×3 Ⅰ	59.96	66.1	/	60.6	1570	3.6	197
2	1×3 Ⅰ	59.96	65.4	/	64.5	1670	3.6	199
3	1×3 Ⅰ	59.96	66.2	/	71.8	1860	3.6	187

结论：

经检查，符合《预应力混凝土用钢铰线》(GB/T 5224—2014)规范规定，合格。

<table>
<tr><td>批　准</td><td>×××</td><td>审　核</td><td>×××</td><td>试　验</td><td>×××</td></tr>
<tr><td>检测试验单位</td><td colspan="5">××工程试验检测中心</td></tr>
<tr><td>报告日期</td><td colspan="5">××年×月×日</td></tr>
</table>

注：本表由检测单位提供。

第二十一节　防水卷材试验报告

<table>
<tr><td colspan="3" rowspan="3">防水卷材试验报告
（表 C3－4－15）</td><td>编　号</td><td colspan="2">×××</td></tr>
<tr><td>试验编号</td><td colspan="2">2010—0514</td></tr>
<tr><td>委托编号</td><td colspan="2">2010—03797</td></tr>
<tr><td>工程名称及部位</td><td colspan="5">××市××道路工程　地下人行通道</td></tr>
<tr><td>委托单位</td><td colspan="2">××市政建设集团有限公司</td><td>委托人</td><td colspan="2">×××</td></tr>
<tr><td>种类、等级、牌号</td><td colspan="2">APP 改性沥青防水卷材　Ⅱ型××牌</td><td>试样编号</td><td colspan="2">006</td></tr>
<tr><td>生产单位</td><td colspan="2">××建材公司</td><td>代表数量</td><td colspan="2">10000m²</td></tr>
<tr><td>委托日期</td><td colspan="2">2010 年 8 月 23 日</td><td>试验日期</td><td colspan="2">2010 年 8 月 24 日</td></tr>
<tr><td>试验依据</td><td colspan="5">GB 18243—2008</td></tr>
<tr><td rowspan="10">试验结果</td><td rowspan="2">一、拉力</td><td>纵向</td><td colspan="3">963　N</td></tr>
<tr><td>横向</td><td colspan="3">912　N</td></tr>
<tr><td rowspan="2">二、拉伸强度</td><td>纵向</td><td colspan="3">/　MPa</td></tr>
<tr><td>横向</td><td colspan="3">/　MPa</td></tr>
<tr><td rowspan="2">三、断裂伸长率（延伸率）</td><td>纵向</td><td colspan="3">66　%</td></tr>
<tr><td>横向</td><td colspan="3">85　%</td></tr>
<tr><td colspan="2">四、不透水性</td><td colspan="3">0.3MPa，30min 不透水</td></tr>
<tr><td>五、耐热度</td><td>温度（℃）</td><td>130</td><td>结果</td><td>无滑动、无流淌、无滴落</td></tr>
<tr><td>六、柔韧性（低温柔性、低温弯折性）</td><td>温度（℃）</td><td>－15</td><td>结果</td><td>无裂纹</td></tr>
<tr><td colspan="6">结论：

依据《塑性体改性沥青防水卷材》（GB 18243—2008）标准，所检项目符合 APP 改性沥青防水卷材Ⅱ型指标要求。</td></tr>
<tr><td>批　准</td><td>×××</td><td>审　核</td><td>×××</td><td>试　验</td><td>×××</td></tr>
<tr><td>检测试验单位</td><td colspan="5">××工程试验检测中心</td></tr>
<tr><td>报告日期</td><td colspan="5">2010 年 8 月 25 日</td></tr>
</table>

注：本表由检测单位提供。

第二十二节　防水涂料试验报告

<table>
<tr><td colspan="2" rowspan="3">防水涂料试验报告
（表C3－4－16）</td><td colspan="2">编　号</td><td colspan="2">×××</td></tr>
<tr><td colspan="2">试验编号</td><td colspan="2">2014—0012</td></tr>
<tr><td colspan="2">委托编号</td><td colspan="2">2014—01660</td></tr>
<tr><td>工程名称及部位</td><td colspan="5">××市××污水处理厂　办公楼1～5层厕浴间</td></tr>
<tr><td>委托单位</td><td>××市政建设集团有限公司</td><td colspan="2">委托人</td><td colspan="2">×××</td></tr>
<tr><td>种类及型号</td><td>聚氨酯防水涂料(单组分)</td><td colspan="2">试样编号</td><td colspan="2">002</td></tr>
<tr><td>生产单位</td><td>××建材公司</td><td colspan="2">代表数量</td><td colspan="2">5 t</td></tr>
<tr><td>委托日期</td><td>2014年7月23日</td><td colspan="2">试验日期</td><td colspan="2">2014年7月24日</td></tr>
<tr><td>试验依据</td><td colspan="5">GB/T 19250—2013</td></tr>
<tr><td rowspan="9">试验结果</td><td>一、延伸度</td><td colspan="4">/ mm</td></tr>
<tr><td>二、拉伸强度</td><td colspan="4">1.93 MPa</td></tr>
<tr><td>三、断裂伸长率</td><td colspan="4">558 %</td></tr>
<tr><td>四、粘结性</td><td colspan="4">/ MPa</td></tr>
<tr><td>五、耐热度</td><td>温度℃</td><td>/</td><td>结果</td><td>/</td></tr>
<tr><td>六、不透水性</td><td colspan="4">合　格</td></tr>
<tr><td>七、柔韧性(低温)</td><td>温度℃</td><td>－40</td><td>结果</td><td>合格</td></tr>
<tr><td>八、固体含量</td><td colspan="4">96 %</td></tr>
<tr><td>九、其他</td><td colspan="4"></td></tr>
<tr><td colspan="6">结论：
依据《聚氨酯防水涂料》(GB/T 19250—2013)标准，符合单组分聚氨酯防水涂料合格品要求。</td></tr>
<tr><td>批　准</td><td>×××</td><td>审　核</td><td>×××</td><td>试　验</td><td>×××</td></tr>
<tr><td>检测试验单位</td><td colspan="5">××工程试验检测中心</td></tr>
<tr><td>报告日期</td><td colspan="5">2014年7月25日</td></tr>
</table>

注：本表由检测单位提供。

第二十三节　环氧煤沥青涂料性能试验报告

环氧煤沥青涂料性能试验报告 （表 C3－4－17）			编　号	×××
			试验编号	2010—0082
			委托编号	2010—01413
工程名称及部位	××市××路供水管道工程			
委托单位	××市政建设集团有限公司		委托人	×××
厂家	××涂料厂		委托日期	××年×月×日
试验依据			试验日期	××年×月×日
底漆与固化剂配比	表干时间	实干时间	固化时间	试验环境温度
10∶1.1	1	2	10	20～29℃
面漆与固化剂配比	表干时间	实干时间	固化时间	试验环境温度
10∶1	1.5	3	11	16～25℃
防腐层等级及结构		厚度(mm)	电火花检查(kV)	粘结力检查
加强级		4.1	3.0	撕开切口处无 金属表面外露情况
其他说明：				
结论： 符合设计与规范要求，合格。				
批　准	×××	审　核	×××	试　验　×××
检测试验单位	××工程试验检测中心			
报告日期	××年×月×日			

注：本表由检测单位提供。

第二十四节　止水带试验报告

<table>
<tr><td colspan="3" rowspan="3">止水带试验报告
（表 C3－4－18）</td><td>编　号</td><td>×××</td></tr>
<tr><td>试验编号</td><td>××—×××</td></tr>
<tr><td>委托编号</td><td>××—×××</td></tr>
<tr><td>工程名称及部位</td><td colspan="4">⑥轴变形缝</td></tr>
<tr><td>委托单位</td><td colspan="2">××市政建设集团</td><td>委托人</td><td>×××</td></tr>
<tr><td>生产单位</td><td colspan="2">××材料生产厂</td><td>代表数量</td><td>××kg</td></tr>
<tr><td>样品型号或规格</td><td colspan="2">BG－12000mm×380mm×8mm</td><td>委托日期</td><td>××年×月×日</td></tr>
<tr><td>试验依据</td><td colspan="2">GB 18173.2—2014</td><td>试验日期</td><td>××年×月×日</td></tr>
<tr><td rowspan="4">检查结果</td><td>一、拉伸强度</td><td colspan="3">17　MPa</td></tr>
<tr><td>二、扯断伸长率</td><td colspan="3">420　%</td></tr>
<tr><td>三、撕裂强度</td><td colspan="3">32　kN/m</td></tr>
<tr><td>四、其他</td><td colspan="3"></td></tr>
<tr><td colspan="5">结论：经检查，符合《高分子防水材料　第 2 部分：止水带》（GB 18173.2—2014）规范规定，合格。</td></tr>
<tr><td>批　准</td><td>×××</td><td>审　核</td><td>×××</td><td>试　验　×××</td></tr>
<tr><td>检测试验单位</td><td colspan="4">××工程试验检测中心</td></tr>
<tr><td>报告日期</td><td colspan="4">2015 年 3 月 9 日</td></tr>
</table>

注：本表由检测单位提供。

第二十五节 砖(砌块)试验报告

砖(砌块)试验报告 (表 C3－4－20)				编　号	×××
				试验编号	2010—0036
				委托编号	2010—01582
工程名称及部位	××市××道路工程				
委托单位	××市政建设集团有限公司			委托人	×××
种类及等级	页岩烧结普通砖			试样编号	009
生产单位	××建材有限公司			代表数量	12 万块
委托日期	2010 年 4 月 2 日	试件处理日期	××年×月×日	试验日期	2010 年 4 月 5 日
试验依据	GB/T 5101—2003				

试验结果：

烧结普通砖		
抗压强度平均值 f (MPa)	变异系数 $\delta \leqslant 0.21$	变异系数 $\delta \leqslant 0.21$
	强度标准值 f_k (MPa)	单块最小强度值 f_{min} (MPa)
14.8	12.1	13.1

轻集料混凝土小型空心砌块		
砌块抗压强度(MPa)		砌块干燥表观密度(kg/m³)
平均值	最小值	

其他种类：							
抗压强度(MPa)						抗折强度(MPa)	
平均值	最小值	大面		条面		平均值	最小值
		平均值	最小值	平均值	最小值		

结论：

经检查,符合设计及规范要求,合格。

批　准	×××	审　核	×××	试　验	×××
检测试验单位	××工程试验检测中心				
报告日期	2010 年 4 月 8 日				

注:本表由检测单位提供。

第二十六节　轻集料试验报告

<table>
<tr><td colspan="3" rowspan="3">轻集料试验报告
（表 C3－4－21）</td><td>编　号</td><td>×××</td></tr>
<tr><td>试验编号</td><td>2010—0017</td></tr>
<tr><td>委托编号</td><td>2010—01004</td></tr>
<tr><td colspan="2">工程名称及部位</td><td colspan="3">××市××道路工程</td></tr>
<tr><td colspan="2">委托单位</td><td>××市政建设集团有限公司</td><td>委托人</td><td>×××</td></tr>
<tr><td colspan="2">种类及等级</td><td>黏土陶粒</td><td>试样编号</td><td>002</td></tr>
<tr><td colspan="2">产地</td><td>北京</td><td>代表数量</td><td>100m³</td></tr>
<tr><td colspan="2">委托日期</td><td>2010 年 3 月 22 日</td><td>试验日期</td><td>2010 年 3 月 23 日</td></tr>
<tr><td colspan="2">试验依据</td><td colspan="3">GB/T 17431. 2—2010</td></tr>
<tr><td rowspan="9">试验结果</td><td rowspan="3">一、筛分析</td><td>细度模数（细骨料）</td><td colspan="2">/</td></tr>
<tr><td>最大粒径（粗骨料）</td><td colspan="2">20　mm</td></tr>
<tr><td>级配情况</td><td colspan="2">☑连续粒级　☐单粒级</td></tr>
<tr><td colspan="2">二、表观密度</td><td colspan="2">/　kg/cm³</td></tr>
<tr><td colspan="2">三、堆积密度</td><td colspan="2">680　kg/cm³</td></tr>
<tr><td colspan="2">四、筒压强度</td><td colspan="2">3. 9　MPa</td></tr>
<tr><td colspan="2">五、吸水率(1h)</td><td colspan="2">9. 7　%</td></tr>
<tr><td colspan="2">六、粒型系数</td><td colspan="2"></td></tr>
<tr><td colspan="2">七、其他</td><td colspan="2">/</td></tr>
<tr><td colspan="5">结论：
依据《轻集料及其试验方法　第 2 部分：轻集料试验方法》(GB/T 17431. 2—2010)标准，该黏土陶粒检验项目合格。</td></tr>
</table>

批　准	×××	审　核	×××	试　验	×××
检测试验单位	××工程试验检测中心				
报告日期	2010 年 3 月 23 日				

注：本表由检测单位提供。

第二十七节　石灰(水泥)剂量试验报告

<table>
<tr><td colspan="2" rowspan="3">石灰(水泥)剂量试验报告
(表 C3－4－22)</td><td colspan="2">编　号</td><td colspan="2">×××</td></tr>
<tr><td colspan="2">试验编号</td><td colspan="2">2010—0017</td></tr>
<tr><td colspan="2">委托编号</td><td colspan="2">2010—01004</td></tr>
<tr><td>工程名称及部位</td><td colspan="5">××市××路道路改扩建工程</td></tr>
<tr><td>委托单位</td><td colspan="2">××市政建设集团有限公司</td><td>委托人</td><td colspan="2">×××</td></tr>
<tr><td>试验方法</td><td colspan="2">EDTA 滴定法</td><td>设计要求</td><td colspan="2"></td></tr>
<tr><td>委托日期</td><td colspan="2">××年×月×日</td><td>试验日期</td><td colspan="2">××年×月×日</td></tr>
<tr><td>试验依据</td><td colspan="5">JTG E51—2009</td></tr>
<tr><td>取样日期</td><td>检验段桩号</td><td>取样位置桩号</td><td>代表数量(m²)</td><td>实测值(%)</td><td>结论</td></tr>
<tr><td>2010 年 9 月 19 日</td><td>东铺路 K0＋700～K1＋060 中层</td><td>B12～B23</td><td>1000</td><td>6.4</td><td>合格</td></tr>
<tr><td></td><td></td><td></td><td></td><td></td><td></td></tr>
<tr><td></td><td></td><td></td><td></td><td></td><td></td></tr>
<tr><td></td><td></td><td></td><td></td><td></td><td></td></tr>
<tr><td></td><td></td><td></td><td></td><td></td><td></td></tr>
<tr><td></td><td></td><td></td><td></td><td></td><td></td></tr>
<tr><td></td><td></td><td></td><td></td><td></td><td></td></tr>
<tr><td></td><td></td><td></td><td></td><td></td><td></td></tr>
<tr><td></td><td></td><td></td><td></td><td></td><td></td></tr>
<tr><td></td><td></td><td></td><td></td><td></td><td></td></tr>
<tr><td></td><td></td><td></td><td></td><td></td><td></td></tr>
<tr><td></td><td></td><td></td><td></td><td></td><td></td></tr>
<tr><td colspan="6">备注：</td></tr>
<tr><td>批　准</td><td>×××</td><td>审　核</td><td>×××</td><td>试　验</td><td>×××</td></tr>
<tr><td>检测试验单位</td><td colspan="5">××工程试验检测中心</td></tr>
<tr><td>报告日期</td><td colspan="5">××年×月×日</td></tr>
</table>

注：本表由检测单位提供。

第二十八节　沥青试验报告

<table>
<tr><td colspan="4" rowspan="3">沥青试验报告
（表 C3－4－23）</td><td>编　号</td><td colspan="2">×××</td></tr>
<tr><td>试验编号</td><td colspan="2">2012—0026</td></tr>
<tr><td>委托编号</td><td colspan="2">2012—00969</td></tr>
<tr><td>工程名称及部位</td><td colspan="3">××市××道路工程</td><td>试样编号</td><td colspan="2">018</td></tr>
<tr><td>委托单位</td><td colspan="3">××市政建设集团有限公司</td><td>委托人</td><td colspan="2">×××</td></tr>
<tr><td>品种及标号</td><td colspan="3">AH　110</td><td>产地</td><td colspan="2">北京</td></tr>
<tr><td>代表数量</td><td>100t</td><td>委托日期</td><td>2012 年 2 月 12 日</td><td>试验日期</td><td colspan="2">2012 年 2 月 13 日</td></tr>
<tr><td>试验依据</td><td colspan="6">JTG E20—2011</td></tr>
<tr><td colspan="7">石　油　沥　青</td></tr>
<tr><td rowspan="2">试样编号</td><td rowspan="2">针入度
25℃(1/10mm)</td><td colspan="2">延度(cm)</td><td rowspan="2">软化点
(℃)</td><td colspan="2" rowspan="2">其他</td></tr>
<tr><td>15℃</td><td>25℃</td></tr>
<tr><td>018</td><td>109</td><td>104.0</td><td></td><td>43.5</td><td colspan="2"></td></tr>
<tr><td colspan="7">煤　沥　青</td></tr>
<tr><td>试样编号</td><td>粘度</td><td colspan="2">其他</td><td colspan="3">其他</td></tr>
<tr><td></td><td></td><td colspan="2"></td><td colspan="3"></td></tr>
<tr><td colspan="7">乳　化　沥　青</td></tr>
<tr><td>试样编号</td><td>粘度</td><td colspan="2">沥青含量(%)</td><td colspan="3">其他</td></tr>
<tr><td></td><td></td><td colspan="2"></td><td colspan="3"></td></tr>
<tr><td colspan="7">结论：
经检查，符合设计及《公路工程沥青及沥青混合料试验规程》(JTG E20—2011)规范要求，合格。</td></tr>
<tr><td>批　准</td><td>×××</td><td>审　核</td><td>×××</td><td>试　验</td><td colspan="2">×××</td></tr>
<tr><td>检测试验单位</td><td colspan="6">××工程试验检测中心</td></tr>
<tr><td>报告日期</td><td colspan="6">2012 年 2 月 15 日</td></tr>
</table>

注：本表由检测单位提供。

第二十九节　沥青胶结材料试验报告

沥青胶结材料试验报告 （表 C3－4－24）		编　号	×××
		试验编号	2010—0125
		委托编号	2010—00969
工程名称及部位	××市××道路工程	试样编号	006
委托单位	××建设集团有限公司	委托人	×××
沥青品种	石油沥青　60 号	胶结材料标号	75 号
掺合料	石棉　六级	胶结材料配合比 通知单编号	2010—0121
委托日期	2010 年 6 月 2 日	试验日期	2010 年 6 月 5 日
试验依据			

施工配合比							
材料名称							
每次熬制用量(kg)							

试验结果			
粘结力	柔韧性	耐热度(℃)	其他
粘贴在一起的油纸撕开部分≤粘贴面积 1/2	在 18±2℃时，围绕 20mm 圆棒弯曲成半周无裂纹	75	

结论：

经检查，符合设计及规范规定，合格。

批　准	×××	审　核	×××	试　验	×××
检测试验单位	××工程试验检测中心				
报告日期	2010 年 6 月 8 日				

注：本表由检测单位提供。

第三十节　沥青混合料试验报告

沥青混合料试验报告 (表 C3－4－25)			编　号	×××
			试验编号	2012—0105
			委托编号	2012—00983
工程名称及部位	××路(三～四环)工程　1合同段			
委托单位	××建设集团有限公司		委托人	×××
混合料种类	沥青混合料　AC－25 Ⅰ		委托日期	2012年7月17日
生产厂家	××沥青拌和站		试验日期	2012年7月18日
试验依据	JTG E20—2011			

试验项目	标准值	实测值
稳定度(kN)	>7.5	11.52
流值(mm)	20～40	33.2
密度(g/cm³)	实测值	2.506
油石比(%)	4.0～6.0	4.4
下列各筛的通过质量百分率(%)		
筛孔尺寸(mm)	标准值	实测值
31.5	100	100
26.5	95～100	98.1
19.0	75～90	89.5
16.0	62～80	78.5
13.2	53～73	68.7
9.5	43～63	55.4
4.75	32～52	42.4
2.36	25～42	33.6
1.18	18～32	20.8
0.6	13～25	14.4
0.3	8～18	13.0
0.15	5～13	9.9
0.075	3～7	5.1

结论：

按《公路工程沥青混合料试验规程》(JTG E20—2011)标准评定：合格。

批　准	×××	审　核	×××	试　验	×××
检测试验单位	××工程试验检测中心				
报告日期	2012年6月8日				

注：本表由检测单位提供。

第三十一节 锚具检验报告

<table>
<tr><td colspan="2" rowspan="4">锚具检验报告
（表 C3－4－26）</td><td rowspan="2">编　号</td><td>×××</td></tr>
<tr><td></td></tr>
<tr><td>试验编号</td><td>×××</td></tr>
<tr><td>委托编号</td><td>×××</td></tr>
<tr><td>工程名称</td><td colspan="3">××市××道路工程</td></tr>
<tr><td>施工单位</td><td colspan="3">××市政建设集团有限公司</td></tr>
<tr><td>产品规格</td><td>AM15－1</td><td>材质</td><td></td></tr>
<tr><td>合格证号</td><td>×××</td><td>生产厂家</td><td>×××</td></tr>
<tr><td>检验项目</td><td colspan="2">检验内容与质量标准要求</td><td>检验结果</td></tr>
<tr><td>夹片</td><td colspan="2">外观、硬度、静载性能检验、疲劳性能检验、周期荷载性能检验、辅助性试验</td><td>合格</td></tr>
<tr><td>锚具</td><td colspan="2">外观、硬度、静载性能检验、疲劳性能检验、周期荷载性能检验、辅助性试验</td><td>合格</td></tr>
<tr><td>连接器</td><td colspan="2">外观、硬度、静载性能检验</td><td>合格</td></tr>
<tr><td colspan="4">结论：
预应力筋用锚具检验结果数值符合《预应力筋用锚具、夹具和连接器》（GB/T 14370—2007）的规范规定。</td></tr>
<tr><td>负责人</td><td>审核人</td><td colspan="2">试验人</td></tr>
<tr><td>×××</td><td>×××</td><td colspan="2">×××</td></tr>
<tr><td>报告日期</td><td colspan="3">××年×月×日</td></tr>
</table>

注：本表由检测单位提供。

第三十二节　阀门试验报告

阀门试验报告 （表C3－4－27）				编　号		×××				
工程名称		××市××路燃气工程								
施工单位		××市政建设集团有限公司								
试验采用标准名称			《铁制和铜制螺纹连接阀门》(GB/T 8464—2008)								
试验日期	位置编号	类型	规格型号		强度试验			严密性试验			外观检查及试验结果
			公称直径	公称压力	试验介质	压力(MPa)	时间(min)	试验介质	压力(MPa)	时间(min)	
2010.8.5	K1＋673.8	Q347F－16C	*DN* 200	1	水	2.4	60s	水	1.8	15s	合格
2010.8.5	K1＋310.5	Q347F－16C	*DN* 150	1	水	2.4	60s	水	1.8	15s	合格

监理（建设）单位	施工单位		
	项目负责人	质　检　员	试　验　员
×××	×××	×××	×××

注：本表由施工单位填写。

第三十三节 见证试验汇总表

见证试验汇总表 (表 C3－4－28)			编　号	×××
工程名称	××市××路××桥梁工程			
施工单位	××市政建设集团有限公司			
建设单位	××路桥管理有限责任公司			
监理单位	××建设监理有限责任公司			
见证试验室名称	××建设工程测试中心		见证人	×××
试验类别	试件规格	有见证试验组数	试验报告份数	备　注
普通水泥	P・O 42.5	6	6	合格
页岩砖	240×115×53mm	4	4	合格
钢筋	热轧带肋 HRB 335	52	52	合格
砌筑砂浆试块	M10	26	26	合格
混凝土抗压强度试块	C15、C20、C35、C40	265	265	合格
混凝土抗折强度试块	C15、C20、C35、C40	66	66	合格

负责人	×××	填表人	×××	汇总日期	2010 年 12 月 28 日

注：本表由施工单位填写。

第七章　施工测量监测资料表格填写范例及说明

第一节　测量复核记录

<table>
<tr><td colspan="3" rowspan="2">测量复核记录
（C4－2）</td><td rowspan="2">编号</td><td>×××</td></tr>
<tr><td></td></tr>
<tr><td>工程名称</td><td colspan="4">××市××路××路道工程</td></tr>
<tr><td>施工单位</td><td colspan="4">××市政建设集团有限公司</td></tr>
<tr><td>复核部位</td><td colspan="2">R0＋××～K0＋××</td><td>仪器型号</td><td>×××</td></tr>
<tr><td>复核日期</td><td colspan="2">2009 年 10 月 5 日</td><td>仪器检定日期</td><td>2009 年 8 月 2 日</td></tr>
<tr><td colspan="5">复核内容（文字及草图）：
根据××测绘部门提供的路中心线控制点 K0＋000，K0＋112，K0＋313.532。
经我方复测，其偏差为 30″，在允许偏差（$40''\sqrt{N}=40''\times\sqrt{3}=69''$）

K0＋000　　K0＋112　　K0＋313.532</td></tr>
<tr><td colspan="5">复核结论：
符合要求</td></tr>
<tr><td>技术负责人</td><td colspan="2">测量负责人</td><td>复核人</td><td>施测人</td></tr>
<tr><td>×××</td><td colspan="2">×××</td><td>×××</td><td>×××</td></tr>
</table>

注：本表由施工单位填写。

第二节　初期支护净空测量记录

初期支护净空测量记录 （C4－4）														编号				×××			
工程名称		××市地铁×号线Ⅰ标段																			
施工单位		××城建地铁工程有限责任公司																			
施工部位		××区间右线				桩号			××					检查日期				××年×月×日			
序号	桩号	拱部边墙																			
		线路中心左侧										线路中心右侧									
设计		1	2	3	4	5	6	7	8	9	10	1	2	3	4	5	6	7	8	9	10
1	215－15	2523	2630	2715	2768	2772	2670	2482	2201	1655		2400	2430	2500	2536	2550	2411	2202	1870	1361	
2	251＋12.5	2511	2625	2710	2770	2780	2659	2480	2180	1660		2310	2390	2473	2490	2501	2398	2180	1866	1355	
3	251＋10	2460	2598	2683	2745	2750	2671	2476	2170	1670		2380	2400	2501	2518	2520	2401	2191	1873	1370	
4	251＋7.5	2497	2600	2693	2740	2751	2670	2478	2180	1654		2391	2402	2460	2520	2578	2420	2200	1880	1376	
5	251＋5	2471	2602	2705	2730	2748	2661	2475	2165	1661		2410	2430	2452	2505	2520	2418	2190	1850	1340	
6	251＋2.5	2483	2599	2700	2742	2745	2660	2473	2160	1655		2371	2402	2418	2479	2490	2398	2184	1870	1345	
7	251＋00	2510	2610	2720	2751	2748	2683	2472	2173	1648		2338	2373	2420	2460	2479	2402	2190	1890	1360	
8																					
9																					
10																					

（续）

序号	桩号	仰拱																			
		线路中心左侧										线路中心右侧									
设计		1	2	3	4	5	6	7	8	9	10	1	2	3	4	5	6	7	8	9	10
1	251－15	989	973	965	908	740						985	974	948	805	561					
2	251＋12.5	980	981	940	850	680						978	970	923	789	550					
3	251＋10	971	950	928	827	631						972	967	921	791	570					
4	251＋7.5	983	982	941	840	594						980	978	970	842	581					
5	251＋5	984	973	939	801	594							981	975	958	840	592				
6	251＋2.5	1010	1003	956	850	660						1032	1010	991	835	600					
7	251＋00	1032	1012	977	844	740						1034	1033	1000	900	617					
8																					
9																					
10																					
技术负责人		×××				质检员				×××				记录人				×××			

注：1. 自中线向两侧测量向尺寸，自轨顶向上每 50cm 一点（包含拱顶最高点）。

2. 仰拱从中线向两侧每 50cm 一点，测量自轨面线下的竖向尺寸。

3. 设计尺寸注于附图中或填在第一栏内。

断面示意图

注：本表由施工单位填写。

第三节　隧道净空测量记录

初期支护净空测量记录 (C4－4)															编号				××× 		
工程名称				××市地铁×号线Ⅰ标段																	
施工单位				××城建地铁工程有限责任公司																	
施工部位				××区间右线				桩号			××				检查日期				××年×月×日		
里程	拱顶标高 m			轨顶水平面以上(3200毫米处)宽度(mm)						起拱线水平面以上(1800毫米处)度度(mm)						轨顶水平面以上(1400毫米处)宽度(mm)					
	设计	竣工	误差	线路左侧			线路右侧			线路左侧			线路右侧			线路左侧			线路右侧		
				设计	竣工	误差	设计	竣工	误差	设计	竣工	误差	设计	竣工	误差	设计	竣工	误差	设计	竣工	误差
251+00	27.431	27.448	+0.017	1866	1900	+34	1966	1987	+21	2300	2318	+18	2400	2397	−3	2288	2317	+29	2388	2384	−4
251+05	27.410	27.423	+0.013	1866	1879	+13	1966	1976	+10	2300	2304	+4	2400	2411	+11	2288	2290	+2	2388	2400	+12
251+10	27.389	27.392	+0.003	1866	1868	+2	1966	1970	+4	2300	2300	0	2400	2406	+6	2288	2289	+1	2388	2397	+9
251+15	27.369	27.382	+0.013	1866	1873	+7	1966	1974	+8	2300	2311	+11	2400	2398	−2	2288	2302	+14	2388	2385	−3
251+20	27.348	27.370	+0.022	1866	1888	+22	1966	1968	+2	2300	2317	+17	2400	2394	−6	2288	2310	+22	2388	2379	−9
251+30	27.306	27.324	+0.018	1866	1881	+15	1966	1972	+6	2300	2297	−3	2400	2402	+2	2288	2279	−9	2388	2392	+4
251+40	27.265	27.258	−0.007	1866	1860	−6	1966	1964	−2	2300	2321	+21	2400	2399	−1	2288	2291	+3	2388	2382	−6

（续）

里程	拱顶标高（m）			轨顶水平面以上（432毫米处）宽度（mm）						轨顶水平面处宽度（mm）											
				线路左侧			线路右侧			线路左侧			线路右侧								
	设计			设计	竣工	误差	设计	竣工	误差	设计	竣工	误差	设计	竣工	误差						
251+00	27.431	27.448	+0.017	2157	2178	+21	2257	2246	−11	2051	2061	+10	2151	2132	−19						
251+05	27.410	27.423	+0.013	2157	2158	+1	2257	2268	+11	2051	2049	−2	2151	2170	+19						
251+10	27.389	27.392	+0.003	2157	2156	−1	2257	2269	+12	2051	2047	−4	2151	2163	+12						
251+15	21.369	27.382	+0.013	2157	2172	+15	2257	2246	−11	2051	2085	+34	2151	2145	−6						
251+20	27.348	27.370	+0.022	2157	2174	+17	2257	2240	−17	2051	2082	+31	2151	2122	−29						
251 30	27.306	27.324	+0.018	2157	2145	−12	2257	2257	0	2051	2040	−11	2151	2150	−1						
251+40	27.265	27.258	−0.007	2157	2168	+11	2257	2250	−7	2051	2078	+27	2151	2134	−17						

注：车站净空测量的站台板面处即 y 值为 965mm 处增测一点；车站净空测量线路中线至边墙一侧的净空。

“隧道净空测量记录”填表说明

隧道二次衬砌完成后，应进行隧道净空的测量检查并做好记录。主要内容包括检查桩号部位、结构净空尺寸、施工误差等。

1. 隧道净空变形观测点布置与埋设：隧道净空变形观测点可选择单一测线（一般在拱脚处），也可选择多测线观测。测点加工时应保证测点与量测仪器连接圆滑密贴，埋设时保证测点锚栓与围岩或支护稳固连接，变形一致，并制作明显警示标志，防止人为损坏。净空变形观测点应与地面沉降观测点在同一断面，测点应尽量靠近开挖面布置，其测点距开挖面不得大于 2m，应在每环初次衬砌完成后 24h 以内，并在下一开挖循环开始前，记录初次读数，以两次数据的平均值作为初始读数。

2. 观测方法：用于量测开挖后隧道净空变化的收敛计，可分为重锤式、弹簧式、电动式 3 种，多选用弹簧式收敛计，量测时粗读元件为钢尺，细读元件为百分表，钢尺每隔 10mm 打有小孔，以便根据收敛量调整粗读数，钢尺固定拉力由弹簧提供，由百分表读取隧道周边两点间的相对位移，量测精度为 0.1mm，借助端部球铰可在水平和垂直平面内转动，以适应不同方向基线的要求，观测时将收敛计固定套筒与测点用锚塞连接，选择合适的孔位固定，读取粗读数，旋转手柄拉紧弹簧，读百分表的细读数。

3. 监测频率和停止观测的时间

隧道净空变形监测频率见下表。

隧道净空变形监测频率

开挖面距量测断面	$<2B$	$2B\sim5B$	$>5B$
量测频率	1～2 次/d	1 次/2～3d	1 次/3～7d

注：B 为隧道开挖深度。

第四节　结构收敛观测成果记录

结构收敛观测成果记录 （C4－6）					编号		×××
工程名称	××市地铁×号线 1 标段××车站工程						
施工单位	××城建地铁工程有限责任公司						
观测点桩号	××～××		观测日期	自 2009 年 5 月 9 日至 2009 年 5 月 16 日			
测点位置	观测日期	时间间隔	前本次相差（mm）	速率（mm/d）	总收敛（mm）	初测日期	初测值
K4＋841	5.9～5.11	2	－0.03	0.00	－0.67	2009.1.8	31.3845

（续）

测点位置	观测日期	时间间隔	前本次相差（mm）	速率（mm/d）	总收敛（mm）	初测日期	初测值
K4＋847	5.9～5.11	2	－0.06	－0.01	－1.16	2009.1.8	31.3744
K4＋853	5.9～5.11	2	－0.05	－0.01	－1.20	2009.1.8	31.3802
K4＋859	5.11～5.13	2	－0.08	－0.01	－1.33	2009.1.20	31.3643
K4＋865	5.11～5.13	2	－0.11	－0.02	－1.45	2009.1.20	31.3827
K4＋871	5.11～5.13	2	－0.16	－0.02	－1.33	2009.1.20	31.3517
K4＋877	5.13～5.16	3	－0.04	－0.01	－1.00	2009.1.24	31.3724
K4＋883	5.13～5.16	3	－0.02	0.00	－1.26	2009.1.24	31.2458
K4＋889	5.13～5.16	3	－0.06	－0.01	－0.85	2009.1.24	31.2913

观测点布置简图：

（略）

技术负责人	测量员	计算	复核
×××	×××	×××	×××

注：本表由施工单位填写。

第五节　地中位移观测记录

地中位移测记灵 (C4－7)		编号	×××
工程名称	××市政排水管道暗挖工程		
施工单位	××市政建设集团		
观测日期： 自××年×月×日至××年×月×日		点位与结构关系示意图： 测区里程： K3＋200～K3＋300	

观测点	观测日期	时间间隔	前本次相差(mm)	总位移值(mm)	初测日期	初测值
GC－001	2009.9.2	3	0	0	2009.8.24	1.032

技术负责人	测量员	计算	复核
×××	×××	×××	×××

注：本表由施工单位填写。

第六节　拱顶下沉观测成果表

拱顶下沉观测成果表 （C4－8）				编号		××× 	
工程名称	××市地铁×号线03标段××站～××站区间工程						
施工单位	××城建地铁工程有限责任公司						
水准点编号：ES11～ES18 水准点所在位置：（略） 观测日期： 自2009年4月5日～2009年4月10日				量测部门：1″竖井东南4″断在 测量桩号：K4＋800～K4＋860			
测点位置	观测日期	时间间隔	前本次相差（mm）	速率（mm/d）	累计沉降	初测日期	初测值
1″竖井东南4″断面	2009.4.5～4.6	1	－0.5	－0.1	－4.1	2008.11.12	31.3978
	2009.4.5～4.6	1	－0.2	－0.1	－7.6	2008.11.17	31.3658
	2009.4.6～4.7	1	0.3	0.0	－15.9	2008.11.24	31.3751
	2009.4.6～4.7	1	0.2	0.0	－12.3	2008.12.7	31.3697
	2009.4.7～4.8	1	－0.1	0.0	－23.7	2008.12.13	31.3811
	2009.4.7～4.7	1	－0.3	－0.1	－16.8	2008.12.22	31.3711
	2009.4.8～4.10	2	－0.4	0.0	－18.9	2009.1.1	31.3540
	2009.4.8～4.10	2	－1.3	－0.1	－25.4	2009.1.8	31.4652
技术负责人		测量员		计算		复核	
×××		×××		×××		×××	

注：本表由施工单位填写。

第八章 施工记录表格填写范例及说明

第一节 通用记录

一、施工通用记录

<table>
<tr><td colspan="3" rowspan="2">施工通用记录
（表 C5－1－1）</td><td rowspan="2">编号</td><td>×××</td></tr>
<tr><td></td></tr>
<tr><td>工程名称</td><td colspan="4">××市政道路工程</td></tr>
<tr><td>施工单位</td><td colspan="2">××市政建设集团</td><td>日期</td><td>×年×月×日</td></tr>
<tr><td colspan="5">施工内容：

铺筑改性沥青混凝土路面</td></tr>
<tr><td colspan="5">施工依据与材质：

由于改性沥青混合料粘度较高，摊铺温度较高，阻力较大，故选用履带式摊铺机均匀，连续摊铺，纵向缝采用热接缝。</td></tr>
<tr><td colspan="5">检查情况：

经检查，拌和后的沥青混合料均匀一致，无花白，粗细料分离现象，摊铺厚度和平整度符合要求，压实表面干燥、清洁、无浮土，且平整和路拱度符合要求，搭接处紧密、平顺。</td></tr>
<tr><td colspan="5">质量问题及处理意见：

经检查，各项指标均符合规范要求。</td></tr>
<tr><td>负责人</td><td colspan="2">质检员</td><td colspan="2">记录人</td></tr>
<tr><td>×××</td><td colspan="2">×××</td><td colspan="2">×××</td></tr>
</table>

注：本表由施工单位填写。

二、隐蔽工程检查记录

<table>
<tr><td colspan="2">隐蔽工程检查记录
（表 C5－1－2）</td><td>编号</td><td>×××</td></tr>
<tr><td>工程名称</td><td colspan="3">××市××路××桥梁工程</td></tr>
<tr><td>施工单位</td><td colspan="3">××市政建设集团有限公司</td></tr>
<tr><td>隐检部位</td><td>桥墩桩基 3～5°</td><td>隐检项目</td><td>钢筋安装</td></tr>
<tr><td>隐检内容</td><td colspan="3">隐检依据：施工图图号　××　，及有磁国家现行标准等。
1. 钢筋的品种、规格、数量、位置、接头情况。
2. 骨架的长度：设计 11720mm，实测偏差值为：－3，－5，－8（允许偏差：＋5，－10）；
直径：设计 ϕ1368mm，实测扁差值为：－6，2，－2（允许偏差：＋5，－10）。
3. 受力钢筋间距：实测偏差值为：＋2，＋8，－6，－5。
4. 箍筋间距：实测偏差值为：＋2，＋5，－6，＋2，－9。
5. 保护层厚度：实测编差值为：＋3，－6，＋4，＋5，＋4，＋1。
填表人：×××</td></tr>
<tr><td>检查情况及处理意见</td><td colspan="3">经检查，符合设计及规范要求，同意下道工序施工。
检查日期：2009 年 8 月 20 日</td></tr>
<tr><td>复查结果</td><td colspan="3">经检查，符合设计及规范要求，同意下道工序施工。
复检人：×××　　　复检日期：2009 年 8 月 20 日</td></tr>
</table>

监理（建设）单位	施工单位			
×××	×××			

注：本表由施工单位填报。

"隐蔽工程检查记录"填表说明

【填写依据】

隐蔽工程是指被下道工序施工所隐蔽的工程项目。隐蔽工程在隐蔽前必须进行隐蔽工程质量检查，由施工项目负责人组织施工人员、质检人员并请监理

（建设）单位代表参加，必要时请设计人员参加，建（构）筑物的验槽，基础/主体结构的验收，应通知质量监督站参加。隐蔽工程的检查结果应具体明确，检查手续应及时办理不得后补。须复验的应办理复验手续，填写复查日期并由复查人作出结论。

隐蔽项目包括：

1. 道路工程中的土路床、底基层、基层、弯沉试验等。

2. 桥梁等结构预应力筋、预留孔道的直径、位置、坡度、接头处理、孔道绑扎、锚具、夹具、连接器的组装情况等。

3. 现场结构构件、钢筋连接：连接形式、接头位置、数量及连接质量等，焊接包括焊条牌号（型号）、坡口尺寸、焊缝尺寸等。

4. 桥梁工程桥面防水层下找平层的平整度、坡度、桥头搭板位置、尺寸。

5. 桥面伸缩装置规格、数量及埋置情况。

6. 管道、构件的基层处理，内外防腐、保温。

7. 管道混凝土管座、管带及附属构筑物的隐蔽部位。

8. 管沟、小室（闸井）防水。

9. 水工构筑物及沥青防水工程防水层下的各层细部做法、工作缝、防水变形缝等。

10. 厂（场）站工程构筑物：伸缩止水带材质、完好情况、安装位置、沉降缝及伸缩缝填充料填充厚度等；工作缝做法、穿墙套管做法等。

11. 各类钢筋混凝土构筑物预埋件位置、规格、数量、安装质量情况。

12. 垃圾卫生填埋场导排层、（渠）铺设材质、规格、厚度、平整度，导排渠轴线位置、花管内底高程、断面尺寸等。

13. 植埋于地下或结构中以及有保温、防腐要求的管道：管道及附件安装的位置、高程、坡度；各种管道间的水平、垂直净距；管道及其焊缝的安排及套管尺寸；组对、焊接质量（间隙、坡口、钝边、焊缝余高、焊缝宽度、外观成型等）；管支架的设置等。

【填写要点】

1. 工程名称：与施工图纸中图签一致。

2. 施工单位：填写施工单位全称。

3. 隐检部位：填写部位应明确。

4. 隐检项目：应按实际检查项目填写。

5. 隐检内容：应将隐检的项目、具体内容进行量化描述，应真实、全面、详细、清晰，并应注意以下几点：

（1）隐检依据：施工图纸、设计变更、工程洽商及有关国家现行规范、标准、规程；本工程的施工组织设计、施工方案、技术交底等。特殊的隐检项目如新工艺、新材料、新设备等要标注具体的执行标准文号或企业标准文号。

(2)主要材料名称及规格/型号。

(3)附上必需的数据和施工图表,如基坑示意图、轴线示意图、钢筋布置示意图等。

(4)附上必需的设计尺寸和要求,以证明实际尺寸和完成情况已达到要求。

(5)当引用有关的检测/试验报告内容时,一是可直接附上相应的报告复印件(很少用);二是引用相应的检测/试验报告中的数据及编号(推广采用),以实现可追溯性。

6. 检查情况及处理意见:应明确隐检的内容是否符合要求并描述清楚。然后给出检查结论。在隐检中一次验收未通过的要注明质量问题,并提出复查要求。

7. 复查结果:此栏主要是针对一次验收出现的问题进行复查,因此要对质量问题改正的情况描述清楚。在复查中仍出现不合格项,按不合格品处置。

8. 本表由施工单位填报,其中"检查结果及处理意见"、"复查结果"由监理单位填写。

9. 隐检表格实行"计算机打印,手写签名",各方签字后生效。

三、中间检查交接记录

中间检查交接记录 (表 C5－1－3)		编号	×××
工程名称	××道路工程		
交出单位	××路桥工程有限公司	接收单位	××市政工程有限公司
交接部位	K3＋000～K4＋000 路基填筑	交接日期	××年×月×日
交接简要说明	K3＋000～K4＋000 段 1000m 路基填筑施工。		
检查结果	经检查该路段路基填筑施工已经完成,路基中心线位置,标高均在规定值范围内,路基填土无污染物,粒径符合规范要求:路基压实无松散,翻浆及表面不平整现象。同意进行下道工序施工。		
其他说明	无		
交出单位项目负责人	接受单位项目负责人	见证人	
×××	×××	×××	

注:本表由交出单位和接受单位填写并保存。

第二节　基础/主体结构工程通用施工记录

一、地基验槽检查记录

<table>
<tr><td colspan="2">地基验槽检查记录
(表 C5-2-1)</td><td>编号</td><td>×××</td></tr>
<tr><td>工程名称</td><td>××水处理厂改建工程</td><td>验槽日期</td><td>××年×月×日</td></tr>
<tr><td>验槽部位</td><td colspan="3">①～⑤/Ⓐ～Ⓕ</td></tr>
<tr><td colspan="4">依据:施工图纸(施工图纸号 ××)、设计变更/洽商(编号 /)及有关规范、规程。</td></tr>
<tr><td colspan="4">验槽内容:
1、基槽开挖至勘探报告第 3 层,持力层为 黄土 层。
2、基底高程和相对标高 43.600/-6.300.44.350/-5.350 。
3、土质情况 砂质粉土(第 1 层)、粉质黏土(第 2 层)、黄土(第 3 层) 。
(附: 钎探记录及钎探点平面布置图)
4、桩位置 / 、桩类型 / 、数量 / ,承载力满足设计要求。
(附:施工记录、桩检测报告)

注:若工程无桩基或人工支护,则相应在第 4 条填写处划“/”。　　申报人:×××</td></tr>
<tr><td colspan="4">检查意见:
基槽尺寸符合要求,基底土质与设计相符。

检查结论:☑ 无异常,可进行下道工序　　☐ 需要地基处理</td></tr>
</table>

签字盖章栏	建设单位	监理单位	设计单位	勘察单位	施工单位
	×××	×××	×××	×××	×××

二、地基处理记录

地基处理记录 （表 C5－2－2）		编号	×××
工程名称	××市政道路工程		
施工单位	××市政建设集团		
处理依据	《城填道路工程施工与质量验收规范》(CJJ 1—2008)		
处理部位(或简图)： K3＋××－K3＋××温陷性软土路基。			
处理过程简述： 采用强夯处理共 24 遍。			
审查意见： 符合要求。 ××年×月×日			

建设单位	监理单位	勘查单位	设计单位	施工单位
×××	×××	×××	×××	×××

注：本表由施工单位填写。

三、地基钎探记录

地基钎探记录 （表 C5—2—3）										编号		×××	
工程名称		××市××路排水工程											
施工单位		××市政建设集团有限公司											
套锤重		10kg	自由落距		50cm	钎径		25mm		钎探日期		2009 年 4 月 6 日	
顺序号	各步锤数						顺序号	各步锤数					
	0—30 （cm）	31—60 （cm）	61—90 （cm）	91—120 （cm）	121—150 （cm）	151—210 （cm）		0—30 （cm）	31—60 （cm）	61—90 （cm）	91—120 （cm）	121—150 （cm）	151—210 （cm）
1	29	58	90	119									
2	27	60	87	108									
3	28	56	81	105									
4	30	51	85	106									
5	30	49	81	98	125								
6	26	53	74	93	129								
技术负责人				施工员				质检员				记录人	
×××				×××				×××				×××	

注：本表由施工单位填写。

"地基钎探记录"填表说明

【填写依据】

1. 地基钎探用于检验浅层土（如基槽）的均匀性，确定地基的容许承载力及检验填土的质量。

钎探中如发现异常情况，应在地基钎探记录表的备注栏注明。需地基处理时，应将处理范围（平面、竖向）标注，并注明处理依据。形式、方法（或方案）以洽商记录下来，处理过程及取样报告等一同汇总进入工程档案。

2. 以下情况可停止钎探：

（1）若 N10（贯入 30cm 的锤击数）超过 100 或贯入 10cm 锤击数超过 50，可停止贯入。

（2）如基坑不深处有承压水层，钎探可造成冒水涌砂，或持力层为砾石层或卵石层，且厚度符合设计要求时，可不进行钎探。如需对下卧层继续试验，可用钻具钻穿坚实土层后再做试验（根据 GB 50202—2002 中附录 A 的规定）。

（3）专业工长负责钎探的实施，并做好原始记录。钎探日期要根据现场情况填写，钎探步数应根据槽宽确定。

【填写要点】

1. 专业工长负责钎探的实施，并做好原始记录。钎探记录表中工程名称、施工单位要写具体，套锤重、自由落距、钎径、钎探日期要依据现场情况填写，技术负责人、施工员、质检员、记录人的签字要齐全。钎探中若有异常情况，要写在备注栏内。

2. 钎探记录表应附有原始记录表，污染严重的可重新抄写，但原始记录仍要原样保存好，附在新件之后。

四、地下连续墙挖槽施工记录

地下连续墙挖槽施工记录（表 C5－2－4）							编号		×××
工程名称	××地铁工程有限公司						工程名称		××市地铁×号线01标段土建工程
工程部位	③～⑦轴地下连续墙						挖土设备		钢丝绳抓斗机
设计槽宽	0.6m						设计槽深		22.1m
日期	班次	槽段编号	槽段深度（m）		本班挖槽（m）			槽壁垂直度（%）	槽位轴线编差情况（cm）
			开始	结束	深度	宽度	厚度		
4月15日	××	XF6	0	22.3	22.3	0.6	6	1/150	3.1

（续）

日期	班次	槽段编号	槽段深度（m）		本班挖槽（m）			槽壁垂直度（%）	槽位轴线编差情况（cm）
			开始	结束	深度	宽度	厚度		
4月15日	××	XF7	0	22.0	22.0	0.6	6	1/150	2.8

监理（建设）单位	施工单位		
	技术负责人	施工员	质检员
×××	×××	×××	×××
记录日期	2009年4月15日		

注：本表由施工单位填写。

“地下连续墙挖槽施工记录”填表说明

本表参照《地下铁道工程施工及验收规范》（GB 50299—1999）标准填写。

【填写依据】

1. 此表适用于施工单位地下连续墙挖槽施工记录，由施工单位填写，建设单位、施工单位保存。

2. 单元槽段长度应符合设计规定，一般情况下5～8m较为合适，并采用间隔式开挖，一般地质应间隔一个单元槽段。

3. 清底应自底部抽吸并及时补浆，清底后的槽底泥浆比重不应大于1.15，沉淀物淤积厚度不应大于100mm。

4. 地下连续墙允许偏差应符合下表的规定。

项目	允许偏差（mm）	范围		检查方法
		点数检查方法	轨线位置	
轴线偏位	30	每单元段或每槽段	2	用经纬仪测量
外形尺寸	＋30 0		1	用钢尺量一个断面
垂直度	0.5%墙高		1	用超声波测槽仪检测
顶面高程	±10		2	用水准仪测量
沉渣厚度	符合设计要求		1	用重锤或沉积物测定仪（沉淀盒）

五、地下连续墙护壁泥浆质量检查记录

地下连续墙护壁泥浆质量检查记录 （表 C5－2－5）		编号	×××
施工单位	××地铁工程有限公司	工程名称	××市地铁×号线 Ⅰ标段土建工程
工程部位	地下连续墙	搅拌机类型	1.3m³ 型

膨润土种类和特性：	人工钠土	
泥浆配合比	1m³	1 盘
土(kg)	50	65
水(kg)	1000	1300
化学掺合剂(kg)	/	/

日期	班次	泥浆取样位置	泥浆质量指标									
			密度	黏度	含砂量(%)	胶体率(%)	失水量(mm/30min)	泥皮厚度(mm)	静切力(mg/cm)	稳定性(g/cm)	PH	
4.29		XF5	1.04	20	2.0	98	18	1.5	60	0.01	8.5	

监理(建设)单位	施工单位		
	技术负责人	施工员	质检员
×××	×××	×××	×××
记录日期	2009 年 4 月 29 日		

注：本表由施工单位填写。

“地下连续墙护壁泥浆质量检查记录”填表说明

本表参照《地下铁道工程施工及验收规范》(GB 50299—1999)标准填写。

【填写依据】

1. 泥浆拌制材料宜优先选用膨润土，如采用黏土，应进行物理、化学分析和矿物鉴定，其黏粒含量应大于 50%，塑性指数应大于 20，含砂量应小于 5%，二氧化硅与氧化铝含量比值宜为 3～4。

2. 泥浆应根据地质和地面沉降控制要求经试配确定，并应按下表控制其性能指标。

泥浆配制、管理性能指标

泥浆性能	新配制		循环泥浆		废弃泥浆		检验方法
	黏性土	砂性土	黏性土	砂性土	黏性土	砂性土	
比重(g/cm^3)	1.04～1.05	1.06～1.08	<1.10	<1.15	>1.25	>1.35	比重计
粘度(s)	20～24	25～30	<25	<35	>50	>60	漏斗计
含砂率(%)	<3	<4	<4	<7	>8	>11	洗砂瓶
pH 值	8～9	8～9	>8	>8	>14	>14	试纸

3. 地下连续墙施工过程中，应按照规定的检验频率对护壁泥浆的配比、密度、黏度、含砂量等指标进行检查并填写地下连续墙护壁泥浆质量检查记录。

4. 拌制泥浆应储存 24h 以上或加分散剂使膨润土（或黏土）充分水化后方可使用。

挖槽期间，泥浆面必须保持高于地下水位 0.5m 以上。

5. 可回收利用的泥浆应进行分离净化处理，符合标准后方可使用。废弃的泥浆应采取措施，不得污染环境。

6. 有地下水含盐或受化学污染时应采取措施，不得影响泥浆性能指标。

泥浆储备量应满足槽壁开挖使用需要。

六、地下连续墙混凝土浇筑记录

地下连续墙混凝土浇筑记录 （表 C5－2－6）					编号	×××	
工程名称	××市地铁×号线Ⅰ标段土建工程				施工单位	××地铁工程有限公司	
混凝土	设计强度等级		C25		坍落度(mm)	200	
	扩散度				导管直径(mm)	250	
日期班次	槽段编号	本槽段混凝土计算浇筑数量(m^3)	本槽段混凝土实际浇筑数量(m^3)	混凝土浇筑平均进度(m^3/h)	混凝土实侧的坍落度(mm)	导管埋入混凝土深度(m)	备注
5.6	XF5	62.1	63.0	10.35	220	2.5	

（续）

监理（建设）单位	施工单位		
	技术负责人	施工员	质检员
×××	×××	×××	×××
记录日期	2009年5月6日		

注：本表由施工单位填写。

“地下连续墙混凝土浇筑记录”填表说明

1. 地下连续墙应采用掺外加剂的防水混凝土，水泥用量：采用卵石时不应小于 370kg/m³；采用碎石时不应小于 400kg/m³，坍落度应采用 200±20mm。

2. 混凝土宜采用预拌混凝土，并应采用导管法灌注。导管应采用直径为 200～250mm 的多节钢管，管节连接应严密、牢固，施工前应试拼并进行隔水栓通过试验。

3. 导管水平布置距离不应大于 3m，距槽段端部不应大于 15m。导管下端距槽底应为 300～500mm，灌注混凝土前应在导管内邻近泥浆面位置吊挂隔水栓。

4. 混凝土灌注应符合下列规定：

(1)钢筋笼沉放就位后，应及时灌注混凝土，并不应超过 4h。

(2)各导管储料斗内混凝土储量应保证开始灌注混凝土时埋管深度不小于 500mm。

(3)各导管剪断隔水栓吊挂线后应同时均匀连续灌注混凝土，因故中断灌注时间不得超过 30min。

(4)导管随混凝土灌注应逐步提升，其埋入混凝土深度应为 15～30m，相邻两导管内混凝土高差不应大于 0.5m。

(5)混凝土不得溢出导管落入槽内。

(6)混凝土灌注速度不应低于 2m/h。

(7)置换出的泥浆应及时处理，不得溢出地面。

(8)混凝土灌注宜高出设计高程 300～500mm。

5. 每一单元槽段混凝土应制作抗压强度试件一组，每 5 个槽段应制作抗渗压力试件一组，并做好记录。

6. 地下连续墙冬季施工应采取保温措施。墙顶混凝土未达到设计强度的 40%时不得受冻。

7. 地下连续墙混凝土浇筑应对混凝土的强度等级、坍落度、扩散度、导管直径及混凝土浇筑量、浇筑平均进度等进行记录。

七、沉井(泵站)工程施工记录

<table>
<tr><td colspan="8">沉井(泵站)工程施工记录
(表 C5－2－7)</td><td colspan="2">编号</td><td colspan="2">×××</td></tr>
<tr><td colspan="2">工程名称</td><td colspan="10">××市1～4号泵站工程</td></tr>
<tr><td colspan="2">施工单位</td><td colspan="10">××市政建设集团有限公司</td></tr>
<tr><td colspan="2">沉井尺寸</td><td colspan="6">净空 6.0×10.0m，高 7.8m</td><td colspan="2">预制日期</td><td colspan="2">2009年8月10日</td></tr>
<tr><td colspan="2">下沉前混凝土强度(MPa)</td><td colspan="6">23.0MPa</td><td colspan="2">设计刃脚标高</td><td colspan="2">－2.6m</td></tr>
<tr><td rowspan="11">下沉记录</td><td rowspan="2">日期及班次</td><td rowspan="2">测点编号</td><td rowspan="2">测点标高(m)</td><td rowspan="2">推算刃脚标高(m)</td><td colspan="2">倾斜</td><td colspan="2">位移</td><td rowspan="2">地质情况</td><td rowspan="2">水位标高(m)</td><td rowspan="2">停歇原因及时间</td></tr>
<tr><td>横向(%)</td><td>纵向(%)</td><td>横向(cm)</td><td>纵向(cm)</td></tr>
<tr><td>9月15日</td><td>1</td><td>11.553</td><td>3.753</td><td></td><td></td><td>E0.15</td><td>S0.12</td><td>粉质黏土</td><td>3.6</td><td></td></tr>
<tr><td></td><td>2</td><td>11.556</td><td>3.756</td><td></td><td></td><td>E0.15</td><td>S0.12</td><td>粉质黏土</td><td>3.6</td><td></td></tr>
<tr><td></td><td>3</td><td>11.545</td><td>3.745</td><td></td><td></td><td>E0.15</td><td>S0.12</td><td>粉质黏土</td><td>3.6</td><td></td></tr>
<tr><td></td><td>4</td><td>11.544</td><td>3.744</td><td></td><td></td><td>E0.15</td><td>S0.12</td><td>粉质黏土</td><td>3.6</td><td></td></tr>
<tr><td>9月16日</td><td>1</td><td>11.206</td><td>3.406</td><td></td><td></td><td>E0.22</td><td>S0.18</td><td>砂质黏土</td><td>3.6</td><td></td></tr>
<tr><td></td><td>2</td><td>11.210</td><td>3.410</td><td></td><td></td><td>E0.22</td><td>S0.18</td><td>砂质黏土</td><td>3.6</td><td></td></tr>
<tr><td></td><td>3</td><td>11.192</td><td>3.392</td><td></td><td></td><td>E0.22</td><td>S0.18</td><td>砂质黏土</td><td>3.6</td><td></td></tr>
<tr><td></td><td>4</td><td>11.191</td><td>3.391</td><td></td><td></td><td>E0.22</td><td>S0.18</td><td>砂质黏土</td><td>3.6</td><td></td></tr>
<tr><td></td><td></td><td></td><td></td><td></td><td></td><td></td><td></td><td></td><td></td><td></td></tr>
<tr><td>封底记录</td><td colspan="11"></td></tr>
<tr><td colspan="3" rowspan="2">监理(建设)单位</td><td colspan="9">施工单位</td></tr>
<tr><td colspan="3">技术负责人</td><td colspan="3">施工员</td><td colspan="3">质检员</td></tr>
<tr><td colspan="3">×××</td><td colspan="3">×××</td><td colspan="3">×××</td><td colspan="3">×××</td></tr>
</table>

注：本表由施工单位填写。

八、桩基施工记录(通用)

桩基施工记录(通用) (表 C5－2－8)					编号	×××	
工程名称	北京××桥梁工程				施工单位	××市政建设集团	
桩基类型	摩擦桩	孔位编号	2#		轴线位置	4#	
设计桩径(cm)	1500mm	设计桩长(m)	15m		桩顶标高(m)	－1.50m	
钻机类型	反循环	护壁方式	泥浆		泥浆比重	1.06	
开钻时间	××年×月×日×时				终孔时间	××年×月×日×时	
钢筋笼	笼长(m)	16.2			主筋(mm)	20mm	
	下笼时间	××年×月×日×时			箍筋(mm)	φ10mm	
孔深计算	钻台标高(m)	28.37		浇注前孔深(m)	18.15m	实际桩长(m)	15.15m
	终孔深度(m)	18.25m		沉渣厚度(m)	10cm		
混凝土设计强度等级		C25			坍落度	20～22cm	
混凝土理论浇注量		$32.2m^3$			实际浇注量	$33.5m^3$	
施工问题记录： 无							
监理(建设)单位	施工单位						
	技术负责人		施工员		质检员		
×××	×××		×××		×××		
记录日期	××年×月×日						

注:本表由施工单位填写。

“桩基施工记录(通用)”填表说明

本表参照《建筑桩基技术规范》(JGJ 94—2008)标准填写。

【填写依据】

根据使用的钻机种类不同分别填写《钻孔桩钻进记录(冲击钻)》和《钻孔桩钻进记录(旋转钻)》。各种钻(挖)孔方法的适用范围见下表。

各种钻(挖)孔方法的适用范围

钻孔方法	适用范围			泥浆作用
	土层	孔径(cm)	孔深(m)	
螺旋钻	黏性土、砂类土、含少量砂砾石、卵石(含量少于30%,粒径小于10cm)的土	长螺旋:40～80 短螺旋:150～300	长螺旋:12～30 短螺旋:40～80	干作业不需要泥浆
正循环回转站	黏性土、粉砂,细、中、粗砂,含少量砾石、卵石(含量少于20%)的土、软岩	80～250	30～100	浮悬钻渣并护壁
反循环回转站	黏性土、砂类土、含少量砾石、卵石(含量少于20%,粒径小于钻杆内径2/3)的土	20～300	用真空泵＜35,用空气吸泥机可达65,用气举式可达120	护壁
潜水钻	淤泥、腐殖土、黏性土、稳定的砂类土,单轴抗压强度小于20MPa的软岩	非扩孔型:80～300 扩孔型:80～655	标准型:50～80 超深型:50～150	正循环浮悬钻渣,反循环护壁
冲抓钻	淤泥、腐殖土、黏性土,砂类土、砂砾石、卵石	100～200	大于20m时进度慢	护壁
冲击钻	实心锥:黏性土、砂性土、砾石、卵石、漂石、较软岩石 空心锥:黏性土、砂类土、砾石、松散卵石	实心锥:80～200 实心锥(管锥):60～150	50	浮悬钻渣并护壁
钻斗钻	填土层、黏土层、粉土层、淤泥层、砂土层以及短螺旋不易钻进的含有部分卵石、碎石的地层	100～300	78	干作业时不需要泥浆
挖孔	各种土石	方形或圆型: 一般:120～200 最大:350	25	支撑护壁不需要泥浆

九、钻孔桩钻进记录(冲击钻机)

<table>
<tr><td colspan="6">钻孔桩钻进记录(冲击钻机)
(表 C5—2—9)</td><td>编号</td><td>×××</td></tr>
<tr><td>工程名称</td><td colspan="7">××市政桥梁工程</td></tr>
<tr><td>施工单位</td><td colspan="7">××市政建设集团</td></tr>
<tr><td>墩台号</td><td colspan="5">××</td><td>桩号</td><td>E2—7</td></tr>
<tr><td>桩径(mm)</td><td colspan="2">1200</td><td>桩长(m)</td><td colspan="2">30</td><td>设计桩尖高程(m)</td><td>12.2</td></tr>
<tr><td>钻机型号</td><td colspan="2">××</td><td>钻头形式</td><td colspan="2">××</td><td>钻头质量</td><td>××kg</td></tr>
<tr><td>护筒长度(m)</td><td colspan="2">2</td><td>护筒顶高程(m)</td><td colspan="2">42.2</td><td>护筒埋置深度(m)</td><td>2</td></tr>
<tr><td>日期</td><td>时间</td><td>工作内容</td><td>冲程</td><td>冲击次数</td><td>钻进深度</td><td>孔底标高</td><td></td></tr>
<tr><td>2009.6.14</td><td>06:00～08:00</td><td>开孔</td><td>0.8m</td><td>7(次/分)</td><td>0.8</td><td>41.4m</td><td></td></tr>
<tr><td></td><td>08:00～10:00</td><td>冲孔</td><td>0.8m</td><td>7(次/分)</td><td>0.8</td><td>40.6m</td><td>清渣</td></tr>
<tr><td></td><td>10:00～12:30</td><td>冲孔</td><td>1.0</td><td>6(次/分)</td><td>1.0</td><td>39.6m</td><td></td></tr>
<tr><td></td><td>12:30～15:30</td><td>冲孔</td><td>1.5</td><td>5(次/分)</td><td>1.5</td><td>38.1m</td><td>清渣</td></tr>
<tr><td></td><td>15:30～17:30</td><td>冲孔</td><td>1.5</td><td>5(次/分)</td><td>1.5</td><td>36.6m</td><td></td></tr>
<tr><td></td><td>17:30～19:30</td><td>冲孔</td><td>2.0</td><td>4(次/分)</td><td>2</td><td>34.6m</td><td>清渣</td></tr>
<tr><td></td><td>…</td><td>…</td><td>…</td><td>…</td><td>…</td><td>…</td><td></td></tr>
<tr><td>2009.6.15</td><td>05:00～07:00</td><td>成孔</td><td>2.0</td><td>7(次/分)</td><td>0.8</td><td>12.1m</td><td>清渣</td></tr>
<tr><td></td><td></td><td></td><td></td><td></td><td></td><td></td><td></td></tr>
<tr><td></td><td></td><td></td><td></td><td></td><td></td><td></td><td></td></tr>
<tr><td></td><td></td><td></td><td></td><td></td><td></td><td></td><td></td></tr>
<tr><td></td><td></td><td></td><td></td><td></td><td></td><td></td><td></td></tr>
<tr><td colspan="8">施工问题及处理方法记录:
(略)</td></tr>
<tr><td>施工员</td><td colspan="3">×××</td><td>记录人</td><td colspan="3">×××</td></tr>
</table>

十、钻孔桩钻进记录(旋转钻)

<table>
<tr><td colspan="6">钻孔桩钻进记录(旋转钻)
(表 C5－2－10)</td><td colspan="2">编号</td><td>×××</td></tr>
<tr><td>工程名称</td><td colspan="8">××市××道路工程</td></tr>
<tr><td>施工单位</td><td colspan="8">××市政建设集团有限公司</td></tr>
<tr><td>墩台号</td><td colspan="4">××</td><td colspan="2">桩号</td><td colspan="2">B5－1</td></tr>
<tr><td>桩径(mm)</td><td colspan="2">1200</td><td>桩长(m)</td><td>30</td><td colspan="2">设计桩尖高程(m)</td><td colspan="2">12.2</td></tr>
<tr><td>钻机型号</td><td colspan="2">反循环××</td><td>钻头形式</td><td>三翼式××</td><td colspan="2">钻头质量</td><td colspan="2">××</td></tr>
<tr><td>护筒长度(m)</td><td colspan="2">2</td><td>护筒顶高程(m)</td><td>42.2</td><td colspan="2">护筒埋置深度(m)</td><td colspan="2">2</td></tr>
<tr><td colspan="3">时间</td><td rowspan="2">工作内容</td><td colspan="2">钻进深度(m)</td><td rowspan="2">孔底高程(m)</td><td colspan="2" rowspan="2">记录</td></tr>
<tr><td>日期</td><td>起</td><td>止</td><td>本次</td><td>累计</td></tr>
<tr><td>2009.7.17</td><td>09:00</td><td>10:00</td><td>开孔</td><td>9.0</td><td>9.0</td><td>33.2</td><td></td><td></td></tr>
<tr><td></td><td>10:00</td><td>11:00</td><td>钻进</td><td>7.5</td><td>16.5</td><td>25.7</td><td></td><td></td></tr>
<tr><td></td><td>11:00</td><td>12:00</td><td>钻进</td><td>5.5</td><td>22.5</td><td>20.7</td><td></td><td></td></tr>
<tr><td></td><td>12:00</td><td>13:00</td><td>钻进</td><td>4.5</td><td>26.5</td><td>15.7</td><td></td><td></td></tr>
<tr><td></td><td>13:00</td><td>13:30</td><td>终孔</td><td>3.5</td><td>30.0</td><td>12.2</td><td></td><td></td></tr>
<tr><td></td><td></td><td></td><td></td><td></td><td></td><td></td><td></td><td></td></tr>
<tr><td></td><td></td><td></td><td></td><td></td><td></td><td></td><td></td><td></td></tr>
<tr><td></td><td></td><td></td><td></td><td></td><td></td><td></td><td></td><td></td></tr>
<tr><td></td><td></td><td></td><td></td><td></td><td></td><td></td><td></td><td></td></tr>
<tr><td></td><td></td><td></td><td></td><td></td><td></td><td></td><td></td><td></td></tr>
<tr><td></td><td></td><td></td><td></td><td></td><td></td><td></td><td></td><td></td></tr>
<tr><td></td><td></td><td></td><td></td><td></td><td></td><td></td><td></td><td></td></tr>
<tr><td colspan="9">施工问题及处理方法记录：
(略)</td></tr>
<tr><td>施工员</td><td colspan="3">×××</td><td colspan="3">记录人</td><td colspan="2">×××</td></tr>
</table>

注：本表由施工单位填写并保存。

十一、钻孔桩混凝土灌注前检查记录

钻孔桩混凝土灌注前检查记录 （表 C5—2—11）						编号	×××
工程名称		××市××路桥梁工程					
施工单位		××市政建设集团有限公司					
工程部位		6# 墩台				桩位编号	6—2
成孔检查	孔位偏差（cm）	前	后	左	右	孔垂直度	0.1%
		＋1	—1	＋1	—1	设计孔底标高（m）	—10.100
	设计直径（m）	1.5				成孔孔底标高（m）	—10.320
	成孔直径（m）	＞1.5				灌注前孔底标高（m）	—10.300
钢筋骨架	骨架总长（m）	11.720				骨架底面标高（m）	—10.100
	骨架每节长（m）	9＋3.32				骨架连接方法	单面焊
检查意见	上述检查项目符合设计要求和施工规范规定，全格。						
技术负责人		测量员		质检员		日期	
×××		×××		×××		2009 年 6 月 28 日	

注：本表由施工单位填写。

“钻孔桩混凝土灌注前检查记录”填表说明

本表参照《建筑桩基技术规范》（JGJ 94—2008）标准填写。

【填写要点】

1. 本表适用于钻（挖）孔桩的成孔检查。

2. 本表由项目质检员在项目技术负责人、质检员、监理工程师现场检查验收后填写。

3. 钻孔达到设计标高后，应对孔深、孔径进行检查，符合下表的要求后方可清孔。在吊入钢筋骨架后，灌注水下混凝土之前，应再次检查孔内泥浆性能指标和孔底沉淀厚度，如通过规定，应进行第二次清孔，符合要求后方可灌注水下混凝土。

钻、挖孔成孔质量标准

项　　目	允 许 偏 差
孔的中心位置(mm)	群桩:100;单排桩:50
孔径(mm)	不小于设计桩径
倾斜度	钻孔:小于1%;挖孔:小于0.5%
孔深	摩擦桩:不小于设计规定 支承桩:比设计深度超深不小于50mm
沉淀厚度(mm)	摩擦桩:符合设计要求,当设计无要求时,对于直径≤1.5m的桩,≤300mm;对桩径>1.5m或桩长>40m或土质较差的≤500mm 支承桩:不大于设计规定

4. 钻(挖)孔中出现的问题及处理方法:如无异常情况(坍孔、遇孤石等)填正常;有异常情况进行说明并对处理情况予以说明。成孔孔底标高,为灌注前孔底标高;成孔直径,为实测孔壁直径最小值;骨架每节长为未下孔前钢筋笼每节长度。

十二、钻孔桩水下混凝土浇注记录

钻孔桩水下混凝土浇注记录 (表C5—2—12)				编号	×××
工程名称	××市××路××桥梁工程		施工单位	××市政建设集团有限公司	
工程部位	B3—1桩基		桩位编号	B3—1	
墩台号	B3			桩号	
柱径(mm)	1500	桩长(m)	12.0	设计桩底高程(m)	−12.3
浇注前孔底标高(m)	−12.3	护筒顶标高(m)	2.5	钢筋骨架底标高(m)	−12.1
计算混凝土方量(m^2)	21.2	混凝土强度等级	C25	水泥品种等级	P·O42.5
坍落度(mm)	190	200			

时间	护筒顶至混凝土面深度(m)	护筒顶至导管下口深度(m)	导管拆除数量		实灌混凝土数量	
			节数	长度(m)	本次数量(m^3)	累计数量(m^3)
09:10～09:30	11.4	12.4	0	0	4.0	4.0
09:35～10:15	6.4	7.4	2	5.5	10.5	14.5
10:20～11:20	2.8	2.0	3	7	8.0	22.5

（续）

时间	护筒顶至混凝土面深度(m)	护筒顶至导管下口深度(m)	导管拆除数量		实灌混凝土数量	
			节数	长度(m)	本次数量(m^3)	累计数量(m^3)
钢筋位置、孔内情况、停灌原因、停灌时间、处理情况等记录						
施工员	×××			记录人	×××	

注：本表由施工单位填写。

“钻孔桩水下混凝土浇注记录”填表说明

本表参照《建筑桩基技术规范》(JGJ 94—2008)标准填写。

【填写要点】

1. 本表适用于钻孔灌注桩的混凝土浇筑记录。

2. 本表由项目质检员负责填写、项目技术负责人、施工负责人、监理工程师签字。

3. 首批灌注混凝土的数量应能满足导管首次埋置深度(≥1.0m)和填充导管底部的需要、所需混凝土数量可参考 JTG/TF 50—2011 公式(6.5.4)计算：

$$V \geqslant \frac{\pi D^2}{4}(H_1 + H_2) + \frac{\pi d^2}{4} h_1$$

4. 首批混凝土拌合物下落后，混凝土应连续灌注。在灌注过程中，导管的埋置深度宜控制在 2～6m。在灌注过程中，应经常测探井孔内混凝土面的位置，及时地调整导管埋深。

5. 灌注顶至混凝土面深度，是浇注混凝土后用测绳测量的深度；护筒顶至导管下口深度，按照导管安装的长度计算；导管拆除节数：是保持高于混凝土面 2～6m 后实际拆除节数；长度指拆出的导管的长度。

十三、沉入桩检查记录

<table>
<tr><td colspan="6">沉入桩检查记录
（表C5－2－13）</td><td>编号</td><td>×××</td></tr>
<tr><td colspan="2">工程名称</td><td colspan="6">××桥梁工程</td></tr>
<tr><td colspan="2">施工单位</td><td colspan="6">××市政建设集团</td></tr>
<tr><td colspan="2">桩位及编号</td><td colspan="4">1～3号桩、03号</td><td>桩长</td><td>25m</td></tr>
<tr><td colspan="2">断面形成</td><td colspan="3">矩形</td><td>断面规格</td><td colspan="2">40cm×40cm</td></tr>
<tr><td colspan="2">材料种类</td><td colspan="3">混凝土</td><td colspan="2">混凝土强度等级</td><td>C40</td></tr>
<tr><td colspan="2">打桩锤类型</td><td colspan="2">D25</td><td>冲击部分质量(1)</td><td>1.2t</td><td>桩帽及送桩质量</td><td>5.56t</td></tr>
<tr><td colspan="2">桩尖设计标高</td><td colspan="2">－21.3</td><td>停打桩尖标高</td><td>－21.3</td><td>设计要求贯入度</td><td>≤15cm/10击</td></tr>
<tr><td rowspan="2">日期</td><td rowspan="2">起目时间</td><td rowspan="2">锤击次数</td><td colspan="3">下沉量(cm)</td><td rowspan="2">累计标高(m)</td><td rowspan="2">打桩过程情况记载</td></tr>
<tr><td>本次下沉</td><td>平均每锤下沉</td><td>累计下沉</td></tr>
<tr><td>×××</td><td>8:00—8:30</td><td>50</td><td>130</td><td>2.6</td><td>130</td><td>××</td><td>正常</td></tr>
<tr><td></td><td></td><td></td><td></td><td></td><td></td><td></td><td></td></tr>
<tr><td></td><td></td><td></td><td></td><td></td><td></td><td></td><td></td></tr>
<tr><td></td><td></td><td></td><td></td><td></td><td></td><td></td><td></td></tr>
<tr><td></td><td></td><td></td><td></td><td></td><td></td><td></td><td></td></tr>
<tr><td></td><td></td><td></td><td></td><td></td><td></td><td></td><td></td></tr>
<tr><td></td><td></td><td></td><td></td><td></td><td></td><td></td><td></td></tr>
<tr><td></td><td></td><td></td><td></td><td></td><td></td><td></td><td></td></tr>
<tr><td colspan="8">桩位平面示意图：
（略）</td></tr>
<tr><td colspan="2" rowspan="2">监理(建设)单位</td><td colspan="6">施工单位</td></tr>
<tr><td colspan="2">技术负责人</td><td colspan="2">施工员</td><td colspan="2">记录人</td></tr>
<tr><td colspan="2">××监理站</td><td colspan="2">×××</td><td colspan="2">×××</td><td colspan="2">×××</td></tr>
</table>

注：本表由施工单位填写。

十四、混凝土开盘鉴定

<table>
<tr><td colspan="6" rowspan="2">混凝土开盘鉴定
（表 C5－2－18）</td><td colspan="2" rowspan="2">编号</td><td>×××</td></tr>
<tr><td></td></tr>
<tr><td colspan="2">工程名称与部位</td><td colspan="4">××市××路桥梁工程　B桥桥面铺装</td><td colspan="2">鉴定编号</td><td>×××</td></tr>
<tr><td colspan="2">施工单位
（混凝土供应单位）</td><td colspan="4">××混凝土有限公司</td><td colspan="2">搅拌设备</td><td>强制式搅拌机</td></tr>
<tr><td colspan="2">申请强度等级</td><td colspan="4">C40</td><td colspan="2">要求坍落度</td><td>140～160(mm)</td></tr>
<tr><td colspan="2">配合比编号</td><td colspan="4">2009－0180</td><td colspan="2">试配单位</td><td>××试验室</td></tr>
<tr><td colspan="2">水灰比</td><td colspan="4">0.41</td><td colspan="2">砂率</td><td>41　%</td></tr>
<tr><td colspan="2">材料名称</td><td>水泥</td><td>砂</td><td>石</td><td>水</td><td>掺合料</td><td>外加剂</td><td></td></tr>
<tr><td colspan="2">第 m^3 用量(kg)</td><td>311</td><td>753</td><td>1084</td><td>170</td><td>50</td><td>13.11</td><td></td></tr>
<tr><td colspan="2" rowspan="2">调整后每盘用量
(kg)</td><td>160</td><td>397</td><td>528</td><td>68</td><td>26</td><td>6.6</td><td></td></tr>
<tr><td colspan="7">注：砂含水率：5.4%；砂含石率：0%；石含水率：0.2%</td></tr>
<tr><td rowspan="4">鉴定
结果</td><td rowspan="2">鉴定项目</td><td colspan="2">混凝土拌合物</td><td colspan="2" rowspan="2">混凝土试块抗压强度 $f_{cu,28}$(MPa)</td><td colspan="3" rowspan="2">原材料与申请单
是否相符</td></tr>
<tr><td>坍落度</td><td>保水性</td></tr>
<tr><td>申请</td><td>140～
160mm</td><td>良好</td><td colspan="2" rowspan="2">50.8</td><td colspan="3">相符合</td></tr>
<tr><td>实测</td><td>160mm</td><td>良好</td><td colspan="3"></td></tr>
<tr><td colspan="9">鉴定意见：
混凝土配合比中，组成材料与现场施工所用材料相符合，混凝土拌合物性能满足要求。同意 C40 混凝土开盘鉴定结果，鉴定合格</td></tr>
<tr><td colspan="2">监理（建设）单位</td><td colspan="2">混凝土试配单位</td><td colspan="3">施工单位
（混凝土供应单位）</td><td colspan="2">搅拌机（站）负责人</td></tr>
<tr><td colspan="2">×××</td><td colspan="2">×××</td><td colspan="3">×××</td><td colspan="2">×××</td></tr>
<tr><td colspan="2">鉴定日期</td><td colspan="7">2009 年 3 月 27 日</td></tr>
</table>

注：本表由施工单位（或混凝土供应单位）填写并保存。

十五、混凝土浇筑记录

<table>
<tr><td colspan="4" rowspan="2">混凝土浇筑记录
（表 C5－2－19）</td><td colspan="2" rowspan="2">编号</td><td colspan="3">×××</td></tr>
<tr><td colspan="3"></td></tr>
<tr><td colspan="2">工程名称</td><td colspan="7">××市××路段桥梁工程</td></tr>
<tr><td colspan="2">施工单位</td><td colspan="7">××市政建设集团有限公司</td></tr>
<tr><td colspan="2">浇筑部位</td><td colspan="4">2－1 墩柱</td><td>设计强度等级</td><td colspan="2">C30</td></tr>
<tr><td colspan="2">浇筑开始时间</td><td colspan="4">2009 年 10 月 5 日 20 时</td><td>浇筑完成时间</td><td colspan="2">2009 年 10 月 5 日 21 时</td></tr>
<tr><td colspan="2">天气情况</td><td>晴</td><td>室外气温</td><td>14℃</td><td colspan="2">混凝土完成数量</td><td colspan="2">25.25m³</td></tr>
<tr><td rowspan="3">混凝土来源</td><td rowspan="2">预拌混凝土</td><td>生产厂家</td><td colspan="3">××混凝土有限公司</td><td colspan="2">供料强度等级</td><td>C30</td></tr>
<tr><td>运输单编号</td><td colspan="6">E4070－11323</td></tr>
<tr><td colspan="2">自拌混凝土开盘鉴定编号</td><td colspan="6">/</td></tr>
<tr><td>实测坍落度</td><td>80mm</td><td>出盘温度</td><td>17℃</td><td>入模温度</td><td colspan="4">16℃</td></tr>
<tr><td colspan="3">试件留置种类、数量、编号</td><td colspan="6">抗压试块 2 组 编号：××、××
同条件试块 1 组 编号：××</td></tr>
<tr><td colspan="2">混凝土浇筑中出现的问题及处理情况</td><td colspan="7">浇筑中未出现问题，正常</td></tr>
<tr><td colspan="2">施工负责人</td><td colspan="2">×××</td><td colspan="2">填表人</td><td colspan="3">×××</td></tr>
</table>

注：本表由施工单位填写。

十六、混凝土养护测温记录

混凝土养护测温记录 （表 C5－2－20）												编号			×××
工程名称		××市××路桥梁工程						工程部位				1－B桥台、2－B、3－B盖梁			
施工单位		××市政建设集团有限公司													
测温方法		温度计						养护方法				电热毯、棉被			
测温时间			大气温度（℃）	测点温度（℃）										平均温度（℃）	
月	日	时		1	2	3	4	5	6	7	8	9			
11	26	6:00	－3	12	12	11	12	12	12	10	11	13		11.7	
		10:00	4	14	15	14	16	14	14	16	13	15		14.6	
		14:00	9	16	16	17	15	16	16	15	17	17		16.1	
		18:00	3	12	14	12	12	14	13	13	11	14		12.8	
		22:00	－2	12	12	11	12	13	12	11	13	12		12.0	
11	27	02:00	－2	13	12	13	12	13	12	13	11	12		12.3	
		06:00	－2	13	12	13	12	13	13	12	11	12		12.3	
		10:00	5	14	15	17	15	16	17	15	12	15		15.1	
		14:00	10	15	18	17	18	15	17	17	18	15		16.7	
		18:00	3	12	15	12	12	15	13	13	13	16		13.4	
		22:00	－2	11	11	12	12	13	11	10	12	10		11.3	
11	28	02:00	－2	11	11	12	12	13	11	10	12	10		11.3	
		06:00	－2	10	11	12	13	12	10	11	10	12		11.2	
测温点布置示意图： （略）															
施工负责人					质检员						测温员				
×××					×××						×××				

注：本表施工单位可参照填写并保存。

十七、预应力张拉数据记录

预应力张拉数据记录 （表 C5－2－21）													编号			×××				
工程名称			××市×桥梁工程							施工单位			××市政建设集团有限公司							
部位	预应力钢筋编号	预应力钢筋种类	规格			张拉方式	抗拉标准强度（MPa）	张拉控制应力（MPa）	超张控制应力（MPa）	张拉初始应力（MPa）	控制张拉力（kN）	超张张拉力（kN）	张拉初始力（kN）	孔道累计转角 θ（rad）	孔道长度 X（m）	钢材弹性模量 E	孔道摩擦系数 μ	孔道偏差系数 k	实侧伸长值 ΔL（mm）	理论伸长值（mm）
			直径（mm）	根数	截面积（mm^2）															
5 号线	N_{1-1}	钢绞线	15.24	3	139	两端	1860	19.08 19.05	/	2.25 2.12	585.9	/	117.2	14°	17.069	196×10^3	0.19	0.0015	118	/
	N_{1-2}	钢铰线	15.24	3	139	两端	1860	19.08 19.05	/	2.25 2.12	585.9	/	117.2	14°	17.069	196×10^3	0.19	0.0015	118	/
	N_{2-1}	钢铰线	15.24	3	139	两端	1860	19.08 19.05	/	2.25 2.12	585.9	/	117.2	12°	16.960	196×10^3	0.19	0.0015	120	/
	N_{2-2}	钢铰线	15.24	3	139	两端	1860	19.08 19.05	/	2.25 2.12	585.9	/	117.2	12°	16.960	196×10^3	0.19	0.0015	120	/
监理（建设）单位		×××		技术负责人		×××		张拉负责人		×××		记录人	××年×月×日		张拉日期		××年×月×日			

十八、预应力筋张拉记录(一)

预应力筋张拉记录(一) (表C5－2－22)								编号			××× 	
工程名称	××桥梁工程					结构部位		预制梁板		构件编号	×××	
施工单位	××市政建设集团有限公司					张拉方式		先张法		张拉日期	××年×月×日	
预应力钢筋种类		钢铰线	规格	ϕ15.24		标准抗拉强度	(MPa)	1860	张拉时混凝土强度		(MPa)	
张拉机具设备编号	A端	千斤顶	QYCW－300	油耗资	Y2B2×1.5/63	压力表	012		理论伸长值(mm)		621	
	B端								断、滑线情况		无	
	初始应力			(MPa)	控制应力值		(MPa)	超张拉控制应力值		(MPa)		
预应力钢筋编号	预应力钢筋束长(m)	张拉初始力(kN)	初应力阶段油表读数 A端	初应力阶段油表读数 B端	控制张拉力(kN)	控制力阶段油表读数 A端	控制力阶段油表读数 B端	超张拉控制拉力(kN)	超张拉控制阶段油表读数 A端	超张拉控制阶段油表读数 B端	实测伸长值(mm)	伸长值偏差(%)
1	9.194	1.8	5.1		187.7	39.2					613	－1.3
2	9.194	1.8	5.1		187.7	39.2					620	－0.2
3	9.194	1.8	5.1		187.7	39.2					615	－1.0
4	9.194	1.8	5.1		187.7	39.2					626	－0.8
5	9.194	1.8	5.1		187.7	39.2					618	－0.5
6	9.194	1.8	5.1		187.7	39.2					623	＋0.3
7	9.194	1.8	5.1		187.7	39.2					617	－0.6
监理(建设)单位		施工单位										
		技术负责人				张拉负责人				记录人		
×××		×××				×××				×××		

注:本表由施工单位填写。

十九、预应力筋张拉记录(二)

预应力筋张拉记录(二) (表C5－2－23)					编号	×××	
构件编号	1号梁板	预应力束编号	N_{1-2}		张拉日期	2005年9月20日	
预应力钢筋种类	钢铰线	规格	ϕ15.24	标准抗拉强度(MPa)	1860	张拉时混凝土强度	46.3MPa
张拉控制应力 $\sigma_k=0.75f_{ptk}=1395$MPa					张拉时混凝土构件龄期		28d
张拉机具设备编号	A端	千斤顶	1号	油泵	110A	压力表	003
	B端		2号		110B		004
应力值(MPa)		初始应力阶段	139.5	控制应力阶段	1395	超张拉应力阶段	1464.75
张拉力(kN)			100.19		1001.89		1051.98
压力表读数(MPa)	A端		3.47		36.85		38.64
	B端		3.08		36.06		37.73
理论伸长值(cm)		17.0	计算伸长值(cm)			顶楔时压力表理论读数(MPa)	36.85/36.06
实测伸长值							
阶段	A端				B端		
	活塞伸出量(mm)		油表读数(MPa)		活塞伸出量(mm)	油表读数(MPa)	
初始应力阶段 σ_0	1.9		3.46		1.9	3.10	
相邻级别阶段 $2\sigma_0$							
倒顶							
二次张拉							
超张拉应力阶段	10.6		38.66		10.6	37.72	
控制应力阶段	10.2		36.83		10.2	36.05	
伸出量差值(mm)	$\Delta L_A=$				$\Delta L_B=$		
顶楔时压力表读数	A端		B端		实测伸长值(mm)	$\Sigma\Delta=17.2$	
实测伸长值(mm)					伸长值偏差(mm)	－1.2	
张拉应力偏差(%)	0.4						
滑丝、断丝情况	无						
监理(建设)单位	施工单位						
	技术负责人		施工员		记录人		
×××	×××		×××		×××		

注:本表由施工单位填写。

"预应力筋张拉记录"填表说明

本表参照《混凝土结构工程施工质量验收规范》(GB 50204—2015)标准填写。

【填写依据】

1. 后张法预应力工程的施工应由具有相应资质等级的预应力专业施工单位承担。

2. 预应力筋张拉机具设备及仪表,应定期维护和校验。张拉设备应配套标定,并配套使用。张拉设备的标定期限不应超过半年。当在使用过程中出现反常现象时或在千斤顶检修后,应重新标定。

3. 预应力筋张拉或放张时,混凝土强度应符合设计要求;当设计无具体要求时,不应低于设计的混凝土立方体抗压强度标准值的75%。

4. 预应力筋的张拉力、张拉或放张顺序及张拉工艺应符合设计及施工技术方案的要求,并应符合下列规定:

(1)当施工需要超张拉时,最大张拉应力不应大于国家现行标准《混凝土结构设计规范》(GB 50010—2010)的规定。

(2)张拉工艺应能保证同一束中各根预应力筋的应力均匀一致。

(3)后张法施工中,当预应力筋是逐根或逐束张拉时,应保证各阶段不出现对结构不利的应力状态;同时宜考虑后批张拉预应力筋所产生的结构构件的弹性压缩对先批张拉预应力筋的影响,确定张拉力。

(4)先张法预应力筋放张时,宜缓慢放松锚固装置,使各根预应力筋同时缓慢放松。

(5)当采用应力控制方法张拉时,应校核预应力筋的伸长值。实际伸长值与设计计算理论伸长值的相对允许偏差为±6%。

5. 预应力筋张拉锚固后实际建立的预应力值与工程设计规定检验值的相对允许偏差为±5%。

6. 张拉过程中应避免预应力筋断裂或滑脱;当发生断裂或滑脱时,必须符合下列规定:

(1)对后张法预应力结构构件,断裂或滑脱的数量严禁超过同一截面预应力筋总根数的3%,且每束钢丝不得超过一根;对多跨双向连续板其同一截面应按每跨计算。

(2)对先张法预应力构件,在浇筑混凝土前发生断裂或滑脱的预应力筋必须予以更换。

7. 预应力分项工程施工技术资料主要内容:

(1)预应力专业施工单位资质;

(2)施工方案(或技术交底):重点要反映出工程特点,施工强度要求,预应力筋分布情况,张拉力数值,张拉工艺理论伸长值计算等;

(3)张拉设备校定应由具有计量设备检定资格的单位完成;

(4)预应力用钢材出厂质量证明及试验报告;

(5)预应力筋张拉记录:

预应力筋张拉记录(Ⅰ)包括:预应力施工部位、预应力筋规格及抗拉强度、张拉程序、平面示意图、应力记录、伸长量等;

预应力筋张拉记录(Ⅱ)包括:对每根预应力筋的张拉伸长实测值进行记录。

二十、预应力张拉孔道压浆记录

<table>
<tr><td colspan="3" rowspan="2">预应力张拉孔道压浆记录
(表C5-2-24)</td><td rowspan="2">编号</td><td colspan="2">×××</td></tr>
<tr><td colspan="2"></td></tr>
<tr><td>工程名称</td><td colspan="5">××市××路桥梁工程</td></tr>
<tr><td>施工单位</td><td colspan="2">××市政建设集团有限公司</td><td>施工日期</td><td colspan="2">××年×月×日</td></tr>
<tr><td>构件部件</td><td colspan="2">20m中板</td><td>构件部位编号</td><td colspan="2">2-3-1号</td></tr>
<tr><td>水泥品种及强度等级</td><td colspan="2">P·O 42.5</td><td>外加剂</td><td colspan="2">/</td></tr>
<tr><td>水灰比</td><td colspan="2">0.40</td><td>水泥浆稠度</td><td colspan="2">15s</td></tr>
<tr><td>孔道编号</td><td>起止时间
(时/分)</td><td>压力
(MPa)</td><td>大气温度
(℃)</td><td>净浆温度
(℃)</td><td>压浆强度(28d)
(MPa)</td></tr>
<tr><td>N_{1-1}</td><td>××-××</td><td>0.6</td><td>+10</td><td>+16</td><td>38.3</td></tr>
<tr><td>N_{1-2}</td><td>××-××</td><td>0.6</td><td>+10</td><td>+16</td><td>38.3</td></tr>
<tr><td>N_{2-1}</td><td>××-××</td><td>0.6</td><td>+10</td><td>+16</td><td>38.3</td></tr>
<tr><td>N_{2-2}</td><td>××-××</td><td>0.6</td><td>+10</td><td>+16</td><td>38.3</td></tr>
<tr><td></td><td></td><td></td><td></td><td></td><td></td></tr>
<tr><td></td><td></td><td></td><td></td><td></td><td></td></tr>
<tr><td></td><td></td><td></td><td></td><td></td><td></td></tr>
<tr><td></td><td></td><td></td><td></td><td></td><td></td></tr>
<tr><td></td><td></td><td></td><td></td><td></td><td></td></tr>
<tr><td></td><td></td><td></td><td></td><td></td><td></td></tr>
<tr><td></td><td></td><td></td><td></td><td></td><td></td></tr>
<tr><td></td><td></td><td></td><td></td><td></td><td></td></tr>
<tr><td></td><td></td><td></td><td></td><td></td><td></td></tr>
<tr><td></td><td></td><td></td><td></td><td></td><td></td></tr>
</table>

（续）

备注：			
监理（建设）单位	施工单位		
	技术负责人	施工员	记录人
×××	×××	×××	×××

注：本表由施工单位填写。

“预应力张拉孔道压浆记录”填表说明

本表参照《混凝土结构工程施工质量验收规范》（GB 50204—2015）标准填写。

【填写依据】

1. 孔道压浆：预应力筋张拉后，利用灰浆泵将水泥浆压到预应力孔道中，其作用：一是保护预应力筋；二是使预应力筋与构件混凝土有效黏结，以控制超载时裂缝的间距与宽度并减轻梁端锚具的负荷作用。

2. 压浆材料：用普通硅酸盐水泥和矿渣硅酸盐水泥（标号低于 42.5），掺入外水剂（铝粉和木质素磺酸钙等）配制的水泥浆。

3. 水泥浆中不得掺入氯化物、硫化物和硝酸盐，防止预应力筋受到腐蚀。

4. 水泥浆的水灰比为 0.4～0.45。

5. 水泥浆的强度不应低于 M20（灰浆强度等级 M20）系指立方体抗压强度为 20MPa，水泥浆试块用 7.07cm 的立方体无底模制作。

6. 后张法预应力张拉施工应实行见证管理，按规定做见证张拉记录，见证人应对所见证的预应力张拉记录进行见证签字并加盖见证印章。

7. 预应力工程施工记录，应由专业施工工长组织张拉施工并记录，专业技术负责人组织质检员专业工长、班组长等核验签字认可。

8. 预应力工程应由有相应资质的专业施工单位承担施工，其预应力张拉和应力检测的原始记录应归档保存。

【填写要点】

1. 工程名称：填写单位工程名称。

2. 施工单位：填写承包打桩单位名称。

3. 构件部位编号：构件为板、梁、等。编号为构件编号。

4. 压力：灰浆泵的压力表工作压力。

5. 28 天的压浆强度：水泥浆试块 28 天的强度。

二十一、构件吊装施工记录

<table>
<tr><td colspan="3">构件吊装施工记录
（表 C5－2－25）</td><td>编号</td><td>×××</td></tr>
<tr><td>工程名称</td><td colspan="4">××市××路桥梁工程</td></tr>
<tr><td>施工单位</td><td colspan="4">××市政建设集团有限公司</td></tr>
<tr><td>吊装单位</td><td colspan="2">××工程有限公司</td><td>吊装构件数量</td><td>24 片</td></tr>
<tr><td>构件名称</td><td colspan="2">预应力混凝土梁</td><td>规格型号</td><td>BL15－B、ZL15－B</td></tr>
<tr><td>安装位置</td><td colspan="2">B 桥 1～2 轴、3～4 轴</td><td>吊装日期</td><td>2005 年 7 月 5 日</td></tr>
<tr><td colspan="5">吊装过程及质量情况简要记录：
吊装过程：根据施工现场的条件及板梁的重量，选用 2 台 80t 汽车吊双机作业，吊车在 5 日晚上 10:00 到现场，一辆在南桥台搭板处就位，一辆在东侧辅桥上就位，晚上 10:45 运梁车进场，停在东侧辅桥上两吊车工作半径内，选吊南侧边跨东边梁 BL15－B. 自东向西依次就位 6 片梁，再将东侧辅桥上吊移至两侧辅桥上，开始就位南侧边跨西边梁 BL15－B. 自西向东依次就位 6 片梁。南侧梁就位至晚 11:50 顺利完成；将两吊车移至北侧，与南侧就位及吊装方法相同，北侧在 6 日早晨 6:30 顺利完成。
质量检查情况：经检查，24 片预应力混凝土梁安装位置准确，就位平稳；安装标高符合图纸要求；采用球形支座固定可靠；目侧、实测实量质量情况良好，安装偏差分别为××、××，在规范允许偏差范围内。合格。</td></tr>
<tr><td colspan="5">发生的问题及处理情况：
吊装顺利完成。</td></tr>
<tr><td>施工负责人</td><td>×××</td><td colspan="2">记录人</td><td>×××</td></tr>
</table>

注：本表由施工单位填写。

“构件吊装施工记录”填表说明

本表参照《混凝土结构工程施工质量验收规范》（GB 50204—2015）、《钢结构工程施工质量验收规范》（GB 50205—2001）、《木结构工程施工质量验收规范》（GB 50206—2012）标准填写。

【填写依据】

1. 构件吊装记录适用于大型预制混凝土构件、钢构件、木构件的安装。吊装记录内容包括构件名称、安装位置、搁置与搭接长度、接头处理、固定方法、标高等。

2. 有关构件吊装规定，允许偏差和检验方法见相关标准、规范。

预制钢筋混凝土大型构件、钢结构的吊装，应填写《构件吊装施工记录》。对于大型设备的安装，应由吊装单位提供相应的记录。

吊装过程简要记录重点说明平面位置、高程偏差、垂直度；就位情况、固定方法、接缝处理等需要说明的问题。

【填写要点】

表中各项均应填写清楚、齐全、准确，并附吊装图。

吊装图：构件类别、型号、编号位置应与施工图纸及结构吊装施工记录一致，并注明图名、制图人、审核人及日期。

二十二、圆形钢筋混凝土构筑物缠绕钢丝应力测定记录

圆形钢筋混凝土构筑物缠绕钢丝应力测定记录 (表 C5－2－26)					编号	×××
工程名称	××路冷却塔工程					
施工单位	××市政建设有限公司					
构筑物名称	冷却塔				构筑物外径	25m
锚固肋数	150		钢丝环数	350		
钢丝直径	9mm		每段钢筋长度	135m		
日期 (年/月/日)	环号	肋号	设计应力 (N/mm^2)	平均应力 (N/mm^2)	应力损失 (N/mm^2)	应力损失率 (%)
××年×月×日	3	4	1820	1826	4	0.3
监理(建设)单位	施工单位					
	技术负责人		施工员		记录人	
×××	×××		×××		×××	

注：本表由施工单位填写。

二十三、防水工程施工记录

防水工程施工记录 (表 C5－2－28)					编号	×××
工程名称	××市××路××桥梁工程					
施工单位	××市政建设集团有限公司					
分包单位	××市政防水有限公司					
施工部位	桥面防水层第一层					
施工日期	2009 年 10 月 29 日 6 时	天气情况	晴		气温	8℃～14℃
卷材品种及产地	××		试验编号	××		
缓冲层品种及产地	××		试验编号	××		
防水层完在数量	××m^2	完成时间	2009 年 10 月 29 日 10 时			
防水层接缝检查情况、防水层施工及成品保护情况	在施工前表面已经清除油脂、灰尘、污物、隔离剂等,并保持基面清洁干净,涂料施工前对基面进行湿润至饱和,桥面无明水现象。 涂料拌和,先将液体倒入容器,然后再将粉剂倒入液体中,同时边倒粉剂边搅拌。充分搅拌至无沉淀的乳胶状,在使用过程中保持间断性的搅拌,以防止沉淀。 施工用辊子及橡胶刮板将浆液均匀的涂于桥面上,涂层厚度 1.5mm,分两层涂刷,在检查涂刷接缝时,每 20m 一个点,并进行双向检查,使接缝控制在 1cm 以上,并自然养护 4h,4h 内避免人在上行走。					

监理(建设)单位	施工单位		分包单位		填表人
	施工负责人	质检员	施工负责人	质检员	
×××	×××	×××	×××	×××	×××
备注	本记录每喷铺设一次记录一张				

注:本表由实施防水作业的单位填写,施工单位保存。

“防水工程施工记录”填表说明

【填写依据】

1. 防水材料的品种、规格、性能、质量应符合设计要求和相关标准规定。

检查数量:全数检查。

检验方法:检查材料合格证、进场验收记录和质量检验报告。

2. 防水层、黏结层与基层之间应密贴,结合牢固。

检查数量：全数检查。

检验方法：观察、检查施工记录。

3. 混凝土桥面防水层黏结质量和施工允许偏差应符合下表的规定。

混凝土桥面防水层粘结质量和施工允许偏差

项目	允许偏差(mm)	检验频率		检验方法
		范围	点数	
卷材接茬搭接宽度	不小于规定	每 20 延米	1	用钢尺量
防水涂膜厚度	符合设计要求；设计未规定时±0.1	每 200m²	4	用测厚仪检测
粘结强度(MPa)	不小于设计要求，且≥0.3(常温)，≥0.2(气温≥35℃)	每 200m²	4	拉拔仪(拉拔速度：10mm/min)
抗剪强度(MPa)	不小于设计要求，且≥0.4(常温)，≥0.3(气温≥35℃)	1 组	3 个	剪节仪(剪切速度：10mm/min)
剥离强度(N/mm)	不小于设计要求，且≥0.3(常温)，≥0.2(气温≥35℃)	1 组	3 个	90°剥离仪(剪节速度：100mm/min)

4. 钢桥面防水粘结层质量应符合下表的规定。

钢桥面防水粘结层质量

项目	允许偏差(mm)	检验频率		检验方法
		范围	点数	
钢桥面清洁度	符合设计要求	全部		GB 8923—2011 规定标准图片对照检查
粘结层厚度	符合设计要求	每洒面段	6	用测厚仪检测
粘结层与基层结合力(MPa)	不小于设计要求	每洒布段	6	用拉拔仪检测
防水层总厚度	不小于设计要求	每洒布段	6	用测厚仪检测

5. 防水材料铺装或涂刷外观质量和细部做法应符合下列要求：

(1)卷材防水层表面平整，不得有空鼓、脱层、裂缝、翘边、油包、气泡和皱褶等现象；

(2)涂料防水层的厚度应均匀一致，不得有漏涂处；

(3)防水层与泄水口、汇水槽接合部位应密封，不得有漏封处。

检查数量：全数检查。

检验方法：观察。

第三节　道路、桥梁工程施工记录

一、沥青混凝土进场、摊铺测温记录

沥青混凝土进场、摊铺测温记录 （表 C5－3－1）				编号	×××
工程名称	××市××路桥梁工程			工程部位	主桥及南侧接顺路
施工单位	××市政建设集团有限公司				
摊铺日期	2009 年 3 月 27 日		环境温度	13℃	
生产厂家	运料车号	规格/数量	进场温度（℃）	摊铺温度（℃）	备注
××沥青混凝土公司	0247	AC－16 Ⅰ 90＃/26.0t	144	134	
××沥青混凝土公司	0249	AC－16 Ⅰ 90＃/23.7t	146	134	
××沥青混凝土公司	0248	AC－16 Ⅰ 90＃/27.8t	155	145	
××沥青混凝土公司	0398	AC－16 Ⅰ 90＃/39.1t	157	146	
××沥青混凝土公司	0092	AC－16 Ⅰ 90＃/23.7t	145	135	
××沥青混凝土公司	0399	AC－16 Ⅰ 90＃/39.2t	140	134	
××沥青混凝土公司	0095	AC－16 Ⅰ 90＃/30.4t	145	136	
××沥青混凝土公司	0289	AC－16 Ⅰ 90＃/27.4t	135	125	
××沥青混凝土公司	0316	AC－16 Ⅰ 90＃/27.9t	145	130	
质检员	×××		测温人	×××	

注：本表由施工单位填写。

“沥青混凝土进场、摊铺测温记录”填表说明

本表参照《城镇道路沥青路面再生利用技术规程》（CJJ/T 43—2014）标准填写。

【填写依据】

1. 热拌沥青混合料的摊铺应符合下列规定：

（1）热拌沥青混合料应采用机械摊铺。摊铺温度应符合下表的规定。城市快速路、主干路宜用两台以上摊铺机联合摊铺。每台机器的摊铺宽度宜小于6m。表面层宜采用多机全幅摊铺，减少施工接缝。

沥青混全料搅拌及压实时适宜温度相应的黏度

施工工序		石油沥青的标号			
		50号	70号	90号	110号
沥青加热温度		150～170	155～165	150～160	145～155
矿料加热温度	间隙式搅拌机	集料加热温度比沥青温度高10～30			
	连续式搅拌机	矿料加热温度比沥青温度高5～10			
沥青混合料出料温度		150～170	145～165	140～160	135～155
混合料贮料仓贮存温度		贮料过程中温度降低不超过10			
混合料废充温度，不低于①		115～165	140～155	135～145	130～140
混合料摊铺温度，不低于①		140～160	135～155	130～140	125～135
开始碾压的混合料内部温度不低于①		135～150	130～145	125～135	120～130

注：1. 沥青混合料的施工温度采用具有金属探测目的插入式数显温度计测量，表面温度可采用表面接触式温度测定，当用红外线温度计测量表面温度时，应进行标定；

2. 表中未列入的130号、160号及30号沥青的施工温度白试验确定；

3. ①常温下宜用低值、低温下宜用高值。

(2)摊铺机应具有自动或半自动方式调节摊铺厚度及找平的装置、可加热的振动熨平板或初步振动压实装置、摊铺宽度可调整等功能，且受料斗斗容应能保证更换运料车时连续摊铺。

(3)采用自动调平摊铺机摊铺最下层沥青混合料时，应使用钢丝或路缘石、平石控制高程与摊铺厚度，以上各层可用导梁引导高程控制，或采用声纳平衡梁控制方式，经摊铺机初步压实的摊铺层应符合平整度、横坡的要求。

(4)沥青混合料的最低摊铺温度根据气温、下卧层表面温度、摊铺层厚度与沥青混合料种类经试验确定。城市快速路、主干路不宜在气温低于10℃条件下施工。

2. 铺筑注意事项

(1)铺筑沥青混合料前，应检查确认下层的质量。当下层质量不符合要求，或未按规定洒布透层、粘层、铺筑下封层时，不得铺筑沥青混凝土面层。

(2)摊铺前根据虚铺厚度(虚铺系数)垫好垫木，调整好摊铺机，并对烫平板进行充分加热，为保证烫平板不变形，应采用多次加热，温度不宜低于80℃。

(3)摊铺过程中设专人检测摊铺温度、虚铺厚度，发现问题及时调整解决，并做好记录。包括沥青混合料规格、到场温度、摊铺温度、摊铺部位等。

二、碾压沥青混凝土测温记录

<table>
<tr><td colspan="4">碾压沥青混凝土测温记录
（表 C5－3－2）</td><td colspan="2">编号</td><td colspan="2">×××</td></tr>
<tr><td>工程名称</td><td colspan="3">××市××路桥梁工程</td><td colspan="2">工程部位</td><td colspan="2">主桥及南侧接顺路</td></tr>
<tr><td>施工单位</td><td colspan="7">××市政建设集团有限公司</td></tr>
<tr><td>环境温度(℃)</td><td>10</td><td>检测日期</td><td colspan="5">2005 年 3 月 27 日</td></tr>
<tr><td>时间
（时/分）</td><td>生产厂家</td><td>碾压段落
（桩号）</td><td>初压温度
(℃)</td><td>复压温度
(℃)</td><td>终压温度
(℃)</td><td colspan="2">备注</td></tr>
<tr><td>××</td><td>××沥青混凝土公司</td><td>K0＋135～K0＋182</td><td>125</td><td>100</td><td>85</td><td colspan="2"></td></tr>
<tr><td>××</td><td>××沥青混凝土公司</td><td>K0＋135～K0＋182</td><td>125</td><td>100</td><td>85</td><td colspan="2"></td></tr>
<tr><td>××</td><td>××沥青混凝土公司</td><td>K0＋135～K0＋182</td><td>125</td><td>100</td><td>85</td><td colspan="2"></td></tr>
<tr><td>××</td><td>××沥青混凝土公司</td><td>K0＋135～K0＋182</td><td>125</td><td>100</td><td>85</td><td colspan="2"></td></tr>
<tr><td>××</td><td>××沥青混凝土公司</td><td>K0＋135～K0＋182</td><td>125</td><td>100</td><td>85</td><td colspan="2"></td></tr>
<tr><td>××</td><td>××沥青混凝土公司</td><td>K0＋135～K0＋182</td><td>125</td><td>100</td><td>85</td><td colspan="2"></td></tr>
<tr><td></td><td></td><td></td><td></td><td></td><td></td><td colspan="2"></td></tr>
<tr><td></td><td></td><td></td><td></td><td></td><td></td><td colspan="2"></td></tr>
<tr><td></td><td></td><td></td><td></td><td></td><td></td><td colspan="2"></td></tr>
<tr><td></td><td></td><td></td><td></td><td></td><td></td><td colspan="2"></td></tr>
<tr><td>质检员</td><td colspan="2">×××</td><td colspan="2">测温人</td><td colspan="3">×××</td></tr>
</table>

注：本表由施工单位填写。

“碾压沥青混凝土测温记录”填表说明

本表参照《城镇道路沥青路面再生利用技术规程》(CJJ/T 43—2014)标准填写。

【填写依据】

1. 初压温度应符合下表的有关规定，以能稳定混合料，且不产生推移、发裂为准。

2. 终压温度应符合下表的有关规定。终压宜选用双轮钢筒式压路机，碾压至无明显轮迹为止。

施工工序	石油沥青的标号			
	50 号	70 号	90 号	110 号
开始碾压的混合料内部温度不低于	135～150	130～145	125～135	120～130
碾压终了的表面温度，不低于	80～85 75	70～80 70	65～75 60	60～40 55

注：1. 表中未列入的 130 号、160 号及 30 号沥青的施工温度由试验确定；

2. 常温下宜用低值、低温下宜用高值；

3. 视压路机类型而定，轮胎压路机取高值，振动压路机取低值。

【填写要点】

1. 本表适用于单位工程沥青混合料施工温度的测试记录。

2. 本表由施工单位负责填写，现场监理员负责监督。

3. 沥青混合料的到场温度检测，必须每车进行检测，到场的温度不低于120℃～150℃，若不能满足要求，必须退料，不能使用。

三、箱涵顶进施工记录

箱涵顶进施工记录 （表 C5－3－5）		编号	×××
工程名称	××桥梁工程		
施工单位	××市政建设集团		
箱函断面尺寸	m×　m	顶进方式	
千斤顶配备		箱体重量	5　t
设计最大顶力	1000kN	记录开始日期	××年×月×日

日期（班次）		进尺 cm	高程						中线		顶力	土质情况	备注
			前		中		后		左	右			
			设计	实际	设计	实际	设计	实际					
×日	早	100	85	86	115	135	135	135	3	5	500	砂浆黏土	
	中												
	晚												
日	早												
	中												
	晚												
日	早												
	中												
	晚												
日	早												
	中												
	晚												
日	早												
	中												
	晚												
日	早												
	中												
	晚												

施工负责人	×××	施工员	×××	测量员	×××

注：本表由施工单位填写。

“箱涵顶进施工记录”填表说明

【填写依据】

1. 顶进设备及其布置应符合下列规定：

(1)应根据计算的最大顶力确定顶进设备。千斤顶的顶力可按额定顶力的60%～70%计算。

(2)高压油泵及其控制阀等工作压力应与千斤顶匹配。

(3)液压系统的油管内径应按工作压力和计算流量选定，回油管路主油管的内径不得小于10mm，分油管的内径不得小于6mm。

(4)油管应清洗干净，油路布置合理，密封良好，液压油脂应过滤。

(5)顶进过程中，当液压系统发生故障时应立即停止运转，严禁在工作状态下检修。

2. 顶进箱涵的后背，必须有足够的强度、刚度和稳定性。墙后填土，宜利用原状土，或用砂砾、灰土(水泥土)夯填密实。

3. 安装顶柱(铁)，应与顶力轴线一致，并与横梁垂直，应做到平、顺、直。当顶程长时，可在4～8m处加横梁一道。

【填写要点】

1. 本记录表与顶管工程顶进记录表填写大致相仿，是管道工程顶进一个特殊情况，适用于埋地跨越铁路、公路、城市道路断面以钢性箱体涵顶进施工的质量验收记录。

2. 检验批的划分：

按《建筑工程施工质量验收统一标准》(GB 50300—2006)的规定。结合箱涵顶进工序宜按箱涵整个长度划分为一个检验批。

3. 填写注意：

(1)进尺：按地下作业条件(早、中、晚)以4h划分；进尺则填作业班实际长度(考虑顶进、纠偏工艺)。

(2)高程：前、中、后是指顶进箱体三点高程，重点在前后两点，中间点可不填，因箱体为刚性，中部不受控。

(3)中线：是左右侧偏差情况(以设计中线为基准)。

(4)顶力：随土质、顶进长度递增。

(5)土质：按掘进土质如实填写。

(6)备注：需示出设计箱涵流水面坡率。

4. 本表由施工单位项目测量负责人填写。

箱涵顶进施工每日早、中、晚三班检查或临时增加检查均采用本记录，检测记录内容包括顶力、进尺，箱体前、中、后高程，中线左右偏差，土质变化情况等，按规定进尺检测及加密频度检测均应采用书面记录形式。

第四节　管(隧)道工程施工记录

一、焊缝综合质量检查汇总记录

焊缝综合质量检查汇总记录 (表 C5－4－2)					编号		×××	
工程名称	××市××路(××路～××路)热力外线工程							
施工单位	××市政建设集团有限公司							
工程部位或起止桩号		K0＋0.00～K0＋741.5				要求焊缝等级		无损探伤Ⅱ级
序号	焊缝编号	焊工代号	焊接日期	外观质量	内部质量等级		焊缝质量综合评价	备注
					射线	超声		
1	K0＋01.05－G1	001 003	2005.5.3	Ⅱ	Ⅰ4			合格
2	K0＋03.75－H1	002 004	2005.5.8	Ⅱ	Ⅰ4			合格
3	K0＋03.317－G2	001 003	2005.5.10	Ⅱ	Ⅰ4			合格
4	K0＋05.682－H2	002 004	2005.5.12	Ⅱ	Ⅰ4			合格
综合说明：								
监理(建设)单位		施工单位						
		技术负责人		质检员		填表人		
××监理站		×××		×××		×××		
××年×月×日								

注：本表由施工单位填写。

“焊缝综合质量检查汇总记录”填表说明

本表参照《钢结构焊接规范》(GB 50661—2011)标准填写。

【填写依据】

1. 从事钢筋焊接的焊工必须经考试合格后持证上岗。钢筋焊接前，必须根据施工条件进行试焊。

2. 钢筋闪光对焊应符合下列规定：

(1)每批钢筋焊接前，应先选定焊接工艺和参数，进行试焊，在试焊质量合格后，方可正式焊接。

(2)闪光对焊接头的外观质量应符合下列要求：

1)接头周缘应有适当的镦粗部分，并呈均匀的毛刺外形；

2)钢筋表面不得有明显的烧伤或裂纹；

3)接头边弯折的角度不得大于3°；

4)接头轴线的偏移不得大于0.1d，并不得大于2mm。

(3)在同条件下经外观检查合格的焊接接头，以300个作为一批(不足300个，也应按一批计，从中切取6个试件，3个做拉伸试验，3个做冷弯试验)。

(4)拉伸试验应符合下列要求：

1)当3个试件的抗拉强度均不小于该级别钢筋的规定值，至少有2个试件断于焊缝以外，且呈塑性断裂时，应判定该批接头拉伸试验合格；

2)当有2个试件抗拉强度小于规定值，或3个试件均在焊缝或热影响区发生脆性断裂时，则一次判定该批接头为不合格；

3)当有1个试件抗拉强度小于规定值，或2个试件在焊缝或热影响区发生脆性断裂，其抗拉强度小于钢筋规定值的1.1倍时，应进行复验。复验时，应再切取6个试件，复验结果当仍有1个试件的抗拉强度小于规定值，或3个试件在焊缝或热影响区呈脆性断裂，其抗拉强度小于钢筋规定值的1.1倍时，应判定该批接头为不合格。

(5)冷弯试验芯棒直径和弯曲角度应符合下表的规定：

冷弯试验指标

钢筋牌号	芯棒直径	弯曲角(″)
HRB335	$4d$	90
HRB400	$5d$	90

注：d为钢筋直径；冷弯试验时应将接头内侧的金属毛刺和镦粗凸起部分消除至与钢筋的外表齐平。焊接点应位于弯曲中心，绕芯棒弯曲90°。3个试件经冷弯后，在弯曲背面(含焊缝和热影响区)未发生破裂，应评定该批接头冷弯试验合格；当3个试件均发生破裂，则一次判定该批接头为不合格。当有1个试件发生破裂，应再切取6个试件，复验结果，仍有1个试件发生破裂时，应判定该批接头为不合格。

(6)焊接时的环境温度不宜低于 0℃。冬期闪光对焊宜在室内进行，且室外存放的钢筋应提前运入车间，焊后的钢筋应等待完全冷却后才能运往室外。

在困难条件下，对以承受静力荷载为主的钢筋，闪光对焊的环境温度可降低，但最低不得低于－10℃。

3. 热轧光圆钢筋和热轧带肋钢筋的接头采用搭接或帮条电弧焊时，应符合下列规定：

(1)接头应采用双面焊缝，在脚手架上进行双面焊困难时方可采用单面焊。

(2)当采用搭接焊时，两连接钢筋轴线应一致。双面焊缝的长度不得小于 5d，单面焊缝的长度不得小于 10d(d 为钢筋直径)。

(3)当采用帮条焊时，帮条直径、级别应与被焊钢筋一致，帮条长度，双面焊缝不得小于 5d，单面焊缝不得小于 10d(d 为主筋直径)。帮条与被焊钢筋的轴线应在同一平面上，两主筋端面的间隙应为 2～4mm。

(4)搭接焊和帮条焊接头的焊缝高度应等于或大于 0.3d，并不得小于 4mm，焊缝宽度应等于或大于 0.7d(d 为主筋直径)，并不得小于 8mm。

(5)钢筋与钢板进行锚接焊时应采用双面焊接，搭接长度应大于钢筋直径的 4 倍(HPB235 钢筋)或 5 倍(HRB335、HRB400 钢筋)。焊缝高度应等于或大于 0.35d，且不得小于 4mm；焊缝宽度应等于或大于 0.5d，并不得小于 6mm(d 为钢筋直径)。

(6)采用搭接焊、帮条焊的接头，应逐个进行外观检查。焊缝表面应平顺，无裂纹，夹渣和较大的焊瘤等缺陷。

(7)在同条件下完成并经外观检查合格的焊接接头，以 300 个作为一批(不足 300 个，也按一批计)，从中切取 3 个试件，做拉伸试验，拉伸试验应符合相关规范规定。

二、焊缝排位记录及示意图

焊缝排位记录及示意图 (表 C5－4－3)		编号	×××
工程名称	××市××路(××路～××路)热力外线工程		
施工单位	××市政建设集团有限公司		
施工部位	K0＋0.00～K0＋741.5	绘图日期	2009 年 10 月 22 日

（续）

示意图：应表示出焊缝相对位置及焊缝编号

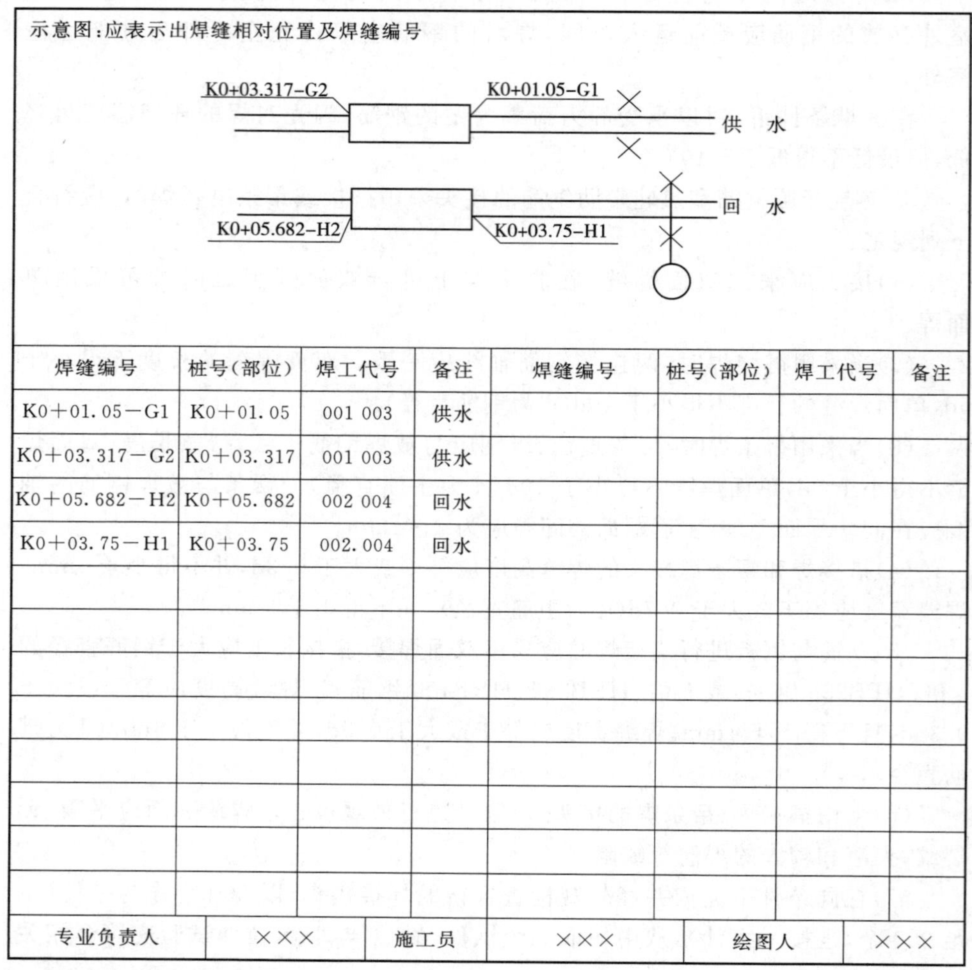

焊缝编号	桩号（部位）	焊工代号	备注	焊缝编号	桩号（部位）	焊工代号	备注
K0＋01.05－G1	K0＋01.05	001 003	供水				
K0＋03.317－G2	K0＋03.317	001 003	供水				
K0＋05.682－H2	K0＋05.682	002 004	回水				
K0＋03.75－H1	K0＋03.75	002.004	回水				

专业负责人	×××	施工员	×××	绘图人	×××

注：本表由施工单位填写。

“焊缝排位记录及示意图”填表说明

【填写依据】

1. 热轧钢筋接头应符合设计要求。当设计无规定时，应符合下列规定：

（1）钢筋接头宜采用焊接接头或机械连接接头。

（2）焊接接头应优先选择闪光对焊。焊接接头应符合国家现行标准《钢结构焊接规范》（GB 50661—2011）的有关规定。

（3）机械连接接头适用于 HRB335 和 HRB400 带肋钢筋的连接。机械连接接头应符合国家现行标准《钢筋机械连接技术规程》（JGJ 107—2010）的有关规定。

（4）当普通混凝土中钢筋直径等于或小于 22mm 时，在无焊接条件时，可采用绑扎连接，但受拉构件中的主钢筋不得采用绑扎连接。

(5)钢筋骨架和钢筋网片的交叉点焊接宜采用电阻点焊。

(6)钢筋与钢板的T形连接，宜采用埋弧压力焊或电弧焊。

2. 钢筋接头设置应符合下列规定：

(1)在同一根钢筋上宜少设接头。

(2)钢筋接头应设在受力较小区段，不宜位于构件的最大弯短处。

(3)在任一焊接或绑扎接头长度区段内，同一根钢筋不得有两个接头，在该区段内的受力钢筋，其接头的截面面积占总截面面积的百分率应符合下表规定。

接头长度区段内受力钢筋接头面积的最大百分率

接头类型	接头面积最大百分率(%)	
	受拉区	受压区
主筋钢筋绑扎接头	25	50
主筋焊缝接接头	50	不限制

注：1. 焊接接头长度区段内是35d(d为钢筋直径)长度范围内，但不得小于500mm，绑扎接头长度区段是指1.3倍搭接长度；

2. 装配时构件连接处的受力钢筋焊接接头可不受此限制；

3. 环氧树脂涂层钢筋搭接长度，对受拉钢筋应至少为钢筋锚固长度的1.5倍且不小于375mm；对受压钢筋为无涂层钢筋锚固长度的1.0倍且不小于250mm；

4. 接头末端至钢筋弯起点的距离不得小于钢筋直径的10倍；

5. 施工中钢筋受力分不清受拉、压的，按受拉办理；

6. 钢筋接头部位横向净距不得小于钢筋直径，且不得小于25mm。

三、聚乙烯管道连接记录

<table>
<tr><td colspan="4" rowspan="2">聚乙烯管道连接记录
(表C5－4－4)</td><td rowspan="2">编号</td><td>×××</td></tr>
<tr><td></td></tr>
<tr><td>工程名称</td><td colspan="3">××市政管道工程</td><td>工程编号</td><td>GH3－2</td></tr>
<tr><td>施工单位</td><td colspan="3">××市政建设集团</td><td>单位代码</td><td>×××</td></tr>
<tr><td>连接方法</td><td colspan="3">☑热熔；□电熔：</td><td>接口形式</td><td></td></tr>
<tr><td>管道材质</td><td>DPRR管</td><td>管道生产厂家</td><td>××市××公司</td><td>标准尺寸比
(SDR)</td><td>φ321×5</td></tr>
<tr><td>机具编号</td><td></td><td>施工部位
(桩号)</td><td>K0＋210.5</td><td></td><td></td></tr>
</table>

（续）

焊口编号	焊干证号	连接时间（月/日）	规格（D_e）	环境温度（℃）	热板温度（℃）	压力（bar）				焊环尺寸		备注
						P_0	P_1	P_2	P_3	宽	高	
1	3416	5/2		20	150					5	5	
2	3416	5/2		20	150					5	5	
管材、管件检查情况： 外观：合格　　圆度：符合要求												
质检员			施工员				填表人					
×××			×××				×××					

注：本表由施工单位填写。

“聚乙烯管道连接记录”填表说明

本表参照《聚乙烯燃气管道工程技术规程》（CJJ 63—2008）标准填写。

1. 主控项目

（1）管节及管件、橡胶圈等的产品质量应符合相关规范的规定。

检查方法：检查产品质量保证资料；检查成品管进场验收记录。

（2）承插、套筒式连接时，承口、插口部位及套筒连接紧密，无破损、变形、开裂等现象；插入后胶圈应位置正确，无扭曲等现象；双道橡胶圈的单口水压试验合格。

检查方法:逐个接口检查;检查施工方案及施工记录,单口水压试验记录;用钢尺、探尺量测。

(3)聚乙烯管、聚丙烯管接口熔焊连接应符合下列规定:

1)焊缝应完整,无缺损和变形现象;焊缝连接应紧密,无气孔、鼓泡和裂缝;电熔连接的电阻丝不裸露;

2)熔焊焊缝焊接力学性能不低于母材;

3)热熔对接连接后应形成凸缘,且凸缘形状大小均匀一致,无气孔、鼓泡和裂缝;接头处有沿管节圆周平滑对称的外翻边,外翻边最低处的深度不低于管节外表面;管壁内翻边应铲平;对接错边量不大于管材壁厚的10%,且不大于3mm。

检查方法:观察;检查熔焊连接工艺试验报告和焊接作业指导书,检查熔焊连接施工记录、熔焊外观质量检验记录、焊接力学性能检测报告。

检查数量:外观质量全数检查;熔焊焊缝焊接力学性能试验每200个接头不少于1组;现场进行破坏性检验或翻边切除检验(可任选一种)时,现场破坏性检验每50个接头不少于1个,现场内翻边切除检验每50个接头不少于3个;单位工程中接头数量不足50个时,仅做熔焊焊缝焊接力学性能试验,可不做现场检验。

(4)卡箍连接、法兰连接、钢塑过渡接头连接时,应连接件齐全、位置正确、安装牢固,连接部位无扭曲、变形。

检查方法:逐个检查。

2. 一般项目

(1)承插、套筒式接口的插入深度应符合要求,相邻管口的纵向间隙应不小于10mm;环向间隙应均匀一致。

检查方法:逐口检查,用钢尺量测;检查施工记录。

(2)聚乙烯管、聚丙烯管的接口转角应不大于1.5°;硬聚氯乙烯管的接口转角应不大于1.0°。

检查方法:用直尺量测曲线段接口;检查施工记录。

(3)熔焊连接设备的控制参数满足焊接工艺要求;设备与待连接管的接触面无污物,设备及组合件组装正确、牢固、吻合;焊后冷却期间接口未受外力影响。

检查方法:观察,检查专用熔焊设备质量合格证明书、校检报告,检查熔焊记录。

(4)卡箍连接、法兰连接、钢塑过渡连接件的钢制部分以及钢制螺栓、螺母、垫圈的防腐要求应符合设计要求:

检查方法:逐个检查;检查产品质量合格证明书、检验报告。

四、聚乙烯管道焊接工作汇总表

聚乙烯管道焊接工作汇总表 （表 C5－4－5）				编号	×××
工程名称	××管道工程			工程编号	GH1－3
施工单位	××市政工程有限公司			施工单位代码	2107156171348
施工日期	××年×月×日起至××年×月×日止				
一、工程概况：					
管线总长	150m	压力管级	1级	宏观照片数	
焊口总数	20个（其中：电熔焊口数5个；热熔焊口数15个）				
二、操作人员情况：					
姓名	×××	×××			
焊工证号	0522760	0683442			
三、施工机具：					
机具编号					
品牌					
规格					
校验证书编号					
四、管材情况：					

规格（D_e）	φ328×6	管道材质	无缝钢管	存放时间	2个月	标准尺寸比	

五、管件情况：					
管件名称	电熔管件	钢塑接头	弯头	端帽	阀门
规格（D_e）		DN328			
数量		1			
存放时间		3个月			
六、其他说明：					

监理（建设）单位	施　工　单　位	
	技术负责人	质检员
×××	×××	×××

注：本表由施工单位填写。

"聚乙烯管道焊接工作汇总表"填表说明

本表参照《聚乙烯燃气管道工程技术规程》(CJJ 63—2008)标准填写。

1. 一般规定

(1)管道施工前应制定施工方案，确定连接方法、连接条件、焊接设备及工具、操作规范、焊接参数、操作者的技术水平要求和质量控制方法。

(2)管道连接前应对连接设备按说明书进行检查，在使用过程中应定期校核。

(3)管道连接前，应核对欲连接的管材、管件规格、压力等级；检查管材表面，不宜有磕、碰、划伤，伤痕深度不应超过管材壁厚的10%。

(4)管道连接应在环境温度－5℃～45℃范围内进行。当环境温度低于－5℃或在风力大于5级天气条件下施工时，应采取防风、保温措施等，并调整连接工艺。管道连接过程中，应避免强烈阳光直射而影响焊接温度。

使用全自动焊机或非热熔焊接时，焊接过程的参数可以不记录；全自动、电熔焊机以焊机打印的记录为准。表中：P0－拖动压力；P1－接缝压力；P2－吸热压力；P3－冷却压力。

(5)对穿越铁路、公路、河流、城市主要道路的管道，应减少接口，且穿越前应对连接好的管段进行强度和严密性试验。

(6)管材、管件从生产到使用之间的存放时间，黄色管道不宜超过1年，黑色管道不宜超过2年。超过上述期限时必须重新抽样检验，合格后方可使用。

2. 聚乙烯管道连接

(1)直径在90mm以上的聚乙烯燃气管材、管件连接可采用热熔对接连接或电熔连接；直径小于90mm的管材及管件宜使用电熔连接。聚乙烯燃气管道和其他材质的管道、阀门、管路附件等连接应采用法兰或钢塑过渡接头连接。

(2)对不同级别、不同熔体流动速率的聚乙烯原料制造的管材或管件，不同标准尺寸比(SDR值)的聚乙烯燃气管道连接时，必须采用电熔连接。施工前应进行试验，判定试验连接质量合格后，方可进行电熔连接。

(3)热熔连接的焊接接头连接完成后，应进行100%外观检验及10%翻边切除检验，并应符合国家现行标准《聚乙烯燃气管道工程技术规程》(CJJ 63—2008)的要求。

(4)电熔连接的焊接接头连接完成后，应进行外观检查，并应符合国家现行标准《聚乙烯燃气管道工程技术规程》(CJJ 63—2008)的要求。

(5)电熔鞍形连接完成后，应进行外观检查，并应符合国家现行标准《聚乙烯燃气管道工程技术规程》(CJJ 63—2008)的要求。

(6)钢塑过渡接头金属端与钢管焊接时，过渡接头金属端应采取降温措施，但不得影响焊接接头的力学性能。

(7)法兰或钢塑过渡连接完成后，其金属部分应按设计要求的防腐等级进行防腐,并检验合格。

连接工作完成后应填写《聚乙烯管道焊接工作汇总表》。

五、钢管变形检查记录

钢管变形检查记录 (表 C5-4-6)				编号	×××
工程名称	××市政管道工程				
施工单位	××市政建设集团				
检查位置 (桩号)	公称直径 (mm)	横径量测值 (mm)	竖径量测值 (mm)	竖向变形值 (%)	备注
K0+ 260.0	1000		998	0	
K0+320.0	1200		1198	0	
检查结论: ☑ 合　格 □ 不合格 日期　××年×月×日					
监理(建设)单位	施　工　单　位				
	技术负责人		质检员		
×××	×××		×××		

注:本表由施工单位填写。

"钢管变形检查记录"填表说明

【填写依据】

当钢管公称直径≥800mm 时,应在回填完成后检查钢管竖向变形值。

$$竖向变形值=\frac{|标准内直径(D_i)-回填后竖向内直径(D)|}{标准内直径(D_i)}$$

柔性管道回填至设计高程时,应在 12~24h 内测量并记录管道变形率,管道变形率应符合设计要求;设计无要求时,钢管或球墨铸铁管道变形率应不超过

2%,化学建材管道变形率应不超过3%;当超过时,应采取下列处理措施:

(1)当钢管或球墨铸铁管道变形率超过2%,但不超过3%时;化学建材管道变形率超过3%,但不超过5%时;应采取下列处理措施:

1)挖出回填材料至露出管径85%处,管道周围内应人工挖掘以避免损伤管壁;

2)挖出管节局部有损伤时,应进行修复或更换;

3)重新夯实管道底部的回填材料;

4)选用适合回填材料按相关规范的规定重新回填施工,直至设计高程;

5)按本条规定重新检测管道变形率。

(2)钢管或球墨铸铁管道的变形率超过3%时,化学建材管道变形率超过5%时,应挖出管道,并会同设计单位研究处理。

六、管架(固、支、吊、滑)安装调整记录

<table>
<tr><td colspan="4">管架(固、支、吊、滑)安装调整记录
(表C5—4—7)</td><td rowspan="2">编号</td><td>×××</td></tr>
<tr><td colspan="4"></td><td></td></tr>
<tr><td>工程名称</td><td colspan="5">××市××路热力外线工程</td></tr>
<tr><td>施工单位</td><td colspan="5">××市政建设集团有限公司</td></tr>
<tr><td>工程部位
(起止桩号)</td><td colspan="2">2#固定支架
(K0+0.00~K0+118.0)</td><td>调整日期</td><td colspan="2">2009年10月20日</td></tr>
<tr><td>管架编号</td><td>型式</td><td>安装位置</td><td>固定状况</td><td>调整值</td><td>备注</td></tr>
<tr><td>2</td><td>2[36a</td><td>供水</td><td>良好</td><td>2mm</td><td>DN1000</td></tr>
<tr><td>2</td><td>2[36a</td><td>回水</td><td>良好</td><td>1.8mm</td><td>DN1000</td></tr>
<tr><td></td><td></td><td></td><td></td><td></td><td></td></tr>
<tr><td></td><td></td><td></td><td></td><td></td><td></td></tr>
<tr><td></td><td></td><td></td><td></td><td></td><td></td></tr>
<tr><td></td><td></td><td></td><td></td><td></td><td></td></tr>
<tr><td rowspan="2">监理(建设)单位</td><td colspan="5">施工单位</td></tr>
<tr><td colspan="2">技术负责人</td><td colspan="2">施工员</td><td>质检员</td></tr>
<tr><td>×××</td><td colspan="2">×××</td><td colspan="2">×××</td><td>×××</td></tr>
</table>

注:本表由施工单位填写。

“管架(固、支、吊、滑)安装调整记录”填表说明

本表参照《城镇供热管网工程施工及验收规范》(CJJ 28—2014)标准填写。

1. 管道支、吊架安装前应进行标高和坡降测量并放线,固定后的支、吊架位

置的正确，安装应平整、牢固，与管道接触良好。

2. 管沟敷设的管道，在沟口 0.5m 处应设支、吊架；管道滑托、吊架的吊杆应处于与管道热位移方向相反的一侧。其偏移量应按设计要求进行安装，设计无要求时应为计算位移量的 1/2。

两根热伸长方向不同或热伸长量不等的供热管道，设计无要求时，不应共用同一吊杆或同一滑托。

3. 固定支架应按设计规定安装，安装补偿器时，应在补偿器预拉伸（压缩）之后固定。

4. 导向支架或滑动支架的滑动面应洁净平整，不得有歪斜和卡涩现象。其安装位置应从支承面中心向位移反方向偏移，偏移量应为设计计算位移值的1/2或符合设计文件规定，绝热层不得妨碍其位移。

5. 弹簧支、吊架安装高度应按设计要求进行调整。弹簧的临时固定件，应待管道安装、试压、保温完毕后拆除。

6. 支、吊架和滑托应按设计要求焊接，由有上岗证的焊工施焊，不得有漏焊、缺焊、咬肉或裂纹等缺陷。管道与固定支架、滑托等焊接时，管壁上不得有焊痕等现象存在。

7. 管道支架用螺栓紧固在型钢的斜面上时，应配置与翼板斜度相同的钢制斜垫片找平。

8. 管道安装时，不宜使用临时性的支、吊架；必须使用时，应做出明显标记，且应保证安全。其位置应避开正式支、吊架的位置，且不得影响正式支、吊架的安装。管道安装完毕后，应拆除临时支、吊架。

9. 固定支架、导向支架等型钢支架的根部，应做防水护墩。

10. 管道支、吊架安装的质量应符合下列规定：

(1)支、吊架安装位置应正确，埋设应牢固，滑动面应洁净平整，不得有歪斜和卡涩现象。

(2)活动支架的偏移方向、偏移量及导向性能应符合设计要求。

(3)管道支、吊架安装的允许偏差及检验方法应符合下表的规定。

管道支、吊架安装的允许偏差及检验方法

序号	项目		允许偏差(mm)	检验方法
1	支、吊架中心点平面位置		25	钢尺测量
2	支架标高		−10	水准仪测量
3	两个固定支架间的其他支架中心线	距固定支架每 10m 处	5	钢尺测量
4		中心处	25	钢尺测量

七、补偿器安装记录

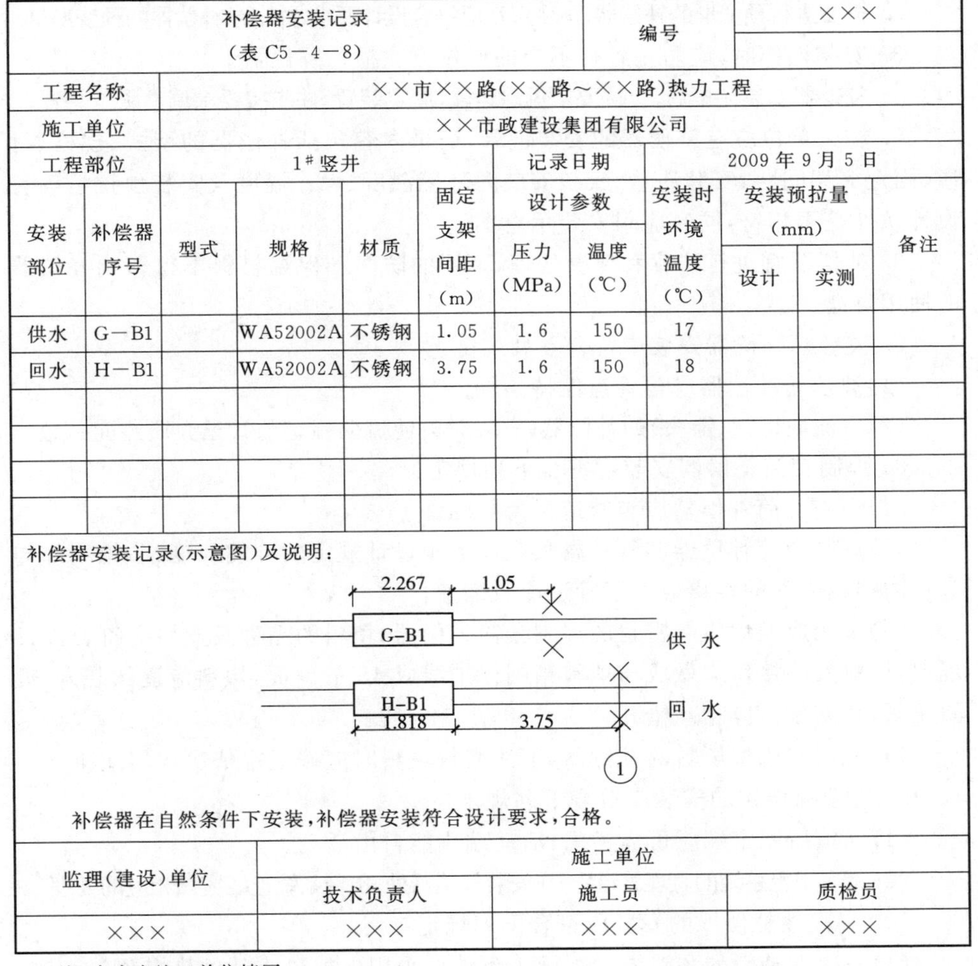

补偿器安装记录 (表 C5－4－8)							编号		×××		
工程名称	××市××路(××路～××路)热力工程										
施工单位	××市政建设集团有限公司										
工程部位	1# 竖井				记录日期		2009 年 9 月 5 日				
安装部位	补偿器序号	型式	规格	材质	固定支架间距(m)	设计参数		安装时环境温度(℃)	安装预拉量(mm)		备注
						压力(MPa)	温度(℃)		设计	实测	
供水	G－B1		WA52002A	不锈钢	1.05	1.6	150	17			
回水	H－B1		WA52002A	不锈钢	3.75	1.6	150	18			

补偿器安装记录(示意图)及说明：

补偿器在自然条件下安装，补偿器安装符合设计要求，合格。

监理(建设)单位	施工单位		
	技术负责人	施工员	质检员
×××	×××	×××	×××

注：本表由施工单位填写。

"补偿器安装记录"填表说明

1. 补偿器安装前，应检查下列内容：

(1)使用的补偿器应符合国家现行标准《金属波纹管膨胀节通用技术条件》(GB/T 12777—2008)、《城市供热管道用波纹管补偿器》(CJ/T 402—2012)、《城市供热补偿器 焊制套筒补偿器》(CJ/T 3016.2—1994)的有关规定。

(2)对补偿器的外观进行检查。

(3)按照设计图纸核对每个补偿器的型号和安装位置。

(4)检查产品安装长度，应符合管网设计要求。

(5)检查接管尺寸，应符合管网设计要求。

(6)校对产品合格证。

2. 需要进行预变形的补偿器，预变形量应符合设计要求，并记录补偿器的预变形量。

3. 安装操作时，应防止各种不当的操作方式损伤补偿器。

4. 补偿器安装完毕后，应按要求拆除运输、固定装置，并应按要求调整限位装置。

5. 施工单位应有补偿器的安装记录，记录内容包括补偿器的型式、规格、材质、固定支架间距、安装质量，校核安装时环境温度、操作温度及安装预拉量等与设计条件是否相符，同时应附安装示意图。

6. 补偿器宜进行防腐和保温处理，采用的防腐和保温材料不得影响补偿器的使用寿命。

7. 波纹管补偿器安装应符合下列规定：

(1)波纹管补偿器应与管道保持同轴。

(2)有流向标记(箭头)的补偿器，安装时应使流向标记与管道介质流向一致。

8. 焊制套筒补偿器安装应符合下列规定：

(1)焊制套筒补偿器应与管道保持同轴。

(2)焊制套筒补偿器芯管外露长度及大于设计规定的伸缩长度，芯管端部与套管内挡圈之间的距离应大于管道冷收缩量。

(3)采用成型填料圈密封的焊制套筒补偿器，填料的品种及规格应符合设计规定，填料圈的接口应做成与填料箱圆柱轴线成45°的斜面，填料应逐圈装入，逐圈压紧，各圈接口应相互错开。

(4)采用非成型填料的补偿器，填注密封填料时应按规定依次均匀注压。

9. 直埋补偿器的安装应符合下列规定：

(1)回填后固定端应可靠锚固，活动端应能自由活动。

(2)带有预警系统的直埋管道中，在安装补偿器处，预警系统连线应做相应的处理。

10. 一次性补偿器的安装应符合下列规定：

(1)一次性补偿的预热方式视施工条件可采用电加热或其他热媒预热管道，预热升温温度应达到设计的指定温度。

(2)预热到要求温度后，应与一次性补偿器的活动端缝焊接，焊缝外观不得有缺陷。

11. 球形补偿器的安装应符合下列规定：

(1)与球形补偿器相连接的两垂直臂的倾斜角度应符合设计要求，外伸部分应与管道坡度保持一致。

(2)试运行期间，应在工作压力和工作温度下进行观察，应转动灵活，密封良好。

12. 方型补偿器的安装应符合下列规定：

(1)水平安装时，垂直臂应水平放置，平行臂应与管道坡度相同。

(2)垂直安装时,不得在弯管上开孔安装放风管和排水管。

(3)方形补偿器处滑托的预偏移量应符合设计要求。

(4)冷紧应在两端同时、均匀、对称地进行,冷紧值的允许误差为10mm。

八、防腐层施工质量检查记录

<table>
<tr><td colspan="3" rowspan="2">附腐层施工质量检查记录
(表C5－4－9)</td><td colspan="2" rowspan="2">编号</td><td colspan="2">×××</td></tr>
<tr><td colspan="2"></td></tr>
<tr><td>工程名称</td><td colspan="6">××市××路燃气管线工程</td></tr>
<tr><td>施工单位</td><td colspan="6">××市政建设集团有限公司</td></tr>
<tr><td>管道(设备)规格</td><td colspan="3">DN500</td><td>防腐材料</td><td colspan="2">环氧煤沥青</td></tr>
<tr><td>执行标准</td><td colspan="3">CJJ 33—2005</td><td>防腐等级</td><td colspan="2">加强级</td></tr>
<tr><td>设计最小厚度</td><td colspan="3">0.6mm</td><td>检查日期</td><td colspan="2">2009年6月7日</td></tr>
<tr><td>设计检漏电压</td><td colspan="3">5 kV</td><td>实际检漏电压</td><td colspan="2">5 kV</td></tr>
<tr><td rowspan="2">检查区域(桩号)</td><td colspan="2">检查部位</td><td colspan="5">检查项目及结果</td></tr>
<tr><td>本体</td><td>固定口</td><td>厚度(最小值)(mm)</td><td>电绝缘性检查</td><td>外观检查</td><td>粘结力检查</td><td>现场除锈</td></tr>
<tr><td>T1－T2</td><td></td><td>T19</td><td>0.8</td><td>合格</td><td>合格</td><td>合格</td><td></td></tr>
<tr><td>T2－T3</td><td></td><td>T22</td><td>0.8</td><td>合格</td><td>合格</td><td>合格</td><td></td></tr>
<tr><td>T3－T4</td><td></td><td>T34</td><td>0.8</td><td>合格</td><td>合格</td><td>合格</td><td></td></tr>
<tr><td>T4－T5</td><td></td><td>T48</td><td>0.8</td><td>合格</td><td>合格</td><td>合格</td><td></td></tr>
<tr><td>T5－T8</td><td></td><td>T72</td><td>0.8</td><td>合格</td><td>合格</td><td>合格</td><td></td></tr>
<tr><td>T5－T8</td><td></td><td>T81</td><td>0.8</td><td>合格</td><td>合格</td><td>合格</td><td></td></tr>
<tr><td>T5－T8</td><td></td><td>T114</td><td>0.8</td><td>合格</td><td>合格</td><td>合格</td><td></td></tr>
<tr><td>T8－T9</td><td></td><td>T107</td><td>0.8</td><td>合格</td><td>合格</td><td>合格</td><td></td></tr>
<tr><td>T9－T10</td><td></td><td>T102</td><td>0.8</td><td>合格</td><td>合格</td><td>合格</td><td></td></tr>
<tr><td>T10－T11</td><td></td><td>T91</td><td>0.8</td><td>合格</td><td>合格</td><td>合格</td><td></td></tr>
<tr><td></td><td></td><td></td><td></td><td></td><td></td><td></td><td></td></tr>
<tr><td></td><td></td><td></td><td></td><td></td><td></td><td></td><td></td></tr>
<tr><td colspan="8">检查结论:
☑ 合　格
☐ 不合格</td></tr>
<tr><td colspan="2" rowspan="2">监理(建设)单位</td><td colspan="6">施工单位</td></tr>
<tr><td colspan="2">技术负责人</td><td colspan="2">施工员</td><td colspan="2">质检员</td></tr>
<tr><td colspan="2">×××</td><td colspan="2">×××</td><td colspan="2">×××</td><td colspan="2">×××</td></tr>
</table>

注:本表由施工单位填写。

“防腐层施工质量检查记录”填表说明

本表参照《给水排水管道工程施工及验收规范》(GB 50268—2008)标准填写。

【填写依据】

外防腐层的外观、厚度、电火花试验、黏结力应符合设计要求,设计无要求时应符合下表的规定:

外防腐层的外观、厚度、电火花试验、粘结力的技术要求

<table>
<tr><th>材料种类</th><th>防腐等级</th><th>构造</th><th>厚度(mm)</th><th>外观</th><th colspan="2">电火花试验</th><th>粘结力</th></tr>
<tr><td rowspan="3">石油沥青涂料</td><td>普通级</td><td>三油二布</td><td>≥4.0</td><td rowspan="6">外观均匀无褶皱,空泡、凝块</td><td>16kV</td><td rowspan="7">用电火花检漏仪检检无打火花现象</td><td rowspan="3">以夹角为45°～60°边长10～50mm的切口,从角尖端撕开防腐层:首层沥青层应100%地粘附在管道的外表面</td></tr>
<tr><td>加强级</td><td>四油三布</td><td>≥5.5</td><td>18kV</td></tr>
<tr><td>特加强级</td><td>五油四布</td><td>≥7.0</td><td>20kV</td></tr>
<tr><td rowspan="3">环氧煤沥青涂料</td><td>普通级</td><td>三油</td><td>≥0.3</td><td>2kV</td><td rowspan="3">以小刀割开一舌形切口,用力撕开切口处的防腐层,管道表面仍为漆皮所覆盖,不得露出金属表面</td></tr>
<tr><td>加强级</td><td>四油一布</td><td>≥0.4</td><td>2.5kV</td></tr>
<tr><td>特加强级</td><td>六油二布</td><td>≥0.6</td><td>3kV</td></tr>
<tr><td>环氧树脂玻璃钢</td><td>加强级</td><td>—</td><td>≥3</td><td>外观平整光滑、色泽均匀,无脱层、起壳和固化不完全等缺陷</td><td>3～3.5kV</td><td>以小刀割开一舌形切口,用力撕开切口处的防腐层,管道表面仍为漆皮所覆盖,不得露出金属表面</td></tr>
</table>

九、牺牲阳极埋设记录

<table>
<tr><td colspan="6" rowspan="2">牺牲阳极埋设记录
(表C5-4-10)</td><td rowspan="2">编号</td><td>×××</td></tr>
<tr><td></td></tr>
<tr><td>工程名称</td><td colspan="7">××市××路燃气管线工程</td></tr>
<tr><td>施工单位</td><td colspan="7">××市政建设集团有限公司</td></tr>
<tr><td>安装单位</td><td colspan="7">××工程技术有限公司</td></tr>
<tr><td>序号</td><td>埋设位置(桩号)</td><td>阳极类型</td><td>规格</td><td>数量</td><td>埋设日期</td><td>阳极开路电位(－V)</td><td>备注</td></tr>
<tr><td>A1</td><td>K0+100</td><td>镁合金</td><td>11kg/支</td><td>3</td><td>2009.5.20</td><td>1.521　1.569　1.518</td><td></td></tr>
</table>

（续）

序号	埋设位置（桩号）	阳极类型	规格	数量	埋设日期	阳极开路电位（－V）	备注
A3	K0＋100	镁合金	11kg/支	3	2009.6.19	1.564　1.541　1.578	
A3	K0＋510	锌阳极	25kg/支	1	2009.6.19	1.041	
AD1	K0＋540	镯式阳极	DN500	1	2009.6.19		穿越××铁路
A4	K0＋600	锌阳极	25kg/支	1	2009.6.22	1.082	
AD2	K0＋670	镯式阳极	DN500	1	2009.9.19		穿越规划暗河
AD3	K0＋697	镯式阳极	DN500	1	2009.6.19		穿越规划暗河
A5	K0＋750	镁合金	11kg/支	3	2009.4.12	1.565　1.547　1.566	
C1	K0＋900				2009.4.12		中间点测试柱
A6	K0＋000	镁合金	11kg/支	3	2009.6.22	1.561　1.578　1.591	
技术负责人			施工员			质检员	
×××			×××			×××	

注：本表由施工单位填写。

“牺牲阳极埋设记录”填表说明

本表参照《给水排水管道工程施工及验收规范》(GB 50268—2008)标准填写。

1. 牺牲阳极保护法的施工应符合下列规定：

(1)根据工程条件确定阳极施工方式，立式阳极宜采用钻孔法施工，卧式阳极宜采用开槽法施工；

(2)牺牲阳极使用之前，应对表面进行处理、清除表面的氧化膜及油污；

(3)阳极连接电缆的埋设深度不应小于0.7m，四周应垫有50～100mm厚的细砂，砂的顶部应覆盖水泥护板或砖，敷设电缆要留有一定富余量；

(4)阳极电缆可以直接焊接到被保护管道上，也可通过测试桩中的连接片相连。与钢质管道相连接的电缆应采用铝热焊接技术，焊点应重新进行防腐绝缘处理，防腐材料、等级应与原有覆盖层一致；

(5)电缆和阳极钢芯宜采用焊接连接，双边焊缝长度不得小于50mm；电缆与阳极钢芯焊接后，应采取防止连接部位断裂的保护措施；

(6)阳极端面、电缆连接部位及钢芯均要防腐、绝缘；

(7)填料包可在室内或现场包装，其厚度不应小于50mm：并应保证阳极四周的填料包厚度一致、密实；预包装的袋子须用棉麻织品，不得使用人造纤维织品；

(8)填包料应调拌均匀,不得混入石块、泥土、杂草等;阳极埋地后应充分灌水,并达到饱和;

(9)阳极埋设位置一般距管道外壁3～5m,不宜小于0.3m,埋设深度(阳极顶部距地面)不应小于1m。

2. 牺牲阳极埋设时应由安装单位对阳极埋设位置(管线桩号)、阳极类型、规格、数量、牺牲阳极开路电位等进行检查并记录。

十、顶管施工记录

顶管施工记录 (表C5－4－11)								编号		×××	
工程名称		××市××路排水工程									
施工单位		××市政建设集团有限公司									
位置(桩号)		Y10		管材		钢筋混凝土管		管径		1600mm	
顶进设备规格		××		顶进推力		23167kN		顶进措施			
接管形式		平接口		土质		淤泥质粘土		水文状况			
日期(月/日)	班次	进尺(m)	累计进尺(m)	中线位置偏差(mm)		管底高程偏差(mm)		相邻管间错口(mm)	对顶管节错口(mm)	最大顶力(t)	发生意外情况及采取的措施
				偏左	偏右	偏左	偏右				
8/2	8:10	1.0	5.30	12		7		10	11		
8/2	12:05	1.0	6.30	9		5		12	9		
8/2	16:20	1.0	7.30	3		13		7	14		
8/2	20:01	1.0	8.30		18	17		16	12		
8/2	0:03	1.0	9.30		21	10		13	18		
8/3	4:12	1.0	10.30		29		18	10	22		
8/3	8:15	1.0	11.30		14		11	8	17		
备注:											
技术负责人		×××		质检员		×××		测量人		×××	

注:本表由施工单位填写。

“顶管施工记录”填表说明

本表参照《给水排水管道工程施工及验收规范》(GB 50268—2008)标准填写。

【填写依据】

1. 顶进作业应符合下列规定：

(1)应根据土质条件、周围环境控制要求、顶进方法、各项顶进参数和监控数据、顶管机工作性能等，确定顶进、开挖、出土的作业顺序和调整顶进参数。

(2)掘进过程中应严格量测监控，实施信息化施工，确保开挖掘进工作面的土体稳定和土(泥水)压力平衡；并控制顶进速度、挖土和出土量，减少土体扰动和地层变形。

(3)采用敞口式(手工掘进)顶管机，在允许超挖的稳定土层中正常顶进时，管下部 135°范围内不得超挖；管顶以上超挖量不得大于 15mm(见图 8-1)。

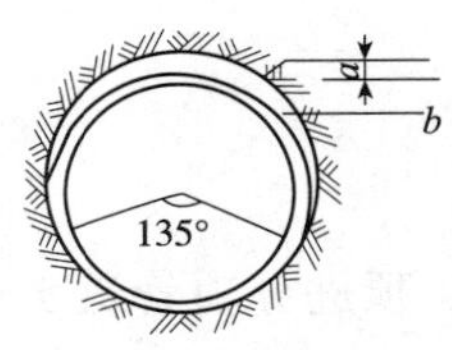

图 8-1　超挖示意图

(4)管道顶进过程中，应遵循“勤测量、勤纠偏、微纠偏”的原则，控制顶管机前进方向和姿态，并应根据测量结果分析偏差产生的原因和发展趋势，确定纠偏的措施。

(5)开始顶进阶段，应严格控制顶进的速度和方向。

(6)进入接收工作井前应提前进行顶管机位置和姿态测量，并根据进口位置提前进行调整。

(7)在软土层中顶进混凝土管时，为防止管节飘移，宜将前 3～5 节管体与顶管机联成一体。

(8)钢筋混凝土管接口应保证橡胶圈正确就位；钢管接口焊接完成后，应进行防腐层补口施工，焊接及防腐层检验合格后方可顶进。

(9)应严格控制管道线形，对于柔性接口管道，其相邻管间转角不得大于该管材的允许转角。

2. 施工的测量与纠偏应符合下列规定：

(1)施工过程中应对管道水平轴线和高程、顶管机姿态等进行测量，并及时对测量控制基准点进行复核；发生偏差时应及时纠正。

(2)顶进施工测量前应对井内的测量控制基准点进行复核；发生工作井位移、沉降、变形时应及时对基准点进行复核。

(3)管道水平轴线和高程测量应符合下列规定：

1)顶进工作井进入土层每顶进 300mm，测量不应少于一次；正常顶进时，每顶进 1000mm，测量不应少于一次；

2)进入接收工作井前 30m 应增加测量，每顶进 300mm，测量不应少于一次；

3)全段顶完后,应在每个管节接口处测量其水平轴线和高程;有错口时,应测出相对高差;

4)纠偏量较大、或频繁纠偏时应增加测量次数;

5)测量记录应完整、清晰。

(4)距离较长的顶管,宜采用计算机辅助的导线法(自动测量导向系统)进行测量;在管道内增设中间测站进行常规人工测量时,宜采用少设测站的导线法。每次测量均应对中间测站进行复核。

(5)纠偏应符合下列规定:

1)顶管过程中应绘制顶管机水平与高程轨迹图、顶力变化曲线图、管节编号图,随时掌握顶进方向和趋势;

2)在顶进中及时纠偏;

3)采用小角度纠偏方式;

4)纠偏时开挖面土体应保持稳定;采用挖土纠偏方式,超挖量应符合地层变形控制和施工设计要求;

5)刀盘式顶管机应有纠正顶管机旋转措施。

【填写要点】

1. 本表适用于非开挖部位地下给排水和小三线管道施工,顶进分项管道工程检验批质量的检查验收记录。

2. 本记录按《给水排水管道工程施工及验收规范》(GB 50268—2008)要求,由每班施工队员提拱原始资料,测量员每测一次认真负责填写一次。

3. 填写注意事项:

土质应视掘进出土实际情况鉴定;坡度增减按设计变坡点界定。上坡(上游)为"—"、下坡(下游)为"+";高程偏差与中心偏差以毫米计。

十一、浅埋暗挖法施工检查记录

浅埋暗挖法施工检查记录 (表 C5—4—12)		编号	×××
工程名称	××市××路(××路～××路)热力外线工程		
施工单位	××市政建设集团有限公司		
施工部位 (桩号)	隧道(K0+008.05～K0+034.4)	检查日期	2009 年 7 月 2 日
防水层做法	LDPE 片材防水	二衬做法	C30S8 杭渗混凝土
检查项目	检 查 内 容 及 要 求	允许偏差	检晒结果

（续）

结构尺寸	宽度		
	拱度		
	高度		
	接茬平整度		
	垂直度		
	内壁平整度		
	格栅间距		
中线左右偏差			
高程偏差			
混凝土质量等级	是否符合设计要求（抗压、抗折、抗渗）		合格
外观质量	内表面光滑、密实、止水带位置 准确、防水层不渗不漏。		合格
综合结论： ☑ 合　格 □ 不合格			

监理（建设）单位	单位	施工单位		
		技术负责人	施工员	质检员
×××	×××	×××	×××	×××

注：本表由施工单位填写。

“浅埋暗挖法施工检查记录”填表说明

本表参照《给水排水管道工程施工及验收规范》（GB 50268—2008）标准填写。

【填写依据】

1. 原材料的产品质量保证资料应齐全，每生产批次的出厂质量合格证明书及各项性能检验报告应符合国家相关标准规定和设计要求。

检查方法：检查产品质量合格证明书、各项性能检验报告、进场复验报告。

2. 伸缩缝的设置必须根据设计要求，并应与初期支护变形缝位置重合。

检查方法：逐缝观察；对照设计文件检查。

3. 混凝土抗压、抗渗等级必须符合设计要求。

检查数量：

（1）同一配比，每浇筑一次垫层混凝土为一验收批，抗压强度试块各留置一组；同一配比，每浇筑管道每 30m 混凝土为一验收批，抗压强度试块留置 2 组

(其中1组作为28d强度):如需要与结构同条件养护的试块,其留置组数可根据需要确定;

(2)同一配比,每浇筑管道30m混凝土为一验收批、留置抗渗试块1组;

检查方法:检查混凝土抗压、抗渗试件的试验报告。

4. 模板和支架的强度、刚度和稳定性,外观尺寸、中线、标高、预埋件必须满足设计要求;模板接缝应拼接严密,不得漏浆。

检查方法:检查施工记录、测量记录。

5. 止水带安装牢固,浇筑混凝土时,不得产生移动、卷边、漏灰现象。

检查方法:逐个观察。

6. 混凝土表面光洁、密实,防水层完整不漏水。

检查方法:逐段观察。

7. 二次衬砌模板安装质量、混凝土施工的允许偏差应分别符合下表的规定。

二次衬砌模板安装质量的允许偏差

序号	检查项目	允许偏差	检查数量		检查方法
			范围	点数	
1	拱部高程(设计标高加预留沉降量)	±10mm	每20m	1	用水准仪测量
2	横向(以中线为准)	±10mm	每20m	2	用钢尺量测
3	侧模垂直线	≤3‰	每截面	2	用垂求及钢尺量测
4	相邻两块模板表面高低差	≤2mm	每5m	2	用尺量测,取较大值

注:本表项目只适用分项工程检验,不适用分部及单位工程质量验收。

二次衬砌混凝土施工的允许偏差

序号	检查项目	允许偏差(mm)	检查数量		检查方法
			范围	点数	
1	中线	≤30	每5m	2	用经纬仪测量,每测计一点
2	高程	+20,-30	每20m	1	用水准仪测量

【填写要点】

浅埋暗挖法施工检查记录是采取浅埋暗挖法施工工程在其二衬完工以后,对工程整体情况进行检查的评价记录。检查内容主要包括:工程结构混凝土强度,抗压、抗折、抗渗是否符合设计要求;结构尺寸是否达到质量验收标准;外观质量是否合格等。

表内“结构尺寸、中线左右偏差、高程偏差、混凝土强度、外观质量”应按设计要求和有关技术规范规定进行施工并按实际检查结果填写。

十二、盾构法施工记录

盾构法施工记录 （表 C5－4－13）							编号		×××	
工程名称		××段隧道工程								
施工单位		××市政建设集团有限公司								
施工部位（桩号）		×××～×××					地质状况		粉质黏土	
盾构型号		DYL－3A					管片合格证编号		05673178	
注浆设备		螺旋式注浆机					注浆材料		水泥浆	
日期	班次	环号	中心线水平位移（mm）		管底高程		圆环垂直变形（<_‰D）	环向错台（≤_mm）	管片间错台（≤_mm）	备注
			偏左	偏右	（＋）	（－）				
2009.6.11	1	3	100		20		12	9	14	
2009.6.11	1	6		80	20		10	11	12	
2009.6.11	1	9		80	20		12	8	15	
2009.6.11	1	12	110			60	8	13	11	
2009.6.11	1	15		120		50	6	6	9	
2009.6.11	1	18		100				9	9	13
2009.6.12	2	21	110			80	7	12	12	
2009.6.12	2	24		90	16		5	7	8	
2009.6.12	2	27	100		40		11	5	5	
2009.6.12	2	30		120		40	12	13	10	
2009.6.12	2	33	110		20		15	10	12	
2009.6.12	2	36	80				30	10	8	
技术负责人		×××		质检员		×××		测量人	×××	

注：本表由施工单位填写。

“盾构法施工记录”填表说明

本表参照《盾构法隧道施工与验收规范》(GB 50446—2008)标准填写。

【填写依据】

盾构法施工记录适用于盾构法施工完成的管(隧)道工程,记录盾构掘进施工过程中的工程质量情况。

管道贯通后的允许偏差

<table>
<tr><td colspan="3" rowspan="2">检查项目</td><td rowspan="2">允许偏差(mm)</td><td colspan="2">检查数量</td><td rowspan="2">检查方法</td></tr>
<tr><td>范围</td><td>点数</td></tr>
<tr><td rowspan="2">1</td><td rowspan="2">相邻管片间的高差</td><td>环向</td><td>15</td><td rowspan="8">每 5 环</td><td>4</td><td rowspan="2">用钢尺量测</td></tr>
<tr><td>纵向</td><td>20</td><td rowspan="3">1</td></tr>
<tr><td>2</td><td colspan="2">环缝张开</td><td>2</td><td rowspan="2">插片检查</td></tr>
<tr><td>3</td><td colspan="2">纵缝张开</td><td>2</td></tr>
<tr><td>4</td><td colspan="2">衬砌环直径圆度</td><td>$8‰D_1$</td><td>4</td><td>用钢尺量测</td></tr>
<tr><td rowspan="2">5</td><td rowspan="2">管底高程</td><td>输水管道</td><td>±150</td><td rowspan="3">1</td><td rowspan="2">用水准仪测量</td></tr>
<tr><td>套管或管廊</td><td>±100</td></tr>
<tr><td>6</td><td colspan="2">管道中心水平轴线</td><td>±150</td><td>用经纬仪测量</td></tr>
</table>

注:环缝、纵缝张开的允许偏差仅指直线段。

十三、小导管施工记录

<table>
<tr><td colspan="3">小导管施工记录
(表 C5－4－15)</td><td colspan="3">编号</td><td colspan="5">×××</td></tr>
<tr><td colspan="2">工程名称</td><td colspan="9">××市××路(××路～××路)热力外线工程</td></tr>
<tr><td colspan="2">施工单位</td><td colspan="4">××市政建设集团有限公司</td><td colspan="2">工程部位</td><td colspan="3">隧道(K0＋0.00～K0＋741.5)</td></tr>
<tr><td colspan="2">钢管规格</td><td colspan="4">ϕ32</td><td colspan="2">日期</td><td colspan="3">2009 年 5 月 18 日</td></tr>
<tr><td>序号</td><td>桩号</td><td>位置</td><td>长度(m)</td><td>直径(mm)</td><td>角度(°)</td><td>间距(m)</td><td>根数</td><td>压力(kg/cm²)</td><td>浆量(L)</td><td>施工班次</td></tr>
<tr><td>1</td><td>K0＋734.85</td><td>拱顶</td><td>1.75</td><td>32</td><td>11</td><td>0.3</td><td>18</td><td>0.4</td><td>0.44</td><td></td></tr>
<tr><td>2</td><td>K0＋734.35</td><td>拱顶</td><td>1.75</td><td>32</td><td>12</td><td>0.3</td><td>18</td><td>0.3</td><td>0.42</td><td></td></tr>
<tr><td>3</td><td>K0＋734.35</td><td>拱顶</td><td>1.75</td><td>32</td><td>12</td><td>0.3</td><td>18</td><td>0.3</td><td>0.42</td><td></td></tr>
<tr><td>4</td><td>K0＋733.35</td><td>拱顶</td><td>1.75</td><td>32</td><td>13</td><td>0.3</td><td>18</td><td>0.3</td><td>0.45</td><td></td></tr>
<tr><td>5</td><td>K0＋732.85</td><td>拱顶</td><td>1.75</td><td>32</td><td>10</td><td>0.3</td><td>18</td><td>0.2</td><td>0.46</td><td></td></tr>
<tr><td></td><td></td><td></td><td></td><td></td><td></td><td></td><td></td><td></td><td></td><td></td></tr>
</table>

（续）

序号	桩号	位置	长度（m）	直径（mm）	角度（°）	间距（m）	根数	压力（kg/cm^2）	浆量（L）	施工班次
草图：										

技术负责人	质检员	记录人
×××	×××	×××

“小导管施工记录”填表说明

本表参照《地下铁道工程施工及验收规范》(GB 50299—1999)标准填写。

【填写依据】

1．超前导管或管棚应进行设计，其参数值应符合下表要求：

支护形式	适用地层	钢管直径（mm）	钢透长度（m）		钢筋钻设计浆孔的间距	钢管沿拱的环向布置间距（mm）	钢管沿拱的环向外侧角	沿隧道纵向的两排钢管搭接长度（mm）
			每根长	总长度				
导管	上层	40～50	3～5	3～5	100～150	300～500	5°～15°	1
管棚	土层或不稳定岩石	80～180	4～6	10～40	100～150	300～500	不大于3°	1.5

注：1．导管和管棚采用的钢管应直顺，其不钻入围岩部分可不钻孔；

2．导管如锤击打入时，尾部应补强，前端应加工成尖锥形；

3．管棚采用的钢管纵向连接丝扣长度不小于150mm，管棚长200mm，并均采用厚壁钢管制作。

2．导管和管棚安装前应将工作面封闭严密、牢固，清理干净并测放出钻孔位置后方可施工。

3．导管采用钻孔施工时，其孔眼深度应大于导管长度；采用锤击或钻机顶入时，其顶入长度不应小于管长的90％。

4．管棚施工应符合下列规定：

(1)钻孔的外插角允许偏差为5％；

(2)钻孔应由高孔位向低孔位进行；

(3)钻孔孔径应比钢管直径大30～40mm；

(4)遇长钻、坍孔时应注浆后重钻；

(5)钻孔合格后应及时安装钢管，其接长时连接必须牢固。

十四、大管棚施工记录

大管棚施工记录 （表C5－4－16）					编号		×××	
工程名称	××地铁工程							
施工单位	××市政建设集团				施工日期		××年×月×日	
钢管规格	ϕ319×6		起止桩号	K0＋085～K0＋210	施工日期		××年×月×日	
钻孔数	钻孔角度	钻孔深度	钻孔间距	总进尺	开钻时间	结束时间	钻孔口径	钻机型号
	117°	10m	3m	5m	8:00	11:00	80mm	××
编号	情　况			长度(m)	编号	情　况		长度(m)
1	管内填充材料采用混凝土 管节连续紧固			2				
草图：								
监理（建设）单位	施工单位							
	技术负责人			施工员			质检员	
×××	×××			×××			×××	

注：本表由施工单位填写。

十五、隧道支护施工记录

隧道支护施工记录 （表 C5－4－17）						编号	×××		
工程名称	××市××路（××路～××路）热力外线工程								
施工单位	××市政府建设集团有限公司								
桩号	施工部位	围岩状况	格栅间距（mm）	中线偏差（mm）	标高偏差（mm）	格栅连接状况	喷混凝土厚度（cm）	混凝土强度等级（MPa）	班次
K0＋734.85	拱项	无	500	3	4	符合要求	300	C20	
K0＋734.85	拱项	无	500	6	2	符合要求	300	C20	
K0＋734.85	拱项	无	500	2	3	符合要求	300	C20	
K0＋734.85	拱项	无	500	1	4	符合要求	300	C20	
K0＋734.85	拱项	无	500	2	5	符合要求	300	C20	
K0＋734.85	拱项	无	500	3	2	符全要求	300	C20	
K0＋734.85	拱项	无	500	2	1	符合要求	300	C20	

监理（建设）单位	施工单位		
	技术负责人	施工员	质检员
××× ××年×月×日	××× ××年×月×日	××× ××年×月×日	××× ××年×月×日

注：本表由施工单位填写。

“隧道支护施工记录”填表说明

本表参照《地下铁道工程施工及验收规范》（GB 50299—1999）标准填写。

【填写依据】

隧道结构竣工后混凝土抗压强度和抗渗压力必须符合设计要求,无露筋露石,裂缝应修补好,结构允许偏差值应符合下表规定。

项目	允许偏差												检查方法
	垫层	先贴防水保护层	后贴防水保护层	底板	顶板		墙		柱子	变形缝	预留洞	预埋件	
					上表面	下表面	内墙	外墙					
平面位置	±30	—	—		—	—	±10	±15	纵向±20 横向±10	±10	±20	±20	纵线路中线为准用尺检查
垂直度(‰)					—	—	2	3	1.5	3	—	—	线锤加尺检查
直顺度	—	—	—		—		—	—	5	—	—	—	拉线检查
平整度	5	5	10	15	5	10	5	10	5	—	—	—	用2m靠尺检查
高程	+5 −10	+0 −10	+20 −10	±20	+30 0	+30 0	—	—	—	—	—	—	用水准仪测量
厚度	±10	—		±15	±10		±15		—	—	—	—	用尺检查

十六、注浆检查记录

注浆检查记录 (表C5—4—18)			编号	×××	
工程名称	××市地铁×号线××站~××站区间工程				
施工单位	××城建地铁工程有限公司				
注浆材料	水泥、膨润土(钠土)、粉煤灰、水玻璃、缓凝剂		注浆设备型号	浆液站	
注浆位置(环号)	注浆日期	注浆压力(MPa)	注入材料量(kg)	饱满情况	备注
01	2009.5.11	0.27	2.62	饱满	
02	2009.5.12	0.28	2.95	饱满	

（续）

注浆位置（环号）	注浆日期	注浆压力（MPa）	注入材料量（kg）	饱满情况	备注
03	2009.5.13	0.26	2.69	饱满	
04	2009.5.13	0.28	2.55	饱满	
05	2009.5.14	0.26	2.74	饱满	
06	2009.5.14	0.28	2.64	饱满	
07	2009.5.15	0.25	2.75	饱满	
08	2009.5.15	0.27	2.64	饱满	
09	2009.5.16	0.25	2.78	饱满	
10	2009.5.16	0.25	2.67	饱满	

其他说明：

监理（建设）单位	施工单位		
	技术负责人	质检员	记录人
×××	×××	×××	×××

注：本表由施工单位填写。

“注浆检查记录”填表说明

本表参照《地下铁道工程施工及验收规范》（GB 50299—1999）标准填写。

【填写依据】

1. 锚杆注浆应符合下列规定：

(1)水泥应采用525号以上的普通硅酸盐水泥，必要时可掺外加剂。

(2)水泥浆液的水灰比应为0.4～0.5，水泥砂浆灰砂比宜为1∶1～1∶2。

(3)锚固段注浆必须饱满密实，并宜采用二次注浆，注浆压力宜为0.4～0.6MPa。接近地表或地下构筑物及管线的锚杆，应适当控制注浆压力。

2. 超前预注浆施工应符合下列规定：

(1)注浆段的长度应满足设计要求。

(2)注浆管应根据设计要求选用。

(3)注浆孔的布置角度及深度应符合设计要求。

(4)注浆作业应满足下列要求：

1)注浆前应进行压水或压入稀浆试验，发现与设计不符时，应立即调整。

2)在涌水量大、压力高的地段钻孔时，应先设置带闸阀的孔口管；当面围岩破碎时，应先设置止浆墙和孔口管。

3)分段注浆时，应设置止浆塞。

4)注浆过程中应做好施工记录，发现问题应及时处理。

3. 质量检验及标准

(1)超前锚杆施工质量应符合下表的规定：

超前锚杆施工质量标准

序号	项目	规定值或允许偏差	检查方法
1	长度	不小于设计	尺量
2	孔位(mm)	±50	尺量
3	钻孔深度(mm)	±50	尺量
4	孔径	符合设计要求	尺量

(2)超前小导管注浆施工质量应符合下表的规定：

超前小导管注浆施工质量标准

序号	项目	规定值或允许偏差	检查方法和频率
1	长度	不小于设计	尺量：检查10%
2	孔位(mm)	±50	尺量：检查10%
3	钻孔深度(mm)	±50	尺量：检查10%
4	孔径	符合设计要求	尺量：检查10%
5	注浆压力	符合设计要求	压力表：全部检查

第五节　厂(场)、站设备安装工程施工记录

一、设备基础检查验收记录

<table>
<tr><td colspan="3">设备基础检查验收记录
(表 C5－5－1)</td><td>编号</td><td colspan="2">×××</td></tr>
<tr><td colspan="2">工程名称</td><td>××污水处理厂</td><td>设备名称</td><td colspan="2">×××</td></tr>
<tr><td colspan="2">基础施工单位</td><td>××市政工程有限公司</td><td>设备位号</td><td colspan="2">16</td></tr>
<tr><td colspan="2">设备安装单位</td><td>××设备安装工程公司</td><td>验收日期</td><td colspan="2">2009 年 6 月 3 日</td></tr>
<tr><td colspan="3">检查项目</td><td>设计要求
(mm)</td><td>允许偏差
(mm)</td><td>实测偏差
(mm)</td></tr>
<tr><td>1</td><td colspan="2">混凝土强度(MPa)</td><td>C30</td><td>—</td><td>C30</td></tr>
<tr><td>2</td><td colspan="2">外观检查:(表面平整度、裂缝、孔洞、蜂窝、麻面、路筋)</td><td>无</td><td>—</td><td>无</td></tr>
<tr><td>3</td><td colspan="2">基础位置(纵、横轴线)</td><td></td><td>±10</td><td>6</td></tr>
<tr><td>4</td><td colspan="2">基础顶面标高</td><td></td><td>5</td><td>2</td></tr>
<tr><td>5</td><td colspan="2">外形尺寸:基础上平面外形尺寸
凸台上平面外形尺
凹容尺寸</td><td></td><td>±15</td><td>+8</td></tr>
<tr><td>6</td><td colspan="2">基础上平面的水平度(包括地坪上需安装设备的部分):每米
全长</td><td></td><td>2</td><td>1</td></tr>
<tr><td>7</td><td colspan="2">垂直度:</td><td></td><td>3</td><td>2</td></tr>
<tr><td>8</td><td colspan="2">预埋地脚螺栓孔:中心位置
深度
孔壁的铅垂度(全深)</td><td></td><td>2
4
2</td><td>1
3
1</td></tr>
<tr><td>10</td><td colspan="2">预埋活动地脚螺栓锚板:
标高
中心位置
平整度(带槽的锚板)　(每米)
平整度(带螺纹的锚板)　(每米)</td><td></td><td>3
5
2
2</td><td>2
4
1
1</td></tr>
<tr><td>11</td><td rowspan="2">锅炉</td><td>相应两柱子定位中心线的间距</td><td></td><td>5</td><td>4</td></tr>
<tr><td>12</td><td>各组对称四根柱子定位中心点的两对角线长度之差</td><td></td><td>10</td><td>6</td></tr>
<tr><td colspan="3">说明:</td><td colspan="3">附基础示意图:</td></tr>
<tr><td colspan="6">结论:　☑ 合　格　　□ 不合格</td></tr>
</table>

<table>
<tr><td rowspan="2">监理(建设)单位</td><td colspan="2">基础施工单位</td><td colspan="2">设备安装单位</td></tr>
<tr><td>施工负责人</td><td>质检员</td><td>施工负责人</td><td>质检员</td></tr>
<tr><td>×××</td><td>×××</td><td>×××</td><td>×××</td><td>×××</td></tr>
</table>

注:此表由安装单位填写。

“设备基础检查验收记录”填表说明

本表参照《机械设备安装工程施工及验收通用规范》(GB 50231—2009)标准填写。

【填写依据】

设备安装前应对设备基础的混凝土强度、外观质量进行检查,并对设备基础纵、横轴线进行复核,对设备基础外形尺寸、水平度、垂直度、预埋地脚螺栓、地脚螺栓孔、预埋栓板以及锅炉设备基础立柱相邻位置、四立柱间对角线等进行量测,并附基础示意图。填写《设备基础检查验收记录》。

混凝土设备基础尺寸允许偏差和检验方法

<table>
<tr><th colspan="2">项 目</th><th>允许偏差(mm)</th><th>检验方法</th></tr>
<tr><td colspan="2">坐标位置</td><td>20</td><td>钢尺检查</td></tr>
<tr><td colspan="2">不同平面的标高</td><td>0,-20</td><td>水准仪或拉线、钢尺检查</td></tr>
<tr><td colspan="2">平面外形尺寸</td><td>±20</td><td>钢尺检查</td></tr>
<tr><td colspan="2">凸台上平面外形尺寸</td><td>+20,0</td><td>钢尺检查</td></tr>
<tr><td rowspan="2">平面水平度</td><td>每米</td><td>5</td><td>水平尺、塞尺检查</td></tr>
<tr><td>全长</td><td>10</td><td>水准仪或拉线、钢尺检查</td></tr>
<tr><td rowspan="2">垂直度</td><td>每米</td><td>5</td><td rowspan="2">经纬仪或吊线、钢尺检查</td></tr>
<tr><td>全高</td><td>10</td></tr>
<tr><td rowspan="2">预埋地脚螺栓</td><td>标高(顶部)</td><td>+20,0</td><td>水准仪或拉线、钢尺检查</td></tr>
<tr><td>中心距</td><td>±2</td><td>钢尺检查</td></tr>
<tr><td rowspan="3">预埋地脚螺栓孔</td><td>中心线位置</td><td>10</td><td>钢尺检查</td></tr>
<tr><td>深度</td><td>+20,0</td><td>钢尺检查</td></tr>
<tr><td>孔垂直度</td><td>10</td><td>吊线、钢尺检查</td></tr>
<tr><td rowspan="4">预埋活动地脚螺栓锚板</td><td>标高</td><td>+20,0</td><td>水准仪或拉线、钢尺检查</td></tr>
<tr><td>中心线位置</td><td>5</td><td>钢尺检查</td></tr>
<tr><td>带槽锚板平整度</td><td>5</td><td>钢尺、塞尺检查</td></tr>
<tr><td>带螺纹孔锚板平整度</td><td>2</td><td>钢尺、塞尺检查</td></tr>
</table>

注:检查坐标、中心线位置时,应沿纵、横两个方向量测,并取其中的较大值。

二、钢制平台/钢架制作安装检查记录

<table>
<tr><td colspan="4">钢制平台/钢架制作安装检查记录
（表C5－5－2）</td><td>编号</td><td>×××</td></tr>
<tr><td>工程名称</td><td colspan="5">××污水处理厂</td></tr>
<tr><td>施工单位</td><td colspan="5">××市政工程有限公司</td></tr>
<tr><td>安装位置</td><td>×××</td><td>图号</td><td>W－4－1</td><td>检查日期</td><td>2009年7月18日</td></tr>
<tr><td colspan="2">主要检查项目</td><td colspan="3">主要技术要求</td><td>检查结果</td></tr>
<tr><td rowspan="3">立柱</td><td>底座与柱基中心线偏差</td><td colspan="3">中心线偏差≤20mm</td><td>符合标准要求</td></tr>
<tr><td>垂直度偏差</td><td colspan="3">≤5mm</td><td>符合标准要求</td></tr>
<tr><td>弯曲度偏差</td><td colspan="3">≤3mm</td><td>符合标准要求</td></tr>
<tr><td colspan="2">立柱对角线偏差</td><td colspan="3">≤10mm</td><td>符合标准要求</td></tr>
<tr><td colspan="2">平台标高偏差</td><td colspan="3">≤10mm</td><td>符合标准要求</td></tr>
<tr><td rowspan="3">栏杆</td><td>水平度偏差</td><td colspan="3">≤10mm</td><td>符合标准要求</td></tr>
<tr><td>立柱垂直度偏差</td><td colspan="3">≤1.5%</td><td>符合标准要求</td></tr>
<tr><td>外观</td><td colspan="3">平直、无锈</td><td>符合标准要求</td></tr>
<tr><td colspan="2">梯子踏步间距偏差</td><td colspan="3">±15mm</td><td>符合标准要求</td></tr>
<tr><td colspan="2">平台边缘围板</td><td colspan="3">牢固、结实、材质、规格</td><td>符合标准要求</td></tr>
<tr><td colspan="2">钢结构构件焊接质量</td><td colspan="3">无气孔、夹渣、凸瘤等</td><td>符合标准要求</td></tr>
<tr><td colspan="2"></td><td colspan="3"></td><td></td></tr>
<tr><td colspan="6">有关说明：</td></tr>
<tr><td colspan="6">综合结论：
☑ 合格
□ 不合格</td></tr>
<tr><td colspan="2" rowspan="2">监理（建设）单位</td><td colspan="4">施工单位</td></tr>
<tr><td>技术负责人</td><td colspan="2">施工员</td><td>质检员</td></tr>
<tr><td colspan="2">×××</td><td>×××</td><td colspan="2">×××</td><td>×××</td></tr>
</table>

注：本表由施工单位填写。

三、设备安装检查记录(通用)

设备安装检查记录（通用） （表C5－5－3）				编号	×××
工程名称	××市××设备安装工程				
施工单位	××设备安装工程有限公司				
安装部位					
设备名称	水净化器			设备位号	××
规格型号	×××	执行标准	GB 50231—2009	检查日期	××年×月×日
主要检查项目		设计要求（mm）		允许偏差（mm）	实测偏差（mm）
标高				5	2
中心线位置	纵向			4	1
	横向			4	2
垂直度				5	3
水平度	纵向			5	2
	横向			5	1
设备固定	固定方式	焊接			
	设备垫铁安装	合格			
说明：					
综合结论： ☑ 合格 □ 不合格					
监理（建设）单位	施工单位				
	技术负责人	施工员	质检员		
×××	×××	×××	×××		

注：本表由施工单位填写。

“设备安装检查记录(通用)”填表说明

本表参照《机械设备安装工程施工及验收通用规范》(GB 50231—2009)标

准填写。

【填写依据】

1. 设备就位前，应按施工图和有关建筑物的轴线或边缘线及标高线，划定安装的基准线。

2. 互相有连接、衔接或排列关系的设备，应划定共同的安装基准线。必要时，应按设备的具体要求，埋设一般的或永久性的中心标版或基准点。

3. 平面位置安装基准线与基础实际轴线或与厂房墙(柱)的实际轴线、边缘线的距离，其允许偏差为＋20mm。

4. 设备定为基准的面、线或点对安装基准线的平面位置和标高的允许偏差，应符合下列表的规定。

设备的平面位置和标高对安装基准线的允许偏差

项目	允许偏差(mm)	
	平面位置	标高
与其他设备无机械联系的	±10	＋20，－10
与其他设备无机械联系的	±2	±1

5. 设备找正、调平的定位基准面、线或点确定后，设备的找正、调平均应在给定的测量位置上进行检验；复检时亦不得改变原来测量的位置。

6. 设备的找正、调平的测量位置，当设备技术文件无规定时，宜在下列部位中选择：

(1)支撑滑动部件的导向面。

(2)保持转运部件的导向面或轴线。

(3)部件上加工精度较高的表面。

(4)设备上应为水平或铅垂的主要轮廓面。

(5)连续运输设备和金属结构上，宜选在可调的部位，两测点间距离不宜大于6m。

7. 设备安装精度的偏差，宜符合下列要求：

(1)能补偿受力或温度变化后所引起的偏差。

(2)能补偿使用过程中磨损所引起的偏差。

(3)不增加功率消耗。

(4)使转运平稳。

(5)使机件在负荷作用下受力较小。

(6)能有利于有关机件的连接、配合。

(7)有利于提高被加工件的精度。

(8)两测点间距离不宜大于 6m。

【填写要点】

给水、污水处理、燃气、供热、轨道交通、垃圾卫生填埋厂(场)、站中使用的通用设备安装均可采用本表。应在安装中检查设备的标高、中心线位置、垂直度、纵横向水平度及设备固定的形式,使之符合设计要求,达到质量标准。

四、设备联轴器对中检查记录

<table>
<tr><td colspan="6">设备联轴器对中检查记录
(表 C5－5－4)</td><td colspan="3" rowspan="2">编号</td><td colspan="4">×××</td></tr>
<tr><td colspan="6"></td><td colspan="4"></td></tr>
<tr><td>工程名称</td><td colspan="12">××市××设备安装工程</td></tr>
<tr><td>施工单位</td><td colspan="12">××设备安装工程有限公司</td></tr>
<tr><td>设备名称</td><td colspan="4">除渣机</td><td colspan="2">规格型号</td><td colspan="2">×××</td><td colspan="2">设备位号</td><td colspan="2">3</td></tr>
<tr><td>安装部位</td><td colspan="12">—</td></tr>
<tr><td>执行标准</td><td colspan="6">GB 50231—2009</td><td colspan="2">检查日期</td><td colspan="4">××年×月×日</td></tr>
<tr><td colspan="13">设备联轴器布置示意图

略</td></tr>
<tr><td colspan="5">径　向</td><td colspan="6">轴　向</td><td colspan="2">端 面 间 隙</td></tr>
<tr><td rowspan="2">径向位移允许值(mm)</td><td colspan="4">实测值(mm)</td><td rowspan="2">轴向倾斜允许值(mm)</td><td colspan="5">实测值(mm)</td><td rowspan="2">允许值(mm)</td><td rowspan="2">实测值(mm)</td></tr>
<tr><td>a_1</td><td>a_2</td><td>a_3</td><td>a_4</td><td>b_1</td><td>b_2</td><td>b_3</td><td colspan="2">b_4</td></tr>
<tr><td>0.05</td><td>0.03</td><td>0.03</td><td>0.04</td><td>0.03</td><td>0.2/1000</td><td>0.1/1000</td><td>0</td><td>0</td><td colspan="2">0.1/1000</td><td>3～5</td><td>4</td></tr>
<tr><td colspan="13">综合结论:
☑ 合格
☐ 不合格</td></tr>
<tr><td colspan="4">技术负责人</td><td colspan="5">施工员</td><td colspan="4">质检员</td></tr>
<tr><td colspan="4">×××</td><td colspan="5">×××</td><td colspan="4">×××</td></tr>
</table>

注:本表由施工单位填写。

"设备联轴器对中检查记录"填表说明

本表参照《机械设备安装工程施工及验收通用规范》(GB 50231—2009)标准填写。

【填写依据】

设备联轴器安装完成后应对联轴器对中情况进行检查并记录，内容包括：径向位移值，轴向倾斜值，端面间隙值，并附联轴器布置示意图。

1. 凸缘联轴器装配时，两个半联轴器端面应紧密接触，两轴心的径向位移不应大于 0.03mm。

2. 弹性套柱销联轴器装配时，两轴心径向位移、两轴线倾斜和端面间隙的允许偏差应符合下表的规定。

弹性套柱销联轴器装配允许偏差

<table>
<tr><th>联轴器外形最大尺寸 D(mm)</th><th>两轴心径向位移(mm)</th><th>两轴线倾斜</th><th>端面间隙 s(mm)</th></tr>
<tr><td>71
80
95
106</td><td>0.04</td><td rowspan="5">0.2/1000</td><td>2～4</td></tr>
<tr><td>130
160</td><td rowspan="2">0.05</td><td>3～5</td></tr>
<tr><td>190
224
250
315
400</td><td>4～6</td></tr>
<tr><td>475</td><td>0.08</td><td rowspan="2">5～7</td></tr>
<tr><td>600</td><td>0.10</td></tr>
</table>

3. 弹性柱销联轴器装配时，两轴心径向位移、两轴线倾斜和端面间隙的允许偏差应符合下表规定。

弹性柱销联轴器装配允许偏差

<table>
<tr><th>联轴器外形最大直径 D(mm)</th><th>两轴心径向位移(mm)</th><th>两轴线倾斜</th><th>端面间隙 s(mm)</th></tr>
<tr><td>90～160</td><td rowspan="2">0.05</td><td rowspan="7">0.2/1000</td><td>2～3</td></tr>
<tr><td>195～200</td><td>2.5～4</td></tr>
<tr><td>280～320</td><td rowspan="2">0.08</td><td>3～5</td></tr>
<tr><td>360～410</td><td>4～6</td></tr>
<tr><td>480</td><td rowspan="3">0.10</td><td>5～7</td></tr>
<tr><td>540</td><td rowspan="2">6～8</td></tr>
<tr><td>630</td></tr>
</table>

4. 弹性柱销齿式联轴器装配时，两轴心径向位移、两轴线倾斜和端面间隙的允许偏差应符合下表的规定。

弹性柱销齿式联轴器装配允许偏差

联轴器外形最大直径 D(mm)	两轴心径向位移(mm)	两轴线倾斜	端面间隙 s(mm)
78～118	0.08	0.5/1000	2.5
158～260	0.1		4～5
300～515	0.15		6～8
560～770	0.2		10
860～1158	0.25		13～15
1440～1640	0.3		18～20

五、容器安装检查记录

<table>
<tr><td colspan="4" rowspan="2">容器安装检查记录
（表C5－5－5）</td><td rowspan="2">编号</td><td>×××</td></tr>
<tr><td></td></tr>
<tr><td>工程名称</td><td colspan="5">××市××设备安装工程</td></tr>
<tr><td>施工单位</td><td colspan="3">××市政设备安装工程有限公司</td><td>容器名称</td><td></td></tr>
<tr><td>规格型号</td><td></td><td>位号</td><td></td><td>检查日期</td><td>×年×月×日</td></tr>
<tr><td colspan="3">主要检查项目</td><td colspan="2">主要技术要求</td><td>检查结果</td></tr>
<tr><td rowspan="2">基础检查</td><td colspan="2">带腿容器</td><td colspan="2">表面平整、无裂纹和疏松</td><td>合格</td></tr>
<tr><td colspan="2">平底容器</td><td colspan="2">砂浆找平、符合设计要求</td><td></td></tr>
<tr><td rowspan="3">严密性试验</td><td colspan="2">压力容器</td><td colspan="2">符合“容规”等规定要求</td><td>合格</td></tr>
<tr><td colspan="2">压力水箱</td><td colspan="2">无渗漏(1.25P　10min)</td><td></td></tr>
<tr><td colspan="2">无压水箱</td><td colspan="2">无渗漏(灌水 24h)</td><td></td></tr>
<tr><td rowspan="12">箱、罐安装</td><td colspan="2">标高偏差</td><td colspan="2">±10mm</td><td></td></tr>
<tr><td colspan="2">中心线偏差</td><td colspan="2">≤10mm</td><td>5</td></tr>
<tr><td colspan="2">垂直度偏差</td><td colspan="2">≤2mm/m</td><td>3</td></tr>
<tr><td colspan="2">水平度偏差</td><td colspan="2">≤2mm/m</td><td>0</td></tr>
<tr><td colspan="2">接口方向</td><td colspan="2">符合图纸要求</td><td>1</td></tr>
<tr><td colspan="2">液位计、温度计</td><td colspan="2">零件齐全、无渗漏</td><td>合格</td></tr>
<tr><td colspan="2">压力表</td><td colspan="2">安装齐全、在有效期</td><td>合格</td></tr>
<tr><td colspan="2">安全泄放装置(无压罐不得安装)</td><td colspan="2">已校验、铅封齐全</td><td>合格</td></tr>
<tr><td colspan="2">水位调节装置</td><td colspan="2">动作灵活、无渗漏</td><td>合格</td></tr>
<tr><td colspan="2">取样管</td><td colspan="2">畅通、位置正确</td><td>合格</td></tr>
<tr><td colspan="2">内部防腐层</td><td colspan="2">完整、符合设计要求</td><td>合格</td></tr>
<tr><td colspan="2">二次灌浆</td><td colspan="2">符合图纸及标准要求</td><td>合格</td></tr>
</table>

（续）

<table>
<tr><td colspan="4">有关说明：</td></tr>
<tr><td colspan="4">综合结论：
☑ 合格
□ 不合格</td></tr>
<tr><td rowspan="2">监理（建设）单位</td><td colspan="3">施工单位</td></tr>
<tr><td>技术负责人</td><td>施工员</td><td>质检员</td></tr>
<tr><td>×××</td><td>×××</td><td>×××</td><td>×××</td></tr>
</table>

注：本表由施工单位填写。

“容器安装检查记录”填表说明

本表参照《锅炉安装工程施工及验收规范》（GB 50273—2009）标准填写。

【填写依据】

容器（箱罐）安装前应进行基础检查及容器严密性试验，安装中应对容器安装的标高、中心线、垂直度、水平度、接口方向及液位计、温度计、压力表、安全泄放装置、水位调节装置、取样口位置、内部防腐层、二次灌浆等内容进行检查并记录。

锅筒、集箱检查要求：

1. 吊装前，应对锅筒、集箱进行检查，且应符合下列要求：

（1）锅筒、集箱表面和焊接短管应无机械损伤，各焊缝及其热影响区表面应无裂纹、未熔合、夹渣、弧坑和气孔等缺陷。

（2）锅筒、集箱两端水平和垂直中心线的标记位置应正确，当需要调整时应根据其管孔中心线重新标定或调整。

（3）胀接管孔壁的表面粗糙度不应大于12.5μm，且不应有凹痕、边缘毛刺和纵向刻痕；管孔的环向或螺旋形刻痕深度应不大于0.5mm，宽度应不大于1mm，刻痕至管孔边缘的距离应不小于4mm。

注：表面粗糙度数值为轮廓算术平均偏差。

（4）胀接管孔直径及其允许偏差，应符合下表的规定。

胀接管孔直径与允许偏差(mm)

<table>
<tr><td colspan="2">管孔直径</td><td>32.3</td><td>38.3</td><td>42.3</td><td>51.5</td><td>57.5</td><td>60.5</td><td>64.0</td><td>70.5</td><td>76.5</td><td>83.6</td><td>89.6</td><td>102.7</td></tr>
<tr><td rowspan="3">允许偏值</td><td>直径</td><td colspan="3">+0.34
0</td><td colspan="6">+0.40
0</td><td colspan="3">+0.46
0</td></tr>
<tr><td>圆度</td><td colspan="3">0.14</td><td colspan="6">0.15</td><td colspan="3">0.19</td></tr>
<tr><td>圆柱度</td><td colspan="3">0.14</td><td colspan="6">0.15</td><td colspan="3">0.19</td></tr>
</table>

2. 锅筒应在钢架安装找正并固定后,方可起吊就位。非钢梁直接支持的锅筒,应安设牢固的临时性搁架;临时性搁架应在锅炉水压试验灌水前拆除。

3. 锅筒、集箱就位找正时,应根据纵向和横向安装基准线以及标高基准线按图1所示对锅筒、集箱中心线进行检测,其安装的允许偏差应符合下表的规定。

锅筒、集箱安装的允许偏差(mm)

检 测 项 目	允许偏差
主锅筒的标高	±5
锅筒纵向和横向中心线与安装基础线的水平方向距离	±5
锅筒、集箱全长的纵向水平度	2
锅筒全长的横向水平度	1
上、下锅筒之间水平方向距离和垂直方向距离	±3
上锅筒与上集箱的轴心线距离	±3
上锅筒与过热器集箱的水平和垂直距离;过热器集箱之间的水平和垂直距离	±3
上、下集箱之间的距离,上、下集箱与相邻立柱中心距离	±3
上、下锅筒横向中心线相对偏移	2
锚筒横向中心线和过热器集箱横向中心线相对偏移	3

注:锅筒纵向和横向中心线两端所测距离的长度之差不应大于2mm。

4. 安装前,应对锅筒、集箱的支座和吊挂装置进行检查,且应符合下列要求:

(1)接触部位圆弧应吻合,局部间隙不宜大于2mm;

(2)支座与梁接触应良好,不得有晃动现象;

(3)吊挂装置应牢固,弹簧吊挂装置应整定,并应进行临时固定。

5. 锅筒、集箱就位时,应在其膨胀方向预留支座的膨胀间隙,并应进行临时固定。膨胀间隙应符合随机技术文件的规定。

6. 锅筒内部装置的安装,应在水压试验合格后进行。其安装应符合下列

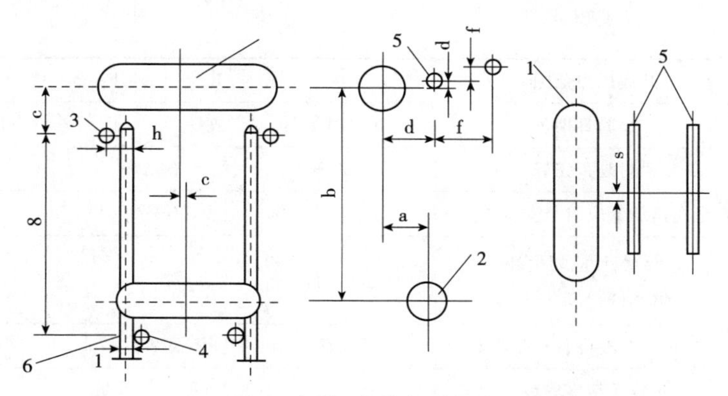

图 1　锅筒、集箱间的距离

要求：

(1)锅筒内零部件的安装，应符合产品图样的要求；

(2)蒸汽、给水连接隔板的连接应严密不漏，焊缝应无漏焊和裂纹；

(3)法兰接合面应严密；

(4)连接件的连接应牢固，且应有防松装置。

六、安全附件安装检查记录

安全附件安装检查记录 （表 C5—5—6）				编号	××××
工程名称	××工程				
施工单位	××机电安装工程有限公司				
设备/系统名称	锅炉	设备规格型号	WNS2.8—1.0/95/70	设备所在系统	
工作介质	水	设计（额定）压力	1.0MPa	最大工作压力	1.5MPa
检　查　项　目			检　查　结　果		
压力表	量程及精度等级		0～1.6MPa；0.4 级		
	校验日期		×年×月×日	数量	××块
	外观检查		☑合格　　□不合格		
	在最大工作压力处应划红线		☑已划；　　□　未划		
	旋塞或针型阀是否灵活		☑灵活；　　□　不灵活		
	蒸汽压力表管是否设存人弯管		☑已设；　　□　未设		
	铅封是否完好		☑完好；　　□　不完好		

（续）

<table>
<tr><td rowspan="4">安全阀</td><td>开启压力范围</td><td colspan="3">1.0～1.5MPa</td></tr>
<tr><td>校验日期</td><td>×年×月×日</td><td>数量</td><td>××个</td></tr>
<tr><td>铅封是否完好</td><td colspan="3">☑完好；　□ 不完好</td></tr>
<tr><td>安全阀排放管应引至安全地点</td><td colspan="3">☑是；　□ 不是</td></tr>
<tr><td rowspan="2">水位计
（液位计）</td><td>水（液）位计应划出高、
低水（液）位红线</td><td colspan="3">☑已划；　□未划</td></tr>
<tr><td>水（液）位计旋塞（阀门）是否灵活</td><td colspan="3">☑灵活；　□不灵活</td></tr>
<tr><td rowspan="3">温度计</td><td>量程及精度等级</td><td colspan="3">100℃　Ⅱ级</td></tr>
<tr><td>校验日期</td><td>××年×月×日</td><td>数量</td><td>20 支</td></tr>
<tr><td>传感系统是否正常</td><td colspan="3">☑正常；　□不正常</td></tr>
<tr><td>报警联
锁装置</td><td>高低限位（声、光）警
联锁装置工作情况</td><td colspan="3">☑灵敏、准确　□不合格
☑动作迅速、正确　□不合格</td></tr>
<tr><td colspan="5">说明：
安全附件安装符合设计和规范要求。</td></tr>
<tr><td colspan="5">综合结论：
☑ 合　格　　□ 不合格</td></tr>
</table>

<table>
<tr><td rowspan="2">监理（建设）单位</td><td colspan="3">施　工　单　位</td></tr>
<tr><td>技术负责人</td><td>施工员</td><td>质检员</td></tr>
<tr><td>×××</td><td>×××</td><td>×××</td><td>×××</td></tr>
</table>

注：本表由施工单位填写。

“安全附件安装检查记录”填表说明

本表参照《锅炉安装工程施工及验收规范》（GB 50273—2009）标准填写。

【填写依据】

1. 锅炉交付使用前，必须对锅炉的安全附件进行检查、调试并记录。

2. 锅炉和省煤器安全阀的定压和调整应符合下表的规定。锅炉上装有两个安全阀时，其中的一个按表中较高值定压，另一个按较低值定压。装有一个安全阀时，应按较低值定压。

安全阀定压规定

项次	工作设备	安全阀开启压力(MPa)
1	蒸汽锅炉	工作压力+0.02MPa
		工作压力+0.04MPa
2	热水锅炉	1.12倍工作压力,但不少于工作压力+0.07MPa
		1.14倍工作压力,但不小于工作压力+0.10MPa
3	省煤器	1.1倍工作压力

3. 压力表的刻度极限值,应大于或等于工作压力的1.5倍,表盘直径不得小于100mm。

4. 安装水位表应符合下列规定:

(1)水位表应有指示最高、最低安全水位的明显标志,玻璃板(管)的最低可见边缘应比最低安全水位低25mm;最高可见边缘应比最高安全水位高25mm。

(2)玻璃管式水位表应有防护装置。

(3)电接点式水位表的零点应与锅筒正常水位重合。

(4)采用双色水位表时,每台锅炉只能装设一个,另一个装设普通水位表。

(5)水位表应有放水旋塞(或阀门)和接到安全地点的放水管。

5. 锅炉的高、低水位报警器和超温、超压报警器及联锁保护装置必须按设计要求安装齐全和有效,并进行启动,联动试验并做好试验记录。

6. 蒸汽锅炉安全阀应安装通向室外的排气管。热水锅炉安全阀泄水管应接到安全地点。在排气管和泄水管上不得装设阀门。

7. 检查项目主要包括压力表、安全阀、水位计(液位计)、报警装置等附件的安装、校验和工作情况。

8. 安装检查及记录除应按《建筑给水排水及采暖工程施工质量验收规范》(GB 50242—2002)的要求以外,尚应符合《工业锅炉安装工程施工及验收规范》(GB 50273—2009)等现行国家有关规范、规程、标准的规定及产品样本、使用说明书的要求。

9. 安全附件安装检查应由施工单位报请建设(监理)单位共同进行。

【填写要点】

1. 记录的内容应包括锅炉型号、工作介质、设计(额定)压力、最大工作压力、各检查项目的检查结果、必要的说明及结论等。

2. 检查记录应根据检查的项目,按照实际情况及时、认真填写,不得漏项,填写内容要齐全、清楚、准确,结论应明确。各项内容的填写应符合设计及规范的要求,签字应齐全。

七、软化水处理设备安装调试记录

<table>
<tr><td colspan="3">软化水处理设备安装调试记录
（表 C5－5－9）</td><td>编号</td><td>××××</td></tr>
<tr><td>工程名称</td><td colspan="4">××配水厂设备安装工程</td></tr>
<tr><td>施工单位</td><td colspan="4">××市政工程有限公司</td></tr>
<tr><td>安装单位</td><td colspan="4">××设备安装工程有限公司</td></tr>
<tr><td>设备规格型号</td><td>GFR－IA</td><td>数量</td><td colspan="2">1</td></tr>
<tr><td>软化设备工艺</td><td colspan="4"></td></tr>
<tr><td colspan="5">调试过程记录：

（略）</td></tr>
<tr><td>周期制水量</td><td>100m³</td><td>再生一次用盐量</td><td colspan="2">10kg</td></tr>
<tr><td colspan="2">生水</td><td colspan="3">软化水</td></tr>
<tr><td>YD(mmol/L)</td><td>15</td><td>YD(mmol/L)</td><td colspan="2">5</td></tr>
<tr><td>JD(mmol/L)</td><td>20</td><td>JD(mmol/L)</td><td colspan="2">10</td></tr>
<tr><td>CI⁻(mg/L)</td><td>5</td><td>CI⁻(mg/L)</td><td colspan="2">3</td></tr>
<tr><td>pH</td><td>9</td><td>pH</td><td colspan="2">8</td></tr>
<tr><td colspan="5">综合结论：　☑ 合　格　　☐ 不合格</td></tr>
<tr><td>监理(建设)单位</td><td>施工单位</td><td></td><td colspan="2"></td></tr>
<tr><td>×××</td><td>×××</td><td></td><td colspan="2"></td></tr>
</table>

注：本表由施工单位填写。

八、燃烧器及燃料管道安装检查记录

燃烧器及燃料管道安装检查记录（表 C5－5－10）			编号	××××	
工程名称	××市××供热工程				
施工单位	××工程技术有限公司				
锅炉型号	SHL2.9—1.6/150/90	位号	5#	检查日期	2009 年 3 月 9 日
1	燃烧器的标高偏差		±5mm	3	
	各燃烧器之间的距离偏差		±3mm	2	
	调风装置调节是否灵活		灵活	合格	
	燃烧器装卸是否方便		方便	合格	
2	室内油箱总容积		≤1m³	0.2	
	油位计种类		非玻璃	合格	
	室内油箱是否装设紧急排放管		装设	合格	引至安全地点
	室内油箱是否装设通气管		装设	合格	应装设阻热器
3	每台锅炉供油干线上是否有关闭阀和快速切断阀		装设	合格	
	每个燃烧器前的燃油支管上是否有关闭阀		装设	合格	
	每台锅炉的回油管上是否有止回阀		装设	合格	

其他说明：

符合燃烧器及燃料管道的安装要求和设计要求。

监理（建设）单位	施工单位		
	技术负责人	施工员	质检员
×××	×××	×××	×××

注：本表由施工单位填写。

九、管道/设备保温施工检查记录

<table>
<tr><td colspan="3">管道/设备保温施工检查记录
（表 C5－5－11）</td><td>编号</td><td>××××</td></tr>
<tr><td>工程名称</td><td colspan="4">××供热管线工程</td></tr>
<tr><td>工程部位</td><td colspan="4">1＋236～1＋987 供热管道</td></tr>
<tr><td>施工单位</td><td colspan="4">××设备安装工程公司</td></tr>
<tr><td>设备名称</td><td></td><td>管线编号/桩号</td><td colspan="2">K1＋236～K1＋987</td></tr>
<tr><td>保温材料品种</td><td>岩棉</td><td>保温材料厚度</td><td colspan="2">100mm</td></tr>
<tr><td>生产厂家</td><td>××保温材料厂</td><td>检查日期</td><td colspan="2">2009 年 10 月 6 日</td></tr>
<tr><td colspan="5">基层处理与涂漆情况：
管道基层干净，涂刷防腐漆，已做处理，管道试压合格。</td></tr>
<tr><td colspan="5">保温层施工情况：
车阀门、法兰及其他可拆卸部件的周围留出孔隙，保温层断面 45°角，并封闭严密。保温支、托架两侧留有空隙，管道能正常转动。</td></tr>
<tr><td colspan="5">保护层施工情况：
保温结构层间粘贴紧密、平整，压缝、圆弧均匀，伸缩缝布置合理，接缝错开，嵌缝保满。</td></tr>
<tr><td colspan="5">综合结论：
☑ 合　格
☐ 不合格</td></tr>
<tr><td rowspan="2">监理（建设）单位</td><td colspan="4">施　工　单　位</td></tr>
<tr><td>技术负责人</td><td>施工员</td><td colspan="2">质柱员</td></tr>
<tr><td>×××</td><td>×××</td><td>×××</td><td colspan="2">×××</td></tr>
</table>

注：本表由施工单位填写。

十、净水厂水处理工艺系统调试记录

<table>
<tr><td colspan="4" rowspan="2">净水厂水处理工艺系统调试记录
（表C5－5－12）</td><td colspan="2" rowspan="2">编号</td><td colspan="2">××××</td></tr>
<tr><td colspan="2"></td></tr>
<tr><td>工程名称</td><td colspan="7">××净水厂水处理工程</td></tr>
<tr><td>施工单位</td><td colspan="7">××自来水公司</td></tr>
<tr><td>安装单位</td><td colspan="7">××市设备安装工程公司</td></tr>
<tr><td>处理工艺</td><td colspan="7"></td></tr>
<tr><td>处理水量</td><td colspan="7">200m³/d(设计产水量)</td></tr>
<tr><td colspan="8">调式过程记录：
（略）</td></tr>
<tr><td>清水池水质</td><td colspan="2">优</td><td colspan="2">清水池注满水时间</td><td colspan="3">5h</td></tr>
<tr><td>絮凝时间</td><td>2min</td><td>廊道流速 m/s</td><td>起端</td><td>5</td><td>末端</td><td colspan="2">3</td></tr>
<tr><td>沉淀池溢流率</td><td colspan="2">50m³/m·d</td><td colspan="2">澄清池清水区上升流速</td><td colspan="3">10mm/s</td></tr>
<tr><td>进入滤池前水浑浊度</td><td colspan="7"></td></tr>
<tr><td rowspan="3">滤池冲洗流速</td><td colspan="3">配水干管(渠)进口处流速</td><td colspan="4">20m/s</td></tr>
<tr><td colspan="3">配水支管进口处流速</td><td colspan="4">30m/s</td></tr>
<tr><td colspan="3">孔眼流速</td><td colspan="4">30m/s</td></tr>
<tr><td rowspan="2">快滤池流速</td><td>进水管流速</td><td colspan="2">50m/s</td><td colspan="2">出水管速度</td><td colspan="2">30m/s</td></tr>
<tr><td>冲洗水管速度</td><td colspan="2">40m/s</td><td colspan="2">排水管速度</td><td colspan="2">50m/s</td></tr>
<tr><td colspan="8">综合结论：
☑ 合　格
☐ 不合格</td></tr>
<tr><td>建设单位</td><td colspan="2">监理单位</td><td colspan="2">设计单位</td><td colspan="2">施工单位</td><td></td></tr>
<tr><td>×××</td><td colspan="2">×××</td><td colspan="2">×××</td><td colspan="2">×××</td><td></td></tr>
</table>

注：本表由施工单位填写。

“净水厂水处理工艺系统调试记录”填表说明

本表参照《室外给水设计规范》(GB 50013—2006)标准填写。

【填写依据】

1. 设计隔板絮凝池时，宜符合下列要求：

(1)絮凝时间宜为20～300min；

(2)絮凝池廊道的流速，应按由大到小渐变进行设计，起端流速宜为0.5～0.6m/s，末端流速宜为0.2～0.3m/s；

(3)隔板间净距宜大于0.5m。

2. 设计机械絮凝池时，宜符合下列要求：

(1)絮凝时间为15～20min；

(2)池内设3～4档搅拌机；

(3)搅拌机的转速应根据浆板边缘处的线速度通过计算确定，线速度宜自第一档的0.5m/s逐渐变小至末档的0.2m/s；

(4)池内宜设防止水体短流的设施。

3. 设计折板絮凝池时，宜符合下列要求：

(1)絮凝时间为12～20min；

(2)絮凝过程中的速度应逐段降低，分段数不宜少于三段，各段的流速可分别为：

第一段：0.25～0.35m/s；

第二段：0.15～0.25m/s；

第三段：0.10～0.15m/s。

(3)折板夹角采用90°～120°；

(4)折板夹角采用直板。

4. 设计栅条(网格)絮凝池时，宜符合下列要求：

(1)絮凝池宜设计成多格竖流式；

(2)絮凝时间宜为12～20min，用于处理低温或低浊水时，絮凝时间可适当延长；

(3)絮凝池竖井流速、过栅(过网)和过孔流速应逐段递减，分段数宜分三段，流速分别为：

竖井平均流速：前段和中段0.14～0.12m/s，末段0.14～0.10m/s；

过栅(过网)流速：前段0.30～0.25m/s，中段0.25～0.22m/s，末段不安放栅条(网格)；

竖井之间孔洞流速：前段0.30～0.20m/s，中段0.20～0.15m/s，末段0.14～0.10m/s。

(4)絮凝池宜布置成2组或多组并联形式；

(5)絮凝池内应有排泥设施。

5. 平流沉淀池的沉淀时间，宜为1.5～3.0h。

6. 平流沉淀池的水平流速可采用10～25mm/s，水流应避免过多转折。

7. 平流沉淀池的有效水深，可采用3.0～3.5m。沉淀池的每格宽度（或导流墙间距）宜为3～8m，最大不超过15m，长度与宽度之比不得小于4；长度与深度之比不得小于10。

8. 平流沉淀池宜采用穿孔墙配水和溢流堰集水，溢流率不宜超过300m³/(m·d)。

9. 滤池应有下列管（渠），其管径（断面）宜根据下表所列流速通过计算确定。

各种管渠和流速(m/s)

管（渠）名称	流　速
进水	0.8～1.2
出水	1.0～1.5
冲洗水	2.0～2.5
排水	1.0～1. 5
初滤水排放	3.0～4.5
输气	10～15

十一、加药、加氯工艺系统调试记录

<table>
<tr><td colspan="3">加药、加氯工艺系统调试记录
（表C5－5－13）</td><td>编号</td><td>××××</td></tr>
<tr><td>工程名称</td><td colspan="4">××水厂设备安装工程</td></tr>
<tr><td>施工单位</td><td colspan="4">××市政工程有限公司</td></tr>
<tr><td>安装单位</td><td colspan="4">××设备安装工程公司</td></tr>
<tr><td>处理工艺</td><td colspan="4"></td></tr>
<tr><td colspan="5">调试过程记录：
略</td></tr>
<tr><td>水质化验</td><td colspan="4">合格</td></tr>
<tr><td>远方/就地转换开关</td><td colspan="4">正常</td></tr>
<tr><td>输入流量信号</td><td></td><td></td><td></td><td></td></tr>
<tr><td>输入余氯信号</td><td></td><td></td><td></td><td></td></tr>
<tr><td>氯气流量信号输出</td><td colspan="4">正常</td></tr>
<tr><td>瓶重报警信号</td><td colspan="4"></td></tr>
<tr><td>加氯阀门</td><td colspan="4">开启</td></tr>
</table>

（续）

余氯分析仪	正常			
氯气检测器	正常			
通风	良好			
综合结论： ☑ 合　格 ☐ 不合格				
建设单位	监理单位	施工单位	安装单位	
×××	×××	×××	×××	

注：本表由施工单位填写。

“加药、加氯工艺系统调试记录”填表说明

1. 手动

(1)首先确认水射器前工作水压力满足要求，然后打开压力水阀门，用手试真空接口的抽吸力。如抽吸力小或向外出水，则需检查水射器后的闸阀是否开启及管道是否畅通。

(2)真空调节阀安装完毕，要进行密封性试验。先把氯瓶与调节阀之间所有接头装好拧紧，然后打开氯瓶，用氯水或 pH 试纸依次检查所有的接头。如发生白色烟气或试纸变色，则表明该接头泄漏，需重接，直到无泄漏为止。

(3)排气管至室外，出口应低于流量控制器，并检查所有管道安装是否正确。

(4)检查管道的气密性：关闭调节阀，将黑色旋钮转至“OFF”，打开水射器压力管阀门，水射器开始工作，数秒钟内气源指示器转至红色，表明气密性良好。如指示器无变化，则表明气密性不合格。

(5)在管路气密性良好的情况下，将调节阀黑色旋钮转至“ON”，使系统运行。调整流量控制阀红色旋钮直到所需要的加氯量。

(6)停止调试：关闭氯瓶阀门，指示器显示红色后关闭电源、水源，调试完毕。

2. 自动控制

该加氯机有流量配比控制、直接余氯控制和复合环路(流量、余氯)控制等三种控制方式供选用。

(1)检查所有应接入的信号(流量、余氯等)是否正常。

(2)启动已经过手动调试的加氯机。

(3)将加氯机控制按钮转至“自动”位置上。

(4)观察、记录余氯数据，并采取变化水量的办法，检查余氯变化幅度、变化时间值(滞后时间)是否正常。

(5)设置高低余氯报警值，并用手动调节氯量调节阀，检验报警效果。

十二、水处理工艺管线验收记录

<table>
<tr><td colspan="3" rowspan="2">水处理工艺管线验收记录
（表 C5－5－14）</td><td rowspan="2">编号</td><td>××××</td></tr>
<tr><td></td></tr>
<tr><td colspan="2">工程名称</td><td colspan="3">××污水管线工程</td></tr>
<tr><td colspan="2">施工单位</td><td colspan="3">××市政工程有限公司</td></tr>
<tr><td colspan="2">安装单位</td><td colspan="3">××设备安装公司</td></tr>
<tr><td colspan="2">管线类别</td><td colspan="3"></td></tr>
<tr><td rowspan="10">资料审查</td><td>1</td><td>施工图纸、设计文件、设计变更文件</td><td colspan="2">齐全有效，符合要求</td></tr>
<tr><td>2</td><td>主要材料合格证或试验记录</td><td colspan="2">有出厂合格证和试验记录</td></tr>
<tr><td>3</td><td>施工测量记录</td><td colspan="2">施工测量记录齐全，符合要求</td></tr>
<tr><td>4</td><td>焊接、水密性、气密性试验记录</td><td colspan="2">试验记录齐全，符合要求</td></tr>
<tr><td>5</td><td>吹扫、清洗记录</td><td colspan="2">记录齐全，符合要求</td></tr>
<tr><td>6</td><td>施工记录</td><td colspan="2">施工记录齐全，符合要求</td></tr>
<tr><td>7</td><td>中间验收记录</td><td colspan="2">中间验收记录齐全，符合要求</td></tr>
<tr><td>8</td><td>工程质量事故处理记录</td><td colspan="2"></td></tr>
<tr><td>9</td><td>回填土压实度检验记录</td><td colspan="2">压实度检验记录齐全，符合要求</td></tr>
<tr><td></td><td></td><td colspan="2"></td></tr>
<tr><td rowspan="5">复验</td><td>1</td><td>管道的位置及高程</td><td colspan="2">位置和高程符合设计及规范要求</td></tr>
<tr><td>2</td><td>管道及附属构筑物的断面尺寸</td><td colspan="2">断面尺寸符合设计及规范要求</td></tr>
<tr><td>3</td><td>管道配件安装的位置和数量</td><td colspan="2"></td></tr>
<tr><td>4</td><td>管道的冲洗及消毒等</td><td colspan="2"></td></tr>
<tr><td></td><td></td><td colspan="2"></td></tr>
<tr><td>外观情况</td><td colspan="4">外观质量平直，无污染，防腐处理符合要求。</td></tr>
<tr><td>备注</td><td colspan="4"></td></tr>
<tr><td colspan="5">综合结论：
☑ 合　格
☐ 不合格</td></tr>
</table>

建设单位	监理单位	施工单位		
×××	×××	×××		

注：本表由施工单位填写。

“水处理工艺管线验收记录”填表说明

本表参照《城市污水处理厂工程质量验收规范》(GB 50334—2002)标准填写。

【填写依据】

1. 主控项目

(1)管道基础的高程和固定支架的安装位置应符合设计要求。

检验方法:检查施工记录。

(2)管道安装的接口以及和闸阀的连接必须牢固严密。

检验方法:观察检查,检查试验报告。

(3)在管道穿越墙体和楼板处应按规定设置套管。

检验方法:观察检查。

2. 一般项目

(1)管道的检查井砌筑应灰浆饱满,灰缝平整,抹面坚实,不得有空鼓、裂缝等现象。

检验方法:观察检查,用小锤敲击。

(2)检查井的允许偏差应符合下表的规定。

检查井的允许偏差和检验方法

名称	项目		允许偏差(mm)	检验方法
检查井	标高	井盖	±5	用水准仪测量
		流槽	±10	
	断面尺寸	圆形井(直径)	±20	用尺量检查
		圆形井(内边长与宽)		

(3)闸、阀启闭时应满足在工作压力下无泄漏。

检验方法:观察检查。

(4)管道焊缝应饱满,表面平整,不得有裂纹、烧伤、结瘤等现象,并按设计要求做探伤检测。

检验方法:观察检查,检查检测报告。

(5)管口粘接应牢固,连接件之间应严密、无孔隙。

检验方法:观察检查。

(6)焊接及粘接的管道允许偏差应符合下表的规定。

(7)管道安装的线位应准确、直顺。

检验方法:仪器检测、观察检查。

(8)管道中线位置、高程的允许偏差应符合下表的规定。

(9)部件安装应平直、不扭曲,表面不应有裂纹、重皮和麻面等缺陷,外圆弧应均匀。

检验方法:观察检查。

(10)部件安装的允许偏差应符合下表的规定。

焊接及粘接的管道允许偏差和检验方法

项次	名称	项目			允许偏差(mm)	检验方法
1	碳素钢管道	焊口平直度	管壁厚	10mm 以内	管壁厚 1/4	用样板尺和尺检查
				10mm 以上	3	
		焊缝加强层	高度		+1	用焊接工具尺检查
			宽度		+3,-1	
		咬肉	深度		0.5	用焊缝工具尺和尺检查
			连续长度		25	
			总长度(两侧)		小于焊缝长度的 10%	
2	不锈钢管道	焊口平直度	管壁厚	10mm 以内	管壁厚 1/5	用样板尺和尺检查
				10～20mm	2	
				20mm 以上	3	
		焊缝加强层	高度		+1	焊接工具尺检查
			高度		+1	
		咬肉	深度		0.5	用焊接工具尺和尺检查
			连续长度		25	
			总长度(两侧)		小于焊缝长度的 10%	
3	工程塑料管道	焊口平直度	管壁厚	10mm 以内	管壁厚的 1/4	用样板尺和尺检查
				10mm/以上	3	

管道中线位置、高程的允许偏差

项次	名称	项目			允许偏差(mm)	检验方法
1	混凝土管道	位置	室外	给排水	30	用测量仪器和尽量检查
			室内		15	
		高程	室外	给水	±20	
				排水	±10	
			室内	给排水		
2	铸铁及球墨铸铁管道	位置	室内	给排水	30	
			室外		15	
		高程	室外给水	DN400mm 以下	±30	
				DN400mm 以上	±30	
			室外排水		±10	
			室内给排水		±10	
3	碳素钢管道	位置	室外	加工及地沟	20	
				埋地	30	
			室内	加工及地沟	10	
				埋地	15	
		高程	室外	加工及地沟	±10	
				埋地	±15	
			室内	加工及地沟	±5	
				埋地	±10	

（续）

<table>
<tr><th>项次</th><th>名称</th><th colspan="3">项目</th><th>允许偏差(mm)</th><th>检验方法</th></tr>
<tr><td rowspan="4">4</td><td rowspan="4">不锈钢管道</td><td rowspan="2">位置</td><td rowspan="2">室内</td><td>加工及地沟</td><td>20</td><td rowspan="12">用测量仪器和尺量检查</td></tr>
<tr><td>埋地</td><td>10</td></tr>
<tr><td rowspan="2">高程</td><td rowspan="2">室外</td><td>加工及地沟</td><td>±10</td></tr>
<tr><td>埋地</td><td>±5</td></tr>
<tr><td rowspan="8">5</td><td rowspan="8">工程塑料管道</td><td rowspan="4">位置</td><td rowspan="2">室外</td><td>加工及地沟</td><td>20</td></tr>
<tr><td>埋地</td><td>30</td></tr>
<tr><td rowspan="2">室内</td><td>加工及地沟</td><td>10</td></tr>
<tr><td>埋地</td><td>15</td></tr>
<tr><td rowspan="4">高程</td><td rowspan="2">室外</td><td>加工及地沟</td><td>±10</td></tr>
<tr><td>埋地</td><td>±15</td></tr>
<tr><td rowspan="2">室内</td><td>加工及地沟</td><td>±5</td></tr>
<tr><td>埋地</td><td>±10</td></tr>
</table>

注：DN 为管道公称直径。

部件安装允许偏差和检验方法

<table>
<tr><th>项次</th><th>名称</th><th colspan="4">项目</th><th>允许偏差(mm)</th><th>检验方法</th></tr>
<tr><td rowspan="7">1</td><td rowspan="7">碳素钢管道的部件</td><td rowspan="5">弯管</td><td rowspan="2">椭圆率</td><td colspan="2">DN150mm 以内</td><td>10% *</td><td rowspan="5">用外止钳和尺检查</td></tr>
<tr><td colspan="2">DN400mm 以内</td><td>8% *</td></tr>
<tr><td rowspan="3">褶皱不平度</td><td colspan="2">DN120mm 以内</td><td>4</td></tr>
<tr><td colspan="2">DN200mm 以内</td><td>5</td></tr>
<tr><td colspan="2">DN400mm 以内</td><td>7</td></tr>
<tr><td colspan="2" rowspan="2">补偿器与拉伸长度</td><td colspan="2">填写式和波形</td><td>±5</td><td rowspan="2">检查预拉伸记录</td></tr>
<tr><td colspan="2">ⅡΩ形</td><td>±10</td></tr>
<tr><td rowspan="6">2</td><td rowspan="6">不锈钢管道的部件</td><td rowspan="5">弯管</td><td rowspan="2">椭圆率</td><td colspan="2" rowspan="2">不锈钢管道</td><td>中低压 8% *</td><td rowspan="5">用外卡钳和尺检查</td></tr>
<tr><td>高压 5%</td></tr>
<tr><td rowspan="3">褶皱不平度</td><td rowspan="3">不锈钢管道</td><td>DN150mm 以内</td><td>3%</td></tr>
<tr><td>DN150～250mm</td><td>2.5%</td></tr>
<tr><td>DN200mm 以外</td><td>2%</td></tr>
<tr><td colspan="4">不锈钢ⅡΩ形补偿器预拉伸长度</td><td>±10</td><td>检查预拉伸记录</td></tr>
<tr><td rowspan="5">3</td><td rowspan="5">工程塑料管道的部件</td><td rowspan="4">弯管</td><td colspan="3">椭圆率</td><td>6% *</td><td rowspan="4">用外卡钳和尺检查</td></tr>
<tr><td rowspan="3">褶皱不平度</td><td colspan="2">DN150mm 以内</td><td>2</td></tr>
<tr><td colspan="2">DN100mm 以内</td><td>3</td></tr>
<tr><td colspan="2">DN200mm 以内</td><td>4</td></tr>
<tr><td colspan="4">不锈钢ⅡΩ形补偿器预拉伸长度</td><td>±10</td><td>检查预拉伸记录</td></tr>
</table>

注：1. * 为管道最大外径与最小外径之差同最大外径之比；

2. DN 为管道公称直径。

十三、污泥处理工艺系统调试记录

污泥处理工艺系统调试记录 （表 C5－5－15）		编号	××××
工程名称	××污水安装工程		
施工单位	××市政工程有限公司		
安装单位	××设备安装工程公司		
处理工艺			
调试过程记录： （略）			
远程/现场控制转换	符合要求		
控制室设备、仪表启动及信号	符合要求		
污泥处理相关机械启动情况	符合要求		
排泥管、槽、池	符合要求		
要关闸、阀等附件	符合要求		
吸泥机、刮泥机运转情况	使用方便，灵活		
反冲洗回流情况	符合要求		
排泥池、浓缩池	符合要求		
提升泵、脱水机	符合要求		
其他			
综合结论： ☑ 合　格 □ 不合格			

建设单位	监理单位	施工单位		
×××	×××	×××		

注：本表由施工单们位填写。

第六节　电气安装工程施工记录

一、电缆敷设检查记录

电缆敷设检查记录 （表C5－6－1）			编号	×××		
工程名称	××市政路桥工程					
工程单位						
施工单位	××市政建设集团					
检查日期	××年×月×日		天气情况	晴	气温	25℃
敷设方式	明敷					
电缆编号	起点	终点	规格型号	用途		
N_1	K5＋325	K6＋325	380V　2.5mm	路灯干线		

序号	检查项目及要求	检查结果
1	电缆规格符合设计规定，排裂整齐，无机械损伤；标志牌齐全、正确、清晰	合格
2	电缆的固定、弯曲半径、有关距离和单芯电力电缆的相序排裂符合要求	合格
3	电缆终端、电缆接头、安装牢固，相色正确	合格
4	电缆金属保护层、铠装、金属屏蔽层接地良好	合格
5	电缆沟内无杂物，盖板齐全，隧道内无杂物，照明、通风排水等符合设计要求	合格
6	直埋电缆路径标志应与实际路径相符，标志应清晰牢固、间距适当	合格
7	电缆桥架接地符合标准要求	合格

监理（建设）单位	施工单位		
	技术负责人	施工员	质检员
×××	×××	×××	×××

注：本表由施工单位填写。

二、电气照明装置安装检查记录

<table>
<tr><td colspan="3">电气照明装置安装检查记录
（表 C5－6－2）</td><td>编号</td><td colspan="2">×××</td></tr>
<tr><td colspan="2">工程名称</td><td colspan="4">北京××工程</td></tr>
<tr><td colspan="2">工程单位</td><td colspan="4">电气照明装置安装检查</td></tr>
<tr><td colspan="2">施工单位</td><td>××市工程有限公司</td><td>检查日期</td><td colspan="2">×年×月×日</td></tr>
<tr><td>序号</td><td colspan="3">检查项目及要求</td><td colspan="2">检查结果</td></tr>
<tr><td>1</td><td colspan="3">照明配电箱（盘）安装</td><td colspan="2">符合要求</td></tr>
<tr><td>2</td><td colspan="3">电线、电缆导管和线槽敷设</td><td colspan="2">符合要求</td></tr>
<tr><td>3</td><td colspan="3">电线、电缆导管穿线和线槽敷线</td><td colspan="2">符合要求</td></tr>
<tr><td>4</td><td colspan="3">普通灯具安装</td><td colspan="2">符合要求</td></tr>
<tr><td>5</td><td colspan="3">专用灯具安装</td><td colspan="2">符合要求</td></tr>
<tr><td>6</td><td colspan="3">建筑物景观照明灯、航空障碍标志灯和庭院灯安装</td><td colspan="2">符合要求</td></tr>
<tr><td>7</td><td colspan="3">开关、插座、风扇安装</td><td colspan="2">符合要求</td></tr>
<tr><td>8</td><td colspan="3"></td><td colspan="2"></td></tr>
<tr><td>9</td><td colspan="3"></td><td colspan="2"></td></tr>
<tr><td>10</td><td colspan="3"></td><td colspan="2"></td></tr>
<tr><td>11</td><td colspan="3"></td><td colspan="2"></td></tr>
<tr><td>12</td><td colspan="3"></td><td colspan="2"></td></tr>
<tr><td>13</td><td colspan="3"></td><td colspan="2"></td></tr>
<tr><td>14</td><td colspan="3"></td><td colspan="2"></td></tr>
<tr><td>15</td><td colspan="3"></td><td colspan="2"></td></tr>
<tr><td>16</td><td colspan="3"></td><td colspan="2"></td></tr>
<tr><td colspan="2" rowspan="2">监理（建设）单位</td><td colspan="4">施工单位</td></tr>
<tr><td>技术负责人</td><td colspan="2">施工员</td><td>质检员</td></tr>
<tr><td colspan="2">××监理站</td><td>×××</td><td colspan="2">×××</td><td>×××</td></tr>
</table>

注：本表由施工单位填写。

“电气照明装置安装检查记录”填表说明

本表参照《电气装置安装工程　电气设备交接试验标准》(GB 50150—2006)标准填写。

【填写依据】

1. 柜、屏、台、箱、盘的安装

(1)柜、屏、台、箱、盘的金属框架及基础型钢必须接地(PE)或接零(PEN)可靠;装有电器的可开启门,门和框架的接地端子间应用裸编织铜线连接,且有标识。

(2)低压成套配电柜、控制柜(屏、台)和动力、照明配电箱(盘)应有可靠的电击保护。柜(屏、台、箱、盘)内保护导体最小截面积 S_P 不应小于下表的规定。

保护导体的截面积

相线的截面积 S(mm^2)	相应保护导体的最小截面积 S_P(mm^2)
S≤16	S
16<S≤35	16
35<S≤400	S/2
400<S≤800	200
S>800	S/4

注:S指柜(屏、台、箱、盘)电源进线相线截面积,且两者(S、S_P)材质相同。

(3)手车、抽出式成套配电柜扒拉应灵活,无卡阻碰撞现象。动触头与静触头的中心线应一致,且触头接触紧密,投入时,接地触头先与主触头接触;退出时,接地触头后与主触头脱开。

(4)高压成套配电柜必须按相关规定交接试验合格,且应符合下列规定:

1)继电保护元器件、逻辑元件、变送器和控制用计算机等单体校验合格,整组试验动作正确,整定参数符合设计要求;

2)凡经法定程序批准,进入市场投入使用的新高压电气设备和继电保护装置,按产品技术文件要求交接试验。

(5)低压成套配电柜交接试验,必须符合相关规定。

(6)柜、屏、台、箱、盘间线路的线间和线对地间绝缘电阻值,馈电线路必须大于0.5MΩ时,二次回路必须大于1MΩ。

(7)柜、屏、台、箱、盘间二次回路交流工频耐压试验,当绝缘电阻大于10MΩ时,用2500V兆欧表摇测1min,应无闪络击穿现象;当绝缘电阻值在1～10MΩ时,做1000V交流工频耐压试验,时间1min,应无闪络击穿现象。

(8)直流屏试验,应将屏内电子器件从线路上退出,检测主回路线间和线对地间绝缘电阻值应大于 0.5MΩ，直流屏所附蓄电池组的充、放电应符合产品技术文件要求；整流器的控制调整和输出特性试验应符合产品技术文件要求。

(9)照明配电箱(盘)安装应符合下列规定：

1)箱(盘)内配线整齐，无绞接现象。导线连接紧密，不伤芯线，不断股。垫圈下螺丝两侧压的导线截面积相同，同一端子上导线连接不多于 2 根，防松垫圈等零件齐全；

2)箱(盘)内开关动作灵活可靠，带有漏电保护的回路，漏电保护装置动作电流不大于 30mA，动作时间不大于 0.1s。

3)照明箱(盘)内，分别设置零线(N)和保护地线(PE 线)汇流排，零线和保护地线经汇流排配出。

2. 灯具安装

(1)灯具的固定应符合下列规定：

1)灯具重量大于 3kg 时，固定在螺栓或预埋吊钩上；

2)软线吊灯，灯具重量在 0.5kg 以下时，采用软电线自身吊装；大于 0.5kg 的灯具采用吊链，且软电线编叉在吊链内，使电线不受力；

3)灯具固定牢固可靠，不使用木楔。每个灯具固定用螺钉或螺栓不少于 2 个；当绝缘台直径在 75mm 及以下时，采用 1 个螺钉或螺栓固定。

(2)花灯吊钩圆钢直径不应小于灯具挂销直径，且不应小于 6mm。大型花灯的固定及悬吊装置，应按灯具重量的 2 倍做过载试验。

(3)当钢管做灯杆时，钢管内径不应小于 10mm，钢管厚度不应小于 1.5mm。

(4)固定灯具带电部件的绝缘材料以及提供防触电保护的绝缘材料，应耐燃烧和防明火。

(5)当设计无要求时，灯具的安装高度和使用电压等级应符合下列规定：

1)一般敞开式灯具，灯头对地面距离不小于下列数值(采用安全电压时除外)：

①室外：2.5m(室外墙上安装)；

②厂房：2.5m；

③室内：2m；

④软吊线带升降器的灯具在吊线展开后：0.8m。

2)危险性较大及特殊危险场所，当灯具距地面高度小于 2.4m 时，使用额定电压为 36V 及以下的照明灯具，或有专用保护措施。

(6)当灯具距地面高度小于 2.4m 时，灯具的可接近裸导体必须接地(PE)或接零(PEN)可靠,并应有专用接地螺栓,且有标识。

3. 开关、插座、风扇安装

(1)当交流、直流或不同电压等级的插座安装在同一场所时,应有明显的区别,且必须选择不同结构、不同规格和不能互换的插座;配套的插头应按交流、直流或不同电压等级区别使用。

(2)插座接线应符合下列规定:

1)单相两孔插座,面对插座的右孔或上孔与相线连接,左孔或下孔与零线连接;单相三孔插座,面对插座的右孔与相线连接,左孔与零线连接;

2)单相三孔、三相四孔及三相五孔插座的接地(PE)或接零(PEN)线接在上孔。插座的接地端子不与零线端子连接。同一场所的三相插座,接线的相序一致。

3)接地(PE)或接零(PEN)线在插座间不串联连接。

(3)特殊情况下插座安装应符合下列规定:

1)当接插有触电危险家用电器的电源时,采用能断开电源的带开关插座,开关断开相线;

2)潮湿场所采用密封型并带保护地线触头的保护型插座,安装高度不低于1.5m。

(4)照明开关安装应符合下列规定:

1)同一建筑物、构筑物的开关采用同一系列的产品,开关的通断位置一致,操作灵活、接触可靠;

2)相线经开关控制;民用住宅无软线引至床边的床头开关。

(5)吊扇安装应符合下列规定:

1)吊扇挂钩安装牢固,吊扇挂钩的直径不小于吊扇挂销直径,且不小于8mm;有防振橡胶垫;挂销的防松零件齐全、可靠;

2)吊扇扇叶距地高度不小于2.5m;

3)吊扇组装不改变扇叶角度,扇叶固定螺栓防松零件齐全;

4)吊杆间、吊杆与电机间螺纹连接,啮合长度不小于20mm,且防松零件齐全紧固;

5)吊扇接线正确,当运转时扇叶无明显颤动和异常声响。

(6)壁扇安装应符合下列规定:

1)壁扇底座采用尼龙塞或膨胀螺栓固定;尼龙塞或膨胀螺栓的数量不少于2个,且直径应小于8mm,固定牢固可靠;

2)壁扇防护罩扣紧,固定可靠,当运转时扇叶和防护罩无明显颤动和异常声响。

4. 柜、屏、台、箱、盘的安装

(1)基础型钢安装应符合下表的规定。

基础型钢安装允许偏差

项　目	允　许　偏　差	
	(mm/m)	(mm/全长)
不直度	1	5
水平度	1	5
不平行度	/	5

(2)柜、屏、台、箱、盘相互间或与基础型钢应用镀锌螺栓连接,且防松零件齐全。

(3)柜、屏、台、箱、盘安装垂直度允许偏差为1.5‰,相互间接缝不应大于2mm,成列盘面偏差不应大于5mm。

(4)柜、屏、台、箱、盘内检查试验应符合下列规定:

1)控制开关及保护装置的规格、型号符合设计要求;

2)闭锁装置动作准确、可靠;

3)主开关的辅助开关切换动作与主开关动作一致;

4)柜、屏、台、箱、盘上的标识器件标明被控设备编号及名称或操作位置,接线端子有编号,且清晰、工整、不易脱色。

5)回路中的电子元件不应参加交流工频耐压试验;48V及以下回路可不做交流工频耐压试验。

(5)低压电器组合应符合下列规定:

1)发热元件安装在散热良好的位置;

2)熔断器的熔体规格、自动开关的整定值符合设计要求;

3)切换压板接触良好,相邻压板间有安全距离,切换时不触及相邻的压板;

4)信号回路的信号灯、按钮、光字牌、电铃、电笛、事故电钟等动作和信号显示准确;

5)外壳需接地(PE)或接零(PEN)的,连接可靠;

6)端子排安装牢固,端子有序号,强电、弱电端子隔离布置,端子规格与芯线截面积大小适配。

(6)柜、屏、台、箱、盘间配线:电流回路应采用额定电压不低于750V、芯线截面积不小于2.5mm^{2}的铜芯绝缘电线或电缆;除电子元件回路或类似回路外,其他回路的电线应采用额定电压不低于750V、芯线截面不小于1.5mm^{2}的铜芯绝缘电线或电缆。

二次线路连线应成束绑扎，不同电压等级、交流、直流线路及计算机控制线路应分别绑扎，且有标识；固定后不应妨碍手车开关或抽出式部件的拉出或推入。

(7)连接柜、屏、台、箱、盘面板上的电器及控制台、板等可动部位的电线应符合下列规定：

1)采用多股铜芯软电线，敷设长度留有适当裕量；

2)线束有外套塑料管等加强绝缘保护层；

3)与电器连接时，端部绞紧，且有不开口的终端端子或搪锡，不松散、断股；

4)可转动部位的两端用卡子固定。

(8)照明配电箱(盘)安装应符合下列规定：

1)位置正确，部件齐全，箱体开孔与导管管径适配，暗装配电箱箱盖紧贴墙面，箱(盘)涂层完整；

2)箱(盘)内接线整齐，回路编号齐全，标识正确；

3)箱(盘)不采用可燃材料制作；

4)箱(盘)安装牢固，垂直度允许偏差为1.5‰；底边距地面为1.5m，照明配电板底边距地面不小于1.8m。

5. 灯具安装

(1)引向每个灯具的导线线芯最小截面积应符合下表的规定。

导线线芯最小截面积(mm^2)

灯具安装的场所及用途		线芯最小截面积		
		铜芯软线	铜线	铝线
灯具线	民用建筑室内	0.5	0.5	2.5
	工业建筑室内	0.5	1.0	2.5
	室外	1.0	1.0	2.5

(2)灯具的外形、灯头及其接线应符合下列规定：

1)灯具及其配件齐全，无机械损伤、变形、涂层剥落和灯罩破裂缺陷；

2)软线吊灯的软线两端做保护扣，两端芯线搪锡；当装升降器时套塑料软管，采用安全灯头；

3)除敞开式灯具外，其他各类灯具灯泡容量在100W及以上者采用瓷质灯头；

4)连接灯具的软线盘扣、搪锡压线，当采用螺口灯头时，相线接于螺口灯头中间的端子上；

5)灯头的绝缘外壳无破损的漏电；带有开关的灯头、开关手柄无裸露的金属部分。

(3)变电所内，高低压配电设备及裸母线的正上方不应安装灯具。

(4)装有白炽灯泡的吸顶灯具，灯泡不应紧贴灯罩；当灯泡与绝缘台间距离小于5mm时，灯泡与绝缘台间采取隔热措施。

(5)安装在重要场所的大型灯具的玻璃罩，应采取防止玻璃罩碎裂后向下溅落的措施。

(6)投光灯的底座及支架应固定牢固，枢轴应沿需要的光轴方向拧紧固定。

(7)安装在室外的壁灯应有泄水孔，绝缘台与墙面之间应有防水措施。

6. 开关、插座、风扇安装

(1)插座安装应符合下列规定：

1)当不采用安全型插座时，托儿所、幼儿园及小学等儿童活动场所安装高度不小于1.8m；

2)暗装的插座面板紧贴墙面，四周无缝隙，安装牢固，表面光滑整洁、无碎裂、划伤，装饰帽齐全；

3)车间及试(实)验室的插座安装高度距地面不小于0.3m；特殊场所暗装的插座不小于0.15m；同一室内插座安装高度一致；

4)地插座面板与地面齐平或紧贴地面，盖板固定牢固，密封良好。

(2)照明开关安装应符合下列规定：

1)开关安装位置便于操作，开关边缘距门框边缘的距离0.15～0.2m；开关距地面高度1.3m；拉线开关距地面高度2～3m，层高小于3m时，拉线开关距顶板不小于100mm，拉线出口垂直向下；

2)相同型号并列安装及同一室内开关安装高度一致，且控制有序不错位。并列安装的拉线开关的相邻间距不小于20mm；

3)暗装的开关面板应紧贴墙面，四周无缝隙，安装牢固，表面光滑整洁、无碎裂和划伤，装饰帽齐全。

(3)吊扇安装应符合下列规定：

1)涂层完整，表面无划痕、无污染，吊杆上下扣碗安装牢固到位；

2)同一室内并列安装的吊扇开关高度一致，且控制有序不错位。

(4)壁扇安装应符合下列规定：

1)壁扇下侧边缘距地面高度不小于1.8m；

2)涂层完整，表面无划痕、无污染，防护罩无变形。

三、电线(缆)钢导管安装检查记录

电线(缆)钢导管安装检查记录 (表C5－6－3)						编号	×××	
工程名称		××市政道路工程				分部工程		
施工单位		××市政建设集团				检查日期	××年×月×日	
序号	用途	管径(mm)	弯曲半径(mm)	埋深	连接方式	管口监时封堵	接地情况	检查结果
1	路灯干线导管	25	100	1.5m	焊接	合格	良好	合格
监理(建设)单位		施工单位						
		技术负责人		施工员		质检员		
×××		×××		×××		×××		

注:本表由施工单位填写。

“电线(缆)钢导管安装检查记录”填表说明

本表参照《电气装置安装工程　电缆线路施工及验收规范》(GB 50168—2006)标准填写。

【填写依据】

1. 电缆管不应有穿孔、裂缝和显著的凹凸不平,内壁应光滑;金属电缆管不应有严重锈蚀;塑料电缆管应有满足电缆线路敷设条件所需保护性能的品质证明文件。在易受机械损伤的地方和在受力较大处直埋时,应采用足够强度的管材。

2．电缆管的加工应符合下列要求：

(1)管口应无毛刺和尖锐棱角；

(2)电缆管弯制后，不应有裂缝和显著的凹瘪现象，其弯扁程度不宜大于管子外径的10％；电缆管的弯曲半径不应小于所穿入电缆的最小允许弯曲半径；

(3)无防腐措施的金属电缆管应在外表涂防腐漆，镀锌管锌层剥落处也应涂防腐漆。

3．电缆管的内径与电缆外径之比不得小于1.5。

4．每根电缆管的弯头不应超过3个，直角弯不应超过2个。

5．电缆管明敷时应符合下列要求：

(1)电缆管应安装牢固；电缆管支持点间的距离应符合设计规定；当设计无规定时，不宜超过3m；

(2)当塑料管的直线长度超过30m时，宜加装伸缩节；

(3)对于非金属类电缆管在敷设时宜采用预制的支架固定，支架间距不宜超过2m。

6．敷设混凝土类电缆管时，其地基应坚实、平整，不应有沉陷。敷设低碱玻璃钢管等抗压不抗拉的电缆管材时，应在其下部添加钢筋混凝土垫层。电缆管直埋敷设应符合下列要求：

(1)电缆管的埋设深度不应小于0.7m；在人行道下面敷设时，不应小于0.5m；

(2)电缆管应有不小于0.1％的排水坡度。

7．电缆管的连接应符合下列要求：

(1)金属电缆管不宜直接对焊，宜采用套管焊接的方式，连接时应两管口对准、连接牢固，密封良好；套接的短套管或带螺纹的管接头的长度，不应小于电缆管外径的2.2倍。采用金属软管及合金接头作电缆保护接续管时，其两端应固定牢靠、密封良好。

(2)硬质塑料管在套接或插接时，其插入深度宜为管子内径的1.1～1.8倍。在插接面上应涂胶合剂粘牢密封；采用套接时套管两端应采取密封措施。

注：成排19敷设塑料管多采用橡胶圈密封。

(3)水泥管宜采用管箍或套接方式进行连接，管孔应对准，接缝应严密，管箍应有防水垫密封圈，防止地下水和泥浆渗入。

8．引至设备的电缆管口位置，应便于与设备连接并不妨碍设备拆装和进出。并列敷设的电缆管口应排列整齐。

9．利用电缆保护钢管作接地线时，应先焊好接地线，再敷设电缆。有螺纹连接的电缆管，管接头处应焊接跳线，跳线截面应不小于30mm^2。

四、成套开关柜(盘)安装检查记录

成套开关柜(盘)安装检查记录 (表C5-6-4)			编号	×××	
工程名称	北京××工程				
分部工部			检查日期	××年×月×日	
施工单位	××市政工程有限公司				
开关柜(盘)名称	××	型号	××	数量	××
生产厂	××电气设备公司		出厂日期	××年×月×日	
项目	检查项目			允许偏差(mm)	最大偏差(mm)
基础型钢安装	基础位置	中心线	纵		
			横		
		高程			
	不直度			<1mm/m,且<5	0
	水平度			<1mm/m,且<5	0
	位置及不平行度			<5	
	型钢外廓尺寸(长×宽)				
	接地连接方式				
开关柜安装	垂直度			<1.5mm/m	0.7
	水平偏差	相临两柜顶部		<2	1
		成列柜顶部		<5	3
	柜面偏差	相临两柜		<1	0
		成列柜面		<5	2
	柜间接缝			<2	1
	与基础型钢接地连接方式				
检查结果: 合格					
监理(建设)单位	施工单位				
	技术负责人	施工员	质检员		
×××	×××	×××	×××		

注:本表由施工单位填写。

五、盘、柜安装及二次结线检查记录

<table>
<tr><td colspan="3">盘、柜安装及二次结线检查记录
（表C5－6－5）</td><td>编号</td><td colspan="3">×××</td></tr>
<tr><td>工程名称</td><td colspan="6">××污水处理厂改建工程</td></tr>
<tr><td>工程部位</td><td colspan="2">污水处理设备机房控制柜</td><td>安装地点</td><td colspan="3">配电室机房</td></tr>
<tr><td>施工单位</td><td colspan="6">××设备安装工程有限公司</td></tr>
<tr><td>盘、柜名称</td><td>动力控制柜</td><td>出厂编号</td><td colspan="4">××－×××</td></tr>
<tr><td>序列编号</td><td>APF－3－1A</td><td>额定电压</td><td>380V</td><td>安装数量</td><td colspan="2">1台</td></tr>
<tr><td>出产厂</td><td colspan="2">××电气设备公司</td><td>检查日期</td><td colspan="3">××年×月×日</td></tr>
<tr><td>序号</td><td colspan="4">检　查　项　目</td><td colspan="2">检查结果</td></tr>
<tr><td>1</td><td colspan="4">盘柜安装位置正确，符合设计要求，偏差符合国家现行规范要求</td><td colspan="2">合格</td></tr>
<tr><td>2</td><td colspan="4">基础型钢安装偏差符合设计及规范要求</td><td colspan="2">合格</td></tr>
<tr><td>3</td><td colspan="4">盘柜的固定及接地应可靠，漆层应完好，清洁整齐</td><td colspan="2">合格</td></tr>
<tr><td>4</td><td colspan="4">盘柜内所装电器元件应符合设计要求，安装位置正确，固定牢固</td><td colspan="2">合格</td></tr>
<tr><td>5</td><td colspan="4">二次目路接线应正确，连接可靠，回路编号标志齐全清晰，绝缘符合要求</td><td colspan="2">合格</td></tr>
<tr><td>6</td><td colspan="4">手车或抽屉式开关柜在推入或拉出时应灵活，机械闭锁可靠</td><td colspan="2">合格</td></tr>
<tr><td>7</td><td colspan="4">柜内一次设备安装质量符合国家现行有关标准规范的规定</td><td colspan="2">合格</td></tr>
<tr><td>8</td><td colspan="4">操作及联动试验正确，符合设计要求</td><td colspan="2">合格</td></tr>
<tr><td>9</td><td colspan="4">按国家现行规范进行的所有电气试验全部合格</td><td colspan="2">合格</td></tr>
<tr><td>10</td><td colspan="4"></td><td colspan="2"></td></tr>
<tr><td>11</td><td colspan="4"></td><td colspan="2"></td></tr>
<tr><td rowspan="3" colspan="2">监理（建设）单位</td><td colspan="5">施　工　单　位</td></tr>
<tr><td colspan="2">技术负责人</td><td colspan="2">施工员</td><td>质检员</td></tr>
<tr><td colspan="2">×××</td><td colspan="2">×××</td><td>×××</td></tr>
</table>

注：本表由施工单位填写。

“盘、柜安装及二次结线检查记录”填表说明

本表参照《建筑电气工程施工质量验收规范》（GB 50303—2011）标准填写。

【填写依据】

1. 盘、柜的安装

(1)基础型钢的安装应符合下列要求：

1)允许偏差应符合下表的规定。

基础型钢安装的允许偏差

项　　目	允许偏差	
	mm/m	mm/全长
不直度	<1	<5
水平度	<1	<5
位置误差及不平行度		<5

注:环形布置按设计要求。

2)基础型钢安装后,其顶部宜高出抹平地面10mm;手车式成套柜按产品技术要求执行。基础型钢应有明显的可靠接地。

(2)盘、柜安装在震动场所,应按设计要求采取防震措施。

(3)盘、柜及盘、柜设备与各构件间连接应牢固。主控制盘、继电保护盘和自动装置盘等不宜与基础型钢焊死。

(4)盘、柜单独或成列安装时,其垂直度、水平偏差以及盘、柜面偏差和盘、柜间接缝的允许偏差应符合下表的规定。

模拟母线应对齐,其误差不应超过视差范围,并应完整、安装牢固。

(5)端子箱安装应牢固、封闭良好,并应能防潮、防尘。安装的位置应便于检查;成列安装时,应排列整齐。

盘、柜安装的允许偏差

项　　目		允许偏差(mm)
垂直度(每米)		<1.5
水平偏差	相邻两盘顶部	<2
	成列盘顶部	<5
盘面偏差	相邻两盘边	<1
	成列盘顶部	<5
盘间接缝		<2

(6)盘、柜、台、箱的接地应牢固良好。装有电器的可开启的门,应以裸铜软线与接地的金属构架可靠地连接。

成套柜应装有供检修用的接地装置。

(7)成套柜的安装应符合下列要求:

1)机械闭锁、电气闭锁应动作准确、可靠;

2)动触头与静触头的中心线应一致,触头接触紧密;

3)二次回路辅助开关的切换接点应动作准确,接触可靠;

4)柜内照明齐全。

(8)抽屉式配电柜的安装尚应符合下列要求:

1)抽屉推拉应灵活轻便,无卡阻、碰撞现象,抽屉应能互换;

2)抽屉的机械联锁或电气联锁装置应动作正确可靠,断路器分闸后,隔离触头才能分开;

3)抽屉与柜体间的二次回路连接插件应接触良好;

4)抽屉与柜体间的接触及柜体、框架的接地应良好。

(9)手车式柜的安装尚应符合下列要求:

1)检查防止电气误操作的"五防"装置齐全,并动作灵活可靠;

2)手车推拉应灵活轻便,无卡阻、碰撞现象,相同型号的手车应能互换;

3)手车推入工作位置后,动触头顶部与静触头底部的间隙应符合产品要求;

4)手车和柜体间的二次回路连接插件应接触良好;

5)安全隔离板应开启灵活,随手车的进出而相应动作;

6)柜内控制电缆的位置不应妨碍手车的进出,并应牢固;

7)手车与柜体间的接地触头应接触紧密,当手车推入柜内时,其接地触头应比主触头先接触,拉出时接地触头比主触头后断开。

(10)盘柜的漆层应完整,无损伤。固定电器的支架等应刷漆。安装于同一室内且经常监视的盘、柜,其盘面颜色宜和谐一致。

2. 盘、柜上的电器安装

(1)电器的安装应符合下列要求:

1)电器元件质量良好,型号、规格应符合设计要求,外观应完好,且附件齐全,排列整齐,固定牢固,密封良好;

2)各电器应能单独拆装更换而不应影响其他电器及导线束的固定;

3)发热元件宜安装在散热良好的地方;两个发热元件之间的连线应采用耐热导线或裸铜线套瓷管;

4)熔断器的熔体规格、自动开关的整定值应符合设计要求;

5)切换压板应接触良好,相邻压板间应有足够安全距离,切换时不应碰及相邻的压板;对于一端带电的切换压板,应使在压板断开情况下,活动端不带电;

6)信号回路的信号灯、光字牌、电铃、电笛、事故电钟等应显示准确,工作可靠;

7)盘上装有装置性设备或其他有接地要求的电器,其外壳应可靠接地;

8)带有照明的封闭式盘、柜应保证照明完好。

(2)端子排的安装应符合下列要求:

1)端子排应无损坏,固定牢固,绝缘良好;

2)端子应有序号,端子排应便于更换且接线方便;离地高度宜大于350mm;

3)回路电压超过400V者,端子板应有足够的绝缘并涂以红色标志;

4)强、弱电端子宜分开布置;当有困难时,应有明显标志并设空端子隔开或设加强绝缘的隔板;

5)正、负电源之间以及经常带电的正电源与合闸或跳闸回路之间,宜以一个空端子隔开;

6)电流回路应经过试验端子,其他需断开的回路宜经特殊端子或试验端子。试验端子应接触良好。

7)潮湿环境宜采用防潮端子;

8)接线端子应与导线截面匹配,不应使用小端子配大截面导线。

3. 二次回路的连接件均应采用铜质制品;绝缘件应采用自熄性阻燃材料。

4. 盘、柜的正面及背面各电器、端子牌等应标明编号、名称、用途及操作位置,其标明的字迹应清晰、工整,且不易脱色。

5. 盘、柜上的小母线应采用直径不小于6mm的铜棒或铜管,小母线两侧应有标明其代号或名称的绝缘标志牌,字迹应清晰、工整,且不易脱色。

6. 二次回路的电气间隙和爬电距离应符合下列要求:

(1)盘、柜内两导体间,导电体与裸露的不带电的导体间,应符合下表的要求;

(2)屏顶上小母线不同相或不同极的裸露载流部分之间,裸露载流部分与未经绝缘的金属体之间,电气间隙不得小于12mm;爬电距离不得小于20mm。

允许最小电气间隙及爬电距离(mm)

额定电压(V)	电气间隙		爬电距离	
	额定工作电流		额定工作电流	
	≤63A	>63A	≤63A	>63A
≤60	3.0	5.0	3.0	5.0
60<v≤300	5.0	6.0	6.0	8.0
300<v≤500	8.0	10.0	10.0	12.0

7. 二次回路结线

(1)二次回路结线应符合下列要求:

1)按图施工、接线正确;

2)导线与电气元件间采用螺栓连接、插接、焊接或压接等，均应牢固可靠；

3)盘、柜内的导线不应有接头，导线芯线应无损伤；

4)电缆芯线和所配导线的端部均应标明其回路编号，编号应正确，字迹清晰且不易脱色；

5)配线应整齐、清晰、美观，导线绝缘应良好，无损伤；

6)每个接线端子的每侧接线宜为1根，不得超过2根。对于插接式端子，不同截面的两根导线不得接在同一端子上；对于螺栓连接端子，当接两根导线时，中间应加平垫片；

7)二次回路接地应设专用螺栓。

(2)盘、柜内的配线电流回路应采用电压不低于500V的铜芯绝缘导线，其截面不应小于2.5mm²；其他回路截面不应小于1.5mm²；对电子元件回路、弱电回路采用锡焊连接时，在满足载流量和电压降及有足够机械强度的情况下，可采用不小于0.5mm²截面的绝缘导线。

(3)用于连接门上的电器、控制台板等可动部位的导线尚应符合下列要求：

1)应采用多股软导线，敷设长度应有适当裕度；

2)线束应有外套塑料管等加强绝缘层；

3)与电器连接时，端部应绞紧，并应加终端附件或搪锡，不得松散、断股；

4)在可动部位两端应用卡子固定。

(4)引入盘、柜内的电缆及其芯线应符合下列要求：

1)引入盘、柜的电缆应排列整齐，编号清晰，避免交叉，并应固定牢固，不得使所接的端子排受到机械应力；

2)铠装电缆在进入盘、柜后，应将钢带切断，切断处的端部应扎紧，并应将钢带接地；

3)使用于静态保护、控制等逻辑回路的控制电缆，应采用屏蔽电缆。其屏蔽层应按设计要求的接地；

4)橡胶绝缘的芯线应外套绝缘管保护；

5)盘、柜内的电缆芯线，应按垂直或水平有规律地配置，不得任意歪斜交叉连接。备用芯长度应留有适当余量；

6)强、弱电回路不应使用同一根电缆，并应分别成束分开排列。

(5)直流回路中具有水银接点的电器，电源正极应接到水银侧接点的一端。

(6)在油污环境，应采用耐油的绝缘导线。在日光直射环境，橡胶或塑料绝缘导线应采取防护措施。

六、避雷装置安装检查记录

<table>
<tr><td colspan="4">避雷装置安装检查记录
（表 C5－6－6）</td><td colspan="2">编号</td><td colspan="2">×××</td></tr>
<tr><td colspan="2">工程名称</td><td colspan="6">××水泵厂电气设备安装工程</td></tr>
<tr><td colspan="2">工程部位</td><td colspan="2">×××</td><td colspan="2">安装地点</td><td colspan="2">×××</td></tr>
<tr><td colspan="2">施工单位</td><td colspan="6">××电气安装工程公司</td></tr>
<tr><td colspan="2">施工图号</td><td colspan="2">电施－8A</td><td colspan="2">检查日期</td><td colspan="2">2009 年 6 月 21 日</td></tr>
<tr><td colspan="8">1. ☑ 避雷针　　☐ 避雷网（带）</td></tr>
<tr><td>序号</td><td colspan="2">材质规格</td><td>长度（m）</td><td>结构形式</td><td>外观检查</td><td>焊接质量</td><td>焊接处防腐处理</td></tr>
<tr><td>1</td><td colspan="2">镀锌圆钢（HPB235）</td><td>40×4mm</td><td>×××</td><td>合格</td><td>合格</td><td>已防腐</td></tr>
<tr><td>2</td><td colspan="2"></td><td></td><td></td><td></td><td></td><td></td></tr>
<tr><td>3</td><td colspan="2"></td><td></td><td></td><td></td><td></td><td></td></tr>
<tr><td colspan="8">2. 引下线</td></tr>
<tr><td>序号</td><td>材质规格</td><td>条数</td><td>断接点高度</td><td>连接方式</td><td>防腐</td><td>接地极组号</td><td>接地电阻</td></tr>
<tr><td>1</td><td>φ25 柱筋</td><td>2</td><td>1.2m</td><td>焊接</td><td>√</td><td></td><td>0.4Ω</td></tr>
<tr><td>2</td><td></td><td></td><td></td><td></td><td></td><td></td><td></td></tr>
<tr><td>3</td><td></td><td></td><td></td><td></td><td></td><td></td><td></td></tr>
<tr><td>检查结论</td><td colspan="7">避雷装置安装符合要求。</td></tr>
<tr><td colspan="2" rowspan="2">监理（建设）单位</td><td colspan="6">施　工　单　位</td></tr>
<tr><td colspan="2">技术负责人</td><td colspan="2">施工员</td><td colspan="2">质检员</td></tr>
<tr><td colspan="2">×××</td><td colspan="2">×××</td><td colspan="2">×××</td><td colspan="2">×××</td></tr>
</table>

注：本表由施工单位填写。

“避雷装置安装检查记录”填表说明

本表参照《电气装置安装工程　接地装置施工及验收规范》（GB 50169—2006）标准填写。

【填写依据】

1. 避雷针(线、带、网)的接地应遵守下列规定：

(1)避雷针(带)与引下线之间的连接应采用焊接或热剂焊(放热焊接)；

(2)避雷针(带)的引下线及接地装置使用的紧固件均应使用镀锌制品。当采用没有镀锌的地脚螺栓时应采取防腐措施；

(3)建筑物上的防雷设施采用多根引下线时，应在各引下线距地面1.5～1.8m处设置断接卡，断接卡应加保护措施；

(4)装有避雷针的金属筒体，当其厚度不小于4mm时，可作避雷针的引下线。筒体底部应至少有2处与接地体对称连接；

(5)独立避雷针及其接地装置与道路或建筑物的出入口等的距离应大于3m。当小于3m时，应采取均压措施或铺设卵石或沥青地面；

(6)独立避雷针(线)应设独立的集中接地装置。当有困难时，该接地装置可与接地网连接，但避雷针与主接地网的地下连接点至35kV及以下设备与主接地网的地下连接点，沿接地体的长度不得小于15m；

(7)独立避雷针的接地装置与接地网的地中距离不应小于3m；

(8)发电厂、变电站配电装置的架构或屋顶上的避雷针(含悬挂避雷线的构架)应在其附近装设集中接地装置，并与主接地网连接。

2. 建筑物上的避雷针或防雷金属网应和建筑物顶部的其他金属物体连接成一个整体。

3. 装有避雷针和避雷线的构架上的照明灯电源线，必须采用直埋于土壤中的带金属护层的电缆或穿入金属管的导线。电缆的金属护层或金属管必须接地，埋入土壤中的长度应在10m以上，方可与配电装置的接地网相连或与电源线、低压配电装置相连接。

4. 发电厂和变电所的避雷线线档内不应有接头。

5. 避雷针(网、带)及其接地装置应采取自下而上的施工程序。首先安装集中接地装置，后安装引下线，最后安装接闪器。

七、起重机电气安装检查记录

<table>
<tr><td colspan="4" rowspan="2">起重机电气安装检查记录
(表C5－6－7)</td><td rowspan="2">编号</td><td colspan="2">×××</td></tr>
<tr><td colspan="2"></td></tr>
<tr><td>工程名称</td><td colspan="6">××污水处理厂</td></tr>
<tr><td>工程部位</td><td colspan="6">电动葫芦</td></tr>
<tr><td>施工单位</td><td colspan="4">××市政工程有限公司</td><td>检查日期</td><td>××年×月×日</td></tr>
<tr><td>设备型号</td><td>ZH－4/32</td><td>额定数据</td><td>5T</td><td>安装地点</td><td colspan="2">厂房吊车梁</td></tr>
</table>

（续）

序号	检查项目	检查结果
1	滑接线及滑接器安装符合设计及规范要求	符合要求
2	安全式滑接线及滑接器安装符合设计及规范要求	符合要求
3	悬吊式软电缆安装符合设计及规范要求	符合要求
4	配线安装符合产品及规范要求	符合要求
5	控制籍（柜）、控制器、限位器、制动装置及撞杆安装等符合产品及规范要求	符合要求
6	轨道接地良好，符台设计及规范要求	符合要求
7	电气设备和线路绝缘电阻测试	符合要求
8	照明装置安装符台产品及规范要求	符合要求
9	安全保护装置、制动装置经模拟试验和调整完毕，校验台格。声光信号装置显示正确。清晰可靠	符合要求
10		
11		

监理（建设）单位	施工单位		
	技术负责人	施工员	质检员
×××	×××	×××	×××

注：本表由施工单位填写。

八、电机安装检查记录

电机安装检查记录 （表C5－6－8）		编号	×××
工程名称	××污水处理厂电气工程		
工程部位	××	安装地点	配电室
施工单位	××设备安装工程公司		
设备名称	三相四线电动机	设备位号	
电机型号	10FJ2A	额定数据	380V/25A
生产厂	××电动机厂	产品编号	054617
		检查日期	××年×月×日

（续）

序号	检查项目及规范要求	检查结果
1	安装位置符合设计及规范要求	符合要求
2	电机引出线牢固，绝缘层良好，接缝紧密可靠，引出线不受外力	符合要求
3	盘动转子时转动灵活，无卡阻现象，轴承无异响	符合要求
4	轴承上下无框动，前后无窜动	符合要求
5	自刷与换向器或集电环的接触良好	符合要求
6	自机外壳及油漆完整，接地良好	符合要求
7	电机的保护、控制、测量、信号、励磁等回路的调试完毕，运行正常	符合要求
8	测定电机定子绕组、转子绕组及励磁绕组绝缘电阻符合要求	符合要求
9	电气试验按现行国家标准试验合格	符合要求
10		

监理（建设）单位	施工单位		
	技术负责人	施工员	质检员
×××	×××	×××	×××

注：本表由施工单位填写。

“电机安装检查记录”填表说明

本表参照《电气装置安装工程　旋转电机施工及验收规范》（GB 50170—2006）标准填写。

【填写依据】

1. 一般规定

（1）本表适用于异步电动机、同步电动机、励磁机及直流电机的安装。

（2）电机性能应符合电机周围工作环境的要求。

（3）电机基础、地脚螺栓孔、沟道、孔洞、预埋件及电缆管位置。

2. 保管和起吊

（1）电机运达现场后，外观检查应符合下列要求：

1）电机应完好，不应有损伤现象；

2）定子和转子分箱装运的电机，其铁饼、转子和轴颈应完整；无锈蚀现象；

3）电机的附件、备件应齐全，无损伤；

4)产品出厂技术资料应齐全。

(2)电机及其附件宜存放在清洁、干燥的仓库或厂房内;当条件不允许时,可就地保管,但应有防火、防潮、防尘及防止小动物进入等措施。

保管期间,应按产品的要求定期盘动转子。

(3)起吊电机转子时,不应将吊绳绑在集电环、换向器或轴颈部分。

起吊定子和穿转子时,不得碰伤定子绕组和铁芯。

3. 检查和安装

(1)电机安装时,电机的检查应符合下列要求:

1)盘动转子应灵活,不得有碰卡声;

2)润滑脂的情况正常,无变色、变质及变硬等现象,其性能应符合电机的工作条件;

3)可测量空气间隙的电机,其间隙的不均匀度应符合产品技术条件的规定,当无规定时,各点空气间隙与平均空气间隙之差与平均空气间隙之比宜为±5%;

4)电机的引出线鼻子焊接或压接应良好,编号齐全,裸露带电部分的电气间隙应符合国家有关产品标准的规定;

5)绕线式电机应检查电刷的提升装置,提升装置应有“启动”、“运行”的标志,动作顺序应是先短路集电环,后提起电刷。

(2)当电机有下列情况之一时,应做轴转子检查:

1)出厂日期超过制造厂保证期限;

2)经外观检查或电气试验,质量可疑的;

3)开启式电机经端部检查可疑时;

4)试运转时有异常情况。

注:当制造厂规定不允许解体者,发生本条所述情况时,另行处理。

(3)电机轴转子检查,应符合下列要求:

1)电机内部清洁无杂物;

2)电机的铁芯、轴颈、集电环和换向器应清洁、无伤痕和锈蚀现象;通风孔无阻塞;

3)绕组绝缘层应完好,绑线无松动现象;

4)定子槽楔应无断裂、凸出和松动现象,按制造厂工艺规范要求检查,端部槽楔必须嵌紧;

5)转子的平衡块及平衡螺丝应紧固锁牢,风扇方向应正确,叶片无裂纹;

6)磁极及铁轭固定良好,励磁绕组紧贴磁极,不应松动;

7)鼠笼式电机转子铜导电条和端环应无裂纹,焊接应良好,浇铸的转子表面应光滑平整,导电条和端环不应有气孔、缩孔、夹渣、裂纹、细条、断条和浇铸不满等现象;

8)电机绕组应连接正确,焊接良好;

9)直流电机的磁极中心线与几何中心线应一致;

10)检查电机的滚动轴承,应符合下列要求;

①轴承工作面应光滑清洁,无麻点、裂纹或锈蚀,并记录轴承型号;

②轴承的滚动体与内外圈接触良好,无松动,转动灵活无卡涩,其间隙符合产品技术条件的规定;

③加入轴承内的润滑脂应填满其内部空隙的 2/3;同一轴承内不得填入不同品种的润滑脂。

(4)电机的换向器或集电环应符合下列要求:

1)表面应光滑,无毛刺、黑斑、油垢,当换向器的表面不平程度达到 0.2mm 时,应进行处理;

2)换向器片间绝缘应凹下 0.5～1.5mm,换向片与绕组的焊接应良好。

(5)电机电刷的刷架、刷握及电刷的安装应符合下列要求:

1)同一组刷握应均匀排列在与轴线平行的同一直线上;

2)刷握的排列,应使相邻不同极性的一对刷架彼此错开;

3)各组电刷应调整在换向器的电气中性线上;

4)带有倾斜角的电刷的锐角尖应与转动方向相反;

5)电机电刷的安装除应符合本条规定外,尚应符合规范要求。

(6)箱式电机的安装,尚应符合下列要求:

1)定子搬运、吊装时应防止定子绕组的变形;

2)定子上下瓣的接触面应清洁,连接后使用 0.05mm 的塞尺检查,接触应良好;

3)必须测量空气间隙,其误差应符合产品技术条件的规定;

4)定子上下瓣绕组的连接,必须符合产品技术条件的规定。

(7)多速电机的安装,应符合下列要求:

1)电机的接线方式,极性应正确;

2)联锁切换装置应动作可靠;

3)电机的操作程序应符合产品技术条件的规定。

(8)有固定转向要求的电机,试车前必须检查电机与电源的相序并应一致。

九、变压器安装检查记录

<table>
<tr><td colspan="4">变压器安装检查记录
（表 C5－6－9）</td><td>编号</td><td>×××</td></tr>
<tr><td>工程名称</td><td colspan="5">××污水处理厂电气工程</td></tr>
<tr><td>工程部位</td><td colspan="2">/</td><td>安装地点</td><td colspan="2">配电室</td></tr>
<tr><td>施工单位</td><td colspan="5">××市政电力工程公司</td></tr>
<tr><td>变压器型号</td><td>JAZF－13</td><td>出厂编号</td><td>0512×21</td><td>检查日期</td><td>××年×月×日</td></tr>
<tr><td>序号</td><td colspan="4">检查项目及规范要求</td><td>检查结果</td></tr>
<tr><td>1</td><td colspan="4">安装位置正确，符合设计要求</td><td>合格</td></tr>
<tr><td>2</td><td colspan="4">变压器与母线的连接紧密，螺栓锁紧装置齐全，瓷套管不受外力</td><td>合格</td></tr>
<tr><td>3</td><td colspan="4">瓷套管完好、无裂痕、瓷釉无损伤，清洁无污物</td><td>合格</td></tr>
<tr><td>4</td><td colspan="4">本体、冷却装置及所有附件无缺陷，且不渗油</td><td>合格</td></tr>
<tr><td>5</td><td colspan="4">轮子的制动装置应牢固</td><td>合格</td></tr>
<tr><td>6</td><td colspan="4">油漆应完整，相色标志正确</td><td>合格</td></tr>
<tr><td>7</td><td colspan="4">储油柜、冷却装置等油路阀门均应打开，且指示正确</td><td>合格</td></tr>
<tr><td>8</td><td colspan="4">接地线与主接地网的连接符合设计要求，接地应可靠</td><td>合格</td></tr>
<tr><td>9</td><td colspan="4">储油柜与充油套管的油位正常</td><td>合格</td></tr>
<tr><td>10</td><td colspan="4">分接头的位置应符台运行要求，且指示正确</td><td>合格</td></tr>
<tr><td>11</td><td colspan="4">相位及接线组别符合变压器并列运行条件</td><td>合格</td></tr>
<tr><td>12</td><td colspan="4">测温装置指示正确，整定值符合要求</td><td>合格</td></tr>
<tr><td>13</td><td colspan="4">电气试验合格，报告齐全</td><td>合格</td></tr>
<tr><td>14</td><td colspan="4"></td><td></td></tr>
<tr><td colspan="2" rowspan="2">监理（建设）单位</td><td colspan="4">施　工　单　位</td></tr>
<tr><td>技术负责人</td><td colspan="2">施工员</td><td>质检员</td></tr>
<tr><td colspan="2">×××</td><td>×××</td><td colspan="2">×××</td><td>×××</td></tr>
</table>

注：本表由施工单位填写。

“变压器安装检查记录”填表说明

本表参照《电气装置安装工程　电力变压器、油浸电抗器、互感器施工及验收规范》（GB 50148—2010）标准填写。

【填写依据】

1．本体就位应符合下列要求：

（1）变压器、电抗器基础的轨道应水平，轨距与轮距应配合；装有气体继电器的变压器、电抗器，应使其顶盖沿气体继电器气流方向有1％～1.5％的升高坡度（制造厂规定不须安装坡度者除外）。当与封闭母线连接时，其套管中心线应与封闭母线中心线相符。

（2）装有滚轮的变压器、电抗器，其滚轮应能灵活转动，在设备就位后，应将滚轮用能拆卸的制动装置加以固定。

2．密封处理应符合下列要求：

（1）所有法兰连接处应用耐油密封垫（圈）密封；密封垫（圈）必须无扭曲、变形、裂纹和毛刺，密封垫（圈）应与法兰面的尺寸相配合。

（2）法兰连接面应平整、清洁；密封垫应擦拭干净，安装位置应准确；其搭接处的厚度应与其原厚度相同，橡胶密封垫的压缩量不宜超过其厚度的1/3。

3．有载调压切换装置的安装应符合下列要求：

（1）传动机构中的操作机构、电动机、传动齿轮和框杆应固定牢靠，连接位置正确，且操作灵活，无卡阻现象；传动机构的摩擦部分应涂以适合当地气候条件的润滑脂。

（2）切换开关的触头及其连接线应完整无损，且接触良好，其限流电阻应完好，无断裂现象。

（3）切换装置的工作顺序应符合产品出厂要求；切换装置在极限位置时，其机械联锁与极限开关的电气联锁动作应正确。

（4）位置指示器应动作正常，指示正确。

（5）切换开关油箱内应清洁，油箱应做密封试验，且密封良好；注入油箱中的绝缘油，其绝缘强度应符合产品的技术要求。

4．冷却装置的安装应符合下列要求：

（1）冷却装置在安装前应按制造厂规定的压力值用气压或油压进行密封试验，并应符合下列要求：

1）散热器、强迫油循环风冷却器，持续30min应无渗漏；

2）强迫油循环水冷却器，持续1h应无渗漏，水、油系统应分别检查渗漏。

（2）冷却装置安装前应用合格的绝缘油经净油机循环冲洗干净，并将残油排尽。

（3）冷却装置安装完毕后应立即注满油。

（4）风扇电动机及叶片应安装牢固，并应转动灵活无卡阻；试转时应无振动、过热；叶片应无扭曲变形或与风筒碰擦等情况，转向应正确；电动机的电源配线应采用具有耐油性能的绝缘导线。

(5)管路中的阀门应操作灵活，开闭位置应正确；阀门及法兰连接处应密封良好。

(6)外接油管路在安装前，应进行彻底除锈并清洗干净；管道安装后，油管应涂黄漆，水管应涂黑漆，并应有流向标志。

(7)油泵转向应正确，转动时应无异常噪声、振动或过热现象；其密封应良好，无渗油或进气现象。

(8)差压继电器、流速继电器应经校验合格，且密封良好，动作可靠。

(9)水冷却装置停用时，应将水放尽。

5. 储油柜的安装应符合下列要求：

(1)储油柜安装前，应清洗干净。

(2)胶囊式储油柜中的胶囊或隔膜式储油柜中的隔膜应完整无破损；胶囊在缓慢充气胀开后检查应无漏气现象。

(3)胶囊沿长度方向应与储油柜的长轴保持平行，不应扭偏；胶囊口的密封应良好，呼吸应通畅。

(4)油位表动作应灵活，油位表或油标管的指示必须与储油柜的真实油位相符，不得出现假油位。油位表的信号接点位置正确，绝缘良好。

6. 升高座的安装应符合下列要求：

(1)升高座安装前，应先完成电流互感器的试验；电流互感器出线端子板应绝缘良好，其接线螺栓和固定件的垫块应紧固，端子板应密封良好，无渗油现象。

(2)安装升高座时，应使电流互感器铭牌位置面向油箱外侧，放气塞位置应在升高座最高处。

(3)电流互感器和升高座的中心应一致。

(4)绝缘筒应安装牢固，其安装位置不应使变压器引出线与之相碰。

7. 套管的安装应符合下列要求：

(1)套管安装前应进行下列检查：

1)瓷套表面应无裂缝、伤痕；

2)套管、法兰颈部及均压球内壁应清擦干净；

3)套管应经试验合格；

4)充油套管无渗油现象，油位指示正常。

(2)充油套管的内部绝缘已确认受潮时，应予干燥处理；110kV 及以上的套管应真空注油。

(3)高压套管穿缆的应力锥应进入套管的均压罩内，其引出端头与套管顶部接线柱连接处应擦拭干净，接触紧密；高压套管与引出线接口的密封波纹盘结构（魏德迈结构）的安装应严格按制造厂的规定进行。

(4)套管顶部结构的密封垫应安装正确，密封应良好，连接引线时不应使顶部结构松扣。

(5)充油套管的油标应面向外侧，套管末屏应接地良好。

8. 气体继电器的安装应符合下列要求：

(1)气体继电器安装前应经检验鉴定。

(2)气体继电器应水平安装，其顶盖上标志的箭头应指向储油柜，其与连通管的连接应密封良好。

9. 安全气道的安装应符合下列要求：

(1)安全气道安装前，其内壁应清拭干净。

(2)隔膜应完整，其材料和规格应符合产品的技术规定，不得任意代用。

(3)防爆隔膜信号接线应正确，接触良好。

10. 压力释放装置的安装方向应正确；阀盖和升高座内部应清洁，密封良好；电接点应动作准确，绝缘应良好。

11. 吸湿器与储油柜间的连接管的密封应良好；管道应通畅；吸湿剂应干燥；油封油位应在油面线上或按产品的技术要求进行。

12. 净油器内部应擦拭干净，吸附剂应干燥；其滤网安装方向应正确并在出口侧；油流方向应正确。

13. 所有导气管必须清拭干净，其连接处应密封良好。

14. 测温装置的安装应符合下列要求：

(1)温度计安装前应进行校验，信号接点应动作正确，导通良好；绕组温度计应根据制造厂的规定进行整定。

(2)顶盖上的温度计座内应注以变压器油，密封应良好，无渗油现象；闲置的温度计座也应密封，不得进水。

(3)膨胀式信号温度计的细金属软管不得有压扁或急剧扭曲，其弯曲半径不得小于50mm。

15. 靠近箱壁的绝缘导线，排列应整齐，应有保护措施；接线盒应密封良好。

16. 控制箱的安装应符合现行的国家标准《电气装置安装工程　盘、柜及二次回路接线施工及验收规范》(GB50171—2012)的有关规定。

17. 电力变压器安装应符合相应规范的规定，并通过电力部门检查认定。

检验方法：检查施工记录及认定报告。

18. 电力变压器安装允许偏差应符合下表的规定。

电力变压器安装允许偏差及检验方法

项次	项目	允许偏差(mm)	检验方法
1	基础轨道平面位置	10	尺量检查
2	基础轨道标高	±10	用水准仪和直检查
3	基础轨道水平度	1/1000	用水准仪和直尺检查
4	电力变压器垂直度	1/1000	用线坠和直尺检查

十、高压隔离开关、负荷开关及熔断器安装检查记录

<table>
<tr><td colspan="3">高压隔离开关、负荷开关及熔断器安装检查记录
(表C5－6－10)</td><td>编号</td><td colspan="2">×××</td></tr>
<tr><td colspan="2">工程名称</td><td colspan="4">××水泵厂电气工程</td></tr>
<tr><td colspan="2">工程部位</td><td>配电室开关</td><td>安装地点</td><td colspan="2">/</td></tr>
<tr><td colspan="2">施工单位</td><td>××市电子设备安装公司</td><td>检查日期</td><td colspan="2">××年×月×日</td></tr>
<tr><td colspan="2">设备名称</td><td>高压隔离开关</td><td>额定数据</td><td colspan="2">380V/25A</td></tr>
<tr><td colspan="2">生产厂</td><td>××电力设备厂　型号</td><td>KHF－1A</td><td>出厂编号</td><td>0213117</td></tr>
<tr><td>序号</td><td colspan="4">检　查　项　目</td><td>检查结果</td></tr>
<tr><td>1</td><td colspan="4">操动机构、传动装置安装应牢固,动作灵活可靠,位置指示正确</td><td>符合要求</td></tr>
<tr><td>2</td><td colspan="4">合闸时三相不同期值应符合产品的技术规定</td><td>符合要求</td></tr>
<tr><td>3</td><td colspan="4">相间距离及分闸时触头打开角度和距离,符合产品的技术规定</td><td>符合要求</td></tr>
<tr><td>4</td><td colspan="4">触头接触紧密良好</td><td>符合要求</td></tr>
<tr><td>5</td><td colspan="4">油漆完整,相色标志正确,接地良好</td><td>符合要求</td></tr>
<tr><td>6</td><td colspan="4">安装位置正确,符合设计及规范要求</td><td>符合要求</td></tr>
<tr><td>7</td><td colspan="4">设备外观完好,瓷绝缘无损伤,无污痕</td><td>符合要求</td></tr>
<tr><td>8</td><td colspan="4">按现行国家规范进行的所有电气试验全部合格</td><td>符合要求</td></tr>
<tr><td>9</td><td colspan="4">熔断器熔体的额定电流符合设计要求</td><td>符合要求</td></tr>
<tr><td>10</td><td colspan="4">开关的闭锁装置动作灵活、准确、可靠</td><td>符合要求</td></tr>
<tr><td>11</td><td colspan="4"></td><td></td></tr>
<tr><td colspan="2" rowspan="2">监理(建设)单位</td><td colspan="4">施　工　单　位</td></tr>
<tr><td>技术负责人</td><td colspan="2">施工员</td><td>质检员</td></tr>
<tr><td colspan="2">×××</td><td>×××</td><td colspan="2">×××</td><td>×××</td></tr>
</table>

注:本表由施工单位填写。

“高压隔离开关、负荷开关及熔断器安装检查记录”填表说明

1. 隔离开关、负荷开关及高压熔断器的试验项目，应包括下列内容：

(1)测量绝缘电阻；

(2)测量高压限流熔丝管熔丝的直流电阻；

(3)测量负荷开关导电回路的电阻；

(4)交流耐压试验；

(5)检查操动机构线圈的最低动作电压；

(6)操动机构的试验。

2. 隔离开关与负荷开关的有机材料传动杆的绝缘电限值，不应低于下表的规定。

绝缘拉杆的绝缘电阻标准

额定电压(kV)	3～15	20～35	63～220	330～500
绝缘电阻值(MΩ)	1200	3000	6000	1000

3. 测量高压限流熔丝管熔丝的直流电阻值，与同型号产品相比不应有明显差别。

4. 测量负荷开关导电回路的电阻值，宜采用电流不小于100A的直流压降法。测试结果不应超过产品技术条件规定。

5. 交流耐压试验，应符合下述规定：三相同一箱体的负荷开关，应按相间及相对地进行耐压试验，其余均按相对地或外壳进行。试验电压应符合GB 50150—2006中表10.0.5的规定。对负荷开关还应按产品技术条件规定进行每个断口的交流耐压试验。

6. 检查操动机构线圈的最低动作电压，应符合制造厂的规定。

7. 操动机构的试验，应符合下列规定：

(1)动力式操动机构的分、合闸操作，当其电压或气压在下列范围时，应保证隔离开关的主闸刀或接地闸刀可靠地分闸和合闸。

1)电动机操动机构：当电动机接线端子的电压在其额定电压的80%～110%范围内时；

2)压缩空气操动机构：当气压在其额定气压的85%～110%范围内时；

3)二次控制线圈和电磁闭锁装置：当其线圈接线端子的电压在其额定电压的80%～110%范围内时。

(2)隔离开关、负荷开关的机械或电气闭锁装置应准确可靠。

注：1. 本条第(1)款第2)项所规定的气压范围为操动机构的储气筒的气压数值；

2. 具有可调电源时，可进行高于或低于额定电压的操动试验。

十一、电缆头(中间接头)制作记录

<table>
<tr><td colspan="4" rowspan="2">电缆头(中间接头)制作记录
(表 C5－6－11)</td><td rowspan="2">编号</td><td colspan="3">×××</td></tr>
<tr><td colspan="3"></td></tr>
<tr><td colspan="2">工程名称</td><td colspan="6">××污水处理厂工程</td></tr>
<tr><td colspan="2">工程部位</td><td colspan="6">/</td></tr>
<tr><td colspan="2">施工单位</td><td colspan="6">××市电力设备安装公司</td></tr>
<tr><td colspan="2">电缆敷设方式</td><td colspan="3">穿管敷设</td><td>记录日期</td><td colspan="2">×年×月×日</td></tr>
<tr><td>序号</td><td colspan="3">电缆编号
施工记录</td><td></td><td></td><td></td><td></td></tr>
<tr><td>1</td><td colspan="3">电缆起止点</td><td>总配电室—车间动力柜</td><td></td><td></td><td></td></tr>
<tr><td>2</td><td colspan="3">制作日期</td><td>2008.3.4</td><td></td><td></td><td></td></tr>
<tr><td>3</td><td colspan="3">天气情况</td><td>晴</td><td></td><td></td><td></td></tr>
<tr><td>4</td><td colspan="3">电缆型号</td><td>YJV22</td><td></td><td></td><td></td></tr>
<tr><td>5</td><td colspan="3">电缆截面</td><td>4×185＋1×120</td><td></td><td></td><td></td></tr>
<tr><td>6</td><td colspan="3">电缆额定电压</td><td></td><td></td><td></td><td></td></tr>
<tr><td>7</td><td colspan="3">电缆头型号</td><td></td><td></td><td></td><td></td></tr>
<tr><td>8</td><td colspan="3">保护壳型式</td><td></td><td></td><td></td><td></td></tr>
<tr><td>9</td><td colspan="3">接地线规格</td><td>25mm²</td><td></td><td></td><td></td></tr>
<tr><td>10</td><td colspan="3">绝缘带型号规格</td><td></td><td></td><td></td><td></td></tr>
<tr><td rowspan="3">11</td><td rowspan="3">绝缘填料</td><td colspan="2">型号规格</td><td></td><td></td><td></td><td></td></tr>
<tr><td rowspan="2">绝缘情况</td><td>制作前</td><td></td><td></td><td></td><td></td></tr>
<tr><td>制作后</td><td></td><td></td><td></td><td></td></tr>
<tr><td>12</td><td colspan="3">芯线连接方法</td><td>压接</td><td></td><td></td><td></td></tr>
<tr><td>13</td><td colspan="3">相序校对</td><td>正常</td><td></td><td></td><td></td></tr>
<tr><td>14</td><td colspan="3">工艺标准</td><td></td><td></td><td></td><td></td></tr>
<tr><td>15</td><td colspan="3">备用长度</td><td>5m</td><td></td><td></td><td></td></tr>
<tr><td colspan="2" rowspan="2">监理(建设)单位</td><td colspan="6">施　工　单　位</td></tr>
<tr><td colspan="2">技术负责人</td><td colspan="2">施工员</td><td colspan="2">质检员</td></tr>
<tr><td colspan="2">×××</td><td colspan="2">×××</td><td colspan="2">×××</td><td colspan="2">×××</td></tr>
</table>

注:本表由施工单位填写。

“电缆头(中间接头)制作记录”填表说明

本表参照《电气装置安装工程电缆线路施工及验收规范》(GB 50168—2006)标准填写。

1. 主控项目

(1)高压电力电缆直流耐压试验必须按相关规范的规定交接试验合格。

(2)低压电线和电缆，线间和线对地间的绝缘电阻值必须大于0.5MΩ。

(3)铠装电力电缆头的接地线应采用铜绞线或镀锡铜编织线，截面积不应小于下表的规定。

电缆芯线和接地线截面积(mm^2)

电缆芯线截面积	接地线截面积
120 及以下	16
150 以下	25

注：电缆芯线截面积在 $16mm^2$ 及以下，接地线截面积与电缆芯线截面积相等。

(4)电线、电缆接线必须准确，并联运行电线或电缆的型号、规格、长度、相位应一致。

2. 一般项目

(1)芯线与电器设备的连接应符合下列规定：

1)截面积在 $10mm^2$ 及以下的单股铜芯线和单股铝芯线直接与设备、器具的端子连接；

2)截面积在 $2.5mm^2$ 及以下的多股铜芯线拧紧搪锡或接续端子后与设备、器具的端子连接；

3)截面积大于 $2.5mm^2$ 的多股铜芯线，除设备自带插接式端子外，接续端子后与设备或器具的端子连接；多股铜芯线与插接式端子连接前，端部拧紧搪锡；

4)多股铝芯线接续端子后与设备、器具的端子连接；

5)每个设备和器具的端子接线不多于 2 根电线。

(2)电线、电缆的芯线连接金具(连接管和端子)，规格应与芯线的规格适配，且不得采用开口端子。

(3)电线、电缆的回路标记应清晰，编号准确。

十二、自动扶梯安装记录

自动扶梯安装记录 （表 C5－6－13）			编号	×××
工程名称	××工程			
施工单位	××市政工程有限公司			
安装单位	××电梯公司			

序号	检测项目	设计要求	检测数值	偏差数值
1	机房宽度	1630	1630	
2	机房深度	1000	1000	
3	支承宽度	1600	1600	
4	支承长度	1630	1630	
5	中间支承强度	—	—	
6	支承水平间距	11486	11486 0～＋15	
7	扶梯提升高度	4500	4510	15～＋15
8	支承预埋铁尺寸	1630×160×25	1630×160×25	
9	提升设备搬运的连接附件	ϕ130 预留孔	ϕ130 预留孔	

检查意见：

符合设计及规范要求。

日期：××年×月×日

监理（建设）单位	施工单位	安装单位			
		技术负责人	测量员	质检员	
×××	×××	×××	×××	×××	

注：本表由施工单位填写。

“自动扶梯安装记录”填表说明

本表参照《电梯工程施工质量验收规范》(GB 50310—2002)标准填写。

【填写依据】

1. 主控项目

(1)自动扶梯的梯级或自动人行道的踏板或胶带上空，垂直净高度严禁小于2.3m。

(2)在安装前，井道周围必须设有保证安全的栏杆或屏障，其高度严禁小于1.2m。

2. 一般项目

(1)土建工程应按照土建布置图进行施工，且其主要尺寸允许误差应为：

提升高度－15～＋15mm；跨度0～＋15mm。

(2)根据产品供应商的要求应提供设备进场所需的通道和搬运空间。

(3)在安装之前，土建施工单位应提供明显的水平基准线标识。

(4)电源零线和接地线应始终分开。接地装置的接地电阻值不应大于4Ω。

第九章　施工试验记录表填写范例及说明

第一节　通用施工试验表格

一、施工试验记录(通用)

<table>
<tr><td colspan="2" rowspan="2">施工试验记录(通用)
(表 C6-1)</td><td>编　　号</td><td>×××</td></tr>
<tr><td>试验编号</td><td></td></tr>
<tr><td>工程名称及部位</td><td colspan="3">××市××人行过街平桥</td></tr>
<tr><td>规格、材质</td><td>不锈钢复合管</td><td>试验日期</td><td>2009 年 9 月 18 日</td></tr>
<tr><td colspan="4">试验项目:
荷载试验</td></tr>
<tr><td colspan="4">试验内容:
将压力传感器通过支座安装在垂直于天桥走向方向,且垂直于栏杆,另一段通过螺旋丝杠施加压力,并随时监测水平压力的变化。待达到设计压力时暂停加载,并保持荷载稳定。
1 号点:≥×××;　2 号点:≥×××;　3 号点:≥×××;
3 号点:≥×××;　5 号点:≥×××;　6 号点:≥×××;
7 号点:≥×××;　8 号点:≥×××;　9 号点:≥×××;
10 号点:≥×××;11 号点:≥×××;12 号点:≥×××;
13 号点:≥×××;14 号点:≥×××;15 号点:≥×××。</td></tr>
<tr><td colspan="4">结论:
根据测试数据分析,栏杆抗水平推力大于×××,符合相关设计要求。</td></tr>
</table>

批准	×××	审核	×××	试验	×××
检测试验单位	××工程试验检测中心				
报告日期	2009 年 9 月 18 日				

注:本表由施工单位填写。

二、最大干密度与最佳含水率试验报告

最大干密度与最佳含水率试验报告 （表 C6-2-1）		编　　号	×××
		试验编号	××-×××
		委托编号	××-×××
工程名称及部位	××市××路综合市政工程		
委托单位	×××市政建设集团有限公司	委托人	×××
种类	轻型素土	取样地点	×××
委托日期	2010 年 6 月 12 日	试验日期	2010 年 6 月 12 日
试验方法	环刀法		
试验依据	JTG E40—2007		

结论：　最大干密度=1.82g/cm³　　最佳含水率=14.0%

批准	×××	审核	×××	试验	×××
检测试验单位	××工程试验检测中心				
报告日期	2009 年 6 月 12 日				

注：本表由施工单位填写。

三、土壤压实度试验报告(环刀法)

土壤压实度试验报告(环刀法) (表 C6-2-2)		编　　号	×××
		试验编号	××-×××
		委托编号	××-×××
工程名称	××市××路××桥梁工程		
委托单位	××市政建设集团有限公司	委托人	×××
部位	顶管以上 50mm 内	种类	2∶8 灰土
最大干密度	1.83g/cm³	要求压实度	90%
试验依据	JTG E40—2007	试验日期	2010 年 12 月 16 日

检验桩号		东辅路		东主路		西辅路							
取样位置		顶管以上 50mm 内		顶管以上 50mm 内		顶管以上 50mm 内							
取样深度		20cm		20cm		20cm							
湿密度	环刀+土质量(g)	602		607		610							
	环刀质量(g)	200		200		200							
	土质量(g)	402		407		410							
	环刀容积(cm³)	200		200		200							
	湿密度(g/cm³)	2.01		2.035		2.05							
干密度	盒号	7	8	9	10	11	12						
	盒+湿土质量(g)	37.2	38.0	38.8	41.3	37.6	39.3						
	盒+干土质量(g)	34.8	35.5	36	38.8	35	36.5						
	水质量(g)	2.4	2.5	2.8	3.0	2.6	2.8						
	盒质量(g)	17.3	17.2	16.6	16.9	17.3	16.7						
	干土质量(g)	17.5	18.3	19.4	21.4	17.7	19.8						
	含水率(%)	13.5	13.8	14.2	14.6	14.2							
	平均含水率(%)	15.5		15.6		15.8							
	干密度(g/cm³)	1.74		1.76		1.77							
压实度(%)		95.1		96.2		96.7							
备注	本试验经二次平行测定后,其平行差值不得大于规定,取其算术平均值。												

批准	×××	审核	×××	试验	×××
检测试验单位	××工程试验检测中心				
报告日期	××年×月×日				

注:本表由试验单位填写。

四、土壤(或道路基层材料)压实度检验报告

<table>
<tr><td colspan="4" rowspan="3">土壤(或道路基层材料)压实度检验报告
(表 C6-2-3)</td><td colspan="2">编　　号</td><td>×××</td></tr>
<tr><td colspan="2">试验编号</td><td>××-×××</td></tr>
<tr><td colspan="2">委托编号</td><td>××-×××</td></tr>
<tr><td>工程名称及部位</td><td colspan="6">××道路工程</td></tr>
<tr><td>委托单位</td><td colspan="3">××市政建设集团有限公司</td><td colspan="2">委托人</td><td>×××</td></tr>
<tr><td>回填材料</td><td colspan="3">2∶8 灰土</td><td colspan="2">试验日期</td><td>××年×月×日</td></tr>
<tr><td>最大干密度</td><td colspan="3">1.83g/cm³</td><td colspan="2">要求压实度</td><td>90%</td></tr>
<tr><td>试验依据</td><td colspan="3">《公路土工程试验规程》
(JTG E40—2007)</td><td colspan="2">试验日期</td><td>××年×月×日</td></tr>
<tr><td>序号</td><td>检验桩号</td><td>取样位置</td><td>取样深度</td><td>干密度(g/cm³)</td><td>压实度(%)</td><td>结论</td></tr>
<tr><td>1</td><td>K30+280</td><td>左 3m</td><td>10cm</td><td>1.75</td><td>95.6</td><td>合格</td></tr>
<tr><td>2</td><td>K30+300</td><td>中</td><td>10cm</td><td>1.73</td><td>94.5</td><td>合格</td></tr>
<tr><td>3</td><td>K30+320</td><td>右 5m</td><td>10cm</td><td>1.76</td><td>96.2</td><td>合格</td></tr>
<tr><td></td><td></td><td></td><td></td><td></td><td></td><td></td></tr>
<tr><td></td><td></td><td></td><td></td><td></td><td></td><td></td></tr>
<tr><td></td><td></td><td></td><td></td><td></td><td></td><td></td></tr>
<tr><td></td><td></td><td></td><td></td><td></td><td></td><td></td></tr>
<tr><td></td><td></td><td></td><td></td><td></td><td></td><td></td></tr>
<tr><td></td><td></td><td></td><td></td><td></td><td></td><td></td></tr>
<tr><td></td><td></td><td></td><td></td><td></td><td></td><td></td></tr>
<tr><td></td><td></td><td></td><td></td><td></td><td></td><td></td></tr>
<tr><td>备注</td><td colspan="6"></td></tr>
<tr><td>批准</td><td>×××</td><td>审核</td><td>×××</td><td>试验</td><td colspan="2">×××</td></tr>
<tr><td>检测试验单位</td><td colspan="6">××工程试验检测中心</td></tr>
<tr><td>报告日期</td><td colspan="6">××年×月×日</td></tr>
</table>

注:本表由试验单位填写。

五、砂浆配合比申请单

<table>
<tr><td colspan="4" rowspan="2">砂浆配合比申请单
(表 C6-2-4)</td><td>编　　号</td><td colspan="3">×××</td></tr>
<tr><td>委托编号</td><td colspan="3">××-×××</td></tr>
<tr><td>工程名称及部位</td><td colspan="7">××市××道路改扩建工程(K2+310～K3+460)</td></tr>
<tr><td>委托单位</td><td colspan="4">××市政建设集团有限公司</td><td>委托人</td><td colspan="2">×××</td></tr>
<tr><td>砂浆种类</td><td colspan="4">水泥砂浆</td><td>强度等级</td><td colspan="2">M10</td></tr>
<tr><td>水泥品种</td><td colspan="4">P·O 42.5</td><td>试验编号</td><td colspan="2">2009—0014</td></tr>
<tr><td>水泥厂别</td><td colspan="4">××水泥厂</td><td>水泥进场日期</td><td colspan="2">2009 年 2 月 13 日</td></tr>
<tr><td>砂产地</td><td>密云 中砂</td><td colspan="2">粗细级别</td><td>中砂</td><td>试验编号</td><td colspan="2">2009—0011</td></tr>
<tr><td rowspan="2">掺合料名称</td><td>种类</td><td>掺量(%)</td><td>试验编号</td><td rowspan="2">外加剂</td><td>种类</td><td>掺量(%)</td><td>试验编号</td></tr>
<tr><td>粉煤灰</td><td>8.6%</td><td>××-×××</td><td></td><td></td><td></td></tr>
<tr><td>申请日期</td><td colspan="3">2009 年 2 月 17 日</td><td>要求使用日期</td><td colspan="3">2009 年 2 月 27 日</td></tr>
</table>

六、砂浆配合比通知单

<table>
<tr><td colspan="3" rowspan="4">砂浆配合比通知单
(表 C6-2-4)</td><td colspan="2">编　　号</td><td>×××</td></tr>
<tr><td colspan="2">配合比编号</td><td>××-×××</td></tr>
<tr><td colspan="2">试验编号</td><td>××-×××</td></tr>
<tr><td colspan="2">委托编号</td><td>××-×××</td></tr>
<tr><td>强度等级</td><td colspan="2">M10</td><td colspan="2">试验日期</td><td>2009 年 2 月 20 日</td></tr>
<tr><td colspan="6">配　合　比</td></tr>
<tr><td>每立方米用量
(kg/m³)</td><td>190</td><td>1450</td><td>/</td><td>155</td><td></td></tr>
<tr><td>比例</td><td>1</td><td>7.63</td><td>/</td><td>0.82</td><td></td></tr>
<tr><td colspan="6">注:砂浆稠度为 70～100mm,白灰膏稠度为 120±5mm。</td></tr>
<tr><td>批准</td><td>×××</td><td>审核</td><td>×××</td><td>试验</td><td>×××</td></tr>
<tr><td>检测试验单位</td><td colspan="5">××工程试验检测中心</td></tr>
<tr><td>报告日期</td><td colspan="5">××年×月×日</td></tr>
</table>

工程试验检测中心

注:申请单由施工单位填写,通知单由试验室填空。

七、砂浆抗压强度试验报告

<table>
<tr><td colspan="5" rowspan="3">砂浆抗压强度试验报告
（表 C6-2-5）</td><td colspan="2">编　　号</td><td colspan="2">×××</td></tr>
<tr><td colspan="2">试验编号</td><td colspan="2">××-×××</td></tr>
<tr><td colspan="2">委托编号</td><td colspan="2">××-×××</td></tr>
<tr><td colspan="2">工程名称及部位</td><td colspan="7">××市××道路工程挡土墙(K3＋260～K4＋330)</td></tr>
<tr><td colspan="2">委托单位</td><td colspan="3">××市政建设集团有限公司</td><td colspan="2">委托人</td><td colspan="2">×××</td></tr>
<tr><td colspan="2">砂浆各类及等级</td><td colspan="3">水泥砂浆 M10</td><td colspan="2">试样编号</td><td colspan="2">×××</td></tr>
<tr><td colspan="2">配合比编号</td><td colspan="3">××-×××</td><td colspan="2">稠度</td><td colspan="2">70mm</td></tr>
<tr><td colspan="2">水泥品种及强度等级</td><td colspan="3">P·O 42.5</td><td colspan="2">试验编号</td><td colspan="2">2010—0071</td></tr>
<tr><td colspan="2">砂产地及种类</td><td colspan="3">潮白河　中砂</td><td colspan="2">试验编号</td><td colspan="2">2010—0071</td></tr>
<tr><td colspan="2">掺合料种类</td><td colspan="3">/</td><td colspan="2">试验编号</td><td colspan="2">/</td></tr>
<tr><td colspan="2">外加剂名称</td><td colspan="3">/</td><td colspan="2">试验编号</td><td colspan="2">/</td></tr>
<tr><td colspan="2">试件成型日期</td><td>2010.4.12</td><td>要求龄期</td><td>28d</td><td colspan="2">要求试验日期</td><td colspan="2">2010.5.10</td></tr>
<tr><td colspan="2">养护条件</td><td colspan="3">标准养护</td><td colspan="2">试件制作人</td><td colspan="2">×××</td></tr>
<tr><td colspan="2">试验依据</td><td colspan="3">×××</td><td colspan="2">委托日期</td><td colspan="2">2010.4.12</td></tr>
<tr><td rowspan="8">试验结果</td><td rowspan="2">试压日期</td><td rowspan="2">实际龄期(d)</td><td colspan="2" rowspan="2">试件边长(mm)</td><td colspan="2">荷载(kN)</td><td rowspan="2">抗压强度(MPa)</td><td rowspan="2">达设计强度等级(%)</td></tr>
<tr><td>单块</td><td>平均</td></tr>
<tr><td rowspan="6">2010.5.10</td><td rowspan="6">28</td><td colspan="2" rowspan="6">70.7</td><td>54.6</td><td rowspan="6">62.7</td><td rowspan="6">12.5</td><td rowspan="6">125</td></tr>
<tr><td>56.3</td></tr>
<tr><td>69.8</td></tr>
<tr><td>65.5</td></tr>
<tr><td>60.7</td></tr>
<tr><td>69.4</td></tr>
<tr><td colspan="9">结论：
合格</td></tr>
<tr><td colspan="2">批准</td><td>×××</td><td>审核</td><td>×××</td><td colspan="2">试验</td><td colspan="2">×××</td></tr>
<tr><td colspan="2">检测试验单位</td><td colspan="7">××工程试验检测中心</td></tr>
<tr><td colspan="2">报告日期</td><td colspan="7">××年×月×日</td></tr>
</table>

注：本表由试验单位填写。

八、砂浆试块强度统计、评定记录

砂浆试块强度统计、评定记录 （表 C6-2-6）			编　　号	×××
委托单位	××市××路雨污水工程		强度等级	M7.5
施工单位	××市政建设集团有限公司		养护方法	标准养护
统计期	2010 年 3 月 20 日～2010 年 5 月 12 日		结构部位	检查井
试块组数 n	强度标准值 f_2（MPa）	平均值 $f_{2,m}$（MPa）	最小值 $f_{2,min}$（MPa）	$0.75f_2$
8	7.5	11.5	9.1	5.6

每组强度值（MPa）										
	12.6	10.6	9.8	10.6	14.6	11.0	9.1	13.4		

判定式	$f_{2,m} \geq f_2$	$f_{2,min} \geq 0.75f_2$
结果	11.5＞7.5	9.1＞5.6

结论：

该批砂浆试块强度统计评定满足判定式要求，合格。

批准	审核	试验
×××	×××	×××
检测试验单位	××工程试验检测中心	
报告日期	2010 年 5 月 23 日	

注：本表由施工单位填写。

九、混凝土配合比申请单

混凝土配合比申请单 （表 C6-2-7）				编　号	×××
				委托编号	××-×××
工程名称及部位	××市××路桥梁工程　桥面铺装 2009—00955				
委托单位	××市政建设集团有限公司			委托人	×××
设计强度等级	C40			要求坍落度	140～160(mm)
其他技术要求	/				
搅拌方法	机械	浇捣方法	振捣	养护方法	标准养护
水泥品种及强度等级	P·O 42.5	厂别牌号		试验编号	C2009—0020
砂产地及种类	三河　中砂			试验编号	S2009—0016
石子产地及种类	密云　碎石	最大粒径	mm	试验编号	G2009—0015
外加剂名称及掺量	缓凝高效减水剂			试验编号	A2009—0012
				试验编号	
掺合料名称及掺量	粉煤灰			试验编号	F2009—0010
其他材料	/			试验编号	
申请日期	2009 年 2 月 12 日	要求使用日期	2009 年 2 月 20 日	联系电话	××××

十、混凝土配合比通知单

混凝土配合比通知单 （表 C6-2-7）				编　号		×××		
				配合比编号		2009—0081		
				试配编号		2009P—0081		
				委托编号				
强度等级	C40	水胶比		水灰比	0.41		砂率	41%
材料名称 项目	水泥	水	砂	石	外加剂		掺合料	其他
					(1)	(2)		
每 m³ 用量(kg)	311	170	753	1084	12.5		50	
每盘用量(kg)	100	55	242	349	4		16	
混凝土碱含量 (kg/m³)								
	注:此栏只有遇Ⅱ类工程(按京建科[1999]230 号规定分类)时填写							
说明:本配合比所使用材料均为干材料,使用单位应根据材料含水情况随时调整。								
批准	×××	审核	×××	试验	×××			
检测试验单位	××工程试验检测中心							
报告日期	××年×月×日							

注:申请单由施工单位填空,通知单由试验室填写。

十一、混凝土抗压强度试验报告

<table>
<tr><td colspan="4" rowspan="3">混凝土抗压强度试验报告
(表 C6-2-8)</td><td colspan="2">编　　号</td><td colspan="3">×××</td></tr>
<tr><td colspan="2">试验编号</td><td colspan="3">2010—01217</td></tr>
<tr><td colspan="2">委托编号</td><td colspan="3">2010—0552</td></tr>
<tr><td colspan="2">工程名称及部位</td><td colspan="7">××市××路××桥梁工程　2-1、2-2 墩柱</td></tr>
<tr><td colspan="2">委托单位</td><td colspan="3">××市政建设集团有限公司</td><td colspan="2">委托人</td><td colspan="2">×××</td></tr>
<tr><td colspan="2">设计强度等级</td><td>C30</td><td>实测坍落度
扩展度</td><td>160mm</td><td colspan="2">试件编号</td><td colspan="2">089</td></tr>
<tr><td colspan="2">水泥品种及
强度等级</td><td colspan="3">P·O 42.5</td><td colspan="2">试验编号</td><td colspan="2">C2010—0126</td></tr>
<tr><td colspan="2">砂种类</td><td colspan="3">中砂</td><td colspan="2">试验编号</td><td colspan="2">S2010—0135</td></tr>
<tr><td colspan="2">石种类、公称直径</td><td colspan="3">碎石　5～20mm</td><td colspan="2">试验编号</td><td colspan="2">G2010—0136</td></tr>
<tr><td colspan="2" rowspan="2">外加剂名称</td><td colspan="3">UNF-5AE 引气减水剂</td><td colspan="2">试验编号</td><td colspan="2">A2010—0109</td></tr>
<tr><td colspan="3">/</td><td colspan="2">试验编号</td><td colspan="2">/</td></tr>
<tr><td colspan="2">掺合料种类</td><td colspan="3">粉煤灰</td><td colspan="2">试验编号</td><td colspan="2">F2010—0120</td></tr>
<tr><td colspan="2">混凝土生产
企业名称</td><td colspan="3">××预拌混凝土中心</td><td colspan="2">配合比编号</td><td colspan="2">2010—×××</td></tr>
<tr><td colspan="2">成型日期</td><td>2010.9.21</td><td>要求龄期(d)</td><td>28</td><td colspan="2">要求试验日期</td><td colspan="2">2010.10.19</td></tr>
<tr><td colspan="2">养护方法</td><td>标准养护</td><td>委托日期</td><td>2010.9.20</td><td colspan="2">试块制作人</td><td colspan="2">×××</td></tr>
<tr><td colspan="2">试验依据</td><td colspan="7">GB/T 50107—2010</td></tr>
<tr><td rowspan="5">试验结果</td><td rowspan="2">试验日期</td><td rowspan="2">实际龄期
(d)</td><td rowspan="2">试件边长
(mm)</td><td rowspan="2">受压面积
(mm²)</td><td colspan="2">荷载(kN)</td><td rowspan="2">平均抗压强度
(MPa)</td><td rowspan="2">折合 150mm 立方体抗压强度(MPa)</td><td rowspan="2">达到设计强度(%)</td></tr>
<tr><td>单块值</td><td>平均值</td></tr>
<tr><td rowspan="3">2010.10.19</td><td rowspan="3">28</td><td rowspan="3">150</td><td rowspan="3">22500</td><td>910</td><td rowspan="3">884.0</td><td rowspan="3">39.3</td><td rowspan="3">39.3</td><td rowspan="3">131</td></tr>
<tr><td>828</td></tr>
<tr><td>914</td></tr>
<tr><td colspan="10">备注:</td></tr>
<tr><td colspan="2">批准</td><td>×××</td><td>审核</td><td>×××</td><td colspan="2">试验</td><td colspan="3">×××</td></tr>
<tr><td colspan="2">检测试验单位</td><td colspan="8">××工程试验检测中心</td></tr>
<tr><td colspan="2">报告日期</td><td colspan="8">2010 年 10 月 19 日</td></tr>
</table>

注:本表由检测单位提供。

十二、混凝土试块强度统计、评定记录

混凝土试块强度统计、评定记录 (表 C6-2-9)			编号	×××		
工程名称及部位	北京××工程					
施工单位	××市政工程有限公司					
养护方法	标准养护		强度等级	C30		
统计期	2010 年 6 月 1 日至 2010 年 6 月 29 日					
试块组数(n)	强度标准值 $f_{cu,k}$	平均值 m fcu(MPa)	标准差 S_{fcu}(MPa)	最小值 $f_{cu,min}$(MPa)	合格判定系数	
					λ_1	λ_2
13	30.0	46.52	8.84	36.1	1.70	0.90
试件编号	01	02	03	04	05	
每组强度值(MPa)	50.4	36.1	40.8	39.4	58.0	
试件编号	06	07	08	09	10	
每组强度值(MPa)	37.7	36.8	57.3	56.7	51.6	
试件编号	11	12	13			
每组强度值(MPa)	57.5	42.5	39.9			

评定界限	☑ 统计方法(二)			□ 非统计方法	
	$f_{cu,k}$	$f_{cu,k}+\lambda_1\times S_{fcu}$	$\lambda_2\times f_{cu,k}$	$1.15f_{cu,k}$ $1.10f_{cu,k}$	$0.95f_{cu,k}$
	27	31.49	27		

判定式	$m_{fcu}\geqslant f_{cu,k}+\lambda_1\times S_{fcu}$	$f_{cu,min}\geqslant\lambda_2\times f_{cu,k}$	$m_{fcu}\geqslant 1.15f_{cu,k}$ (强度等级<C60) $m_{fcu}\geqslant 1.10f_{cu,k}$ (强度等级≥C60)	$f_{cu,min}\geqslant 0.95f_{cu,k}$
结果	31.49>27	36.1>27		

结论:符合《混凝土强度检验评定标准》(GB/T 50107—2010)要求,合格。

批准	×××	审核	×××	试验	×××
检测试验单位	××工程试验检测中心				
报告日期	2010 年 6 月 29 日				

注:本表由施工单位填写。

"混凝土试块强度统计、评定记录"填表说明

本表参照《混凝土强度检验评定标准》(GB/T 50107—2010)标准填写。

【填写依据】

1. 统计方法评定

(1)当混凝土的生产条件在较长时间内能保持一致且同一品种混凝土的强度变异性能保持稳定时应由连续的三组试件组成一个验收批其强度应同时满足下列要求:

$$m_{fcu} \geqslant f_{cu,k} + 0.7\sigma_0$$

$$f_{cu,min} \geqslant f_{cu,k} - 0.7\sigma_0$$

当混凝土强度等级不高于C20时其强度的最小值尚应满足下式要求:

$$f_{cu,min} \geqslant 0.85 f_{cu,k}$$

当混凝土强度等级高于C20时其强度的最小值尚应满足下式要求:

$$f_{cu,min} \geqslant 0.95 f_{cu,k}$$

式中:m_{fcu}——同一验收批混凝土立方体抗压强度的平均值,(N/mm^2);

$f_{cu,k}$——混凝土立方体抗压强度标准值,(N/mm^2);

σ_0——验收批混凝土立方体抗压强度的标准差,(N/mm^2);

$f_{cu,min}$——同一验收批混凝土立方体抗压强度的最小值,(N/mm^2)。

(2)验收批混凝土立方体抗压强度的标准差应根据前一个检验期内同一品种混凝土试件的强度数据按下列公式确定:

$$\sigma_0 = \frac{0.59}{m}\sum_{i=1}^{m}\Delta f_{cu,i}$$

式中:$\Delta f_{cu,i}$——第i批试件立方体抗压强度中最大值与最小值之差;

m——用以确定验收批混凝土立方体抗压强度标准差的数据总批数。

注:上述检验期不应超过三个月且在该期间内强度数据的总批数不得少于15。

(3)当混凝土的生产条件在较长时间内不能保持一致且混凝土强度变异性不能保持稳定时或在前一个检验期内的同一品种混凝土没有足够的数据用以确定验收批混凝土立方体抗压强度的标准差时,应由不少于10组的试件组成一个验收批,其强度应同时满足下列公式的要求:

$$m_{fcu} - \lambda_1 S_{fcu} \geqslant 0.9 f_{cu,k}$$

$$f_{cu,min} \geqslant \lambda_2 f_{cu,k}$$

式中:S_{fcu}——同一验收批混凝土立方体抗压强度的标准差,(N/mm^2)。当S_{fcu}

的计算值小于 $0.06f_{cu,k}$时，取 $S_{fcu}=0.06f_{cu,k}$

λ_1、λ_2——合格判定系数，按下表取用。

混凝土强度的合格判定系数

试件组数	10～14	15～24	≥25
λ_1	1.70	1.65	1.60
λ_2	0.90	0.85	0.85

（4）混凝土立方体抗压强度的标准差 S_{fcu}可按下列公式计算：

$$S_{fcu}=\sqrt{\frac{\sum_{i=1}^{n}f_{cu,i}^{2}-nm_{fcu}^{2}}{n-1}}$$

式中：$f_{cu,i}$——第 i 组混凝土试件的立方体抗压强度值（N/mm^2）；

n——一个验收批混凝土试件的组数。

2. 非统计方法评定

按非统计方法评定混凝土强度时，其所保留强度应同时满足下列要求：

$$m_{f,cu}\geqslant 1.15f_{cu,k}$$
$$f_{cu,min}\geqslant 0.95f_{cu,k}$$

3. 混凝土强度的合格性判断

（1）检验结果能满足《混凝土强度检验评定标准》（GB/T 50107—2010）的规定时则该批混凝土强度判为合格，当不能满足上述规定时该批混凝土强度判为不合格。

（2）由不合格批混凝土制成的结构或构件应进行鉴定，对不合格的结构或构件必须及时处理。

（3）当对混凝土试件强度的代表性有怀疑时，可采用从结构或构件中钻取试件的方法或采用非破损检验方法，按有关标准的规定对结构或构件中混凝土的强度进行推定。

（4）结构或构件拆模、出池、出厂、吊装预应力筋张拉或放张以及施工期间需短暂负荷时的混凝土强度，应满足设计要求或现行国家标准的有关规定。

十三、混凝土抗渗试验报告

<table>
<tr><td colspan="2" rowspan="3">混凝土抗渗试验报告
（表 C6-2-10）</td><td>编　　号</td><td>×××</td></tr>
<tr><td>试验编号</td><td>11805-0214</td></tr>
<tr><td>委托编号</td><td>2010-23518</td></tr>
<tr><td>工程名称及部位</td><td colspan="3">××市地铁×号线03标段土建工程××站～××站区间
右线K4＋984～K4＋993.6边墙及顶拱</td></tr>
<tr><td>委托单位</td><td>中铁××局集团公司</td><td>委托人</td><td>×××</td></tr>
<tr><td>抗渗等级</td><td>P・O 42.5</td><td>试验编号</td><td>2010—0044</td></tr>
<tr><td>成型日期</td><td>2010.6.15</td><td>委托日期</td><td>2010.6.24</td></tr>
<tr><td>配合比编号</td><td>试B-商配-05-1643</td><td>实测坍落度</td><td>80mm</td></tr>
<tr><td>养护条件</td><td>标准养护</td><td>要求试验龄期</td><td>28d-65d</td></tr>
<tr><td>试验依据</td><td>GB/T 50082—2009</td><td>试验日期</td><td>2010.8.19</td></tr>
<tr><td colspan="4">试验结果：
试件解剖渗水高度(mm)：
1　4.2　　2　5.6　　3　3.9　　4　4.3　　5　4.4　　6　4.7</td></tr>
<tr><td colspan="4">结论：依据GB/T 50082—2009试验方法，以上所检项目符合P10抗渗等级要求。</td></tr>
</table>

批准	×××	审核	×××	试验	×××
检测试验单位	××工程试验检测中心				
报告日期	2010年8月19日				

注：本表由检测单位填写。

十四、混凝土抗折强度试验报告

混凝土抗折强度试验报告 （表 C6-2-13）										编　　号		×××	
										试验编号		××-×××	
										委托编号		××-×××	
工程名称及部位		北京××工程											
委托单位		××市工程有限公司								委托人		×××	
设计强度等级		C40								试件编号		××-×××	
要求坍落度		80mm								实测坍落度		80mm	
配合比编号		××-×××											
成型日期		2010.7.16		龄期(d)			28			试验日期		2010.8.13	
养护方法		标准养护		委托日期			2010.8.13			试块制作人		×××	
试验依据		GB/T 50081—2002											
试验结果	试验日期	实际龄期(d)	试件尺寸(mm)			跨度(mm)	荷载(kN)		平均极限抗折强度(MPa)	折合标准试件强度(MPa)	达到设计强度(%)		
			长	宽	高		单块	平均					
	2010年8月13日	28	400×100×100			100	20.7	22.3	6.7	5.7	127		
							22.5						
							23.6						
备注：经检查，符合《普通混凝土力学性能试验方法标准》(GB/T 50081—2002)相关规定，合格。													
批准		×××		审核			×××			试验		×××	
检测试验单位		××工程试验检测中心											
报告日期		2010年8月13日											

注：本表由检测单位提供。

十五、钢筋连接试验报告

钢筋连接试验报告 （表 C6-2-14）		编　　号	×××
		试验编号	××-×××
		委托编号	××-×××
工程名称及部位	××市政道路工程		
委托单位	××建设集团有限公司	委托人	×××
接头类型	滚压直螺纹连接	试样编号	××-×××
设计要求接头性能等级	Ⅰ级	检验形式	工艺检验
连接钢筋种类及牌号	热轧带肋　HRB335	原材试验编号	××-×××
公称直径	20mm	代表数量	1050 个
操作人	×××　委托日期　××年×月×日	试验日期	××年×月×日
试验依据	JGJ 107—2010		

接头试件			母材试件		弯曲试件			备注
公称面积（mm^2）	抗拉强度（MPa）	断裂特征及位置	实测面积（mm^2）	抗拉强度（MPa）	弯心直径（mm）	角度（°）	结果	
314.2	590	母材拉断 104mm	312.9	600				
314.2	590	母材拉断 128mm	311.7	605				
314.2	590	母材拉断 89mm	310.6	600				

结论：

依据《钢筋机械连接技术规程》(JGJ 107—2010)标准，以上所检项目符合机械连接Ⅰ级接头要求。

批准	×××	审核	×××	试验	×××
检测试验单位	××工程试验检测中心				
报告日期	××年×月×日				

注：本表由检测单位填写。

十六、超声波检测报告

超声波检测报告 （表 C6-2-17）				编　　号	××-×××	
委托编号		××-×××	报告编号	××-×××	共×页 第×页	
基本情况	工程名称	××市××路跨线桥上横梁钢结构工程				
	施工单位	××钢结构工程有限公司				
	委托单位	××钢结构工程有限公司				
	检测委托人	×××	联系电话	××××		
	委托检测比例	100%	焊接方法	手工焊	构件材质	Q345B
	构件名称	上横梁	构件规格		母材厚度	12～16mm
	检测部位	钢管焊缝	坡口型式	V	表面状态	修整
检测条件	仪器型号	TS-2028C	试块型号	CSK-ⅠA CSK-ⅢA	检测方法	超声波探伤
	探头型号	斜 8×12k2.5-D	评定灵敏度	60dB	扫查方式	深度
	耦合剂	浆糊	表面补偿	2dB	检测面	焊缝及热影响区
	扫描调节	1∶1				
检测标准		GB 50205—2001 GB/T 11345—2013	合格级别	BⅡ级		

检测结论及说明（可加附页）：

令××钢结构工程有限公司的委托，按照《钢结构工程施工质量验收规范》（GB 50205—2001）（一、二级焊缝）的质量要求，对××市××路跨线桥上横梁（P50、P51）钢结构工程钢管焊缝进行 100%超声波探伤。依据《焊缝无损检测　超声检测　技术检测等级和评定》（GB/T 11345—2013）为 BⅡ级合格，干发现超标缺陷，所检焊缝全部合格。

注：本报告包括：

（1）结论报告（本页）；

（2）焊缝位置示意图（第 2 页）（略）。

检测人（签定）：××× （证号：×××）　　2014 年 5 月 10 日	检测单位资格证号
报告人（签定）：××× （证号：×××）　　2014 年 5 月 10 日	（检测单位章）
审核人（签定）：××× （证号：×××）　　2014 年 5 月 10 日	检测单位名称：××工程试验检测中心

注：本表由检测单位出具。

十七、喷射混凝土配合比申请单

喷射混凝土配合比申请单 (表 C6-2-22)				编　号	×××
				委托编号	2009—01678
工程名称	××市地铁×号线××车站主体暗挖结构工程初支喷护				
委托单位	××城建集团有限公司			试验委托人	×××
设计强度等级	C20 喷射			申请强度等级	C20 喷射
其他技术要求	/				
搅拌方法	机械			养护方法	
水泥品种及强度等级	P·O 42.5	水泥进场日　期	2009 年 11 月 17 日	试验编号	2009—0306
砂产地及品种	××　中砂			试验编号	2009—0295
石产地及品种	××　豆石			试验编号	2009—0264
外加剂名称	(1)　速凝剂 8880-A			试验编号	2009—0051
	(2)				
掺合料名称	/			试验编号	/
其他材料	/				
申请日期	2009 年 11 月 24 日	要求使用日　期	2009 年 11 月 29 日	联系电话	××××

十八、喷射混凝土配合比通知单

喷射混凝土配合比通知单 (表 C6-2-22)				配合比编号	2009—0084		
				试配编号	2009P—0084		
强度等级	C20	水胶比		水灰比		砂率	50%
材料名称 / 项　目	水泥	水	砂	石	掺合料	外加剂	
每 m^3 用量(kg)	460		920	920	27.6		
重量比	1		2.00	2.00	0.06		
说明:本配合比所使用材料均为干燥状态,使用单位应根据材料含水情况随时调整。							
负责人		审核人			试验人		
×××		×××			×××		
报告日期	2009 年 11 月 28 日						

注:申请单由施工单位填写,通知单由试验室填写。

第二节　道路、桥梁工程试验记录

一、道路基层材料压实度试验报告(灌砂法)

道路基层材料压实度试验报告(灌砂法) (表 C6-3-2)						编　号		×××		
						试验编号		××-×××		
						委托编号		××-×××		
工程名称	××道路工程									
委托单位	××市政建设集团有限公司					委托人		×××		
试验依据	《公路土工试验规程》(JTG E40—2007)					回填材料		砂夹碎石		
桩号/层次			K3＋450		K3＋470		K3＋490		K3＋500	
灌砂前砂＋容器质量 (g)	(1)		13251		13399		13621		12861	
灌砂后砂＋容器质量 (g)	(2)		6428		5714		5755		6206	
灌砂筒下部锥体内砂质量(g)	(3)		2442		2442		2442		2442	
试坑灌入砂的质量 (g)	(4)	(1)-(2)-(3)	4381		5243		5424		4213	
砂堆积密度 (g/cm³)	(5)		1.36		1.36		1.36		1.36	
试坑体积 (cm³)	(6)	(4)/(5)	3221		3855		3856		3098	
试抗中挖出的湿料质量 (g)	(7)		6668		7748		7828		6165	
试样湿密度 (g/cm³)	(8)	(7)/(6)	2.07		2.01		2.03		1.99	
含水率W(%) 盒号	(9)		03	05	11	08	02	14	06	01
盒质量 (g)	(10)		16.7	17.2	16.9	17.0	17.0	16.9	16.7	16.7
盒＋湿料质量 (g)	(11)		511.0	516.6	535.1	531.7	522.7	546.6	539.6	546.3
盒＋干料质量 (g)	(12)		492.9	498.3	517.1	513.3	505.1	527.0	521.9	527.9
水质量 (g)	(13)	(11)-(12)	18.1	18.3	18.0	18.4	17.6	19.4	17.7	18.4
干料质量 (g)	(14)	(12)-(10)	476.2	481.1	500.2	496.3	488.1	510.1	505.2	511.2
含水率 (%)			3.8	3.8	3.6	3.7	3.6	3.8	3.5	3.6
平均含水率 (%)	(15)	[(13)/(14)]×100	3.8		3.7		3.7		3.6	
干密度 (g/cm³)	(16)	(8)[1＋(15)/100]	1.90		1.94		1.96		1.92	
最大干密度 (g/cm³)	17		2.09							
压实度 (%)	(18)	[(16)/(17)×100]	95		93		94		92	
备注： K3＋440～K3＋515 段第 2 层压实度检测										
批准	×××		审核		×××		试验		×××	
检测试验单位	××试验检测中心									
报告日期	××年×月×日									

注：本表由施工单位填写。

二、沥青混合料压实度试验报告

沥青混合料压实度试验报告 （表C6-3-3）				编　　号	×××	
				试验编号	2012—02067	
				委托编号	2012—0109	
工程名称及部位	××市××路桥梁工程					
委托单位	××市政建设集团有限公司			委托人	×××	
混合料类型	AC-161Ⅰ			标准密度	2.478g/cm³	
委托日期	2012.9.24	试验日期	2012.9.28	要求压实度	95%	
试验依据	JTJ 052—2000			试验方法	蜡封法	
试件编号	代表桩号（部位）			试件密度（g/cm³）	压实度（%）	结论
001	K0＋110			2.382	96.1	合格
002	K0＋105			2.384	96.2	合格
003	K0＋095			2.380	96.0	合格
备注：						
批准	×××	审核	×××	试验	×××	
检测试验单位	××工程试验检测中心					
报告日期	2012年9月28日					

注：本表由检测单位提供。　　　　共×页　第1页

三、沥青混凝土路面厚度检测报告

沥青混凝土路面厚度检测报告 （表 C6-3-4）		编　　号	×××	
		试验检测编号	××-×××	
		委托编号	××-×××	
工程名称及部位	××市××路桥梁工程			
委托单位	××市政建设集团有限公司	委托人	×××	
混合料类型	AC-16Ⅰ	设计结论厚度(mm)	主路 70mm，辅路 40mm	
委托日期	2010 年 12 月 19 日	试验日期	2010 年 12 月 21 日	
试验依据	JTG E60—2008			
序号	检验段桩号	测定位置桩号	实测平均值(mm)	结论
1	K0＋080	主路	7.6	合格
2	K0＋105	辅路	5.7	合格
3	K0＋110	辅路	6.2	合格
备注：				

批准	×××	审核	×××	试验	×××
检测试验单位	××工程试验检测中心				
报告日期	2010 年 12 月 21 日				

注：本表由检测单位提供。

四、路面平整度检测报告

路面平整度检测报告 （表 C6-3-6）		编　　号	×××
		试验编号	××-×××
		委托编号	××-×××
工程名称及部位	××市××道路工程		
委托单位	××市政建设集团有限公司	委托人	×××
路面宽度	9m	路面厚度	11cm
平整度标准允差(σ)	（　）≤5mm	检验日期	2010 年 3 月 21 日
检测依据	CJJ 1—2008	检验方法	
序号	检查段桩号	检验结果	
1	K9＋950	合格	
2	K10＋150	合格	

检测结论：					
批准	×××	审核	×××	试验	×××
检测试验单位	××工程试验检测中心				
报告日期	2010 年 8 月 21 日				

注：本表由检测单位提供。

五、桥梁功能性试验委托书

<table>
<tr><td colspan="2" rowspan="2">桥梁功能性试验委托书
（表 C6-3-10）</td><td rowspan="2">编　号</td><td>×××</td></tr>
<tr><td></td></tr>
<tr><td>工程名称</td><td colspan="3">××市××路桥梁工程</td></tr>
<tr><td>施工单位</td><td colspan="3">××市政建设集团有限公司</td></tr>
<tr><td>受委托试验单位</td><td colspan="3">××建筑工程质量检测中心</td></tr>
<tr><td colspan="4">根据合格要求，现委托贵单位进行桥梁☑动荷载；□静荷载；□栏杆防撞试验设计，并进行试验。</td></tr>
<tr><td colspan="2">受委托单位（签字、盖章）

×××

××年×月×日</td><td colspan="2">施工单位（签字、盖章）

委托人：×××

单位负责人：×××

××年×月×日</td></tr>
</table>

注：本表由施工单位提供。

第三节　管(隧)道工程试验记录

一、给水管道水压试验记录

<table>
<tr><td colspan="3">给水管道水压试验记录
(表 C6-4-1)</td><td colspan="2">编　号</td><td>×××</td></tr>
<tr><td colspan="3"></td><td colspan="2"></td><td></td></tr>
<tr><td>工程名称</td><td colspan="5">××市××路供水管道工程</td></tr>
<tr><td>施工单位</td><td colspan="5">××市××供水工程公司</td></tr>
<tr><td>桩号及地段</td><td colspan="2">K1＋928.6～K2＋605.3</td><td colspan="2">试验日期</td><td>2010 年 7 月 4 日</td></tr>
<tr><td>管道内径(mm)</td><td colspan="2">管道材质</td><td>接口种类</td><td colspan="2">试验段长度(m)</td></tr>
<tr><td>设计最大工作压力
(MPa)</td><td colspan="2">试验压力
(MPa)</td><td>15 分钟降压值
(MPa)</td><td colspan="2">允许渗水量
L/(min)·(km)</td></tr>
<tr><td>0.48</td><td colspan="2">0.96</td><td>0.055</td><td colspan="2">2.4</td></tr>
<tr><td rowspan="6">严密性试验方法</td><td>次数</td><td>达到试验压力的时间(t_1)</td><td>恒压结束时间(t_2)</td><td>恒压时间内注入的水量 W(L)</td><td>渗水量 q(L/min)</td></tr>
<tr><td>1</td><td>9:25</td><td>11:35</td><td>222</td><td>0.002416</td></tr>
<tr><td>2</td><td>14:40</td><td>16:45</td><td>138</td><td>0.001562</td></tr>
<tr><td>3</td><td></td><td></td><td></td><td></td></tr>
<tr><td colspan="5">折合平均渗水量　　1.989　　L/(min)·(km)</td></tr>
<tr><td colspan="5">折合平均渗水量　　1.989　　L/(min)·(km)</td></tr>
<tr><td>试验结论</td><td>强度试验</td><td colspan="2">合格</td><td>严密性试验</td><td>合格</td></tr>
<tr><td rowspan="2">监理(建设)单位</td><td rowspan="2">单位</td><td rowspan="2" colspan="2"></td><td colspan="2">施 工 单 位</td></tr>
<tr><td>技术负责人</td><td>质 检 员</td></tr>
<tr><td>×××</td><td></td><td colspan="2"></td><td>×××</td><td>×××</td></tr>
</table>

注:本表由施工单位提供。

二、给水、供热管网冲洗记录

<table>
<tr><td colspan="2" rowspan="2">给水、供热管网冲洗记录
（表 C6-4-3）</td><td colspan="2" rowspan="2">编　　号</td><td></td></tr>
<tr><td></td></tr>
<tr><td>工程名称</td><td colspan="4">××市××路热力外线工程</td></tr>
<tr><td>施工单位</td><td colspan="4">××机电安装工程有限公司</td></tr>
<tr><td>冲洗范围（起止桩号）</td><td colspan="4">K0＋0.000～K0＋741.5</td></tr>
<tr><td>冲洗长度</td><td colspan="4">741.5m</td></tr>
<tr><td>冲洗介质</td><td colspan="4">洁净水</td></tr>
<tr><td>冲洗方法</td><td colspan="4">消防泵</td></tr>
<tr><td>冲洗日期</td><td colspan="4">2010 年 10 月 20 日</td></tr>
<tr><td colspan="5">冲洗情况及结果：
1. 冲洗之前管网、清洗装置符合规范要求。
2. 冲洗的时间、遍数、出水口观感合格。
3. 水力冲洗进水管截面积大于被冲洗截面积的 50％，排水管截面积大于进水管截面积，管内的平均流速大于 1m/s，排水时无负压。
排水水样中固形物的含量接近或等于冲洗用水中固形物的含量。</td></tr>
<tr><td colspan="5">备注：</td></tr>
<tr><td rowspan="2">监理（建设）单位</td><td rowspan="2"></td><td rowspan="2"></td><td colspan="2">施 工 单 位</td></tr>
<tr><td>技术负责人</td><td>质 检 员</td></tr>
<tr><td>×××</td><td></td><td></td><td>×××</td><td>×××</td></tr>
</table>

注：本表由施工单位提供。

三、供热管道水压试验记录

<table>
<tr><td colspan="3" rowspan="2">供热管道水压试验记录
（表 C6-4-4）</td><td>编　　号</td><td>×××</td></tr>
<tr><td></td><td></td></tr>
<tr><td>工程名称</td><td colspan="4">××市××路热力外线工程</td></tr>
<tr><td>施工单位</td><td colspan="4">××机电安装工程有限公司</td></tr>
<tr><td>试压范围(起止桩号)</td><td colspan="2">K0＋0.000～K0＋741.5</td><td>公称直径</td><td>DN 1000mm</td></tr>
<tr><td>试压总长度(m)</td><td colspan="2">741.5</td><td>设计压力</td><td>1.6MPa</td></tr>
<tr><td>试验压力</td><td colspan="2">2.0MPa</td><td>允许压力降</td><td>0.05MPa</td></tr>
<tr><td rowspan="2">稳压时间(min)</td><td>试验压力下</td><td>10min</td><td rowspan="2">试验日期</td><td rowspan="2">2010 年 9 月 10 日</td></tr>
<tr><td>设计压力下</td><td>30min</td></tr>
<tr><td colspan="5">试验情况及结果：
1. 升压到试验压力稳压 10min，无渗漏、无压降后降至设计压力。
2. 稳压 30min 无渗漏、无压降。</td></tr>
<tr><td colspan="5">试验结果：
符合设计和规范要求、合格。</td></tr>
<tr><td rowspan="2">监理(建设)单位</td><td rowspan="2"></td><td rowspan="2"></td><td colspan="2">施 工 单 位</td></tr>
<tr><td>技术负责人</td><td>质 检 员</td></tr>
<tr><td>×××</td><td></td><td></td><td>×××</td><td>×××</td></tr>
</table>

注：本表由施工单位提供。

四、供热管网(场站)热运行记录

<table>
<tr><td colspan="2" rowspan="2">供热管网(场站)热运行记录
(表 C6-4-5)</td><td>编　　号</td><td>×××</td></tr>
<tr><td></td><td></td></tr>
<tr><td>工程名称</td><td colspan="3">××市××路(××路～××路)热力外线工程</td></tr>
<tr><td>施工单位</td><td colspan="3">××机电安装工程有限公司</td></tr>
<tr><td>热运行范围</td><td colspan="3">K0＋0.000～K2＋038.484</td></tr>
<tr><td>热运行时间</td><td colspan="3">从 5 月 10 日 9 时 20 分至 5 月 13 日 9 时 20 分止</td></tr>
<tr><td>设计温度</td><td>120℃</td><td>设计压力</td><td>1.3MPa</td></tr>
<tr><td>热运行温度</td><td>150℃</td><td>热运行压力</td><td>1.6MPa</td></tr>
<tr><td>是否连续运行</td><td>是</td><td>热运行累计时间</td><td>72h</td></tr>
<tr><td colspan="4">热运行情况：
在试运行期间，管道法兰、阀门、补偿器及仪表等处的螺栓进行了热拧紧，热拧紧时的运行压力为 0.3MPa 以下，温度达到设计温度，螺栓对称，均匀适度紧固。试运行缓慢在升温，升温速度小于 10℃/h。
试运行期间，管道、设备的工作状态正常。</td></tr>
<tr><td colspan="4">处理意见：</td></tr>
<tr><td colspan="4">热运行结论：
符合设计要求和规范规定，合格。</td></tr>
</table>

<table>
<tr><td rowspan="2">监理(建设)单位</td><td rowspan="2">设计单位</td><td rowspan="2">单位</td><td colspan="2">施 工 单 位</td></tr>
<tr><td>技术负责人</td><td>质 检 员</td></tr>
<tr><td>×××</td><td>×××</td><td></td><td>×××</td><td>×××</td></tr>
</table>

注：本表由施工单位提供。

五、补偿器冷拉记录

补偿器冷拉记录 （表 C6-4-6）		编　号	×××
工程名称	××市××路燃气工程		
工程部位	K1＋473.6－××路		
施工单位	××机电安装工程有限公司		
补偿器编写	×××	施工图号	××
两固定支架间管段长度	104m	直径（mm）	DN200
设计冷拉值	3.8mm	实际冷拉值	10.0mm
冷拉时间	2010 年 4 月 2 日	冷拉时气温	12℃
冷拉示意图： （略）			
说明及结论： 符合设计要求和规范规定，合格。			

监理（建设）单位	设计单位	施 工 单 位	
		技术负责人	质 检 员
×××	×××	×××	×××

注：本表由施工单位提供。

六、管道通球试验记录

供热通球试验记录 (表 C6-4-7)		编　号	×××
工程名称	××市××路(××路～××路)煤气管道工程		
施工单位	××机电安装工程有限公司		
试验单位	××机电安装工程有限公司	试验日期	2010 年 6 月 9 日
管道公称直径	ϕ219×6mm	起止桩号	K1+965～K2+075
发球时间	8h30min	收球时间	8h40min

试验情况：

通球时选用与管道内径一致的橡胶球，观察发球装置处压力的变化，当发球处压力表指针时上时下时，说明球在管道内向前推进，当接球、发球两处压力平衡时，说明球已到接球装置处。

试验结果：

球已顶过整段管道，管内杂质已清理干净。试验合格。

监理(建设)单位		施工单位	试验单位
×××		×××	×××

注：本表由试验单位填写，建设单位、施工单位保存。

七、燃气管道强度试验验收单

燃气管道强度试验验收单 (表 C6-4-8)		编　　号	×××
工程名称	××市××路燃气管线工程		
施工单位	××机电安装工程有限公司		
起止桩号(试验范围)	T1～T11	管道材质	Q235B
公称直径	500mm	接口做法	焊接
设计压力	1.0MPa	试验压力	1.5MPa
试验介质	气体	试验日期	2009 年 6 月 25 日
压力表种类	弹簧表☑电子表□U 型压力计□	压力表量程 及精度等级	3.2MPa;0.4 级
试验情况及结果: 经强度试压,符合设计及规范要求,强度试验合格。			
监理(建设)单位			施工单位
×××			×××

注:本表由施工单位填写。

八、燃气管道严密性试验验收单

<table>
<tr><td colspan="5" rowspan="2">燃气管道严密性试验验收单
（表 C6-4-9）</td><td colspan="2">编　　号</td><td>×××</td></tr>
<tr><td colspan="2"></td><td></td></tr>
<tr><td colspan="2">工程名称</td><td colspan="6">××市××路（××路～××路）燃气工程</td></tr>
<tr><td colspan="2">施工单位</td><td colspan="6">××机电安装工程有限公司</td></tr>
<tr><td colspan="2">试验范围（起止桩号）</td><td colspan="3">K1＋982.8～K2＋610.5</td><td colspan="2">管道材质</td><td>螺焊钢管、无缝钢管</td></tr>
<tr><td colspan="2">设计压力</td><td colspan="3">0.4MPa</td><td colspan="2">试验压力</td><td>0.46MPa</td></tr>
<tr><td colspan="2">试验开始
时　　间</td><td colspan="3">××年 4 月 7 日 8 时 30 分</td><td colspan="2">试验结束
时　　间</td><td>09 年 4 月 8 日
8 时 30 分</td></tr>
<tr><td rowspan="2">管
道</td><td>内径（mm）</td><td>ϕ159×6</td><td></td><td></td><td></td><td></td><td>合计长度</td></tr>
<tr><td>长度（m）</td><td>627.7</td><td></td><td></td><td></td><td></td><td>627.7m</td></tr>
<tr><td colspan="2">允许压力降</td><td colspan="3">6531MPa</td><td colspan="2">保压时间</td><td>24h</td></tr>
<tr><td colspan="8">试验情况及结果：
管道接口做法采用法兰连接、氩电联焊。试验开始时的压力为 477000Pa，试验结束时的压力为 478000Pa；试验开始时大气压值为 102.98kPa，试验结束时大气压值为 101.96kPa；试验开始时的管内介质温度为 9.7℃，试验结束时的管内介质温度为 11.1℃。</td></tr>
<tr><td colspan="8">试验结论：
经严密性试验，修正压力降小于允许压力降，符合设计及规范要求，试验合格。</td></tr>
</table>

监理（建设）单位	单位	施工单位	
×××	×××	×××	

注：本表由施工单位填写。

九、管道系统吹洗(脱脂)记录

管道系统吹洗(脱脂)记录 (表C6-4-13)						编　　号		×××	
工程名称	××市政桥梁工程					工程部位名称		12～17轴雨水管道	
施工单位	××市政集团有限公司					吹洗(脱脂)日期		××年×月×日	
管道系统编号	材质	工作介质	吹洗					脱脂	
			介质	压力(MPa)	流速(m/s)	冲洗次数	鉴定	介质	鉴定
12～17	PVC	雨水	自来水	0.3	1.8	2	合格		
监理(建设)单位	施工单位	技术负责人	质检员	施工员					
×××		×××	×××	×××					

注:本表由施工单位填写。

十、阴极保护系统验收测试记录

阴极保护系统验收测试记录 （表 C6-4-14）				编　　号	×××	
工程名称	××市××路燃气管线工程					
施工单位	××机电安装工程有限公司					
阴极保护安装单位	××工程技术有限公司			参比电极种类	饱和 Cu/$CuSO_4$	
测试单位	××工程试验检测中心					
序号	阳极埋设时间	测试位置（桩号）	保护电位（－V）	阳极开路电位（－V）	阳极输出电流（mA）	备注
C1	2010.4.12	K0＋900	1.260			
验收结论： ☑合　格　□不合格						
监理（建设）单位	设计单位	施工单位	安装单位	测试单位		
×××	×××	×××	×××	×××		
测试时间	××年××月××日（测试单位章）					

注：本表由测试单位填写，城建档案管理部门、建设单位、施工单位保存。

十一、污水管道闭水试验记录

<table>
<tr><td colspan="4" rowspan="2">污水管道闭水试验记录
(表C6-4-15)</td><td>编　　号</td><td>×××</td></tr>
<tr><td></td><td></td></tr>
<tr><td>工程名称</td><td colspan="5">××市××路雨污水工程</td></tr>
<tr><td>施工单位</td><td colspan="5">××市政建设集团有限公司</td></tr>
<tr><td>起止井号</td><td colspan="5">1 号井段至 4 号井段，带 1～3 号井</td></tr>
<tr><td>管道内径</td><td>400mm</td><td>接口型式</td><td>橡胶柔性接口</td><td>管材种类</td><td>钢筋混凝土</td></tr>
<tr><td>试验日期</td><td colspan="2">2010 年 6 月 17 日</td><td>试验次数</td><td colspan="2">第 1 次　共试 1 次</td></tr>
<tr><td>试验水头</td><td colspan="5">高于上游管顶　1.8m</td></tr>
<tr><td>允许漏水量</td><td colspan="5">$20m^3/24h \cdot km$</td></tr>
<tr><td rowspan="2">试验结果</td><td colspan="5">1. 全长　105.6m，经 2h 共渗水 $0.138m^2$</td></tr>
<tr><td colspan="5">2. 折合　$15.68m^3/24h \cdot km$</td></tr>
<tr><td>目测渗漏情况</td><td colspan="5">该段管线无明显渗漏现象</td></tr>
<tr><td>鉴定意见</td><td colspan="5">经 2h 闭水试验，渗水量小于允许渗水量规定，符合设计、规范要求，合格。</td></tr>
<tr><td colspan="2" rowspan="2">监理(建设)单位</td><td colspan="2">施工单位</td><td colspan="2" rowspan="2"></td></tr>
<tr><td>技术负责人</td><td>质检员</td></tr>
<tr><td colspan="2">×××</td><td>×××</td><td>×××</td><td colspan="2"></td></tr>
</table>

注：本表由施工单位填写。

第四节　厂(场)、站工程试验记录

一、调试记录(通用)

<table>
<tr><td colspan="3" rowspan="2">调试记录(通用)
(表 C6-5-1)</td><td colspan="2">编　　号</td><td>×××</td></tr>
<tr><td colspan="2"></td><td></td></tr>
<tr><td>工程名称</td><td colspan="5">××路采暖工程</td></tr>
<tr><td>施工单位</td><td colspan="5">××市政建设集团有限公司</td></tr>
<tr><td>调试单位</td><td colspan="5">××市政供热有限公司</td></tr>
<tr><td>工程部位</td><td colspan="2">采暖系统</td><td colspan="2">调试项目</td><td>散热器</td></tr>
<tr><td>设备或设施名称</td><td colspan="2">11 号楼采暖系统</td><td colspan="2">规格型号</td><td>N520</td></tr>
<tr><td>系统编号</td><td colspan="2">002</td><td colspan="2">调试时间</td><td>2010 年 9 月 5 日</td></tr>
<tr><td>调试内容及要求</td><td colspan="5">11 号采暖系统共 98 组散热器,设计供回水温度为 130℃/80℃,实际供回水温度为 130℃/82℃。
经全面检查,系统中阀门,自动排气阀件已安装完毕,具备试运转条件。系统试运后,发现有三组散热器有轻微渗漏,经修理已经不漏。逐个房间进行室温测量和散热器表面温度的检查,并调节管路阀门和散热器的温控阀直至所有房间温度符合设计要求。整个试运行进行了 72 小时,未发现其他质量问题和异常情况。</td></tr>
<tr><td>调试结果</td><td colspan="5">经检查,所有散热器、管道未发现渗漏现象,散热器表面温度基本均匀,所有房间温度,经实测符合设计要求。该采暖系统试运行结果符合设计和规范要求。</td></tr>
<tr><td rowspan="2">监理(建设)单位</td><td rowspan="2"></td><td rowspan="2"></td><td colspan="2">施工单位</td><td rowspan="2">调试单位</td></tr>
<tr><td>技术负责人</td><td>质检员</td></tr>
<tr><td>×××</td><td></td><td></td><td>×××</td><td>×××</td><td></td></tr>
</table>

注:本表由调试单位填写,城建档案管理部门、建设单位、施工单位保存。

二、设备单机试运转记录(通用)

设备单机试运转记录(通用) (表 C6-5-2)		编　　号	×××
工程名称	××市政水井工程	设备名称	变频给水泵
施工单位	××市政建设集团有限公司	规格型号	M2-43
试验单位	××设备公司	额定数据	$Q=54m^3/h$; H=70.4;N=18.5kN
设备所在系统	排水系统	台　　数	1
试运行时间	试验自　××年×月×日×时×分起至　××年×月×日×时　分止		
试运行性质	☑空负荷试运行；□负荷试运行		

序号	重点检查项目	主要技术要求	试验结论
1	盘车检查	转动灵活,无异常现象	合格
2	有无异常音响	无异常噪音、声响	合格
3	轴承温度	1. 滑动轴承及往复运动部件的温升不得超过35℃,最高温度不超过65℃ 2. 滚动轴承的温升不得超过40℃,最高温度不超过75℃ 3. 填料或机械密封的温度应符合技术文件的规定	合格
4	其他主要部位的温度及各系统的压力参数	在规定范围内	合格
5	振动值	不超过规定值	合格
6	驱动电机的电压、电流及温升	不超过规定值	合格
7	机器各部位的紧固情况	无松动现象	合格
8			

综合结论：

☑合　格

□不合格

监理(建设)单位			施工单位		调试单位
			技术负责人	质检员	
×××			×××	×××	

注:本表由施工单位填写。

三、起重机试运转试验记录

<table>
<tr><td colspan="4" rowspan="2">起重机试运转试验记录
（表 C6-5-4）</td><td>编　　号</td><td>×××</td></tr>
<tr><td></td><td></td></tr>
<tr><td colspan="2">工程名称</td><td colspan="2">××市××路市政工程</td><td>设备名称</td><td>×××</td></tr>
<tr><td colspan="2">施工单位</td><td colspan="2">××建设有限公司</td><td>规格型号</td><td>×××</td></tr>
<tr><td colspan="2">安装位置</td><td colspan="2"></td><td>试验时间</td><td>××年×月×日</td></tr>
<tr><td colspan="3">主要检查项目</td><td colspan="2">主要技术要求</td><td>检查结果</td></tr>
<tr><td rowspan="4">试运转前检查</td><td>1</td><td>电气系统、安全联锁装置、制动器、控制器、照明和信号系统</td><td colspan="2">动作灵敏、准确</td><td rowspan="4">符合要求</td></tr>
<tr><td>2</td><td>钢丝绳端的固定及其在吊钩、取物装置、滑轮组和卷筒上的缠绕</td><td colspan="2">正确、可靠</td></tr>
<tr><td>3</td><td>各润滑点和减速器所加油、脂的性能、规格和数量</td><td colspan="2">符合设备技术文件的规定</td></tr>
<tr><td>4</td><td>盘动各运动机构的制动轮</td><td colspan="2">均使转动系统中最后一根轴旋转一周无阻滞现象</td></tr>
<tr><td rowspan="6">空负荷试运转</td><td>1</td><td>操纵机构的操作方向</td><td colspan="2">与起重机的各机构运转方向相符</td><td rowspan="6">符合要求</td></tr>
<tr><td>2</td><td>分别开动各机构的电动机</td><td colspan="2">运转正常；大车、小车运行时不卡轨；各制动器能准确地运作；各限位开关及安全装置动作应准确、可靠</td></tr>
<tr><td>3</td><td>卷筒上钢丝绳的缠绕圈数</td><td colspan="2">当吊钩在最低位置时，不少于 2 圈</td></tr>
<tr><td>4</td><td>电缆的放缆和收缆速度</td><td colspan="2">与相应的机构速度相协调，并满足工作极限位置的要求</td></tr>
<tr><td>5</td><td>夹轨器、制动器、防风抗滑的锚定装置和大车防偏斜装置；
起重机的防碰撞装置、缓冲器等装置</td><td colspan="2">动作准确、可靠</td></tr>
<tr><td>6</td><td>试验的最少次数</td><td colspan="2">1、2、3、4 项不少于 5 次，且动作准确无误；5 项为 1～2 次，且动作准确无误</td></tr>
</table>

（续）

<table>
<tr><td colspan="3">起重机试运转试验记录
（表 C6-5-4）</td><td>编　号</td><td>×××</td></tr>
<tr><td rowspan="5">静负荷试验</td><td>1</td><td>小车在全行程上空载试运行</td><td>不少于 3 次</td><td rowspan="5">符合要求</td></tr>
<tr><td>2</td><td>升至额定负荷，在全行程上往返数次</td><td>各部分无异常，卸载后桥架无异常</td></tr>
<tr><td>3</td><td>小车在最不利位置时，起升额定起重量 1.25 倍的负荷，在离地面 100mm～200mm 处停留≥10min</td><td>无失稳现象；卸载后，桥架金属结构无裂纹、焊缝无开裂、无油漆脱落、无影响安全的其他缺陷</td></tr>
<tr><td>4</td><td>第 3 项试验三次后，检查并测量主梁的实际上拱度或悬臂的上翘度</td><td>无永久变形；通用桥式（门式）起重机上拱度≥0.7S/1000mm；悬臂式起重机上翘度≥0.7L/350mm</td></tr>
<tr><td>5</td><td>检查起重机的静刚度</td><td>应符合 GB50278 的要求</td></tr>
<tr><td>动负荷试验</td><td colspan="2">在额定起重量的 1.1 倍负荷下起动及运行时间；
电动机重机不应小于 1h；
手动起重机不小于 10min</td><td>各机构的动作灵敏、平稳、可靠，安全保护、联锁装置和限位开关的动作准确、可靠</td><td>符合要求</td></tr>
<tr><td colspan="5">有关说明：</td></tr>
<tr><td colspan="5">综合结论：
☑合　格
☐ 不合格</td></tr>
<tr><td rowspan="2">监理（建设）单位</td><td rowspan="2"></td><td colspan="3">施工单位</td></tr>
<tr><td colspan="2">技术负责人</td><td>质检员</td></tr>
<tr><td>×××</td><td></td><td colspan="2">×××</td><td>×××</td></tr>
</table>

注：本表由施工单位填写。

四、设备负荷联动(系统)试运行记录

<table>
<tr><td colspan="2" rowspan="2">设备负荷联动(系统)试运行记录
(表 C6-5-5)</td><td>编　　号</td><td>×××</td></tr>
<tr><td></td><td></td></tr>
<tr><td>工程名称</td><td colspan="3">××路 5 号楼设备安装工程</td></tr>
<tr><td>施工单位</td><td colspan="3">××市政建设有限公司</td></tr>
<tr><td>试验系统</td><td colspan="3">消炎栓系统</td></tr>
<tr><td>试运行时间</td><td colspan="3">自　2010 年 5 月 12 日　9　时起至　2010 年 5 月 12 日　11　时止</td></tr>
<tr><td colspan="4">试运行内容:
启动消防泵后,用水枪试射,充实水柱长度为 10 米。经实测,静压力为 0.1MPa。</td></tr>
<tr><td colspan="4">试运行情况:
经多次动作试验,工作正常未发现异常情况。</td></tr>
<tr><td colspan="4">说明:</td></tr>
<tr><td colspan="4">综合结论:
☑合　格
□ 不合格</td></tr>
</table>

监理(建设)单位 (签字、盖章)	设计单位 (签字、盖章)	施工单位 (签字、盖章)	单位 (签字、盖章)
×××	×××	×××	×××

注:本表由施工单位填写。

五、安全阀调试记录

<table>
<tr><td colspan="3" rowspan="2">安全阀调试记录
（表 C6-5-6）</td><td>编　　号</td><td>×××</td></tr>
<tr><td></td><td></td></tr>
<tr><td>工程名称</td><td colspan="4">××市××路市政工程</td></tr>
<tr><td>施工单位</td><td colspan="4">××设备安装工程公司</td></tr>
<tr><td>安全阀安装地点</td><td colspan="4">×××</td></tr>
<tr><td>安全阀规格型号</td><td colspan="4">A27W-10-15</td></tr>
<tr><td>工作介质</td><td colspan="2">水</td><td>设计开启压力</td><td>0.8MPa</td></tr>
<tr><td>试验介质</td><td colspan="2">水</td><td>试验开启压力</td><td>0.82MPa</td></tr>
<tr><td>试验次数</td><td colspan="2">3 次</td><td>试验回座压力</td><td>0.8MPa</td></tr>
<tr><td colspan="5">调试情况及结论：
经调试当压力达到 0.80MPa 时，安全阀能够自动启闭，动作灵敏，符合要求。</td></tr>
<tr><td>审核人</td><td colspan="2">试验员</td><td colspan="2">高度单位（章）</td></tr>
<tr><td>×××</td><td colspan="2">×××</td><td colspan="2">×××</td></tr>
<tr><td>调试日期</td><td colspan="4">××年×月×日</td></tr>
</table>

注：本表由施工单位填写。

六、水池满水试验记录

水池满水试验记录 （表 C6-5-7）		编　号	×××
工程名称	××厂污水处理工程		
施工单位	××市政建设有限公司		
水池名称	充水池	注水日期	2010 年 6 月 17 日
水池结构	砖砌体结构	允许渗水量(L/cm²d)	3
水池平面尺寸(m×m)	3.5×2	水面面积 A_1(m^2)	7
水深(m)	1.5	湿润面积 A_2(m^2)	23.5
测读记录	初读数	末读数	两次读数差
测试时间 （年 月 日 时 分）	2010 年 6 月 17 日 8 时 00 分	2010 年 6 月 18 日 18 时 00 分	24 时
水池水位 E(m)	1.5	1.47	0.03
蒸发水箱水位 c(m)	150	145	5
大气温度(℃)	23	30	7
水温(℃)	8	13	5
实际渗水量	m^3/d	L/m^2d	占允许量的百分率%
	0.0074	0.31	10.3

监理(建设)单位		施工单位		
		技术负责人	质检员	测量人
×××		×××	×××	×××

注：本表由施工单位填写。

七、消化池气密性试验记录

消化池气密性试验记录 （表 C6-5-8）		编　　号	×××
工程名称	×××焦化厂水处理工程		
施工单位	×××市政建设有限公司		
池　　号	3#	试验日期	2010 年 7 月 5 日
气室顶面直径（m）	4.5	顶面面积（m^2）	15.9
气室底面直径（m）	9.58	底面面积（m^2）	72.08
气室高度（m）	2.14	气室体积（m^2）	86.92
测读记录	初读数	末读数	两次读数差
消化池气密性试验记录 （表 C6-5-8）		编　　号	×××
测试时间 （年 月 日 时 分）	2010 年 7 月 5 日 8:50	2010 年 7 月 6 日 8:50	24h
池内气压（Pa）	102200	95100	7100
大气压力（Pa）	92500	92400	100
池内气温 t（℃）	28	27	1
池内水位 *E*（mm）	0	－200	－200
压力降（Pa）	7100		
压力降占试验压力（%）	6.95%		
备注： 依据《给水排水构筑物工程施工及验收规范》（GB 50141—2008）第 9.3.5 条判定；压力降占试验压力 6.95%，小于 20%，该水池气密性试验合格			

监理（建设）单位		施工单位		
		技术负责人	质检员	测量人
×××		×××	×××	×××

注：本表由施工单位填写。

八、防水工程试水记录

<table>
<tr><td colspan="2" rowspan="2">防水工程试水记录
（表 C6-5-10）</td><td>编　　号</td><td colspan="2">×××</td></tr>
<tr><td></td><td colspan="2"></td></tr>
<tr><td>工程名称</td><td colspan="4">××隧道工程</td></tr>
<tr><td>施工单位</td><td colspan="4">××市政建设集团有限公司</td></tr>
<tr><td>专业施工单位</td><td colspan="4">××市政防水有限公司</td></tr>
<tr><td>检查部位</td><td>⑤～⑨轴</td><td>检查日期</td><td colspan="2">××年×月×日</td></tr>
<tr><td>试水方式</td><td>□ 蓄水　☑ 淋水
□　　□</td><td>检查时间</td><td colspan="2">从××年×月×日×时　起
至××年×月×日×时　止</td></tr>
<tr><td colspan="5">检查结果：
经检查，⑤～⑨轴隧道采用隧道最低处积水量测，淋水时间 24h，检查结果合格。</td></tr>
<tr><td colspan="5">复查结果：

复查人：　　　　　　复查日期：　　年　月　日</td></tr>
<tr><td colspan="5">其他说明：</td></tr>
<tr><td rowspan="2">监理（建设）单位</td><td rowspan="2">施工单位</td><td colspan="3">专业施工单位</td></tr>
<tr><td>技术负责人</td><td>质 检 员</td><td>施 工 员</td></tr>
<tr><td>×××</td><td>×××</td><td>×××</td><td>×××</td><td>×××</td></tr>
</table>

注：本表由施工单位填写。

第五节 电气工程施工试验记录

一、电气绝缘电阻测试记录

电气绝缘电阻测试记录 （表 C6-6-1）						编 号			×××		
工程名称	××市××路 6 号泵房机房					部位名称			××市政建设有限公司		
施工单位	××市政建设有限公司										
仪表型号	ZC25-3		仪表电压		500V		计量单位		MΩ		
测试日期	2010 年 5 月 18 日			天气情况		晴		气温			17℃
电缆（线）编号（电气设备名称）	规格型号	相间			相对零			相对地			零对地
		L_1-L_2	L_2-L_3	L_3-L_1	L_1-N	L_2-N	L_3-N	L_1-PE	L_2-PE	L_3-PE	N－PE
K×3－0		165	185	205	135	135	125	165	125	145	120
K×4－0		145	165	185	175	165	145	125	155	135	138
TK1－03		195	205	175	135	125	145	125	165	155	135
K×5－0		160	175	195	200	135	185	175	125	165	145
K×6－0		165	175	175	135	125	165	175	145	125	135
TK2－0		185	195	175	145	165	125	185	195	170	180
TK3－0		175	170	160	185	175	135	125	165	185	170
测试结论	☑合格 □不合格										
监理（建设）单位	施 工 单 位										
	技术负责人				质 检 员				测 量 人		
×××	×××				×××				×××		

注：本表由施工单位填写。

二、电气照明全负荷试运行记录

<table>
<tr><td colspan="5" rowspan="2">电气照明全负荷试运行记录
（表 C6-6-2）</td><td colspan="3">编　　号</td><td colspan="3">×××</td></tr>
<tr><td colspan="3"></td><td colspan="3"></td></tr>
<tr><td colspan="2">工程名称</td><td colspan="9">××路水源厂电气工程</td></tr>
<tr><td colspan="2">部位名称</td><td colspan="9">厂房照明</td></tr>
<tr><td colspan="2">施工单位</td><td colspan="9">××市政建设有限公司</td></tr>
<tr><td colspan="2">试运行时间</td><td colspan="9">自 2010 年 5 月 1 日 10 时 20 分，开始至 2010 年 5 月 1 日 17 时 20 分结束</td></tr>
<tr><td colspan="2">填写日期</td><td colspan="3">2010 年 5 月 1 日</td><td colspan="3"></td><td colspan="3"></td></tr>
<tr><td rowspan="2">序号</td><td rowspan="2">回路名称</td><td rowspan="2">设计容量(kW)</td><td rowspan="2">记录时间</td><td colspan="3">试运行电压(V)</td><td colspan="3">运行电流(A)</td><td></td></tr>
<tr><td>L_1-N
(L_1-L_2)</td><td>L_2-N
(L_2-L_3)</td><td>L_3-N
(L_3-L_4)</td><td>L_1 相</td><td>L_2 相</td><td>L_3 相</td><td></td></tr>
<tr><td>1</td><td>1AL1－1</td><td>10</td><td>7h</td><td>220</td><td>221</td><td>222</td><td>40</td><td>41</td><td>42</td><td></td></tr>
<tr><td>2</td><td>1AL1－2</td><td>9</td><td>7h</td><td>221</td><td>220</td><td>220</td><td>40.2</td><td>40.3</td><td>40</td><td></td></tr>
<tr><td>3</td><td>1AL1－1</td><td>8</td><td>7h</td><td>221</td><td>221</td><td>220</td><td>36</td><td>35</td><td>36</td><td></td></tr>
<tr><td></td><td></td><td></td><td></td><td></td><td></td><td></td><td></td><td></td><td></td><td></td></tr>
<tr><td></td><td></td><td></td><td></td><td></td><td></td><td></td><td></td><td></td><td></td><td></td></tr>
<tr><td></td><td></td><td></td><td></td><td></td><td></td><td></td><td></td><td></td><td></td><td></td></tr>
<tr><td></td><td></td><td></td><td></td><td></td><td></td><td></td><td></td><td></td><td></td><td></td></tr>
<tr><td></td><td></td><td></td><td></td><td></td><td></td><td></td><td></td><td></td><td></td><td></td></tr>
<tr><td></td><td></td><td></td><td></td><td></td><td></td><td></td><td></td><td></td><td></td><td></td></tr>
<tr><td></td><td></td><td></td><td></td><td></td><td></td><td></td><td></td><td></td><td></td><td></td></tr>
<tr><td></td><td></td><td></td><td></td><td></td><td></td><td></td><td></td><td></td><td></td><td></td></tr>
<tr><td colspan="11">试运行情况记录及运行结论：
从 10 时开始，到 17 时结束。先第一个回答试运行，接着第二个回路试运行。
运行期间无短路、跳现象，一切正常。
运行结果：合格</td></tr>
<tr><td colspan="2" rowspan="2">监理(建设)单位</td><td colspan="9">施 工 单 位</td></tr>
<tr><td colspan="3">技术负责人</td><td colspan="3">质 检 员</td><td colspan="3">测 量 人</td></tr>
<tr><td colspan="2">×××</td><td colspan="3">×××</td><td colspan="3">×××</td><td colspan="3">×××</td></tr>
</table>

注：本表由施工单位填写。

三、电机试运行记录

<table>
<tr><td colspan="2">电机试运行记录
（表 C6-6-3）</td><td>编　　号</td><td colspan="2">×××</td></tr>
<tr><td>工程名称</td><td>××水源厂电气工程</td><td>部位名称</td><td colspan="2"></td></tr>
<tr><td>施工单位</td><td colspan="4">××市政电力设备安装公司</td></tr>
<tr><td>设备名称</td><td>污水净化泵</td><td>安装位置</td><td colspan="2">污水净化年间</td></tr>
<tr><td>施工图号</td><td>电施 05　电机型号</td><td>J022-4</td><td>设备位号</td><td>25</td></tr>
<tr><td>电机额定数据</td><td colspan="2">7.0kW　15A</td><td>环境温度</td><td>20℃</td></tr>
<tr><td>试运行时间</td><td colspan="4">自　2010 年 4 月 3 日　12 时　20 分开始至　2010 年 4 月 3 日　19 时　20 分　结束</td></tr>
</table>

序号	试验项目	试验状态	试验结果	备注
1	电源电压	□空载　☑负载	38V	
2	电机电流	□空载　☑负载	22A	
3	电机转速	□空载　☑负载	2550r/min	
4	定子绕组温度	□空载　☑负载	60℃	
5	外壳温度	□空载　☑负载	60℃	
6	轴承温度	□前　☑后	45℃	
7	起动时间		3s	
8	振动值（双倍振幅值）		0.2mm	
9	噪声		25dB	
10	碳刷与换向器或滑环	工作状态	正常	
11	冷却系统	工作状态	正常	
12	润滑系统	工作状态	正常	
13	控制柜继电保护	工作状态	正常	
14	控制柜控制系统	工作状态	正常	
15	控制柜调速系统	工作状态	正常	
16	控制柜测量仪表	工作状态	正常	
17	控制柜信号指示	工作状态	正常	
试验结论		合格		

<table>
<tr><td rowspan="2">监理（建设）单位</td><td colspan="3">施 工 单 位</td></tr>
<tr><td>技术负责人</td><td>质 检 员</td><td>测 量 人</td></tr>
<tr><td>×××</td><td>×××</td><td>×××</td><td>×××</td></tr>
</table>

注：本表由施工单位填写。

附录 A　资料管理目录

一、资料管理通用目录

资料管理通用目录					
工程名称		资料类别			
序号	内容摘要	编制单位	日期	资料编号	备注

二、资料管理专项目录

(1)质量证明资料

资料管理专项目录(质量证明资料)									
工程名称					资料类别				
序号	物资(材料)名称	厂家	品种规格型号	产品质量证明编号	数量	进场日期	使用部位	资料编号	备注

(2)材料复验报告

资料管理专项目录(材料复验报告)										
工程名称					资料类别					
序号	材料名称	厂家	品种规格型号	代表数量(1)	产品合格证编号	试验日期	试验结果	使用部位	资料编号	备注
					试件编号					

(3)钢筋连接试验报告

资料管理专项目录(钢筋连接试验报告)									
工程名称					资料类别				
序号	施工部位	接头型式	品种规格	试件编号	代表数量(头)	试验日期	试验结果	资料编号	备注

(4)混凝土、砂浆抗压强度试验报告

资料管理专项目录(混凝土、砂浆抗压强度试验报告)									
工程名称					资料类别				
序号	施工部位	试件编号	成型日期	设计强度等级	龄期(d)	实际抗压强度(MPa)	达设计强度等级(%)	资料编号	备注

附录B 工程物资进场复验项目取样规定

序号	名称与相关标准、规范	进场复验项目	组批原则及取样规定
1	水泥		
	(1)通用硅酸盐水泥 (GB 175—2007)	安定性 凝结时间 强度	(1)散装水泥： ①对同一水泥厂生产的同期出厂的同品种、同强度等级、同一出厂编号的水泥为一验收批，但一验收批的总质量不得超过500t。 ②当所取水泥深度不超过2m时，随机取样，经混拌均匀后，再从中称取不少于12kg的水泥作为检测试样。 (2)袋装水泥： ①对同一水泥厂生产的同期出厂的同品牌、同强度等级、以一次进厂(场)的同一出厂编号的水泥为一验收批，但一验收批的总量不得超过200t。 ②随机从不少于20袋中各取等量水泥，经混拌均匀后，再从中称取不少于12kg的水泥作为试样。 (3)检验期超过三个月，应再送试。
	(2)砌筑水泥 (GB/T 3183—2003)	安定性 凝结时间 强度 保水率	
	(3)快硬铁铝酸盐水泥 (GB 20472—2006)	比表面积 凝结时间 强度	对同一水泥厂生产的同期出厂的同品种、同强度等级，同一出厂编号的水泥为一验收批。 取样方法按GB/T 12573—2008进行。取样应有代表性，可连续性，也可以从20个以上的不同部位收取等量样品，混匀后缩分，从中称取不少于12kg的水泥作为检验试样。
	(4)硫铝酸盐水泥 (GB 20472—2006)		

（续）

序号	名称与相关标准、规范	进场复验项目	组批原则及取样规定
2	砂 (GB/T 14684—2011) (JGJ 52—2006)	筛分析 含泥量 泥块含量 用于抗冻等级F100级以上的混凝土时，应进行坚固性试验	(1)以同一产地、同一规格、同一进厂(场)时间，每400m³或600t为一验收批，不足400m³或600t也按一批计。 (2)当质量比较稳定、进料量较大时，可以1000t为一验收批。 (3)取样部位应均匀分布，在料堆上从8个不同部位抽取等量试样(每份11kg)，然后用四分法缩分至22kg，取样前先将取样部位表面铲除。
3	石 (GB/T 14685—2011) (JGJ 52—2006)	筛分析 含泥量 泥块含量 针片状颗粒含量 压碎值指标(混凝土强度等级≥C50时为进场复验项目) 用于抗冻等级F100级以上的混凝土时，应进行坚固性试验	(1)以同一产地、同一规格、同一进厂(场)时间，每400m³或600t为一验收批，不足400m³或600t也按一批计。每一验收批取样一组。 (2)当质量比较稳定、进料量较大时，可以1000t为一验收批。 (3)一组试样40kg(最大粒径10mm、16mm、20mm)或80kg(最大粒径31.5mm、40mm)取样部位应均匀分布，在料堆的顶部、中部和底部各由均匀分布的五个不同部位抽取大致相等的试样15份，每份5～40kg，然后缩分到40kg或80kg送检。
4	轻集料 (GB/T 17431.1—2011) (GB/T 17431.2—2011)	轻粗集料： 筛分析 堆积密度 筒压强度 粒型系数 吸水率 轻细集料： 筛分析 堆积密度	(1)以同一品种、同一密度等级，每200m³为一验收批，不足200m³也按一批计。 (2)试样可以从料堆自上到下不同部位、不同方向任选10点(袋装料应从10袋中抽取)，应避免取离析的及面层的材料。 (3)初次抽取的试样量应不少于10份，其总料应多于试验用料量的1倍。拌合均匀后，按四分法缩分到试验所需的用料量；轻粗集料为50L，轻细集料为10L。

（续）

序号	名称与相关标准、规范	进场复验项目	组批原则及取样规定
5	掺合料		
	（1）粉煤灰 （GB/T 1596—2005） （JC/T 409—2001）	烧失量 需水量比 细度	（1）以连续供应相同等级、相同种类的≤200t为一编号，不足200t按一编号论，每一编号为一取样单位，粉煤灰质量按干灰（含水量小于1%）的质量计算，每批取试样一组（不少于3.0kg）。 （2）取样方法： 当散装灰运输工具的容量超过该厂规定出厂编号吨数时，允许该编号的数量超过取样规定吨数。 取样方法按GB 12573—2008进行。取样应有代表性，可连续取，也可从10个以上不同部位取等量样品，每份1～3kg，混合拌匀按四分法缩分取出3kg送试。
	（2）用于水泥和混凝土中的粒化高炉矿渣粉 （GB/T 18046—2008）	烧失量 比表面积 流动度比	取样方法：取样按GB 12573—2008进行。取样应有代表性，可连续取样。也可以在20个以上部位取等量样品，总量至少20kg，试样应混合均匀，按四分法缩取出比试验所需要量大一倍的试样。
6	钢材		
	（1）碳素结构钢 （GB/T 700—2006）	拉伸试验（上屈服强度、抗拉强度、伸长率） 弯曲试验 冲击试验（用于钢结构工程时） 化学成分（C、Si、Mn、P、S）	（1）同一厂别、同一牌号、同一炉罐号、同一规格、同一交货状态每60t为一验收批，不足60t也按一批计。 （2）每一验收批取一组试件（拉伸、弯曲各1个，冲击3个）。 需要时，化学成分1个/每炉号。
	（2）钢筋混凝土用钢第2部分：热轧带肋钢筋 （GB 1499.2—2007）	拉伸试验（下屈服强度、抗拉强度、伸长率） 弯曲试验	（1）同一厂别、同一炉罐号、同一牌号、同一尺寸、同一交货状态，每一验收批重量通常不大于60t。 允许由同一牌号、同一冶炼方法，同一浇注方法的不同炉罐号组成混合批。各炉罐号含碳量之差不大于0.02%含锰量之差不大于0.15%，混合批的重量不大于60t。 （2）每一验收批取一组试件（拉伸2个、弯曲2个）。 （3）超过60t的部分，每增加40t（或不足40t的余数），增加一个拉伸试验试件和一个弯曲试验试件。 （4）在任选的两根钢筋切取。

（续）

序号	名称与相关标准、规范	进场复验项目	组批原则及取样规定
	（3）钢筋混凝土用钢筋第1部分：热轧光圆钢筋（GB 1499.1—2008）	拉伸试验（下屈服强度、抗拉强度、伸长率） 冷弯试验	（1）同一厂别、同一炉罐号、同一牌号、同一尺寸、同一交货状态，每一验收批重量通常不大于60t。 允许由同一牌号、同一冶炼方法，同一浇注方法的不同炉罐号组成混合批。各炉罐号含碳量之差不大于0.02%含锰量之差不大于0.15%，混合批的重量不大于60t。 （2）每一验收批取一组试件（拉伸2个、弯曲2个）。 （3）超过60t的部分，每增加40t（或不足40t的余数），增加一个拉伸试验试件和一个弯曲试验试件。 （4）在任选的两根钢筋切取。
	（4）钢筋混凝土用余热处理钢筋（GB 13014—2013）	拉伸试验（下屈服点、抗拉强度、伸长率） 冷弯试验	（1）同一厂别、同一炉罐号、同一规格、同一交货状态，每60t为一验收批，不足60t也按一批计。 允许容量不大于30t的冶炼炉冶炼制成的钢坯和连铸坯轧制的钢筋，允许由同一牌号、同一冶炼方法，同一浇注方法的不同炉罐号组成混合批，但每批不多于6个炉罐号。各种罐号含碳量之差不得大于0.02%，含锰量之差不得大于0.15%。 （2）每一验收批取一组试件（拉伸2个、弯曲2个）。 （3）任选两根钢筋切取。
	（5）冷轧带肋钢筋（GB 13788—2008）	拉伸试验（抗拉强度、伸长率） 弯曲试验	（1）同一牌号、同一外形、同一规格、同一生产工艺、同一交货状态，每60t为一验取批，不足60t也按一批计。 （2）每一检验批取拉伸1个（逐盘），弯曲试件2个（每批），应力松弛试件1个（定期）。 （3）在每（任）盘中的任意一端截去500mm后切取。
	（6）冷轧扭钢筋（JG 190—2006）	拉伸试验（抗拉强度、伸长率） 弯曲试验 重量 节距 厚度	（1）同一牌号、同一规格尺寸、同一台轧机、同一台班每10t为一验收批，不足10t也按一批计。 （2）每批取弯曲试件1个，拉伸试件2个，重量、节距、厚度试件各3个。

（续）

序号	名称与相关标准、规范	进场复验项目	组批原则及取样规定
	(7)预应力混凝土用钢丝 (GB/T 5223—2002)	抗拉强度 伸长率 弯曲试验	(1)同一牌号、同一规格、同一加工状态的钢丝为一验收批，每批重量不大于60t。 (2)在每盘钢丝的任一端截取抗拉强度、弯曲和断后伸长率的试件各一根。规定非比例伸长应力和最大力下总伸长率试验每批取3根。
	(8)中强度预应力混凝土用钢丝 (YB/T 156—1999) (GB/T 2103—2008) (GB/T 10120—2013)	抗拉强度 伸长率 反复弯曲	(1)同一牌号、同一规格、同一强度等级、同一生产工艺的钢丝为一验收批，每批重量不大于60t。 (2)每盘钢丝的两端取样进行抗拉强度、伸长率、反复弯曲的检验。 (3)规定非比例伸长应力和松驰率试验，每季度抽检一次，每次不少于3根。
	(9)预应力混凝土用钢棒 (GB/T 5223.3—2005)	抗拉强度 断后伸长率 伸直性	(1)同一牌号、同一规格、同一加工状态的钢棒为一验收批，每批重量不大于60t。 (2)从任一盘钢棒任意一端截取1根试样进行抗拉强度、断后伸长率试验；每批钢棒不同盘中截取3根试样进行弯曲试验；每5盘取1根伸直性试验试样；规定非比例延伸强度试样为每批3根；应力松驰为每条生产线每月不少于1根。
	(10)预应力混凝土用钢绞线 (GB/T 5224—2003)	整根钢绞线最大力 规定非比例延伸力 最大力总伸长率	(1)由同一牌号、同一规格、同一生产工艺捻制的钢绞线为一验收批，每批重量不大于60t。 (2)从每批钢绞线中任取3根，从每盘所选的钢绞线端部正常部位截取一根进行表面质量、直径偏差、捻距和力学性能试验。如每批少于3盘，则应逐盘进行上述检验。
	(11)一般用途低碳钢丝 (YB/T 5294—2009)	抗拉强度 180度弯曲试验次数 伸长率(标距100mm)	(1)同一尺寸、同一锌层级别、同一交货状态的钢丝为一验收批。 (2)从每批中抽查5%，但不少于5盘进行形状、尺寸和表面检查。 (3)从上述检查合格的钢丝中抽取5%，优质钢抽取10%，不少于3盘，拉伸试验、反复弯曲试验每盘各一个(任意端)。

（续）

序号	名称与相关标准、规范	进场复验项目	组批原则及取样规定
	(12)预应力混凝土用低合金钢丝 (YB/T 038—1993)	拔丝用盘条： 拉伸 弯曲	同一牌号、同一炉号、同一尺寸的盘条组成一验收批。每批拉伸1个，弯曲2个(取自不同根盘条)。
		钢丝： 抗拉强度 伸长率 反复弯曲 应力松驰	(1)同一牌号、同一形状、同一尺寸、同一交货状态的钢丝为一验收批。 (2)从每批中抽查5%，但不少于5盘进行形状、尺寸和表面检查，从上述检查合格的钢丝中抽取5%，优质钢抽取10%，不少于3盘，拉伸试验每盘一个(任意端)；不少于5盘，反复弯曲试验每盘一个(任意端去掉500mm后取样)。
	(13)碳素结构钢和低合金结构钢热轧厚钢板和钢带 (GB/T 3274—2007)	拉伸试验(屈服点、抗拉强度、断后伸长率) 弯曲试验 冲击试验 化学成分(C、Si、Mn、P、S)	(1)同一厂别、同一炉号、同一牌号、同一质量等级、同一交货状态的钢板和钢带组成一验收批，每一验收批重量不大于60t。混合批的组成应符合GB/T 700，GB/T 1591的有关规定。 (2)每一验收批取一组试样(拉伸1个、弯曲1个，冲击试验3个/每批)。 需要时，化学成分1个/每炉号
	(14)低合金高强度结构钢 (GB/T 1591—2008)	拉伸试验(下屈服点、抗拉强度、断后伸长率) 弯曲试验 冲击试验 化学成分(C、Si、Mn、P、S)	(1)同一厂别、同一炉罐号、同一牌号、同一质量等级、同一规格、同一轧制状态或同一热处理制度的钢筋组成一验收批，每一验收批重量不大于60t。 各牌号的A级钢或B级钢允许同一牌号、同一质量等级、同一冶炼方法和浇注方法、不同炉罐号组成混合批。但每批不得多于6个炉罐号，且各炉罐号含碳量之差不大于0.02%，含锰量之差不大于0.15%。 (2)每一验收批取一组试件(拉伸1个、弯曲1个，冲击试验3个/每批)。 需要时，化学成分1个/每炉号。

（续）

序号	名称与相关标准、规范	进场复验项目	组批原则及取样规定
7	焊接材料		
	碳钢焊条 (GB/T 5117—2012)	屈服点 抗拉强度 伸长率 冲击试验	每批焊条由同一批号焊芯、同一批号主要涂料原料、以同样涂料配方及制造工艺制成。EXX01、EXX03 及 E4313 型焊条的每批最高量为 100t，其他型号焊条的每批最高量为 50t。
8	螺栓	预拉力	
	高强度大六角头螺栓 (GB/T 1228—2006) (GB/T 1231—2006)	扭矩系数	同一性能等级、材料、炉号、螺纹规格、长度（当螺栓长度≤100mm 时，长度相差≤15mm；螺栓长度>100mm 时，长度相差≤20mm，可视为同一长度）、机械加工、热处理工艺、表面处理工艺的螺栓为一批。
9	扭剪型高强度螺栓连接副 (GB/T 3632—2008) (GB 50205—2001)	紧固轴力（紧固预拉力）	同一材料、炉号、螺纹规格、长度（当螺栓长度≤100mm 时，长度相差≤15mm；螺栓长度>100mm 时，长度相差≤20mm，可视为同一长度）、机械加工、热处理工艺及表面处理工艺的螺栓为一批；同一材料、炉号、螺纹规格、机械加工、热处理工艺及表面处理工艺的螺母为同批；同一材料、炉号、规格、机械加工、热处理工艺及表面处理工艺的垫圈为同批。分别由同批螺栓、螺母及垫圈组成的连接副为同批连接副。
10	高强度螺栓连接 (GB 50205—2001)	摩擦面抗滑移系数	应以钢结构制造批为单位进行试验，制造批可按分部（子分部）工程划分规定的工程量每 2000t 为一批，不足 2000t 的可视为一批。选用两种及两种以上表面处理工艺时，每种处理工艺应单独检验。每批三组试件。

（续）

序号	名称与相关标准、规范	进场复验项目	组批原则及取样规定
11	机械连接 (JGJ 107—2010)		
	(1)锥螺纹连接 (2)套筒挤压接头 (3)镦粗直螺纹钢筋接头	抗拉强度 残余变形	(1)工艺检验： 在正式施工前，按同批钢筋、同种机械连接形式的接头试件不少于3根，进行抗拉强度及残余变形试验。 (2)现场检验： 接头的现场检验按验收批进行，只做抗拉强度试验。同一施工条件下采用同一批材料的同等级、同形式、同规格的接头每500为一验收批。不足500个接头也按一批计。每一验收批必须在工程结构中随机截取3个试件做单向拉伸试验。在现场连续10个验收批抽样试件抗拉强度试验1次合格率为100%时，验收批接头数量可扩大一倍。
12	钢筋焊接 (JGJ/T 27—2014) (JGJ 18—2012)		(1)钢筋焊接种类包括：电阻点焊、闪光对焊、电弧焊、电渣压力焊、气压焊、预埋件埋弧压力焊。 (2)检验形式分为：工艺试验和现场检验。 工艺试验(可焊性能试验)：在工程开工或每批钢筋正式焊接前，应进行现场条件下的焊接性能试验。合格后，方可正式生产。试件数量与要求，应与质量检查与验收时相同。 现场检验：施工过程中的焊接接头质量检验。
	(1)电弧焊接头	抗拉强度	(1)在现浇钢筋混凝土结构中，应以300个同牌号钢筋、同型式接头作为一验收批，不足300个接头也按一批计，每批随机切取3个接头进行拉伸试验。 (2)在装配式结构中，可按生产条件制作模拟试件，每批3个试件，做拉伸试验。 (3)当初试结果不符合要求时，应再取6个试件进行复试。 (4)钢筋与钢板电弧搭接焊接头可只进行外观检查。 (5)在同一批中若有几种不同直径的钢筋焊接接头，应在最大直径钢筋接头中切取3个试件。

（续）

序号	名称与相关标准、规范	进场复验项目	组批原则及取样规定
	（2）闪光对焊接头	抗拉强度 弯曲试验	（1）同一台班内由同一焊工完成的300个同级别、同直径钢筋焊接接头应作为一批。当同一台班内焊接的接头数量较少，可在一周内累计计算；累计仍不足300个接头时，应按一批计算。 （2）力学性能试验时，试件应从成品中随机切取6个试件，其中3个做拉伸试验，3个做弯曲试验。 （3）焊接等长的预应力钢筋（包括螺丝端杆与钢筋）时，可按生产时同等条件制作模拟试件。 （4）螺丝端杆接头可只做拉伸试验。 （5）封闭环境式箍筋闪光对焊接头，以600个同牌号、同规格的接头为一批，只做拉伸试验。 （6）当模拟试件试验结果不符合要求时，复试应从现场焊接接头中切取，其数量和要求与初试时相同。
	（3）电渣压力焊接头	抗拉强度	（1）在现浇钢筋混凝土结构中，以300个同牌号钢筋接头作为一验收批。 （2）试件应从成品中随机切取3个接头进行拉伸试验。 （3）当初试结果不符合要求时，应再取6个试件进行复试。
	（4）气压焊接头	抗拉强度 弯曲试验（梁、板的水平筋连接）	（1）一般构筑物中以300个接头作为一验收批。 （2）在现浇钢筋混凝土房屋结构中，应以不超过二楼层中300个同牌号接头作为一验收批，不足300个接头也按一批计。 （3）试件应从成品中随机切取3个接头进行拉伸试验；在梁、板的水平钢筋连接中，应另切取3个试件做弯曲试验。 当初试结果不符合要求时，应再取6个试件进行复试。

（续）

序号	名称与相关标准、规范	进场复验项目	组批原则及取样规定
	(5)电阻点焊	拉伸强度 抗剪强度	电阻点焊制品 ①现场焊接： 凡钢筋牌号、直径及尺寸相同的焊接骨架和焊接网应视为同一类制品，且每300件为一验收批，一周内不足300件的也按一批计。 购买成品： 由同一型号、同一原材料来源、同一生产设备并在同一连续时段内制造的钢筋焊接网组成，重量不大于30t为一验收批。 ②试件应从成品中切取，当所切取试件的尺寸小于规定的试件尺寸时，或受力钢筋大于8mm时，可在生产过程中制作模拟焊接试验网片，从中切取试件。 试件尺寸见图： 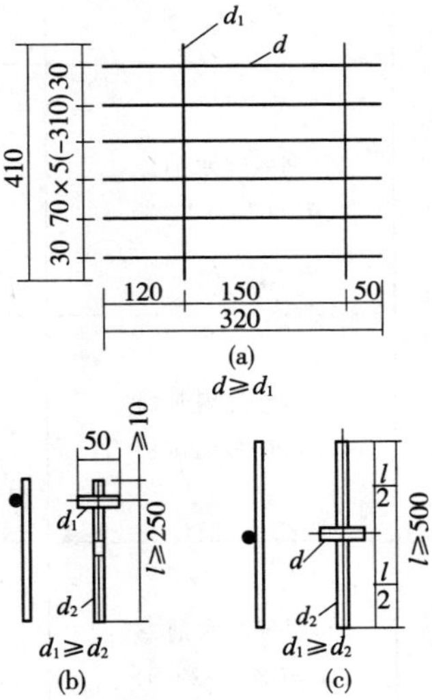 d_1 d 410 30 70×5(-310) 30 120 150 50 320 (a) $d \geqslant d_1$ 50 ≥10 d_1 $l \geqslant 250$ d_2 $d_1 \geqslant d_2$ (b) $\frac{l}{2}$ d $l \geqslant 500$ $\frac{l}{2}$ d_2 $d_1 \geqslant d_2$ (c) (a)焊接试验网片简图； (b)钢筋焊点抗剪试件；(c)钢筋焊点拉伸试件 ③由几种钢筋直径组合的焊接骨架，应对每种组合做力学性能检验。 ④热轧钢筋焊点，应作抗剪试验，试件数量3件；冷轧带肋钢筋焊点除帮抗剪试验外，尚应对纵向和横向冷轧带肋钢筋作拉伸试验，试件应各为1件。剪切试件纵筋长度应大于或等于290mm，横筋长度应大于或等于50mm(图b)；拉伸试件纵筋长度应大于或等于300mm(图c)。

（续）

序号	名称与相关标准、规范	进场复验项目	组批原则及取样规定
	（6）预埋件钢筋T型接头	抗拉强度	（1）预埋件钢筋埋弧压力焊，同类型预埋件一周内累计每300件时为一验收批，不足300个接头也按一批计。每批随机切取3个试件做拉伸试验。 （2）当初试结果不符合规定时，再取6个试件进行复试。
13	外加剂 （GB 50119—2013）		
	（1）普通减水剂 （GB 8076—2008）	pH值 密度（或细度） 减水率 1d抗压强度比（早强型） 3d抗压强度比（早强型、标准型）	（1）掺量大于1%（含1%）的同品种、同一批号的外加剂，每100t为一验收批，不足100t也按一批计。掺量小于1%的同品种、同一批号的外加剂，每50t为一验收批，不足50t也按一批计。从不少于三个点取等量样品混匀。 （2）取样数量，不少于0.2t水泥所需用的外加剂量。
	（2）高效减水剂 （GB 8076—2008）	pH值 密度（或细度） 减水率 1d、3d抗压强度比（标准型）	
	（3）高性能减水剂 （GB 8076—2008）	密度（或细度） 减水率 1d、3d抗压强度比（早强型、标准型）	
	（4）引气减水剂 （GB 8076—2008）	pH值 密度（或细度） 减水率 3d抗压强度比含气量	
	（5）早强剂 （GB 8076—2008）	密度（或细度） 1d、3d抗压强度比	
	（6）缓凝剂 （GB 8076—2008）	pH值 密度（或细度） 凝结时间之差	
	（7）引气剂 （GB 8076—2008）	pH值 密度（或细度） 含气量	

（续）

序号	名称与相关标准、规范	进场复验项目	组批原则及取样规定
	(8)泵送剂 (JG/T 377—2012)	pH值 密度(或细度) 钢筋锈蚀 坍落度增加值 坍落度损失	(1)以同一生产厂、同品种、同一编号的泵送剂每50t为一验收批，不足50t也按一批计。 (2)从不少于三个点取等量样品混匀。 (3)取样数量，不少于0.2t水泥所需量。
	(9)防水剂 (JC 474—2008)	pH值 密度(或细度)	(1)每年不少于500t的防水剂每50t为一验收批，每产500t以下的防水剂每30t为一验收批，不足50t或30t也按一批计。 (2)从不少于三个点取等量样品混匀。 (3)取样数量：不少于0.2t水泥所需量。
	(10)防冻剂 (JC 475—2004)	密度(或细度) 钢筋锈蚀 R－7、R＋28抗压强度比	(1)同品种的防冻剂，每50t为一验收批，不足50t也按一批计。 (2)取样应具有代表性，可连续取，也可以从20个以上的不同部位取等量样品。液体防冻剂取样应注意从容器的上、中、下三层分别取样。每批取样数量不少于0.15t水泥所需量。
	(11)膨胀剂 (GB 23439—2009)	细度 凝结时间 抗压强度 限制膨胀率	(1)以同一生产厂、同品种、同一编号的膨胀剂每200t为一验收批，不足200t也按一批计。 (2)取样应具有代表性，可连续取，也可从20个以上部位取等量样品，总量不小于10kg。
	(12)喷射用速凝剂 (JC 477—2005)	密度(或细度) 凝结时间 1d抗压强度	(1)同一生产厂、同品种、同一编号，每20t为一验收批，不足20t也按一批计。 (2)从16个不同点取等量试样混匀。取样数量不少于4kg。
14	防水卷材 (GB 50207—2012) (GB 50208—2011)		
	(1)铝箔面油毡 (JC/T 504—2007)	纵向拉力 耐热度 柔度 不透水性	(1)以同一生产厂的同一品种、同一等级的产品，大于1000卷抽5卷，500～1000卷抽4卷，100～499卷抽3卷，100卷以上抽2卷，进行规格尺寸和外观质量检验。在外观质量检验合格的卷材中，任取一卷作物理性能检验。 (2)将试样卷材切除距外层卷头2500mm顺纵向截取600mm的2块全幅卷材送检。

（续）

序号	名称与相关标准、规范	进场复验项目	组批原则及取样规定
	(2)改性沥青聚乙烯胎防水卷材(GB 18967—2009) (3)弹性体改性沥青防水卷材(GB 18242—2008) (4)塑性体改性沥青防水卷材(GB 18243—2008) (5)自粘橡胶沥青防水卷材(GB 23441—2009) (6)聚合物改性沥青复合胎防水卷材(DBJ 01－53—2001) (7)自粘聚合物改性沥青聚脂胎防水卷材	拉力 最大拉力时延伸率(或断裂延伸率 不透水性 低温柔度(低温柔性) 耐热度(耐热性)	(1)以同一类型、同一规格的 10000m^2 为一验收批，不足 10000m^2 亦可作为一批。(自粘橡胶沥青防水卷材、聚合物改性沥青复合胎防水卷材以同一类型、同一规格的 5000m^2 为一验收批，不足 5000m^2 亦可作为一批。) (2)以同一生产厂的同一品种、同一等级的产品，大于 1000 卷抽 5 卷，500～1000 卷抽 4 卷，100～499 卷抽 3 卷，100 卷以下抽 2 卷，进行规格尺寸和外观质量检验。在外观质量检验合格的卷材中，任取一卷作物理性能检验。 (3)将试样卷材切除距外层卷头 2500mm 后，顺纵向切取 800mm 的全幅卷材试样 2 块。一块作物理性能检验用，另一块备用。
	(8)高分子防水材料第1部分：片材(GB 18173.1—2012) (9)聚氯乙烯防水卷材(GB 12952—2011) (10)氯化聚乙烯防水卷材(GB 12953—2003) (11)氯化聚乙烯-橡胶共混防水卷材(JC/T 684—1997)	断裂拉伸强度 扯断伸长率 不透水性 低温弯折性	(1)以同一类型、同一规格的 10000m^2 为一验收批，不足 10000m^2 亦可作为一批。(高分子防水片材以同品种、同一规格的 5000m^2 为一验收批，不足 5000m^2 亦可作为一批。) (2)以同一生产厂的同一品种、同一等级的产品，大于 1000 卷抽 5 卷，500～1000 卷抽 4 卷，100～499 卷抽 3 卷，100 卷以下抽 2 卷，进行规格尺寸和外观质量检验。在外观质量检验合格的卷材中，任取一卷作物理性能检验。 (3)将试样卷材切除距外层卷头 300mm 后顺纵向切取 1500mm 的全幅卷材 2 块，一块作物理性能检验用，另一块备用。
	(12)玻纤胎沥青瓦(GB/T 20474—2006)	可溶物含量 拉力 耐热度 柔度	(1)以同一生产厂，同一等级的产品，每 20000m^2 为一验收批，不足 20000m^2 也按一批计。 (2)从外观、重量、规格、尺寸、允许偏差合格的油毡瓦中，任取 4 片试件进行物理性能试验。

（续）

序号	名称与相关标准、规范	进场复验项目	组批原则及取样规定
	(13)止水带 (GB 18173.2—2014)	拉伸强度 扯断伸长率 撕裂强度	(1)以同一生产厂、同月生产、同标记的产品为一验收批。 (2)在外观检验合格的样品中，随时抽取足够的试样，进行物理检验。
	(14)遇水膨胀橡胶 (GB/T 18173.3—2002)	制品型： 拉伸强度 扯断伸长率 体积膨胀倍率 腻子型： 高温流淌性 低温试验 体积膨胀 倍率	
	(15)道桥用改性沥青防水卷材 (JC/T 974—2005)	拉力 最大拉力时延伸率 低温柔性 耐热性 50℃剪切强度 50℃粘结强度 热碾压后抗渗性 接缝变形能力	以同一类型、同一规格 10000m² 为一批，不足 10000m² 亦可作为一批。
15	防水涂料 (GB 50207—2012) (GB 50208—2011)		
	(1)溶剂型橡胶沥青防水涂料 (JC/T 852—1999)	固体含量 不透水性 低温柔度 耐热度 延伸率	(1)同一生产厂每 5t 产品为一验收批，不足 5t 也按一批计。 (2)随机抽取，抽样数应不低于(n 是产品的桶数)。 (3)从已检的桶内不同部位，取相同量的样品，混合均匀后取两份样品，分别装入样品容器中，样品容器应留有约 5%的空隙，盖严，并将样品容器外部擦干净立即作好标志。一份试验用，一份备用。
	(2)水乳型沥青防水涂料 (JC/T 408—2005)		

（续）

序号	名称与相关标准、规范	进场复验项目	组批原则及取样规定
	（3）道桥用防水涂料 （JC/T 975—2005）	拉伸强度 断裂延伸率 低温柔度 耐热度 不透水 50℃剪切强度 50℃粘结强度 热碾压后抗渗性 接缝变形能力	以同一类型、同一规格15t为一批，不足15t亦作为一批。
	（4）聚氨酯防水涂料 （GB/T 19250—2013）	固体含量 断裂延伸率 拉伸强度 低温柔性 不透水性	（1）同一生产厂，以甲组份每5t为一验收批，不足5t也按一批计算。乙组份按产品重量配比相应增加。 （2）每一验收批按产品的配比分别取样，甲、乙组份样品总重为2kg。 （3）搅拌均匀后的样品，分别装入干燥的样品容器中，样品容器内应留有5%的空隙，密封并作好标志。
	（5）聚合物乳液建筑防水涂料 （JC/T 864—2008）	断裂延伸率 拉伸强度 低温柔性 不透水性 固体含量	（1）同一生产厂、同一品种、同一原料、同一配方连续生产的产品，每5t产品为一验收批，不足5t也按一批计。 （2）抽样按GB/T 3186—2006进行。 （3）取4kg样品用于检验。
	（6）聚合物水泥防水涂料 （GB/T 23445—2009）	断裂延伸率 拉伸强度 低温柔性 不透水性 抗渗性	（1）同一生产厂每10t产品为一验收批，不足10t也按一批计。 （2）产品的液体组份取样按GB/T 3186—2006的规定进行。 （3）配套固体组份的抽样：按GB 12573—2008中的袋袋水泥的规定进行，两组份共取5kg样品。

（续）

序号	名称与相关标准、规范	进场复验项目	组批原则及取样规定
16	刚性防水材料 (GB 50207—2012) (GB 50208—2011)		
	(1)水泥基渗透结晶型防水材料 (GB 18445—2012)	抗压强度 抗折强度 粘结强度 抗渗压力	(1)同一生产厂每10t产品为一验收批,不足10t也按一批计。 (2)在10个不同的包装中随机取样,每次取样10kg。 (3)取样后应充分拌合均匀,一分为二,一份送试;另一份密封保存一年,以备复验或仲裁用。
	(2)无机防水堵漏材料 (GB 23440—2009)	抗压强度 抗折强度 粘结强度 抗渗压力	(1)连续生产同一类别产品,30t为一验收批,不足30t也按一批计。 (2)在每批产品中随机抽取。5kg(含)以上包装的,不少于三个包装中抽取样品;少于5kg包装的,不少于十个包装中抽取样品。 (3)将所取样充分混合均匀。样品总质量为10kg。将样品一分为二,一份为检验样品;另一份为备用样品。
17	石材		
	(1)天然花岗石建筑板材 (GB/T 18601—2009) (GB/T 9966.1～9966.8—2001)	干燥、水饱和压缩强度 干燥、水饱和弯曲强度 体积密度 吸水率	(1)以同一品种、等级、类别的板材为一验收批。 (2)在外观质量,尺寸偏差检验合格的板材中抽取样品进行试验,抽样数量分别按照GB/T 18601—2009中7.1.3条及GB/T 19766—2005中7.1.4规定执行。 (3)弯曲强度试样尺寸为:当试样厚度(H)≤68mm时宽度为100mm;当试样厚度＞68mm时,宽度为1.5H。试样长度为(10H＋50)mm。每种试验条件下的试样取5块/组(如对干燥、水饱和条件下的垂直和平行层理的弯曲强度试样应制备20块),试样不得有裂纹、缺棱和缺角。 (4)压缩强度试样尺寸:边长50mm的正方体或直径、高度均为50mm的圆柱体;尺寸偏差±0.5mm。每种试验条件下的试样取5块/组,若进行干燥、水饱和条件下的垂直和平行层理的弯曲强度试样应制备20块,试样不得有裂纹、缺棱和缺角。 (5)体积密度、吸水率试样尺寸:边长50mm的正方体或直径、高度均为50mm的圆柱体;尺寸偏差±0.5mm。
	(2)天然大理石建筑板材 (GB/T 19766—2005) (GB/T 9966.1～9966.7—2001) (GB/T 9966.8—2008)		

（续）

序号	名称与相关标准、规范	进场复验项目	组批原则及取样规定
18	砂浆 （JGJ/T 70—2009） （GB 50203—2011） （GB 50209—2010）	稠度 抗压强度	（1）以同一砂浆强度等级，同一配比，同种原材料 $250m^2$ 砌体为一个取样单位，每取样单位标准养护试块的留置不得少于一组（每组3块）。 （2）冬期施工砂浆试块的留置，除应按常温规定要求外，尚应增留不少于1组与砌体同条件养护的试块，测试检验28d强度。 （3）干拌砂浆：同强度等级每400t为一验收批，不足400t也按一批计。每批从20个以上的不同部位取等量样品。总质量不少于15kg，分成两份，一份送试，一份备用。
19	混凝土 （GB 50010—2002） （GB 50204—2002）		
	（1）普通混凝土	稠度 抗压强度	试块的装置 ①每拌制100盘且不超过 $100m^3$ 的同配合比的混凝土，取样不得少于一次； ②每工作班拌制的同一配合比的混凝土不足100盘时，取样不得少于一次； ③当一次连续浇筑超过 $1000m^3$ 时，同一配合比混凝土每200m混凝土取样不得少于一次； ④每次取样应至少留置一组标准养护试件，同条件养护试件的留置组数（如折模前，拆除支撑前等）应根据实际需要确定； ⑤冬期施工时，掺用外加剂的混凝土，还应留置与结构同条件养护的用以检验受冻临界强度试件及与结构同条件养护28d、再标准养护28d的试件；未掺用外加剂的混凝土，应留置与结构同条件养护的用以检验受冻临界强度试件及解除冬期施工后转常温养护28d的同条件试件； ⑥用于结构实体检验的同条件养护试件留置应符合下列规定：对混凝土结构工程中的各混凝土强度等级，均应留置同条件养护试件；同一强度等级的同条件养护试件，其留置的数量应根据混凝土工程量和重要性确定，不宜少于10组，且不应少于3组。

（续）

序号	名称与相关标准、规范	进场复验项目	组批原则及取样规定
	(2)轻集料混凝土	干表观密度 抗压强度 稠度	(1)抗压强度、稠度的组批原则及取样规定同普通混凝土。 混凝土干表观密度试验：连续生产的预制构件厂及预拌混凝土同配合比的混凝土每月不少于4次；单项工程每100m³混凝土至少一次，不足100m³也按100m计。
	(3)抗渗混凝土	稠度 抗压强度 抗渗等级	(1)试块的留置： ①连续浇筑抗渗混凝土每500m³应留置一组抗渗试件（一组为6个抗渗试件），且每项工程不得少于两组。采用预拌混凝土的抗试件，留置组数应视结构的规模和要求而定。混凝土的抗渗性能，应采用标准条件下养护混凝土抗渗试件的试验结果评定。 ②冬季施工检验掺用防冻剂的混凝土抗渗性能，应增加留置与工程同条件养护28d，再标准养护28d后进行抗渗试验的试件。 (2)留置抗渗试件的同时需留置抗压强度试件并应取自同一盘混凝土拌合物中。取样方法同普通混凝土，试块应在浇筑地点制作。
	(4)抗冻混凝土	抗压强度 冻融试验 稠度	(1)抗冻混凝土抗压试块的留置与普通混凝土相同，但只留置标准养护试件。 (2)供冻融试验的试块留置按同一强度等级、同一冻融指标、同一配合比、同种原材料，每单位工程为一验收批次。 (3)冻融试验分慢冻法和快冻法。 慢冻法试件尺寸与立方体抗压强度试件一致。 快冻法采用截面积100mm³、100mm³ 400mm的棱柱体混凝土试件，每组3块。

（续）

序号	名称与相关标准、规范	进场复验项目	组批原则及取样规定
20	砌墙砖和砌块		
	(1)烧结普通砖 (GB 5101—2003)	抗压强度	(1)3.5万～15万块为一验收批，不足3.5万块也按一批计。 (2)每一验收批随机抽取试件一组(10块)。
	(2)烧结多孔砖 (GB 13544—2011) (GB 50203—2011)	抗压强度	(1)每5万块为一验收批，不足5万块也按一批计。 (2)每一验收批随机抽取试样一组(10块)。
	(3)烧结空心砖、空心砌块 (GB/T 13545—2014)	抗压强度	(1)3.5万～15万块为一验收批，不足3.5万块也按一批计。 (2)每批从尺寸偏差和外观质量检验合格的砖中，随机抽取抗压强度试验试样一组(10块)。
	(4)非烧结垃圾尾矿砖 (JC/T 422—2007)	抗压强度 抗折强度	(1)每5万块为一验收批，不足5万块也按一批计。 每批从尺寸偏差和外观质量检验合格的砖中，随机抽取强度试验试样一组(10块)。
	(5)粉煤灰砖 (JC/T 239—2014)	抗压强度 抗折强度	(1)每10万块为一验收批，不足10万块也按一批计。 (2)每一验收批随机抽取试样一组(20块)。
	(6)粉煤灰砌块 [JC 238—1991(1996)]	抗压强度	(1)每200m³为一验收批，不足200m也按一批计。 (2)每批从尺寸偏差和外观质量检验合格的砌块中，随机抽取试样一组(3块)，将其切割成边长200mm的立方体试件进行抗压强度试验。
	(7)蒸压灰砂砖 (GB 11945—1999)	抗压强度 抗折强度	(1)每10万块为一验收批，不足10万块也按一批计。 (2)每一验收批随机抽取试样一组(10块)。
	(8)蒸压灰砂空心砖 (JC/T 637—2009)	抗压强度	(1)每10万块为一验收批，不足10万块也按一批计。 (2)从外观合格的砖样中，用随机抽取法抽取2组10块(NF砖为2组20块)进行抗压强度试验和抗冻性试验。
	(9)普通混凝土空心砖块 (GB/T 8239—2014)	抗压强度	(1)每1万块为一验收批，不瞳1万块也按一批计。 (2)每批从尺寸偏差和外观质量检验合格的砌块中，随机抽取抗压强度试验试样一组(5块)。
	(10)轻集料混凝土小型空心砌块 (GB/T 15229—2011)	抗压强度	
	(11)蒸压加气混凝土砌块 (GB 11968—2006)	立方体抗压强度 干密度	(1)同品种、同规格、同等级的砌块，以10000块为一验收批，不足10000块也按一批计。 (2)从尺寸偏差与外观检验合格的砌块中，随机砌块，制作3组试件进行立方体抗压强度试验，制作3组试件做干密度检验。

（续）

序号	名称与相关标准、规范	进场复验项目	组批原则及取样规定
21	路基上 (CJJ 1—2008) (DBJ 01—11—2004) (DBJ 01—12—2004) (DBJ 01—13—2004) (DBJ 01—45—2000) (JTG E40—2007)	最大干密度 最佳含水率	每批质量相同的土，应检验1～3次。
		压实度	路基土方：每层每1000m³取一组，每组三点。 沟槽土方：每层每两井之间取一组，每组三点。 基坑土方：每一构筑物每层取一组，每组三点。 桥梁工程填方：每一构筑物每层取四点。
22	无机结合料稳定材料		
	(1)混合料 (JTG E51—2009)	最大干密度 最佳含水量	每单位工程，同一配合比，同一厂家，取样一组。
		7d无侧限抗压强度	每层每2000m²取样一组，小于2000m²按一组取样。
		含灰量	每层每1000m²取样一点，小于1000m²按一点取样；但对于石灰粉煤灰钢渣基层每层每1000m²取样二点，小于1000m²按二点取样。
	(2)石灰 (JTG E51—2009)	有效CaO、MgO含量	以同一厂家、同一品种、质量相同的石灰，不超过100t为一批，且同一批连续生产不超过5天。
23	沥青混合料 (CJJ 1—2008) (GB 50092—1996) (JTG E20—2011)	出厂温度 摊铺温度 碾压温度 马歇尔稳定度 流值 矿料级配 油石比 密度	不少于1次/车 不少于1次/车 随时(初压、复压、终压) 每台拌和机1次或2次/日： 同一厂家、同一配合比、每连续摊铺600t为一检验批，不足600t按600t计，每批取一组。

（续）

<table>
<tr><th>序号</th><th>名称与相关标准、规范</th><th colspan="2">进场复验项目</th><th colspan="2">组批原则及取样规定</th></tr>
<tr><td rowspan="11">24</td><td rowspan="11">路基路面检测
(JTG E60—2008)
(DBJ 01－11—2004)</td><td rowspan="3" colspan="2">平整度</td><td>路宽＜9m</td><td>平整度仪:全战检测一遍
3m 直尺:全线每 100m 测一处,每处 10 尺</td></tr>
<tr><td>路宽在 9～15m</td><td>平整度仪:全线检测两遍
3m 直尺:全线每 100m 测一处,每处 10 尺。全线测两遍</td></tr>
<tr><td>路宽＞15m</td><td>平整度仪:全线检测三遍
3m 直尺:全线每 100m 测一处,每处 10 尺。全线测三遍</td></tr>
<tr><td rowspan="3" colspan="2">弯沉</td><td>路宽＜9m</td><td>贝克曼梁法:每 20m 检测一点,全线检测两遍</td></tr>
<tr><td>路宽在 9～15m</td><td>贝克曼梁法:每 20m 检测一点,全线检测四遍</td></tr>
<tr><td>路宽＞15m</td><td>贝克曼梁法:每 20m 检测一点,全线检测六遍</td></tr>
<tr><td colspan="2">压实度
厚度</td><td colspan="2">每 1000m² 检查 1 次</td></tr>
<tr><td rowspan="2">抗滑性能</td><td>摩擦系数</td><td colspan="2">摆式仪法:每车道每 200m 测一处。</td></tr>
<tr><td>构造深度</td><td colspan="2">铺砂法:每车道每 200m 测一处。</td></tr>
<tr><td colspan="2">渗水系数试验</td><td colspan="2">每车道每 200m 测一处。</td></tr>
<tr><td colspan="2">马歇尔试验(必要时用于 SMA 路面)</td><td colspan="2">每 1000m² 检查 1 次,1 次不少于钻 1 个芯。</td></tr>
<tr><td>25</td><td>沥青</td><td colspan="2"></td><td colspan="2"></td></tr>
<tr><td></td><td>(1)石油沥青
(GB 50092—1996)
(JTG E20—2011)</td><td colspan="2">针入度
软化点
延度
含蜡量</td><td colspan="2">高速公路、一级公路、城市快速路、主干路
每 100t 一次
每 100t 一次
每 100t 一次
需要时</td></tr>
<tr><td></td><td>(2)煤沥青
(GB 50092—1996)
(JTG E20—2011)</td><td colspan="2">粘度</td><td colspan="2">每 50t 一次</td></tr>
<tr><td></td><td>(3)乳化沥于
(GB 50092—1996)
(JTG E20—2011)</td><td colspan="2">粘度
沥青含量</td><td colspan="2">每 50t 一次
每 50t 一次</td></tr>
</table>

（续）

序号	名称与相关标准、规范	进场复验项目	组批原则及取样规定
26	集料(沥青混合料用)		
	(1)粗集料 (GB 50092—1996) (JTG E42—2005)	筛分析	
		含泥量	
		泥块含量	
		针片状颗粒含量	需要时
		压碎值指标	
		湿密度	需要时
		磨光值、吸水率	需要时
		洛杉矶磨耗值	需要时
		含水量	需要时
		松方单位重	需要时
	(2)细集料 (GB 50092—1996) (JTG E42—2005)	筛分析	
		含泥量	
		泥块含量	需要时
		粒径组成	
		含水量	需要时
		松方单位重	需要时
	(3)矿粉 (GB 50092—1996) (JTG E42—2005)	颗粒级配	需要时
		含水量	需要时
		亲水系数	需要时
27	附属构筑物		
	(1)路缘石 (JC 899—2002) (JGJ/T 23—2011)	尺寸偏差 外观质量 抗压强度 抗折强度	应以同一块形，同一颜色，同一强度且以20000块为一验收批，不足20000块按一批计。 现场可用回弹法检测混凝土抗压强度，应以同一块形，同一颜色，同一强度且以2000块为一验收批，不足2000块按一批计。每批抽检5块进行回弹。
	(2)混凝土路面砖 [JC 466—1992(1996)] (DB11/T 152—2003)	外观质量 尺寸偏差 抗压强度 抗折强度 耐磨性 防滑性能 渗透性能	应以同一类别、同一规格、同一等级，每20000块为一验收批，不足20000块按一批计。

（续）

序号	名称与相关标准、规范	进场复验项目	组批原则及取样规定
	(3)防撞墩、隔离墩 (JGJ/T 23—2011) (DBJ 01－11—2004)	抗压强度	用回弹法检测混凝土抗压强度，应以同一块形，同一颜色，同一强度且以2000块为一验收批，不足2000块按一批计。每批抽检5块进行回弹
	(4)过街通道饰面砖 (GB 50210—2010) (JGJ 126—2000) (JGJ 110—2008)	吸水率 抗冻性	(1)以同一生产厂、同种产品、同一级别、同一规格，实际的交货量大于5000m^2为一批，不足5000m^2也按一批计。 (2)吸水率试验试样： ①如每块砖的表面积不大于0.04m^2时，需取10块整砖；如每块砖的表面积大于0.04m^2时，只需要5块整砖。 ②每块砖的质量小于50g，则需足够数量的砖使每个测试样品达到50g～100g。 (3)抗冻性试验试样：需取不少于10块整砖，并且其最小面积为0.25m^2；对于大规格的砖，可切割，以便能装入冷冻机，切割试样应尽可能的大。
		粘结强度	现场粘结饰面砖，每1000^2同类墙体饰面砖为1个检验批，不足1000m^2，应按1000m^2计。每批应取一组3个试样，每个通道应至少取一组试样，试样应随机抽取，取样间距不得小于500mm。
28	锚具、夹具、连接器 (GB/T 14370—2007) (GB/T 230.1—2009)		同种原材料、同一生产工艺条件下，以不超过1000套为一个验收批。外观检查抽取5%～10%。
		锚具夹片、锚环硬度	按热处理每炉装炉量的3%～5%抽样。有一个零件不合格时，则应另取双倍数量的零件重做检验；仍有一件不合格时，则应对本批产品逐个检验，合格后方可进入后续检验组批。
		静载锚固性能试验	在通过外观检查和硬度检验的锚具中抽取6套样品，与符合试验要求的预应力筋组装成3个预应力筋-锚具组装件进行试验。有一个试件不符合要求时，则应取双倍数量的锚具重做试验；仍有一个试件不符合要求时，则该批锚具应视为不合格。

（续）

序号	名称与相关标准、规范	进场复验项目	组批原则及取样规定
29	桥梁支座		
	(1)球形支座 (GB/T 17955—2009)	竖向承载力 转动力矩 摩擦因数	1. 支座转动试验试样一般应采用实体支座。转动力矩试验采用双支座转动方式。 2. 摩擦试验采用双剪试验方式，试件数量为3组。 3. 受试验设备能力限制时，经与用户协商可选用有代表性的小型支座进行试验，小型支座的竖向承载力不宜小于2000kN。
	(2)盆式橡胶支座 (JT/T 391—2009)	竖向压缩变形 盆环径向变形 摩阻系数	1. 测试支座力学性能原则上应选实体支座，如试验设备不允许对大型支座进行试验，经与用户协商可选用小型支座。整体支座每次抽样最少为3个，其中一个支座承载力必须在10MN以上。 2. 测量支座摩阻系数选用支座承载力不大于2MN的双向活动支座或用聚四氟乙烯板试件代替，试件厚7mm，直径80mm～100mm，试件工况与支座相同。 3. 摩阻系数测定采用双剪试验方法，试件数量为3组。
	(3)板式橡胶支座 (JT/T 4—2004)	抗压弹性模量 抗剪弹性模量 极限抗压强度 摩擦系数 容许转角	1. 试样的技术要求：试样应符合JT 3132.2—1988的有关规定；试样的长边、短边、直径、中间层橡胶片厚度、总厚度等，均以该种试样所属规格系列中的公称值为准。 2. 摩擦系数试验试样要求： ①板式橡胶支座试样：对支座试样的平面尺寸和高度不作统一规定。 ②混凝土试样：混凝土试样的尺寸可用矩形混凝土块，矩形的每一边应长出支座试样相应边长50～100mm。试样的高度应不小于50mm，其上下面应平整而不光滑。试样混凝土的标号不应低于25号（不低于相应标准），并在试样内适当配置钢筋。 ③钢板、不锈钢板试样：钢板试样可直接由热轧钢板上割取，表面不必加工。试样为矩形，每一边应长出支座试样相应边长50～100mm，钢极厚度不宜小于10mm，不锈钢板试样采用0Cr17Ni12Mo2或1Cr18Ni9Ti不锈钢板，表面粗糙度的Ra小于0.8μm，试样为矩形，每边至少应长出支座试样相应边长100mm，厚度不宜小于2mm。 ④四氟滑板式支座试样：对四氟滑板式支座试样的平面尺寸和高度不作统一规定。 3. 试样应在仓库内随机抽取，储存条件应满足JT 3132.2—1988要求。 凡与油及其他化学药品接触过的支座不得用作试样使用。

（续）

<table>
<tr><th>序号</th><th>名称与相关标准、规范</th><th>进场复验项目</th><th>组批原则及取样规定</th></tr>
<tr><td>30</td><td colspan="3">混凝土管</td></tr>
<tr><td></td><td>(1)混凝土和钢筋混凝土排水管
(GB/T 11836—2009)</td><td>外观质量
尺寸偏差
内水压力
外压荷载</td><td>(1)相同原材料、相同工艺生产的同一规格、同一种外压荷载级别的管子组成一个验收批。不同管径批量数分别为：
<table><tr><th>产品品种</th><th>公称内径 D_0（mm）</th><th>批量（根）</th></tr><tr><td rowspan="3">混凝土管</td><td>100～300</td><td>≤3000</td></tr><tr><td>350～600</td><td>≤2500</td></tr><tr><td>200～500</td><td>≤2500</td></tr><tr><td rowspan="3">钢筋混凝土管</td><td>600～1400</td><td>≤2000</td></tr><tr><td>1500～2200</td><td>≤1500</td></tr><tr><td>2400～3500</td><td>≤1000</td></tr></table>(2)外观质量、尺寸偏差：从受检批中采用随机抽样的方法抽取10根管子，逐根进行外观质量和尺寸偏差检验。
(3)内水压力和外压荷载：从混凝土抗压强度、外观质量和尺寸偏差检验合格的管子中抽取二根管子。混凝土管一根检验内水压力，另一根检验外压破坏荷载。钢筋混凝土管一根检验内水压力，另一根检验外压裂缝荷载。</td></tr>
<tr><td></td><td>(2)预应力混凝土管
(GB 5696—2006)</td><td>外观质量
尺寸偏差
抗渗性
抗裂内压试验</td><td>同材料、同一工艺制成的同一规格的管子每200根为一验收批，不足200根时也可作为一批，但至少应为30根。
外观质量、尺寸逐根检验。
抗渗性每批随机抽取十根进行检验。
抗裂内压试验每批随机抽取两根进行检验。</td></tr>
</table>